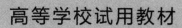

高等学校试用教材

油气地球化学

YOUQI DIQIU HUAXUE

李水福　胡守志　阮小燕　宋　宇　编著

中国地质大学出版社
ZHONGGUO DIZHI DAXUE CHUBANSHE

内 容 提 要

本书以沉积有机质的来源、形成和演化为主线,以可溶有机质和不溶有机质为主要研究载体,以烃源岩、原油和天然气为主要研究对象,系统阐述油气形成过程中的地球化学基本原理,以及相关的基本概念和所采用的基本研究方法,并描述沉积有机质形成与演化过程中各种产物的特征及其变化规律。本书分四篇共十二章。

第一篇为沉积有机质的来源与形成过程。第二篇为沉积有机质的组成及其分析方法。第三篇为沉积有机质的演化及其产物特征。第四篇为油气地球化学在勘探中的应用。

本书可作为高等院校石油地质、石油工程、煤田地质、海洋地质、地球化学、地球物理等相关专业的本科生教材或教学参考书,也可供相关专业研究生和研究人员参考。

图书在版编目(CIP)数据

油气地球化学/李水福等编著. —武汉:中国地质大学出版社,2019.9
ISBN 978-7-5625-4604-7

Ⅰ.①油⋯
Ⅱ.①李⋯
Ⅲ.①油气勘探-地球化学-高等学校-教材
Ⅳ.①P618.130.8

中国版本图书馆 CIP 数据核字(2019)第 187626 号

油气地球化学	李水福　胡守志　阮小燕　宋　宇 **编著**	
责任编辑:彭钰会	策划编辑:彭钰会	责任校对:龙昭月
出版发行:中国地质大学出版社(武汉市洪山区鲁磨路388号)		邮政编码:430074
电　　话:(027)67883511	传真:67883580	E-mail:cbb@cug.edu.cn
经　　销:全国新华书店		http://cugp.cug.edu.cn
开本:787毫米×1 092毫米 1/16	字数:525千字	印张:20.5
版次:2019年9月第1版	印次:2019年9月第1次印刷	
印刷:湖北睿智印务有限公司	印数:1—1 000 册	
ISBN 978-7-5625-4604-7		定价:36.00元

如有印装质量问题请与印刷厂联系调换

前 言

有机地球化学是用化学(特别是有机化学)原理和方法研究地质体(主要是地壳)中沉积有机质的来源、形成、演化及其产物特征与变化规律的一门科学。油气地球化学则是重点研究油气生成、运移、聚集和保存过程中的地球化学原理、地球化学作用及地球化学效应,从而为油气勘探乃至开发过程服务,是有机地球化学在油气勘探领域和开发应用的一个重要分支。

沉积有机质是地质体中与沉积作用相关的各种分散或富集的有机物质。本教材以沉积有机质的来源、形成和演化为主线,以不溶有机质(干酪根)和可溶有机质(沥青和原油)为主要研究载体,以烃源岩、原油和天然气为主要研究对象,系统阐述油气形成过程中的地球化学基本原理,以及相关的基本概念和所采用的基本研究方法,并描述沉积有机质形成与演化过程中所产生的各种产物特征及其变化规律。

凡是与化学关联的学科,其实验性都很强,很多理论和观点都建立在实验基础上,油气地球化学也不例外。同时,众多的油气地球化学分析数据如何提取、处理转换成有用的地球化学图件,以达到说明问题、解决问题的目的,也是油气地球化学的重要内容之一。所以,在油气地球化学教学中,除了要求学生明确油气地球化学的基本概念、了解基本原理外,还要求掌握基本技能。因此,在多年教学实践的基础上,我们提出了"实习训练"与"课堂教学"和"实验操作"同等重要的"三重奏"教学理念。学生在学习过程中,需要理解3个基本问题:生命有机质是如何沉积演变成沉积有机质的?沉积有机质又是怎么演化形成石油和天然气的?石油是如何运移聚集保存(通过排烃运移所产生的地球化学效应)和发生次生变化的?掌握生物标志化合物的识别与应用技术、烃源岩评价技术、油气源对比技术3种基本技能,至少熟练掌握包括烃源岩、干酪根、生物标志化合物三大概念在内的有关基本概念。

本教材是在王启军和陈建渝两位教授主编的《油气地球化学》(1988)基础上修编的,既保持了原教材的系统性,又在内容上作了适当的增减,章节编排上作了适当的调整。在内容上,把原第一章生物的发育与第三章生物有机质的化学组成合并成第一章,把原教材的第十四章油气地球化学勘查概况删去。章节编排上,把全书由原来的三篇改为四篇,把原教材的第四章成岩阶段有机质的微生物分解和演变改成第三章,章名改为微生物的分解作用与腐殖质的形成,并与第一章生物发育及生物化学组成和第二章有机质来源与有机质沉积作用组成第一篇,即沉积有机质的来源与形成过程;把原教材第三篇第十章油气地球化学的分析方法改成第四章,与第五章生物标志化合物和第六章干酪根地球化学研究放在一起组成第二篇,即沉积有机质的组成及其分析方法;原教材的第七章石油的形成、第八章天然气地球化学特征、第九章石油的组成与次生变化保持不变,组成第三篇,即沉积有机质的演化及其产物特征;将原教材的第十一章油(气)源岩的研究与评价改为第十章,第十二章油源对比改为第十一章,原第十三章生油(气)量的计算改为第十二章,组成第四篇,即油气地球化学在勘探中的应用。本教材在不失原教材特色的基础上,力争系统介绍油气地球化学的基本原理、基本概念和基本方法,努力实现本科生掌握"三基"的教学目标。同时,尽我们最大的努力,力争吸纳当前油气地球化学领域最新的研究成果,阐述最前沿的研究热点和难点,介绍最先进的油气地球化学分析方法与设备。

  本教材由李水福、胡守志、阮小燕、宋宇4位老师共同编写。其中,摘要、前言、第十、第十一、第十二章由李水福编写;第六、第七、第八、第九章由胡守志编写;第一、第四、第五章由阮小燕编写;第二、第三章及附录由宋宇编写,参考文献由胡守志负责。全书最后由李水福负责统稿。感谢南京大学地球科学与工程学院曹剑教授为本教材提供了典型的油源对比实例,进一步丰富了教材内容。王保保、袁亚辉、方斯玲等研究生对书中的图件清绘做了大量的工作,在此表示感谢!还要感谢中国地质大学出版社彭钰会编辑及其他编辑为本教材的出版付出的辛勤劳动!

  由于时间仓促,编者水平有限,书中疏漏和不足之处在所难免,敬请读者批评指正!

编 者
2019年9月14日于武汉

目 录

第一篇 沉积有机质的来源与形成过程

第一章 生物发育及生物化学组成 (3)

第一节 生命的起源和进化 (3)
一、生命的起源 (3)
二、生命的进化 (4)
三、地史时期对沉积有机质有主要贡献的生物类型 (8)

第二节 生物发育的基本原理 (10)
一、生物与环境整体性原理 (10)
二、生态系统的"能量金字塔"原理 (10)
三、生态系统的物质地球化学循环原理 (12)
四、限制因子原理 (12)
五、生态优势种原理 (13)
六、生态平衡原理 (13)

第三节 不同环境的生物发育 (13)
一、海洋环境的生物发育 (13)
二、海陆过渡环境的生物发育 (14)
三、湖泊环境的生物发育 (15)
四、沼泽环境的生物发育 (16)
五、陆地环境的生物发育 (17)

第四节 生物有机质的化学组成 (19)
一、生物有机质的主要化学组分 (19)

二、不同生物有机质的化学组成差异 …………………………………………………… (24)

第二章　有机质来源与有机沉积作用 ……………………………………………… (28)

第一节　有机圈及有机碳的地球化学循环 ………………………………………… (28)

第二节　有机质来源与沉积环境 …………………………………………………… (30)
　　一、有机质来源 …………………………………………………………………… (30)
　　二、沉积相和沉积环境的基本概念 ……………………………………………… (31)
　　三、沉积环境参数 ………………………………………………………………… (32)
　　四、相分析和环境的恢复 ………………………………………………………… (39)

第三节　不同环境中有机质沉积特征 ……………………………………………… (39)
　　一、海洋环境的有机质沉积 ……………………………………………………… (39)
　　二、过渡环境的有机质沉积 ……………………………………………………… (46)
　　三、湖泊环境的有机质沉积 ……………………………………………………… (50)
　　四、沼泽环境的有机质沉积 ……………………………………………………… (57)

第三章　微生物的分解作用与腐殖质的形成 ……………………………………… (60)

第一节　成岩阶段微生物的分解作用 ……………………………………………… (60)
　　一、微生物简介 …………………………………………………………………… (60)
　　二、微生物的分布 ………………………………………………………………… (61)
　　三、微生物的代谢机制 …………………………………………………………… (61)
　　四、异养微生物在有机地球化学中的作用 ……………………………………… (62)

第二节　腐殖质的组成、结构及性质 ……………………………………………… (65)
　　一、腐殖酸的组成 ………………………………………………………………… (66)
　　二、腐殖酸的结构 ………………………………………………………………… (67)
　　三、腐殖酸的性质 ………………………………………………………………… (68)

第三节　腐殖质的形成与成岩阶段演化 …………………………………………… (69)
　　一、化学缩合作用 ………………………………………………………………… (69)
　　二、成岩阶段腐殖质的演化及产物 ……………………………………………… (71)

第二篇　沉积有机质的组成及其分析方法

第四章　油气地球化学分析方法 …………………………………………………… (75)

第一节　有机质的分离与富集 ……………………………………………………… (75)
　　一、取样原则 ……………………………………………………………………… (75)

二、岩石中可溶有机质的抽提 ………………………………………………………… (76)

三、岩石中不溶有机质——干酪根的分离 …………………………………………… (77)

四、原油与氯仿沥青"A"族组分分离 ………………………………………………… (77)

五、有机组分的鉴定 …………………………………………………………………… (77)

第二节 色谱法分析原理与方法 …………………………………………………………… (77)

一、概述 ………………………………………………………………………………… (77)

二、气相色谱 …………………………………………………………………………… (78)

三、热解色谱 …………………………………………………………………………… (84)

四、元素色谱 …………………………………………………………………………… (87)

第三节 质谱法分析原理与方法 …………………………………………………………… (87)

一、基本原理和方程 …………………………………………………………………… (88)

二、质谱仪及检测过程 ………………………………………………………………… (88)

三、离子类型 …………………………………………………………………………… (92)

四、质谱定性分析 ……………………………………………………………………… (95)

五、色谱-质谱分析仪 …………………………………………………………………… (96)

第四节 碳氢稳定同位素分析方法 ………………………………………………………… (97)

一、分析原理 …………………………………………………………………………… (97)

二、稳定同位素的分析步骤 …………………………………………………………… (99)

三、与元素分析仪联机的分析方法 …………………………………………………… (99)

四、GC-IRMS在线碳同位素质谱仪 …………………………………………………… (99)

第五节 红外光谱法 ………………………………………………………………………… (100)

一、原理和方法 ………………………………………………………………………… (101)

二、傅里叶变换红外光谱仪的结构与原理 …………………………………………… (101)

三、红外光谱在油气勘探中的应用 …………………………………………………… (101)

第五章 生物标志化合物 …………………………………………………………………… (103)

第一节 生物标志化合物的概念 …………………………………………………………… (103)

第二节 生物标志化合物的类型 …………………………………………………………… (104)

一、正构烷烃 …………………………………………………………………………… (104)

二、支链烷烃 …………………………………………………………………………… (105)

三、无环类异戊二烯烷烃 ……………………………………………………………… (106)

四、萜烷 ………………………………………………………………………………… (108)

五、甾烷 ………………………………………………………………………………… (111)

六、常见甾烷和萜烷化合物的质量色谱图识别 ……………………………………… (114)

第三节 生物标志化合物的作用 (117)
- 一、母源输入和沉积环境判识 (117)
- 二、沉积有机质形成时代确定 (119)
- 三、有机质成熟度衡量 (121)
- 四、生物降解程度指示 (124)
- 五、油气运移路径示踪 (125)
- 六、油气源对比研究 (126)

第六章 干酪根地球化学研究 (127)
第一节 干酪根的定义及分布 (127)
第二节 干酪根的组成 (128)
- 一、显微组成 (129)
- 二、元素组成 (130)
- 三、基团组成 (131)
- 四、稳定碳同位素组成 (131)

第三节 干酪根的分类 (133)
- 一、干酪根的元素组成分类 (134)
- 二、干酪根的显微组分分类 (135)
- 三、Rock-Eval热解参数分类 (136)
- 四、其他分类方法 (136)

第四节 干酪根的结构 (138)
- 一、主要研究方法 (138)
- 二、干酪根结构的综合化学模型 (145)

第三篇 沉积有机质的演化及其产物特征

第七章 石油的形成 (151)
第一节 生油理论的发展 (151)
- 一、无机成因说 (151)
- 二、早期有机成因说 (153)
- 三、晚期有机成因说 (153)

第二节 干酪根的演化 (153)
- 一、干酪根含量的变化 (154)

二、元素组成的变化 ………………………………………………………………………… (154)

三、基团结构的变化 ………………………………………………………………………… (155)

四、自由基浓度的变化 ……………………………………………………………………… (155)

五、镜质体反射率的变化 …………………………………………………………………… (157)

六、热失重变化 ……………………………………………………………………………… (158)

七、干酪根颜色及荧光性的变化 …………………………………………………………… (158)

八、碳同位素的变化 ………………………………………………………………………… (159)

第三节 沥青的演化 ……………………………………………………………………………… (160)

一、沥青和总烃含量的变化 ………………………………………………………………… (160)

二、烃类组成的变化 ………………………………………………………………………… (160)

三、非烃的变化 ……………………………………………………………………………… (164)

第四节 油气生成的化学动力学和影响因素 ………………………………………………… (164)

一、油气生成的化学动力学 ………………………………………………………………… (165)

二、影响油气生成的主要因素 ……………………………………………………………… (166)

第五节 油气形成的模式 ………………………………………………………………………… (170)

一、一般生烃模式 …………………………………………………………………………… (170)

二、不同类型干酪根的生烃模式 …………………………………………………………… (172)

第八章 天然气地球化学特征 …………………………………………………………………… (177)

第一节 天然气的类型 …………………………………………………………………………… (177)

一、按天然气组分分类 ……………………………………………………………………… (177)

二、按生储盖组合分类 ……………………………………………………………………… (177)

三、按天然气相态分类 ……………………………………………………………………… (178)

四、按天然气来源分类 ……………………………………………………………………… (178)

第二节 天然气的化学组成 ……………………………………………………………………… (181)

一、烃类气体组分特征及其影响因素 ……………………………………………………… (181)

二、非烃气体组成及其成因 ………………………………………………………………… (184)

第三节 天然气的同位素组成 …………………………………………………………………… (186)

一、烷烃气的碳同位素组成 ………………………………………………………………… (186)

二、烷烃气的氢同位素组成 ………………………………………………………………… (189)

三、硫同位素组成 …………………………………………………………………………… (190)

四、氮同位素组成 …………………………………………………………………………… (190)

五、稀有气体同位素组成 …………………………………………………………………… (190)

第四节 天然气的成因判识 ……………………………………………………………………… (191)

一、天然气中有机成因组分和无机成因组分的鉴别 ………………………………… (191)

　　二、常见无机成因气的判识 ………………………………………………………… (192)

　　三、常见有机成因气的判识 ………………………………………………………… (192)

　　四、天然气成因类型综合鉴别 ……………………………………………………… (197)

第九章　石油的组成与次生变化 ……………………………………………………… (200)

第一节　原油的物理性质 …………………………………………………………… (200)

第二节　石油的化学组成 …………………………………………………………… (201)

　　一、元素组成 ………………………………………………………………………… (201)

　　二、族组成 …………………………………………………………………………… (203)

第三节　影响石油组成的因素 ……………………………………………………… (208)

　　一、原始生油母质的类型和沉积环境 ……………………………………………… (208)

　　二、有机质的成熟度 ………………………………………………………………… (211)

第四节　油气运移中的地球化学效应 ……………………………………………… (211)

　　一、初次运移引起的油气变化 ……………………………………………………… (211)

　　二、二次运移引起的油气变化 ……………………………………………………… (212)

第五节　石油的次生变化 …………………………………………………………… (215)

　　一、热蚀变作用 ……………………………………………………………………… (215)

　　二、脱沥青作用 ……………………………………………………………………… (215)

　　三、生物降解作用 …………………………………………………………………… (217)

　　四、水洗作用 ………………………………………………………………………… (217)

　　五、氧化作用 ………………………………………………………………………… (218)

　　六、硫化作用 ………………………………………………………………………… (219)

第四篇　油气地球化学在勘探中的应用

第十章　烃源岩研究 ……………………………………………………………………… (223)

第一节　烃源岩定义与研究内容 …………………………………………………… (223)

　　一、烃源岩的定义及相关概念 ……………………………………………………… (223)

　　二、烃源岩研究内容 ………………………………………………………………… (224)

第二节　烃源岩质量评价 …………………………………………………………… (224)

　　一、有机质的数量 …………………………………………………………………… (224)

　　二、有机质的质量 …………………………………………………………………… (228)

三、有机质的成熟度 ··· (233)

第三节　烃源岩发育空间预测 ·· (244)

一、烃源岩空间发育预测 ··· (244)

二、烃源岩平面展布特征 ··· (251)

第四节　碳酸盐岩烃源岩的研究 ··· (252)

第十一章　油源对比 ··· (256)

第一节　油源对比的基本原理 ·· (256)

一、油源对比的依据 ··· (256)

二、油源对比参数选择原则 ·· (256)

第二节　油源对比参数与对比方法 ·· (257)

一、油源对比参数 ·· (257)

二、油源对比方法 ·· (264)

第三节　油气源对比研究实例 ·· (268)

一、生物降解原油的油源对比(泌阳凹陷) ··· (268)

二、凝析气的气源对比(准噶尔盆地) ·· (272)

三、基于元素地球化学的烃源对比(四川盆地灯影组大气藏) ·· (275)

第十二章　生烃量计算原理与方法 ·· (282)

第一节　生烃量计算方法简介 ·· (282)

一、间接计算法 ··· (282)

二、直接计算法 ··· (285)

第二节　生烃量计算有关参数确定 ·· (288)

一、原始有机质丰度和数量的恢复 ·· (288)

二、不同类型干酪根的活化能、频率因子和生油潜量的测定 ······································· (289)

三、古今地热、地温的研究 ·· (293)

四、烃源岩埋藏史的研究 ··· (299)

主要参考文献 ··· (302)

附录　油气地球化学常用术语中英文对照 ·· (309)

第一篇
沉积有机质的来源与形成过程

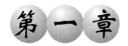

生物发育及生物化学组成

石油的有机成因理论认为,生物是油气母质的最初来源,对石油的形成起着重要的作用。可以说没有生物的发育,就没有石油的形成。然而,并不是地史时期生存过的所有生物和生物中所有的化学组分都对石油的形成有贡献。因此,了解生命的起源与进化、生物与环境的协同演化、不同环境下生物的发育特征,以及不同生物有机质的化学组成,对了解沉积有机质来源、地史分布、化学组成,掌握沉积有机质演化过程与变化规律,揭示烃源岩发育特征与时空展布规律,准确开展烃源岩评价与油源对比研究等都具有重要意义。

第一节 生命的起源和进化

一、生命的起源

广布于地球表层的沉积岩层就像一部厚重的生命演化史诗,用化石记载了地球生命的漫长历史,记载了生命的起源及生命"从简单到复杂、从低级到高等"的进化规律。生命起源于何时?迄今为止,地球上最古老的生物化石发现于澳大利亚古太古代约35亿年前的皮尔巴拉超群(Pilbara Supergroup)的硅质结核中,为类似于蓝细菌的原核生物化石。在格陵兰始太古代依苏瓦绿岩带(Isua Greenstone Belt)约38.5亿年前的变质沉积岩中发现富含轻碳(^{12}C)的碳颗粒,这种富^{12}C的碳颗粒被认为只有光合自养生物的分馏作用才能形成。这些化石和同位素记录显示地球上最早的生命出现于38.5亿年前,而未来的科学发现很可能将生命产生的时间推向更加古老的地球历史时代。

生命起源于何处?依然是亘古未解之谜。长期以来人类为之倾注了极大的热情和关注,产生了众多的假说。如20世纪后半叶产生的"宇生论"(cosmozoa theory),认为生命是以孢子或者其他生命的形式,从宇宙的某个地方通过彗星、球粒陨石等带到地球上的。其依据是在部分彗星和陨石中检测出大量的有机分子,如氨基酸、萜类、乙醇、嘌呤、嘧啶等。该假说将人类对生命的探索从地球扩展到地外行星,并诞生了一门新的学科——太空生物学。自20世纪60年代以来,人类对月球、火星、木卫二等地外生命的探索,为研究生命起源开辟了新的途径。

20世纪80年代产生了生命起源于"热泉"(hot spring)的假说,认为生命可能发生在"热泉"或类似于现代海底"黑烟囱"(black chimney)的环境中,其依据是在"热泉"中发现大量的嗜热古菌,嗜热古菌是一些"古老的种",位于"分子进化树"的基部。这类嗜热古菌能够生活在80~110℃的温度中。"热泉"或者"黑烟囱"环境的高温、富含还原性气体、高含量的硫化物等与原始地球生命起源的环境相一致。

迄今为止,大多数学者赞同达尔文的进化起源学说,认为地球生命的祖先诞生于地球早期特殊的环境之中,由非生命物质通过"化学进化"(chemical evolution)过程演化而来。20世纪30年代俄国学者奥巴林(A. L. Oparin)和英国学者荷尔丹(J. B. S. Haldane)先后提出了生命的出现是缓慢、复杂的过程,是从非生命的有机物合成并形成似胶状的有机物质,再演化成厌氧的异养生物,它们能够吸收原始海洋中的有机物来进行生长和自我复制。1953年美国学者司坦利·米勒(Stanley L. Miller)模拟奥巴林和荷尔丹假定的早期地球大气成分,在烧瓶中加入甲烷、氨、硫化氢、水、氢等还原性气体和水蒸气,封闭系统,插入电极通电并产生电火花,连续一周放电后,收集到数种氨基酸。随后,类似的实验通过利用紫外线、高温、震动波等不同的能源,在实验室合成了氨基酸、核苷酸、尿素、嘌呤、嘧啶、糖、脂肪酸等一系列有机化合物。米勒实验让人们认识到在早期的地球上,如果大气圈含有大量的甲烷、氨气、氢气等还原性气体,并存在原始海洋,它们就有可能在闪电、紫外线、高温等条件下合成多种氨基酸和其他简单的有机化合物。这些有机化合物可能在特定的环境中进一步聚合成蛋白质、多糖类和高分子脂质,并在特定时期孕发为生命。

总之,生命起源的各种假说目前都存在一些缺陷,如"宇生论"很难解释为何生命在真空中并暴露于大量宇宙射线之下,通过数万年从天体迁徙至地球还能继续萌发。在高温条件下,20种氨基酸和嘌呤、嘧啶、戊糖骨架非常不稳定,而且在热泉这种极端环境中生命仅能维持几秒钟,因此热泉生物是如何进化为现存生物,是"热泉说"目前无法解释的问题。"化学进化"模式是基于原始地球大气为还原性大气,但现有研究还不能确定原始大气组成是否为还原性,有可能为惰性,甚至为氧化性。此外,原始生命物质在地球早期并不能长期稳定存在,大量陨石和小行星撞击产生的高温可能使这些原始生命物质瞬间干涸。

可见,关于生命起源的研究远未完善,但人们已经在理论和实验中取得了可喜的进步。相信在不远的未来,人类的智慧之光定将解开生命起源之谜。

二、生命的进化

生命在地球上出现以后,就沿着生物进化(遗传、变异、选择等)的道路由低等向高等发展。从38.5亿年至5.4亿年的早期生命进化史中,地球上的生命经历了原核生物的发展、真核生物的起源和演化、后生动物及后生植物的起源和演化等重要进化事件。从5.4亿年(显生宙)以来,地球生命经历了维管植物的登陆、陆地脊椎动物的起源和进化、昆虫及其他陆生无脊椎动物的演化、被子植物及哺乳动物的出现、人类的起源等重要进化事件。

各时代古生物化石记载了生物进化的历程,其重大变革如下:

1. 原核生物的出现

原核生物是地球上已知的最原始生命形式,可靠的化石记录显示它们在35亿年以前就已出现,现今遍布于地球表层。它们在地球上生存的时间最长,主宰着自35亿~25亿年之间超过10亿年的地球生命史。保存于35亿年前的澳大利亚硅质结核中的原核生物化石,在形态上与现代蓝细菌极为相似,是一类光合自养生物。这类生物在地球早期的海洋中可以形成较大规模的叠层石微生物席。迄今为止,在澳大利亚、北美和南非十几个地点的年龄老于25亿年的沉积岩中发现了叠层石。建造叠层石的微生物群落参与了地球早期的元素氧化和还原反应,转移并积累了化学能和太阳能,并在代谢过程中释放氧气,把早期还原性的大气圈逐渐转变为氧化性的大气圈。在这个历史阶段,原核生物主宰着地球,也改变着地球环境,为真核生物和多细胞生物的出现奠定了基础。

2. 真核生物的出现

真核生物的出现是地球生命史上最引人注目的进化事件之一。原核生命经历近10亿年的演化,经蓝细菌的释氧作用,地球大气氧含量达到一定程度之后,真核生物才开始出现。真核生物进行有氧代谢,有氧代谢获得能量的效率比无氧呼吸(发酵)的效率高19倍,从而大大提高了生物新陈代谢的效能。真核生物进行有丝分裂,能够更完整地获得遗传物质,更好地遗传母细胞信息。有氧代谢和有丝分裂都需要氧气。同时,真核细胞抵御强烈紫外线的能力较差,需要大气圈形成臭氧层以减少宇宙射线对真核生物的辐射伤害。保存于中国北方中元古代18亿~17亿年前的串岭沟组中的大型球状疑源类化石是早期真核生物的可靠证据。这些化石的存在表明,地球在20亿年前已经形成具有一定氧含量的大气圈。新元古代(距今10亿~5.4亿年),真核生物的多样性有了明显的提高。在北美史匹卑尔根岛(Spits-bergen Island)7.5亿年前的地层中发现微米级的绿藻,在澳大利亚5.6亿年前的地层中发现了以软躯体无脊椎动物印痕为主的"埃迪卡拉动物群"。在中国扬子克拉通新元古代陡山沱期发现的"瓮安生物群"、"庙河生物群"、"蓝田生物群"是大冰期之后,寒武纪生物大爆发之前真核生物的代表,以绿藻、红藻、褐藻、大型带刺疑源类、以及后生动物和动物胚胎化石为特征,是地球早期生命多细胞化、组织化、性分化和生物多样性的见证。

3. 寒武纪生命大爆发

5.4亿年的寒武纪底界是地球生命演化史上的重要界线,界线之上的显生宙地层中保存了种类繁多、数量惊人的宏体化石。而寒武纪界线之下的隐生宙地层中,肉眼可见的宏体化石十分稀少。这种现象被称为"寒武纪大爆发"(Cambian explosion)。生活于现今地球上的各个动物门类,几乎都在早寒武世不到两千万年间相继出现。"小壳动物群"(small shelly fossils)是地球上最早具有典型的钙质外骨骼的动物化石,包含了多种类型的无脊椎动物,分布十分广泛,几乎所有早寒武世浅海相的碳酸盐岩和磷酸盐岩中都有发现。"澄江动物群"(Chengjiang Fauna)保存于云南澄江县早寒武世的页岩中,已发现的化石达120种之多,包含海绵动物、腔肠动物、腕足动物、软体动物、节肢动物、脊索动物等10多个动物门类和多种共生的海藻。沉积学及碳、硫、锶等元素稳定同位素地球化学证据显示,海洋化学和物质循环在前寒武纪和寒武纪之交发生了巨大变化,海洋物理和化学条件的改变,可能为生命大爆发提供了有利的环境背景。此外,动物捕食效率的提高和生态空间的竞争,可能导致了大量带壳动物的出现。寒武纪生命大爆发是动物进化史上的里程碑事件,为显生宙到现今动物的进化建立了最基础的框架。目前,对寒武纪生命大爆发机理的认识仍有许多难解之谜。

4. 动植物的登陆及人类的起源

在地球生命史的前30亿年,生命大部分局限于水中,生命由水中向陆地进发是生命史中的又一里程碑事件。大约在4.7亿年前,植物和真菌一起登上陆地;4.3亿年前出现维管植物,早期陆地生态系统开始建立;大约3.5亿~3亿年前,陆地维管植物繁盛,陆地脊椎动物出现并演化,昆虫及其他陆地无脊椎动物起源和进化;2.1亿~1.4亿年前,被子植物及哺乳动物起源和进化;大约200万年前,早期人类已经起源。

总之,生命从产生至今,经历了一系列的演化事件:从异养到自养;从无氧呼吸到有氧呼吸;从原核生物到真核生物;从无性繁殖到有性生殖;从简单的单细胞生物到复杂的多细胞生物,再到古菌、细菌、植物、动物的分化;从水生生物到动植物登陆。说明生物演化的方向是从低级向高级、从简单向复杂、从单一向多样发展的。

尽管生物进化的理论还不尽完美，还有许多未解之谜，但生物进化的规律并不会改变（童金南和殷鸿福，2007）。生物进化的规律主要表现在如下方面。

(1) 生物进化的不可逆性(irreversible evolution)：生物进化是不可重复、不可逆的，已经灭绝了的生物类型不会再出现，现今地球上的生命和复杂的生命系统不会退回到地球历史上曾经有过的任何状态。生物进化的不可逆性导致地球的生命结构和系统自生命起源以来逐渐复杂化和多样化。

(2) 生物进化的本质是遗传物质的改变：生物进化是通过遗传物质的变化来实现的。生物与其生存环境相互作用的过程中，其遗传系统随时间而发生一系列不可逆的改变，并导致相应的表型改变，这种改变使得生物对其生存环境更加适应。

(3) 自然选择是适应进化的主要原因：在生物产生的众多生殖细胞或后代中，只有那些具有最适应环境条件的有利变异个体有更多生存机会，并繁殖后代，从而使有利变异得以世代积累，不利变异被淘汰。

(4) 适应是生物特有的现象：适应是生物界普遍存在的现象，也是生命特有的现象。生物个体内部的分子、细胞、组织、器官，以及群体都被设计成适合于一定的生物功能，而这些生物结构与相关功能又进一步地适合于该生物在一定环境条件下的生存和延续。例如鱼鳃的结构和功能适合鱼在水中生活，而陆生脊椎动物肺的结构及功能适合于该类动物在陆地环境中生存。

(5) 灭绝和辐射是生物进化的重要形式：在地球生命史上经历了数次大灭绝（或称集群灭绝）和大辐射（或称大爆发），大灭绝和大辐射发生的时间相对较短，在大灭绝之后往往出现大辐射现象。大灭绝及大辐射发生的过程和原因极为复杂，还有许多尚待破解的谜团。

(6) 急剧的环境变化会导致生物的快速进化：在生物生存的环境中，环境因子（包括物理的、化学的、生物的因子）的急剧变化会使生物发生快速的进化。如人类大量使用杀虫剂，能够使昆虫和微生物很快产生抗药性。

(7) 生物大分子进化速率相对恒定：如果以核酸和蛋白质一级结构的改变为进化度量，进化时间以年计，那么生物大分子随时间的改变（即分子进化速率）几乎是恒定的，而且与种的进化地位无关。

(8) 生物的个体发育与系统发展：赫克尔用重演律(recapitulation)来概括个体发育与系统发展的关系。"个体发育阶段与种进化历史是对应的"，也就是说个体发育"重演"了系统发生的过程。

(9) 地球生命与环境协同进化：在大的时间和空间尺度上，地球上的生命自起源以来就与地球的岩石圈、水圈和大气圈的演化相互关联、相互作用、相互制约，它们共有一个协同演化(coevolution)历史。

谢树成等(2014)对地球历史时期生物圈与大气圈、水圈和岩石圈的相互作用与协同演化做出归纳和总结（图1-1）：生命的每一次重大进化事件都是发生在大气圈、水圈、岩石圈重大变革之后。同时，生命的重大进化事件又促进了大气圈、水圈、岩石圈新的重大变革，并引起新的、更高一级的进化事件出现。如生命的产生是以水圈的出现、还原性大气的存在为条件。而当生命出现之后，特别是自养蓝细菌出现之后，大气圈的组成就发生了新的变革，第一次大的成氧事件使原始地球的还原性大气缓慢变为氧化性大气，水圈由缺氧逐渐变为分层水体，即表

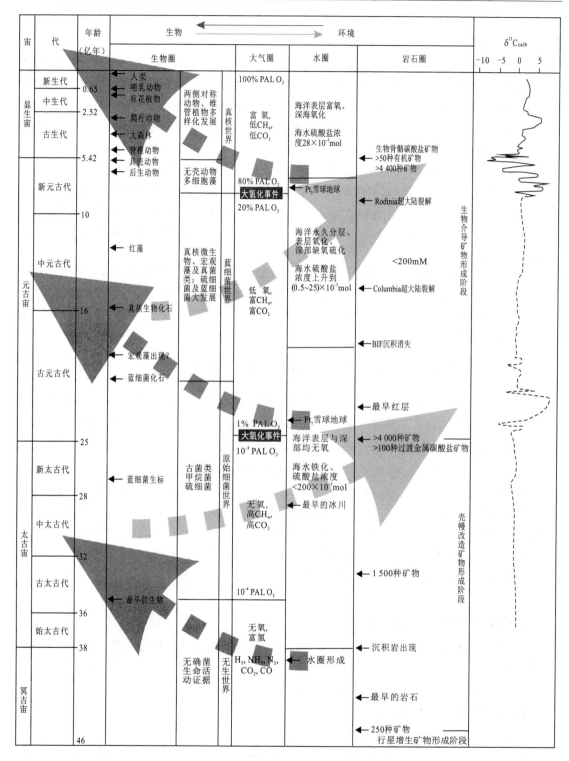

图 1-1 地球历史时期生物圈与大气圈、水圈和岩石圈的相互作用与协同演化
（据谢树成等，2014）
浅色箭头代表生物对环境的作用；深色箭头表示环境对生物的作用

层氧化、深层缺氧硫化，海水中硫酸盐浓度开始增加。大气圈和水圈氧含量的增加，又促进了新的重大进化事件，即真核生物的出现。真核生物的出现、宏观藻类、真菌的发展以及蓝细菌的继续繁盛，导致了第二次大成氧事件，大气中 CO_2 含量减少、水体表层富氧、深层氧化、海水硫酸盐含量大量增加。大气圈和水圈的这些重大变革，为寒武纪的生命大爆发创造了条件。具钙质外壳的小壳动物广泛分布、各类后生动物在短时间内的辐射发展，都标志着地球进入新的、显生宙时代。大气圈、水圈的变化使得水体的物理、化学环境发生了根本性变化，利于各门类生物辐射演化，并占据海洋的各种生态空间。

陆地植物的出现也是生物与环境协同演化的结果：适宜的气候使得最早的植物和真菌开始建立稳定的陆地生态系统，苔藓植物的出现、植物成功登陆，直至陆生维管植物的最后出现，植物逐渐发展出适应陆地生态系统的结构和功能。陆地植物的出现改变了原始裸露的陆地环境，减缓了陆地风化作用，使陆地生态系统更加多样化。森林的出现也为陆地动物的辐射发展提供了良好条件。

总之，生物的大辐射发生在地质历史环境好转时期，而生物的大灭绝则出现在环境恶化时期。显生宙数次生物大灭绝及随后的生物复苏与泛大陆的形成、海陆格局重组、洋流改变、海平面变化、火山活动和外星体撞击等环境因子密切相关。油气的生烃母质正是在生物与环境的协同演化过程中产生和保存的。

三、地史时期对沉积有机质有主要贡献的生物类型

在整个地质历史阶段，并不是所有曾生存过的生物都能保存为沉积有机质，对沉积有机质有主要贡献的生物类型是浮游植物、细菌、浮游动物和高等植物。现分别简述如下。

1. 浮游植物（Phytoplankton）

在地质历史阶段，浮游植物可能一直是沉积有机质的第一大来源。Tappan 和 Loeblich（1976）曾估算了它们在地史时期的丰度（图 1-2），发现地史时期浮游植物有 4 个高产期：①前寒武纪晚期至早泥盆世是第一个高峰期，以光合生物和蓝细菌为主的原核生物为沉积有机质的主要来源；②晚侏罗世至白垩纪，盛产钙质浮游生物，以沟鞭藻和颗石藻的繁盛为特征，从晚白垩世起，硅藻和硅鞭藻成为海洋浮游植物的主要类型；③晚古新世至始新世是浮游植物的第三个高峰，中新世达最高峰；④新生代的浮游植物繁盛期都是以沟鞭藻、硅藻、颗石藻为主要类群。

2. 细菌（Bacteria）和古菌（Archaea）

细菌和古菌是地球上最古老的生命，又是分布最广、繁殖最快的生物。由于细菌和古菌在生理方面存在巨大的应变性，使其生存于有生命的整个地史时期并遍及生物圈的每一个地方。对于保存沉积物中有机质，它们可能是仅次于浮游植物的第二大来源。

3. 浮游动物（Zooplankton）

浮游动物以浮游植物为食，故浮游动物高产期往往紧接浮游植物高产期而出现。如早古生代大量发育三叶虫、笔石；晚侏罗世大量发育浮游有孔虫。由于浮游动物以浮游植物为食，减少了浮游植物对沉积有机质的直接贡献，但却增加了浮游动物及其排泄物作为沉积有机质的来源。低等的无脊椎动物从寒武纪以后提供了相当数量的沉积有机质，而较高等的脊椎动物如鱼类等，只能供给很少的有机质。

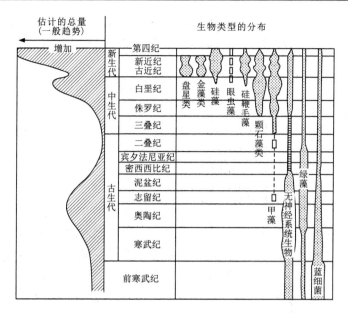

图1-2 在地质历史中,化石浮游植物群和总浮游植物丰度变化
(据 Tappan and Loeblich,1976 修改)

4. 高等植物

高等植物为沉积物提供有机质,可能仅次于浮游植物,而与细菌相当。陆地高等植物的出现始于志留纪。

中泥盆世经历一个爆炸性发展,到晚石炭世,以蕨类植物为主的陆生植物群达到高峰,形成世界上第一大成煤期。晚二叠世到早白垩世称为"裸子植物时代"。以后迅速进入"被子植物时代"。适应性强的被子植物繁衍是植物界最重大变革,使白垩纪和古近纪的内陆盆地内形成大量煤层。图1-3表示了陆地植物的演化过程。

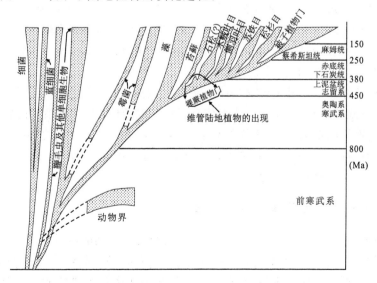

图1-3 陆地植物的演化过程

尽管高等植物产率高，但并不总是沉积有机质的重要贡献者。由于其生长于陆地环境，保存条件差，因而对成油的贡献要低于浮游植物，但它可以形成炭质泥岩和煤，即成为气源岩。

第二节　生物发育的基本原理

生物的进化包括系统发育和空间扩展两方面，其中心都是生物与环境的关系。研究生物与环境关系的型式或总体，是生态学的主要研究内容之一。

本节简述的生态学基本原理，适用于不同地史时期不同生活环境中生物的发育。

一、生物与环境整体性原理

某一种生物所有个体的总和称为种群。生活在一定区域内的所有生物种群组成群落。群落与之相互作用的生活环境组成统一体，形成特定的群落组成、能量结构、食物关系、物质循环，称为生态系统。生物圈实质是最大和接近自我满足的生态系统，整个生命世界组成多层次的谱系(图1-4)。

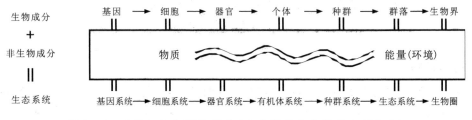

图1-4　生物组织层析的谱系(生态学集中在谱的右侧部分)

生态系统的一般组成是：①生产者——自养生物，主要为行光合作用能从无机物制造食物的绿色植物以及自养微生物，如光合细菌、化能合成细菌等；②消费者——异养生物，以其他生物或有机质为食的动物，以生产者为食者称一级消费者，以一级消费者为食者称二级消费者，乃至更高级；③分解者——异养生物，以分解死亡有机质供自身发育和供生产者再利用的细菌及真菌；④参加生态循环的无机物质；⑤联结生物和非生物的有机质；⑥气候环境因素。前三者组成生态系统中的群落，生态系统的构成如图1-5所示。

生物与环境整体性原理至少包含两层含义：①生物之间、生物与环境之间不是互不相干，各行其事，而是有规律地共处，相互关联而依存，统一成整体。②生态系统的特征不等同于各生物个体或种群特征的汇总，正如生物的功能不等于各细胞、器官功能之和一样。"生命谱"中每一新层次，必有自己的特征。古希腊先哲亚里士多德在阐明整体性原理时说过："整体大于部分之和。"这是生态学最重要的原理之一。

二、生态系统的"能量金字塔"原理

生长、自我繁殖、新陈代谢是生命的本质。没有与之相伴随的能量流动(简称"能流")和物质循环(简称"物流")，就不可能有生命和生态系统。"能流"和"物流"是生态系统的基本功能。太阳能是"能流"最原始的能量来源，此外，地热能、化学能也是重要的能流来源。以太阳能为能量来源的生产者将太阳能转化成生物化学能，消费者、分解者再从生产者获取能量。"能流"

服从热力学第一、第二定律。第一定律是关于能量守恒的定律,即能量可以从一种形态变成另一种形态,但它既不能创造也不能消灭。第二定律是关于能量转化的定律,即由于部分能量必以不能作功的热能散失,因此任何能量都不能百分之百地自然转变为能做功的自由能。这说明"能流"在生态系统中是一种依次传递和单向流失过程。

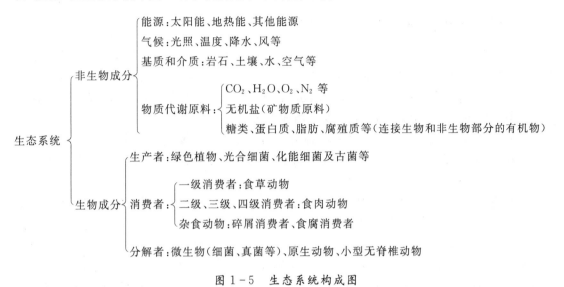

图 1-5 生态系统构成图

(据童金南和殷鸿福,2007)

绿色植物一般只能捕获照射于自身太阳光能的1%,栽培植物可达5%。而在生态系统内"能流"只有约10%传递给高一级消费者。大部分能量用于维持自身的新陈代谢和呼吸作用,并以热的形式散发到环境中去。这种生态能量流的逐级递减原理可用能量金字塔(图1-6)形象地表示。能量逐级递减,生物量(总干重)自然也逐级递减。生物个体大小不一,个体数量不一定逐级递减。

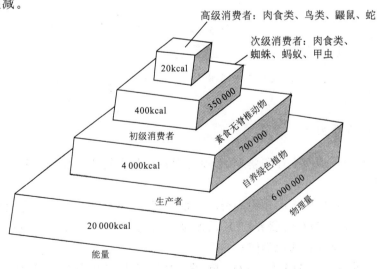

图 1-6 生态学金字塔图解

(据 S. L. Weinberg)

生物的产量可用生产力概念定量表示。生物在单位时间内生成有机质的总数量称总生产力(量)。除去自身消耗的有机质储藏量称净生产力。生产者的净生产力称初级生产力。次级消费者的净生产力称次级生产力。最高级消费者的净生产力称终极生产力。按生态金字塔原理,初级生产力最大,次级生产力依级次减小,终极生产力最小。

三、生态系统的物质地球化学循环原理

营养物质在生态系统中做循环运动(图1-7)。在供食关系上,生物以链状方式依次取食,这种链状关系称为食物链。食物链分生食型和腐食型。食草动物以活的植物为原始食物开始的食物链,称生食型;真菌、细菌、食腐动物以死的有机质为原始食物开始的食物链称腐食型。在复杂的供食关系中,食物链相互交叉组成食物网。

自然界已知元素90多种,有30~40种为生物所需。按需要量分3类:①基本元素,碳、氢、氧、氮,占原生质的97%以上;②大量营养元素,如钙、镁、磷、硫、钾、钠等;③微量营养元素,如铁、铜、锌、硼等。

如果说生命的能量来于太阳"赐给",那么生命的物质则是地球本身的"馈赠"。生物所需的各种元素,沿着特定途径,从周围环境到生物体,再从生物体回到环境中,称之为生物物质的地球化学循环。每个循环由两个库组成:①储存库,容积大而循环慢的非生物部分;②交换库,生物与环境间迅速交换的小而活跃的部分。生物地球化学循环按储存库性质分成两大类型:①流体型,储存库为大气或水圈;②沉积型,储存库为沉积地层。以沉积地层中天然可燃矿产为储存库的特殊循环是本学科最感兴趣的生物地球化学循环。

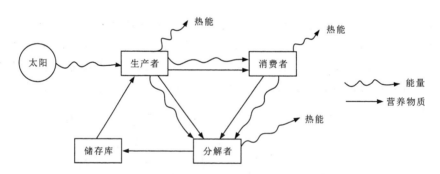

图1-7 生态系统中营养物质的循环运动(能量的单向流失)

四、限制因子原理

一种生物在某个环境中生存和繁殖,必须得到各种基本物质条件。这些基本物质条件称为环境因子或生态因子。

对生态系统中各环境因子的作用是否应等量齐观?1840年,Liebig在作物栽培实验基础上提出"植物生长取决于最小的营养物量"的原理,被称为最小因子定律。以后的学者把此定律扩展到包括所有环境的物理化学因子。

进一步研究发现,某些因子,如热、光、水,太少或太多都会限制生物生长。Shelford(1913)提出耐性定律:生物的生态因子都有其最小量和最大量,两者之间的限度称耐性限度。

任何因子超出耐性限度(不足或过多),都会使该生物衰退或不能生存。

把最小因子定律和耐性定律综合起来,可得到更普遍、更有用的限制因子原理:一种生物或生物群落的生存和繁衍取决于综合环境因子的状况,其中接近或超过耐性限度的因子称"限制因子"。生物的生存和繁盛主要受限制因子控制。研究复杂环境因子对生物发育的影响,首先应研究限制因子的决定性作用。

所有因子耐性范围都很广的生物,分布广泛,称为"广适性生物"或"世界性生物"。相反,耐性范围狭窄的生物,称"狭适性生物"。根据耐性范围广窄,生物分狭温性和广温性、狭盐性和广盐性、狭深性和广深性、狭食性和广食性、狭栖性和广栖性等。最典型的世界性生物占据生物界的两极——最低等的细菌和最高等的人类。生物分布在狭窄范围的现象称为"狭区现象"。

五、生态优势种原理

对生态系统中各生物种群的作用是否应等量齐观?在种群中控制大量能流,具有最大生产力,对其他生物和环境有强烈影响的种群,被称为生态优势种。把优势种除去,会使生态系统发生重大变化。而除去非优势种,影响则小得多。如在陆地群落中,种子植物常是主要优势种。自然环境极端的地方,优势种数目少。

六、生态平衡原理

生态系统内各个因素在发展中定向趋于成熟,逐步建立相互补偿的协调关系,使系统达到一定的稳定动态平衡称为生态平衡。生态平衡包括生态结构上、功能上、输出输入物质上的平衡,达到生态平衡的生物群落称为顶级群落。保持生态平衡对人类至关重要。在漫长的地史时期,生态系统经历了无数不平衡—平衡—不平衡的演替,促进了生物的进化。

第三节 不同环境的生物发育

领域广阔的生物圈内生物发育极不平衡,这是沉积物中有机质极不均衡的重要原因之一,因而有必要了解不同生活环境的生物发育特征。鉴于不同水体环境的生物产率对潜在烃源岩形成十分重要,本节主要从不同水体环境来介绍生物的发育特征。

一、海洋环境的生物发育

现代海洋空间巨大,环境的差异性和分带现象十分明显。生物产率主要受阳光、养料(包括二氧化碳、氮、磷和微量有机质)和海水的混合作用所控制。其环境的主要特征如下:

(1)基质特征:水热容量大,接收热多,导热性差,散热慢,因此,水温比气温稳定得多。海洋水温分布在$-2 \sim 36$℃之间。同时,水中含氧量比大气中含氧量低得多,常常直接影响生物的发育。此外,海水的透光性也比大气差,清水透光层约200m。

(2)空间巨大:现代海洋总面积约3.61亿km^2,占地球面积的71%,且深度大,海洋总体是淡水生物生存空间的300倍。

(3)水体连片,组成连续循环:海洋不像陆地和淡水环境那样被分隔。由于阳光、大气和地球自转的作用(科里奥利力),海洋产生风生环流和温盐环流这两种全球性环流,从而使整个海水只需500～600a即可混合一遍。这也是使海洋的许多理化因素比陆地、湖泊理化因素差异小的重要原因。如海水盐度约35‰，变化在33‰～40‰之间。

(4) 波浪和潮汐作用强烈：强烈的波浪和潮汐一方面使海水在垂向上混合，另一方面把大陆营养物质不断冲入沿岸海水中，形成富营养带。

(5) 分带性明显：在水平方向上，根据离岸远近和水深分为滨海（潮间）带（即高潮和低潮之间）、浅海（近岸）带（低潮线到200m水深之间）、半深海带（水深200～4 000m）和深海远洋带（水深>4 000m）。在垂直方向上，根据光亮度分为强光带（海面至80m水深）、弱光带（80～200m水深）和无光带（200m以下）。按温度可分为热带海、亚热带海、温带海、近极区和极区海。在热带—温带存在常年或季节性温跃层（水深500～1 000m）和盐跃层（水深100～800m）。海水的含氧度、含营养物质也有垂向分带现象。而这些垂向分带现象不断被海洋环流、波浪、潮汐所搅混，处在分异—搅混—再分异的动态平衡之中。

(6) 海洋生态的限制因子：海洋中某些营养物质平均浓度低，如生物必须的氮（硝酸盐）、磷（磷酸盐）和铁等，成为控制生物在区域上发育的主要限制因子。如南大西洋表层中的磷酸盐含量明显控制了浮游生物的发育，二者具有正相关性(Tissot et al,1978)。阳光是海洋生态系统中生产者进行光合作用所必需的，因此光亮度是控制生物在垂向上发育的主要限制因子，而温度和盐度是另两个重要限制因子。温跃层、盐跃层的存在阻碍了富营养物质的深层水上升到表层，限制了浮游生物的繁殖。

海洋中的生物主要有浮游植物、浮游动物、自游动物、底栖动物、细菌和古菌等。根据各类生物生存的方式，结合海洋环境特征，可将其分为4类生物发育区。

(1) 特高产区：美洲、非洲大陆（秘鲁、加利福尼亚及南非）的西海岸，由于信风和地球自转偏向力（科里奥利力），表层海水吹离岸区，使富含营养物质的深层海水不断上涌，形成海洋上升流，是生物特高产区。河口附近海域接受河流带来的大量营养物质，包括无机盐类（磷酸盐、硝酸盐等）和有机碎屑，亦形成生物的特高产区。

(2) 高产区：主要是大陆架的近岸浅海区。其原因是：①江河、波浪、潮汐带来陆岸大量营养物质；②沿岸带常有不同性质的水体汇合；③滨岸发育的沼泽和潮坪，生物丰富；④热带、亚热带滨岸发育生产力极高的红树林和珊瑚礁。珊瑚礁等生物礁在地史时期的广泛发育，对石油生成和储藏有重要意义。

(3) 中产区：南极、北极海域及沿赤道的海域，由于海流和风使水混合，产量中等。

(4) "海洋沙漠"区：远离大陆的深海区，在纬度10°～40°之间，缺乏营养物质来源，温跃层、盐跃层的存在又使深层含营养物的水不易上升到表层，生物极少，产量最低。

图1-8给出了世界海洋中的原始生物产率，大致反映了不同海域生物产率的差别。

二、海陆过渡环境的生物发育

海陆过渡环境是指介于大陆及其淡水与外海之间、多呈半封闭状态的沿岸水体。它们处于海陆过渡的位置，生态特征介于海洋和大陆淡水环境特征之间，包括河口湾、三角洲、港湾、潟湖、堤礁及深入大陆的陆表海。其环境的基本特征如下。

(1) 物理化学条件变异性大：海水和淡水在此混合，水量蒸发和补给在各处差异极大。不仅各水域间差异大，同一水域各处也可分低盐、中盐和高盐。

(2) 环境空间小，分布不连续：海陆过渡环境的空间通常较小，水体较浅，形态多呈半封

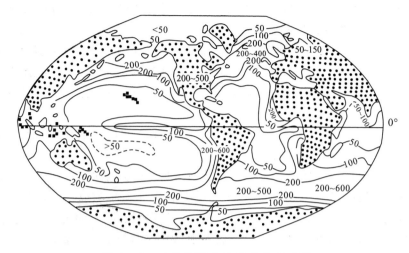

图 1-8 世界海洋中的原始生物产率

(据 Debyser and Deroo,1969)(单位:g 有机碳/m² · a)

闭型。

(3)潮汐、河流、波浪作用强:河口湾依河流与潮汐作用的相对强弱分 3 类:①河流大大超过潮汐作用,淡水充溢在较重盐水上,形成明显的"楔形"盐跃层,为高度分层的河口湾;②河流与潮汐作用大体相等,形成局部混合或适度分层河口湾;③以潮汐作用为主,形成完全混合或垂向均质的河口湾。

(4)亚系统及分带性明显:由于海陆过渡环境生态系统的多样性,按生态能量学,将其进一步划分为:①两极生态系统:光、低温是强有力的限制因子;②温带海岸生态系统:特点是富营养、初级生产力高和生物繁殖表现有规律的季节变化;③热带海岸生态系统:特点是生物种属多样;④理化条件剧变的生态系统:特点是生物种类单调(因只有很少种群能适应高能波浪、强潮流、温度、盐度剧烈变动的环境);⑤近代人为污染河口湾:按水体深浅、性质可分为:①浅水生产带;②深海湾、河口湾、海峡、潟湖等。

(5)营养物质丰富:一般来说,过渡生态比海洋和淡水营养物质都丰富。因为河口湾是营养物质收集器,它有利于各种生产者(大型水生植物、底栖水生植物、浮游植物)全年通过光合作用繁殖,另外强烈的潮汐作用移走了废物,输送了食物和营养。

(6)生态限制因子:主要是盐度、温度和阳光(透明度)。理化条件变异大,最突出表现在含盐度变化上。一些河口湾的含盐度每时都有变化,既有高度淡化河口湾,也有高盐度海岸盐湖。一般来说广盐性生物较适应这里的环境。

过渡环境生物的显著特点是生产者的多样性,主要有大型植物、小型底栖植物、浮游植物。初级消费者是浮游动物和食植动物,生食型和腐食型食物链并重,广盐性和广温性生物为主,生物生产力高,特富营养的河口湾、海湾会形成赤潮,大量的浮游水藻及其分解产物会使水体变浑浊。

三、湖泊环境的生物发育

湖泊空间比海洋要小得多,与海洋相比,有如下特点:

(1)基质理化条件不同:湖泊大多为淡水,也有微咸、半咸和咸水。不同发展期的湖泊含盐度变化大,但同期同一湖泊盐度大体均一。

(2)空间比海洋小得多:现今湖泊总面积仅占地球面积的0.5%以下,为海洋面积的0.7%以下。我国现存最大的咸水湖、淡水湖均比某些地史时期的湖泊小得多。湖泊水体较浅,很少超过100m。湖泊寿命一般比海洋短。有些湖盆界线和面积十分不稳定,随着入水河流的迁移而变化。

(3)湖泊被陆地高度分割:特别是不同水系的湖泊,相互之间完全隔离,与海洋广阔连片不同,造成湖泊理化条件差异性比海洋大得多。

(4)河流波浪作用较强,无潮汐作用:河流从四面八方将矿物质和营养物带入湖盆。

(5)分带性:湖泊通常有3个明显的带。①沿岸带,指光线能透射到底的浅水区,主要发育有根植物;②湖沼带,开阔水面的上部透光层,生物以浮游、漂浮、自游为主;③深底带,指有效光透射深度以下的深水区和底部,以自游、底栖生物和细菌为主。温带的深湖有季节分层现象,夏季存在温跃层,而春秋两季上下水温接近,利于上下对流,使深层水获得氧气。热带湖亦有明显分层现象,有的在较冷季节产生一次混合,有的缓慢混合,有的持久分层。水体持久分层对下部水体生物及底栖生物发育不利,但对有机质的保存有利。

(6)限制因子不同:营养性是湖泊的主要限制因子。按营养水平,湖泊分富营养型、营养型和贫营养型。一般来说,典型的贫营养型是新形成的深湖。湖下层比湖上层大,沿岸植物稀少,浮游植物密度低,初级生产力低。在地质时期湖泊向富营养型发展,湖泊变浅,沿岸植物逐渐丰富,浮游植物种群逐渐稠密,初级生产力变大。由于营养物质的积累,可能出现浮游植物种群爆炸式增长。故随着湖泊的形成、发展和萎缩,常经历一个从贫营养型→富营养型→沼泽化的过程。温度、透明度、水中含氧和二氧化碳浓度、盐度是另一些经常性限制因子。

以淡水环境为主的现代湖泊,藻类是最重要的生产者,水生种子植物第二。在动物消费者中,主要是浮游动物、软体动物、水生昆虫、甲壳动物和鱼类。作为还原者的细菌和真菌在湖泊生态中常起十分重要的作用。湖泊沿岸带既发育有根和底栖的植物,又发育浮游植物(藻类为主)。在开阔水面的湖沼带,以藻类为主的浮游植物占绝对优势。在温带湖泊中,浮游植物的突出特点是种群密度有明显的季节变化,会发生浮游植物季节性"开花"或"勃发"。湖泊食物链以"生食型"与"腐食型"并重为特征,细菌对湖泊有机质的改造作用较强。湖泊生物种属多较单调,多为狭区种。贫营养湖生物产率很低,营养湖具中等产率,富营养湖具有高和特高产率。从地史时期来看,生物先在海洋中形成、繁衍,以后逐步扩展到大陆及其水域。在我国中、新生代地史时期,发育了大规模湖盆环境,比现今湖泊面积大得多,有的湖泊生物产率很高。

四、沼泽环境的生物发育

沼泽是土壤充分湿润、季节性或长期积水、丛生着多年喜湿性植物的低洼地段。它可视为水生环境与陆地环境的过渡环境。其环境特点如下。

(1)基质特征:沼泽环境的基质不仅包括低洼处水体和土壤,还包括上部的大气。大气的温度变化大、含氧多、透光性好,常年或季节性积水、地下水位浅是其基本环境特点。

(2)环境空间小,积水浅:全球现有沼泽总面积比全球湖泊面积小,规模比地史时期主要成煤期小得多。积水浅、主要生长叶茎出露水面的挺水植物,是沼泽环境的又一基本特征。

(3)被陆地高度分割:它们散布在从寒温带到热带、从海滨到内陆洼地。

(4)水体基本停滞,大气环流对其有影响:此环境下水流、波浪、近海潮汐作用很微小,大气降水和风对其影响较大。

(5)类型众多,内部分带性不明显:按地区分为内陆沼泽和近海沼泽;按地形分为平地沼泽和高地沼泽;按成因分为湖泊陆化沼泽、潟湖陆化沼泽、河流泛滥沼泽、排水不良沼泽、涌水沼泽、泥炭地扩大沼泽和大气降水沼泽。

(6)营养物质一般丰富:一些高位沼泽在形成初期可能是贫营养的。这时主要生长以矿物质为养料的植物。由于营养物质输入多而输出少,逐步积累,形成富营养沼泽。至于湖泊、潟湖等演化来的沼泽,营养积累更富。

(7)环境的限制因子:水和湿度是沼泽基本的限制因子,温度、盐碱度也是重要的限制因子。沼泽必须具备低洼处积水、土壤充分湿润化的基本环境条件。

沼泽环境的生物群落以水生高等植物为主,可以是草本,也可以是木本。大多是挺水植物,也有极少数沼泽生产者以低等藻类植物为主。生产者的生产量占了沼泽生物生产量的绝大部分。初级消费者(食植动物)所占比重,比海洋、湖泊小得多。沼泽食物链以腐生型为主,特别是热带、亚热带地区。而寒带由于细菌的分解作用缓慢,大量堆积的植物残体形成泥炭。

稳定适宜的环境条件,使绿色植物在沼泽长期繁茂,生物产率很高。世界煤储藏量惊人,说明地史时期沼泽发育,且其生物生产力巨大。从地史时期生物进化来说,沼泽的大规模发育是在泥盆纪维管植物大量发展以后。欧洲、北美石炭纪成煤沼泽主要由蕨类植物组成,二叠纪冈瓦纳成煤沼泽主要由舌羊齿植物组成。晚中生代以来,沼泽的植物群落逐步接近现代沼泽群落。

五、陆地环境的生物发育

陆地环境是所有环境中最富于变化的,它具有与其他水生环境明显不同的独特环境特点。

(1)基质性质:对陆生环境,基质尤为重要。土壤是各种营养物质的来源,是高度发展的生态亚系统的分类依据。大气是另一基质,其温度、湿度变化大,相对密度小、透光度好、含氧和二氧化碳充分,受气候调节最为明显。

(2)环境空间仅次于海洋。

(3)世界陆地不连片,但整个地球大气迅速循环,使各种气体成分有恒定的含量。

(4)分带性明显:陆生环境主要依据气候和基质因素分许多亚系统。随不同海拔的气温变化,垂向分带性也很明显。由于环境限制因子的极大差异性和多样性,决定了生物群落及发育的极大差异性和多样性。

(5)主要环境限制因子:气候(水分、温度、光照)和土壤的营养程度是陆地环境两组最重要的限制因子,决定了陆生群落的性质和生产力。世界各地同一种气候类型,都趋向发育相似的群落类型。

陆地环境中的生物群落结构与水生环境的最明显区别是生产者的类型和大小。陆地生产者通常是高等植物,数目较少,但个体体积巨大。单位森林面积上生物量也大。整个生物圈可见到两个极端生态系统:一个是茂盛高产、高大乔木的森林;另一个是生物稀少的"远洋沙漠"和陆地沙漠。中间有湖河、沼泽、草地、河口湾、海洋边缘等各种生态系统的广大梯级。空气密度小,使陆地生产者不得不把能量大量用于支撑组织上。陆地植物的纤维素和木质素含量高,很难也很少为消费者所利用。陆地初级消费者得到可食、易食的养料相对要少,在生态系统中重要性比水生生态中要小。这样,陆地植物形成大量稳定的纤维状腐屑(落叶和木质),并积聚在土壤异养层中。因此,土壤中的腐食微生物要比开敞水体中的腐食微生物丰富且重要。陆地环境,特别是森林的食物链以腐食型占绝对优势。陆地环境的极大差异决定了生物群落的多样性,区域性气候、区域性基质(土壤性质、地势海拔等)与区域性生物区系(主要是植被)相互作用,产生各种巨大易辨的陆地生物群落。如陆地植物群落的纬度分异和海拔高度分异表现为:热带雨林—雨林和常绿阔叶林—混交林—落叶林—针叶林—苔原。陆地植物群落的生产力差异极大,有地球上生物生产力最高的生态系统森林,也有生产力极低的不毛之地——沙漠。在森林生态系统中,以自养代谢为特征的上层绿色带极为繁茂,比地球上其他生态系统具有更高的光合利用率;以异养代谢为主的森林下层形成褐色带,由土壤和沉积有机质组成。

表1-1总结了不同生活环境的生物发育,基本适合地史时期不同环境的生物发育特征。

表1-1 不同环境特征及其中的生物发育

项目	特征\环境	水生			沼泽	陆地
		海洋	过渡	湖泊		
基质	主要组成	水			土壤、水、大气	土壤、大气
	温度变化	小			较大	大
	含氧量	少			多	
	透光性	200m透光带			大气好、土壤不好	
	空间大小	巨大	较小、较浅		较小、浅	大
	连片性	连片	不连片			
环境特征	环流作用力 风生	强、在表层	较弱		以大气环流为主	
	温、盐	强、在深层	较强	热带至温带湖较强		
	潮汐	强		无	以风、雨等大气作用为主	
	波浪	强		较强		
	河流	弱	强			
	分带性 水深	滨海、浅海、半深海、深海	浅水、深海湾、潟湖		沿岸、湖沼、深底	以气候分带为主
	透光性	分强光、弱光、无光带				
	温、盐	有温、盐跃层	局部有盐跃层	热带至温度有温跃层		
	理化条件	均一	差异大			
	营养条件	差异大	丰富	差异大	丰富	差异大
限制因子及排序	营养条件	1	4	1	4	2
	光照	2	2	2	5	5
	温度	3	3	4	2	3
	盐度	4	1	3	3	4
	湿度				1	1

续表 1-1

项目	特征\环境		水生			沼泽	陆地
			海洋	过渡	湖泊		
生物群落特征	群落结构	主要生产者	浮游藻类	生物多样性高：浮游藻类、浮叶及挺水植物			陆地高等植物
		初级消费者	浮游动物	浮游动物、水生食植动物			食植动物
		细菌作用大小	较小	较大			大
	主要食物链		生食型	生食型、局部腐食型			腐食型
	狭区现象		狭盐性	广盐性		局部明显	较明显
	生物分布及生产力	垂向分布	集中在水深20m以上			集中在地表附近	
		特高产区	上升流区、河口附近	河口湾	富营养湖	一般沼泽	森林
		高产区	浅海	河口湾、潟湖			草原
		中产区	两极、赤道	潟湖	营养湖		平原等
		生物沙漠区	远洋深海		贫营养湖		沙漠、冻土、冰川
		生产力差异小	大	较小	大	小	最大

第四节 生物有机质的化学组成

生物体的四大生物化学组分是蛋白质、核酸、碳水化合物和脂类。此外，还含有少量的木质素、维生素、酶、丹宁等。不同生物体中各种生物化学组分的含量和类型有很大差别。如藻类富含蛋白质、脂类，高等植物则富含纤维素和木质素。同种生物化学组分在不同生物体内也具不同的结构特征，如高等植物中的脂类区别于古菌和细菌中的脂类。生物体中有机组成的不同决定地质体中沉积有机质的差异性。

一、生物有机质的主要化学组分

1. 碳水化合物（Carbonhydrate）

碳水化合物又称糖类，是四大生物化学组分之一，是自然界中分布极广、数量最多的有机物质，也是一切生物体的重要组成之一。碳水化合物是光合作用的产物，生物体通过光合作用将太阳能转化为生物能，贮存于生物体内，为生物的生命活动提供基本的能量保障，并且构成某些动植物的支撑组织。有些糖类是重要的中间代谢物，糖类物质通过这些中间物合成氨基酸、核苷酸、脂肪酸等的碳骨架。

几乎所有的生物体内都含有糖。其中，植物体中含糖最多，约占其干重的85%～90%。植物根茎中的纤维素、种子及块根中的淀粉、甘蔗和甜菜中的蔗糖、水果中的葡萄糖、果糖均为常见的糖。细菌和古菌等微生物中的含糖量占干重的10%～30%。而动物的器官组织中含糖量不超过干重的2%。

糖的元素组成为C、H、O，其分子通式为$C_n(H_2O)_m$。它是含多羟基的醛类或酮类或其衍生物，或水解时能产生这些化合物的物质。其基本的组成单元为β-D型葡萄糖。

糖类根据它们的聚合度可以分为单糖、寡糖和多糖。此外，糖也可以与非糖物质结合形成结合糖,常见的是与蛋白质结合的葡萄糖胺。单糖、寡糖极易溶于水,在地质体中保存甚微,但多糖在地质体中多有保存。

多糖是水解时产生20个以上单糖分子的糖类,是由单糖以糖苷键(单糖-D-单糖)相连形成的高聚体,一般不溶于水,个别的能在水中形成胶体溶液。多糖是天然高分子化合物,在自然界广泛分布。多糖分为两类:一类为结构多糖,如植物的纤维素,可构成植物组织骨架的原料;另一类为储存形式的多糖,如植物的淀粉、动物体的糖原,以及昆虫的甲壳、植物的树胶等许多物质都是由多糖构成。多糖不是一种纯粹的有机化合物,而是聚合程度不同的混合物。多糖中对形成沉积岩中有机质最有意义的是纤维素和半纤维素。

纤维素是构成植物细胞壁和支撑组织的重要成分,是生物界最丰富的有机化合物,占植物界碳含量的50%以上。纤维素含量最高的是棉花,它至少含有90%的纤维素。麻、树木、野生植物的杆茎中也含有大量纤维素。

半纤维素是由木糖、甘露糖或葡萄糖组成的多糖。它可视为纤维素中的—CH_2OH—被—H取代,其分子量比纤维素小。

通常,纤维素、半纤维素和木质素总是同时存在于植物的细胞壁中,构成植物支撑组织的基础。

几丁质是氨基糖的聚合物,可视为乙酰胺基(—CH_3CONH)取代了纤维素的两个羟基。它是构成节肢动物和昆虫硬壳的主要组分,故又称为甲壳质。它比纤维素更具有抵抗分解的能力,常保存于地层中。

在藻类、放射虫等低等水生生物中没有或很少有纤维素,但有类似的藻酸、果胶等。

2. 脂类(Lipid)

脂类又称类脂化合物,是构成生物体细胞膜的重要物质,并为机体的新陈代谢提供必需的能量,是生物维持正常生命活动不可缺少的物质。脂类的共同特性是低溶于水而高溶于非极性溶剂中。对于大多数脂质而言,其化学本质是脂肪酸和醇所形成的酯质及其衍生物。参与脂质组成的脂肪酸多是4碳以上的长链一元羧酸,醇成分包括甘油(丙三醇)、鞘氨醇、高级一元醇和固醇。脂质的元素组成主要是碳、氢、氧,有些还含有氮、磷及硫。磷脂、萜、甾类化合物、甘油二烷基甘油四醚化合物(GDGTs)等均为脂类化合物。脂类化合物相对稳定,易于保存于地质体中,是形成油气最主要的生物化学组分。

脂质按化学组成大体上可以分为3类:

(1)单纯脂质:是由脂肪酸和甘油形成的酯。它又可以分为三酰甘油或甘油三酯和蜡。三酰甘油是构成动植物油脂的主要组分,大量分布于动物皮下组织、植物孢子、种子及果实中。三酰甘油在酸、碱条件下均易水解,因此,地质体中只保存其水解产物脂肪酸、脂肪醇及其脱去官能团后的烃类物质。蜡是由长链脂肪酸和长链醇或固醇组成。蜡广泛分布于动物的皮肤、羽毛、外骨骼及植物的表皮、果实表面。

(2)复合脂质:除含脂肪酸和醇外,尚有其他非脂分子的成分。复合脂质按非脂成分的不同,又可分为磷脂和糖脂。磷脂的非脂成分是磷酸和含氮碱(如胆碱、乙醇胺)。磷脂根据醇成分的不同,又可分为甘油磷脂和鞘氨醇磷脂。糖脂的非脂成分是糖,并因醇成分的不同,又分为鞘糖脂和甘油糖脂。鞘氨醇磷脂和鞘糖脂合称为鞘脂类。

(3)衍生脂质:衍生脂质和其他脂质,是由单纯脂质和复合脂质衍生而来或与之关系密切,但也具有脂质一般性质的物质。如取代烃(主要是脂肪酸及其碱性盐(皂)和高级醇,少量脂肪醛、脂肪胺和烃)、固醇类(甾类)(主要包括甾醇、胆酸、强心苷、性激素、肾上腺皮质激素)、萜(包括许多天然色素,如胡萝卜素、香精油、天然橡胶等)、其他脂质(如维生素 A、D、E、K、脂酰 CoA,类二十碳烷前列腺素、脂多糖、脂蛋白等)。

脂质按其生物学功能可以分为贮存脂质、结构脂质和活性脂质。甘油三酯和蜡属于贮存脂质,真核细胞中,脊椎动物的专门化脂肪细胞中,植物种子中存在的三酰甘油是生物体能量的主要贮存形式。动物贮存在皮下的三酰甘油不仅作为能储,而且作为抗低温的绝缘层,同时还起防震的填充物作用。蜡是海洋浮游植物代谢燃料的主要贮存形式。蜡还有防水、润滑、防止寄生生物侵袭及水分过度蒸发的功能。

磷脂、固醇和糖脂是构成生物膜骨架的主要分子,它们具有极性的头(亲水)和非极性的尾(亲脂),是两亲化合物。磷脂类构成生物膜的双分子层或称脂双层,脂双层有屏障作用,使膜两侧的亲水性物质不能自由通过,这对维持细胞正常的结构和功能具有重要作用。

活性脂质在细胞中虽然是小量的成分,但具有专一的重要的生物活性。它们包括数百种类固醇和萜(类异戊二烯),类固醇中很重要的一类是类固醇激素,包括雄性激素、雌性激素、肾上腺皮质激素。萜类化合物包括多种光合色素(如类胡萝卜素)和脂溶性维生素 A、D、E、K。

1)脂肪酸

脂肪酸按其烃基组成可以分为饱和脂肪酸和不饱和脂肪酸。天然脂肪酸碳骨架的碳原子数目几乎都是偶数,奇数碳原子脂肪酸在陆地生物中含量极少,但在某些海洋生物中有相当的数量存在。动植物中的脂肪酸具有以下特征:

(1)在高等植物、藻类和低温生活的动物中,不饱和脂肪酸的含量高于饱和脂肪酸。如高等植物中不饱和脂肪酸约占总脂肪酸的78%,藻类中不饱和脂肪酸占73%~88%。动物中普遍具有饱和脂肪酸的优势,如鱼类饱和脂肪酸占脂肪酸总量的66%左右。

(2)不同种类的生物含有不同类型的脂肪酸。植物油脂中脂肪酸碳数范围为16~22,以16、18为主,$C_{18:1}$ 酸和 $C_{18:2}$ 酸十分丰富,$C_{18:0}$ 酸含量少。藻类也以16、18碳数为主,但与植物相比,C_{20}、C_{22} 烯酸也较重要。动物油脂中脂肪酸以16、18、14为主,$C_{18:0}$ 酸为动物脂肪的主要成分,C_{20} 以上的脂肪酸含量比植物油脂中比例大。

(3)细菌所含的脂肪酸种类比高等动、植物少得多,其碳数也多在12~18之间,个别的可高达35以上。细菌中绝大多数脂肪酸为饱和脂肪酸,有的还带有甲基支链,如2-甲基(异构)和3-甲基(反异构)脂肪酸,如革兰氏阴性菌含有较高的 C_{15}、C_{17} 异构和反异构脂肪酸。

(4)除这些大量的脂肪酸以外,在植物类脂中还有一些广泛存在而含量少的脂肪酸。如6、8、10、22、24烷酸,16:1、16:3、20:4、20:6等烯酸。甚至某些植物类脂中还有高碳数(22~30)偶碳烯酸存在,它们往往集中在某类植物中,例如蓖麻酸在蓖麻油中含量高达85%,在一些苔藓和蕨类植物中 $C_{20:4}$ 可达26%~34%。

2)蜡

蜡是长链脂肪酸和长链一元醇或固醇形成的酯。长链是指烃基碳数为16或者16以上者。天然的蜡是多种蜡酯的混合物,常常还含有烃类以及二元酸、羟基酸和二元醇的酯。蜡中发现的脂肪酸一般为饱和脂肪酸,醇可以是饱和醇和不饱和醇,或是固醇,如胆固醇。蜡分子含有一个很弱的极性头(酯基部分)和一个非极性尾(一般为两条长烃链),因此,蜡完全不溶于水。蜡的硬度由烃链的长度和饱和度决定。

蜡主要有蜂蜡(主要由 C_{26}、C_{28} 烷酸、C_{30}、C_{32} 醇组成酯,总脂肪酸中 25% 是羟基酸,还含有 10%~14% 的烃类,以 C_{31} 为主)、白蜡(主要为 C_{26} 醇与 C_{26}、C_{28} 酸组成酯)、羊毛蜡(由烷酸、羟基酸、羊毛固醇、胆固醇、烷酸等形成的酯)、巴西棕榈蜡(主要是 C_{24}、C_{28} 烷酸、C_{32}、C_{34} 烷酸所形成酯的混合物,此外还有 C_{27}~C_{31} 烃和相当量的 ω—羟基酸)。

蜡是石油中高碳数正构烷烃的主要来源之一。

3) 萜类和甾类

萜类化合物是由异戊二烯单元(isoprene)组成的化合物。异戊二烯连接的方式可以是头尾相连,但也有尾尾相连。形成的萜类可以是直链的,也可以是环状的,可以是单环、双环和多环化合物。从细菌到人类,所有的生物体都含有萜类。自然界凡含有成倍的 C_5 单元的天然产物,通常都是通过异戊二烯单元的聚合反应生成的,这就是著名的"异戊二烯法则"。由于萜类化合物的异戊二烯单元是通过 C—C 共价键连接的,因而比蛋白质、多糖等聚合物稳定得多。萜类是极为重要的生物标志化合物,在地质体中广泛分布,具有指示有机质来源、沉积环境和有机质成熟度等作用。

萜类化合物根据组成的异戊二烯单元的数目可分为:单萜(2 个异戊二烯单元,C_{10})、倍半萜(3 个异戊二烯单元,C_{15})、双萜(4 个异戊二烯单元,C_{20})、二倍半萜(5 个异戊二烯单元,C_{25})、三萜(6 个异戊二烯单元,C_{30})、四萜(8 个异戊二烯单元,C_{40})。

天然萜类分子常有双键,并含羧基、羟基、羰基等官能团,以烯、酸、醇、酮等形式存在于生物体,尤其是高等植物和细菌之中。

单萜、倍半萜广泛存在于高等植物中,但能保存到地质体中的较少。

双萜是光合生物的普遍生物化学成分,其中叶绿素的植醇侧链就是双萜。针叶树的树脂、动物体的维生素 A 都具有双萜结构。

角鲨烯为三萜化合物($C_{30}H_{50}$),是所有生命形式最重要的类异戊二烯中间体,可以直接为一些古菌所利用,但其最为重要的价值为它是藿烷类和甾烷类化合物生物合成的前驱物。藿烷类的生物合成途径不需要游离氧的参与,可利用水中的分子氧。但是,合成甾醇的途径需要游离氧的参与。在无游离氧的条件下,角鲨烯—藿烯环化酶将角鲨烯合成五环三萜烯,这一反应过程的最初产物是里白烯、里白醇和四膜虫醇。里白烯、里白醇进一步转化,可以形成 C_{35} 细菌藿四醇,它是最早发现的功能化藿烷类化合物。藿烷类化合物在细菌中具有广泛的分布,蓝细菌、噬甲烷菌,特别是固氮菌中含有丰富的藿烷类化合物。四膜虫醇最早从真核纤毛类中分离出来,绿硫细菌和海洋纤毛虫含有丰富的四膜虫醇,在成岩作用下,四膜虫醇可以转化为伽马蜡烷。

由氧化角鲨烯环化酶合成的羊毛甾醇,是甾族化合物的前身。甾族化合物也叫类固醇化合物,在生命活动中起重要作用。所有的真核生物中均含有甾醇,天然甾醇在生物体内以游离态或酯的形式存在,动物体内的甾醇多与脂肪酸结合成酯存在于血液、脂肪及各种器官中。胆甾醇(C_{27})是最重要的甾醇,动物及藻类体内含量丰富,人体内的胆石几乎全由胆甾醇组成。植物甾醇以麦角甾醇(C_{28})、菜仔甾醇(C_{28})、豆甾醇(C_{29})和谷甾醇(C_{29})最为常见,在麦芽、大豆及酵母中含量丰富。藻类也含有丰富的甾醇,如甲藻中含有丰富的甲藻甾醇(C_{30}),硅藻、黄绿藻中含有丰富的 C_{28} 甾醇。

由角鲨烯环化酶合成的五环三萜还衍生出奥利烷型、乌索烷型和羽扇烷型三萜类化合物,这些具有 5 个六元环的三萜大部分分布在高等植物中。

四萜是重要的色素，其分子都含有一个较长的碳—碳共轭双键体系，在链端处有1个或2个六元环，所以多带有黄至红的颜色，如胡萝卜素、蕃茄红素和叶黄素。它们广泛存在于植物的叶、花、果实中，动物的乳汁和脂肪中也有。藻类中胡萝卜素十分丰富，可达干重的0.2%~0.8%，某些种属中可高达5%左右。在不进行光合作用的细菌和真菌中也含有类胡萝卜素。

多萜是含9个及9个以上的异戊二烯单元组成的化合物。自然界中多萜化合物的代表是天然橡胶，其中每个分子里约含1 000个异戊二烯单元。

古细菌细胞膜类脂是由二醚和四醚与类异戊二烯键合而成。典型的二醚古细菌类脂含有C_{20}、C_{25}和C_{40}的类异戊二烯链。二醚类脂是嗜盐古菌的主要类脂膜，也存在于包括产甲烷古菌在内的其他古菌类群中。四醚古细菌类脂结构多样，其中具有双植烷基（C_{40}）的醚，是许多古细菌类脂膜的主要组分。

4）色素

色素多具异戊二烯结构。叶绿素是植物细胞中最基本的生化组分，其中以叶绿素a为主。叶绿素a的核部是由4个吡咯环的α-碳原子通过4个次甲基交替连接而成的卟吩核，其上β-碳原子有8个取代基，其中1个取代基为植醇丙酸基缩合而成的酯。卟吩核中心有1个镁原子同氮螯合。叶绿素a沉积于水盆地时可分解为植醇，在还原环境中植醇被还原为植烷，在氧化环境中，则被氧化为姥鲛烷。

前述的胡萝卜素、叶黄素都是重要的植物色素。此外，一些水溶性色素主要为黄酮成分，能溶于水，因此无法保存在沉积有机质中。

5）生物烃

海洋和陆生植物中含有各类原生烃，如浮游动物中广泛分布姥鲛烷，含量达脂类的1%~3%。细菌和高等植物中普遍含有萜烯。藻类多含有低碳数的正构烷烃，高等植物多含有具有奇偶优势的高碳数正构烷烃，细菌多具有异构和反异构的支链烷烃。此外，生物体中的木质素、丹宁及甾萜类、树脂、色素化合物等中还存在芳香环，但是真正游离的芳香烃在生物体中极为罕见。

6）树脂

树脂是萜类的混合物，分子大小相当于从C_{15}倍半萜到C_{40}的四萜，主要为双萜和三萜类的衍生物，其中多是不饱和的双萜酸，如松香酸、海松酸和贝壳杉酸等。

天然树脂是植物生长过程中的分泌物，存在于树叶和树干内部。大多数树脂产自温带针叶树及热带的被子植物，低等植物不含树脂。树脂具有很强的抵抗化学风化和生物侵蚀的能力。煤和干酪根中的树脂体前身便是树脂，其中的不饱和酸还原形成三环萜，是原油和沉积物中三环双萜的重要母质。

此外，高等植物中还有角质、孢粉素、木栓质等特殊的类脂化合物。角质是植物细胞角质层中主要成分，它是以16、18和26碳数为主的高度交联的羟基酸混合物。木栓质是植物细胞壁内部的组成，具有碳数从12~26的二羧基和羟基酸交联聚合结构。孢粉素是孢子花粉外壁的主要成分，它具有脂肪族-芳香族的碳网结构。孢粉素基本上由胡萝卜素和类胡萝卜素酯的混合物组成，其中含少量饱和烃和不饱和烃。

3. 蛋白质和氨基酸

蛋白质是多种氨基酸通过肽键缩合组成的高度有序的聚合物。蛋白质与其他分子结合，形成色素、酶、细菌毒素等生命过程中大部分重要的化合物。蛋白质在机体中承担着各种生理作用及机械功能,是生命活动依赖的主要物质。除碳、氢、氧及少量的硫、磷外,蛋白质的含氮量平均为 16%,构成了生物体中大部分的含氮化合物。蛋白质在生物界中分布是不均匀的,动物组织中的蛋白质含量高于植物组织,低等水生植物中的蛋白质又高于高等植物。

尽管地表有机质中蛋白质占 1/4~1/3,但在古老的沉积岩中完整的蛋白质和多肽类却很少,这是因为蛋白质易被分解之故。分解的产物氨基酸广泛地存在于不同时代的地质体中,成为分子生物钟。

氨基酸对石油的形成亦有一定意义。当氨基酸分解同时脱去氨基和羧基就可以形成烃类,这些烃类大部分是 $C_1 \sim C_7$ 的轻烃。

生物体死亡后,氨基酸保存在遗骸、贝壳等硬体骨骼中,故在笔石、腕足、藻类等化石中均含有氨基酸。在不同沉积环境中氨基酸的组成与含量不同,海相沉积物中氨基酸含量比湖相沉积物高,碳酸盐沉积物中氨基酸含量比泥质沉积物多。人工合成实验表明,氨基酸可以通过进入腐植质和干酪根的格架而保存于沉积有机质中。

4. 木质素和丹宁

木质素和丹宁都具有芳香族(酚)结构。木质素是植物细胞壁的主要成分,它包围着纤维素并充填其间隙形成了支撑组织。木质素可以视为高分子量聚酚,其单体基本上是酚—丙烷基结构的化合物,常带有甲氧基等官能团。在高等植物中,木质素可由芳香醇如松柏醇、芥子醇和对香豆醇脱水缩合而成。木质素性质十分稳定,不易水解,但可被氧化成芳香酸和脂肪酸。在缺氧水体中,在水和微生物的作用下,木质素分解,与其他化合物生成腐殖质。

丹宁主要由几种羟基芳香酸如五倍子酸、鞣花酸的衍生物缩合而成,其性质介于木质素和纤维素之间,主要出现在高等植物如红树科树皮及树叶中,藻类也含少量丹宁。

木质素和丹宁还有其他一系列酚类和芳香酸及其衍生物广泛地分布于植物界。它们是沉积有机质中芳香结构的主要来源,也是成煤的重要有机组分。

二、不同生物有机质的化学组成差异

现代生物学根据 16 SrRNA 将生物界划分为古菌、细菌、真核生物三大域,包括各类生物均有其特征的类脂物组分,为区分各类沉积有机质提供了依据(图 1-9)。

1. 古菌与细菌

古菌的细胞膜脂主要为甘油二烷基甘油四醚化合物(GDGTs),而真细菌和真核细胞类脂膜的主要成分是由脂肪酸与极性头基组成的糖脂及磷脂。三酰甘油(TAGs)是甘油的脂肪酸三酯,普遍存在于真核细胞膜中。古菌和细菌在自然界中分布十分广泛,海洋、湖泊、土壤,甚至极端环境中均有大量分布,是沉积有机质的重要来源之一。细菌的生化组分 50%~80% 为蛋白质,类脂化合物含量可达 10%。脂肪酸碳数多为 10~20,并以 16、18 为主,含有丰富的支链脂肪酸,尤以异构、反异构两种形式为多。烃类以 $C_{10} \sim C_{30}$ 为主,也有碳数大于 30 的烃类,但无奇偶优势。支链烷烃以异构和反异构为主。细菌中含有特征的藿烷系列的五环三萜类和色素,如类胡萝卜素、蕃茄红素及菌绿素。古菌细胞膜类脂组分甘油醇四醚类(GDGTs)亦具有头对头结构的无环类异戊二烯烷基链,这些化合物可能是有机质中各种萜类的先体。

2. 浮游植物

浮游植物是水生环境中有机质最重要的生产者。在整个地质历史中,藻类又占浮游植

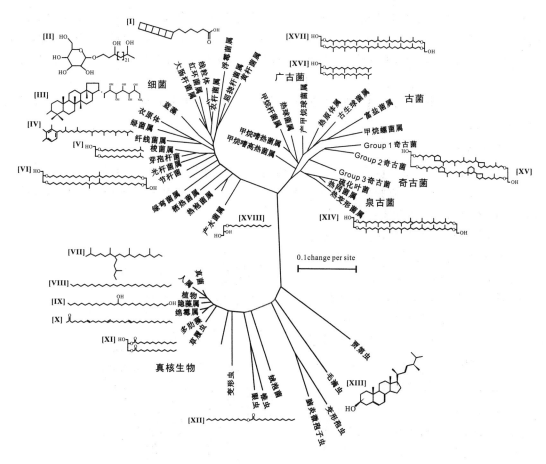

图 1-9 基于 16 SrRNA 构建的系统发育树
(据杨欢,2014)

[I]氨厌氧氧化细菌标志物含梯烷的脂肪酸;[II]固氮蓝藻异形胞糖脂;[III]蓝藻标志物 2-甲基细菌藿多醇;[IV]绿硫细菌标志物 chlorobactane;[V]某些细菌标志物二烷基甘油二醚(DAGE);[VI]某类细菌 GDGTs;[VII]硅藻标志物 HBI;[VIII]植物叶蜡正构烷烃;[IX]硅藻等藻类标志物长链二醇;[X]颗石藻标志物长链烯酮;[XI]真核生物细胞膜脂;[XII]眼虫等生物标志物蜡脂;[XIII]真核生物标志物甾醇;[XIV]H 型 GDGTs(H-shaped GDGTs);[XV]奇古菌泉古菌醇(crenarchaeol);[XVI]产甲烷古菌和嗜盐古菌 archaeol;[XVII]Caldarchaeol;[XVIII]硫酸盐还原菌等细菌标志物单烷基甘油醚(MAGE)

中头等重要地位。现代海洋中最发育的是硅藻、甲藻和颗石藻。浮游植物中富含蛋白质,类脂物在其中占有相当高的比例,约 11%。而藻类中类脂物含量更高,可达 20%~30%,主要为脂肪酸和烃类。藻类中脂肪酸主要是饱和的和不饱和的直链脂肪酸,以 C_{16}、C_{18} 最为丰富,异构和反异构支链脂肪酸含量甚少。烃类含量可达 3%~5%,以饱和的链烃为主,其中 C_{15}、C_{17} 正构烷烃含量最高,可达正构烷烃总量的 90%。甾醇和胡萝卜素含量丰富。不同藻类含有不同特征的甾醇,如硅藻、黄绿藻以 C_{28} 甾醇为主,红藻中仅有 C_{27} 甾醇。此外,硅藻具有高支链异戊二烯烃(HBI)、长链二醇等特征性化合物,颗石藻则具有长链烯酮标志物。

3. 浮游动物

浮游动物生产力虽然不如浮游植物高,但在水生动物中仍然占大多数。在整个地质历史中节肢动物是主要的浮游动物群。现代水域中桡足类数量多,分布广,是海洋中最重要的浮游动物,浮游动物中类脂物含量平均为18%,而桡足类可高达34%。这些生物体中检测到了丰富的姥鲛烷,可能是沉积有机质中姥鲛烷的来源之一。此外,浮游动物骨骼、贝壳中含有大量氨基酸。

一些微体生物如有孔虫、放射虫、介形虫中均含丰富的类脂物,加上数量多、分布广,对生油亦有一定意义。

4. 高等植物

高等植物以纤维素和木质素为主。几乎所有木本植物中,纤维素占40%~50%,木质素占20%~30%,而蛋白质和类脂物含量一般不超过5%。草本植物的类脂物含量比木本植物高,但大部分仍由纤维素和木质素组成。

此外,高等植物的某些部分,如孢子、种子、果实、树脂、角质、木栓质等含有较丰富的类脂物,有的甚至高于一般浮游生物。高等植物中含有的脂肪酸多为直链的饱和或不饱和酸,以 C_{16}、C_{18} 为主。由于植物蜡的分解可形成 $C_{24} \sim C_{32}$ 长链脂肪酸和脂肪醇。

5. 生物的平均化学组成

天然生化组分、4 种主要生物以及由它们形成的石油、煤和油页岩的平均元素组成见表 1-2。从表中可以明显看出,石油是一种高氢低氧的复杂有机混合物。而一般生物体中生化组分是富含氧的,当其含氧量超过一定限度,而含氢量很低时,则从成分上不具备转化为石油的条件。从表中还可以看到类脂化合物与石油的元素组成最为接近;其 H/C 值较高,O/C 值较低。因此,脂肪酸、蜡质、树脂等均可作为生油母质,在向石油的转化过程只须排出少量的氧;而纤维素,特别是木质素的 H/C 值低,其组成与泥炭十分接近,它们是成煤物质。若要对油气的生成有贡献,须经过细菌强烈改造,排除大量的氧。至于蛋白质还需排出相当的氮才有意义。总而言之,类脂化合物是形成石油的最重要生化组分。木质素、纤维素是形成煤的最主要生化组分(图 1-10)。

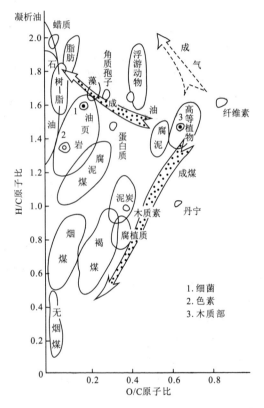

图 1-10 生物及其组织和各种可燃有机岩 H/C、O/C 原子比系列分布图

(据黄第藩,1982;王启军等,1988,略加补充)

表 1-2 天然有机物、有机矿产平均元素组成

(据黄第藩,1982;王启军等补充,1988)

元素组成(%) 生物组分	C	H	O	N	原子比 H/C	原子比 O/C
蛋白质	53.0	7.0	23.0	16.0	1.58	0.33
纤维素	44.4	0.2	49.4		1.68	0.83
木质素	62.0	6.1	31.9		1.18	0.39
脂肪	77.5	12.0	10.5		1.86	0.10
蜡质	81.0	13.5	5.5		2.00	0.05
角质	61.5	9.1	29.4		1.78(1.4)	0.36(0.2)
树脂	80.0	11.5	9.0		1.73	0.08
孢粉质	59.3	8.2	32.5		1.66	0.41(0.3)
色素	76	8.4	9.1		1.33	0.09
丹宁	51.3	4.3	44.4		1.01	0.66
藻类、浮游植物	68.0	9.8	20	2.2	1.73	0.22
细菌、酵母	50.0	6.7	12.4(醇)~30.5	12.4	1.61	0.19~0.46
浮游动物	57.0	8.5	33.0		1.79	0.43
陆生植物	54.0	6.0	37.0	2.75	1.33	0.51
植物木质部	50.0	6.0	44.0		1.44	0.66
泥炭	55	6.5	36.0	2.5	1.41	0.49
褐煤	68	6.0	24.0	2	1.05	0.26
烟煤	88	4.5	6.5	1	0.61	0.06
无烟煤	93	3.5	3	0.5	0.44	0.016
石油	84	13.0	2	0.5	1.84	0.004
油页岩	67~85	7~13	2~17	0~3	1.25~1.75	0.02~0.20
藻煤	76.9	10.4	7.6	1.5	1.61	0.07

有机质来源与有机沉积作用

生油气母质是生物死亡后的残体经沉积作用埋藏于地下沉积物中的有机质,其原始来源为生物。想要认识生油气母质就必须研究沉积物中的有机质及有机沉积作用。生物的发育与其生存环境密切相关,而有机质的沉积则主要受控于沉积环境。正如认识地史时期生物的发育通常借助于现代生物发育的研究一样,认识地史时期有机质的沉积也须借助于对现代有机沉积作用的考察,但是不能机械地运用"将今论古"的方法,而要全面、科学地认识地质事件。

第一节 有机圈及有机碳的地球化学循环

有机圈是指地球上古今生物及以其为来源的有机物分布与演化空间,它与生物圈并生并存,包含生物圈。生物圈仅指活体生物分布与发育的空间,而有机圈还包括生物死亡后,有机质沉积、埋藏、演化、分布的广大地下空间,即沉积岩石圈。所以,生物的繁衍和死亡,有机质的沉积和深埋,以及煤、石油、天然气等有机矿产的形成都是在有机圈中发生的自然过程。

著名地球化学家 Goldschmidt 认为碳是地球化学中最重要的元素。+4 化合价和强结合力使得碳原子可以形成数量庞大的异构体,而这种多样性最适于生物及有机物极其复杂的物质结构。因此,碳化合物作为生命及有机物的真正基础,被认为是"各种有机生命的要素"。虽然所有的有机物都是碳化物,但是生命起源前(前生期)和起源后(后生期)碳的地球化学途径、行为和效能均存在着质的差别。前生期碳的地球化学属于缓慢的化学演化,有机碳在前生期演变了约 1 000Ma,才诞生了生命。而在生命体内,有机碳的循环则迅速得多。在后生期,有机碳在储存库中的循环比生物体内要缓慢得多。例如地下赋存的一块煤,几百万年可能只发生了微小的变化,而地上一只狗,组成它的分子却每天都在发生变化。这是由生命的特性——新陈代谢和生长繁殖所决定的。因此,生命活动对有机碳的地球化学循环和有机矿产的形成是极其重要且必不可少的。没有生命的积极参与,要形成地球上数量惊人的有机矿产和现今的有机化合物是不可能的,这也是石油天然气有机成因说的重要依据之一。

图 2-1 是有机圈中有机碳地球化学循环示意图,现今处于生物圈循环环节上的有机碳约为 $2.7×10^{12} \sim 3.0×10^{12}$ t,周期为几天到几十年。

其中包括 3 个小循环:①$CO_2 \xrightarrow[\text{叶绿素}]{\text{光}}$ 植物和自养细菌 $\longrightarrow$ 动物 $\xrightarrow{\text{呼吸}} CO_2$;②$CO_2 \xrightarrow[\text{叶绿素}]{\text{光}}$ 植物、自养细菌 $\longrightarrow$ 动物 $\longrightarrow$ 死亡的有机体 $\xrightarrow[\text{分解}]{\text{细菌/氧}} CO_2$;③$CO_2 \xrightarrow[\text{叶绿素}]{\text{光}}$ 植物、自养细菌 $\longrightarrow$ 动物 $\longrightarrow$ 死亡的有机体 $\longrightarrow$ 水体中分散有机质 $\xrightarrow[\text{分解}]{\text{细菌/氧}} CO_2$。

以上循环都属于流体型地球化学循环,其储存库为大气和水体。有机碳地球化学的另一类循环能够使部分有机碳赋存于沉积物中,从而进入沉积岩石圈大循环。以沉积岩石圈为储存库的大循环,在地下有 3 种主要路径:①水体中分散的有机质 $\xrightarrow{\text{沉积作用}}$ 沉积物中有机质 $\xrightarrow{\text{沉降深埋}}$ 沉积岩中的有机质(褐煤、干酪根等) $\xrightarrow[\text{开采、燃烧}]{\text{上升、氧化}}$ CO_2;②沉积物中有机质 $\xrightarrow{\text{沉降深埋}}$ 沉积岩中的有机质 $\longrightarrow$ 石油、天然气、煤 $\xrightarrow[\text{开采、燃烧}]{\text{上升、氧化}}$ CO_2;③沉积物中有机质 $\xrightarrow{\text{沉降深埋}}$ 沉积岩中的有机质 $\longrightarrow$ 石油、天然气、煤 $\longrightarrow$ 变质岩中的有机质(甲烷、无烟煤、石墨等) $\xrightarrow[\text{开采、燃烧}]{\text{上升、氧化}}$ CO_2。

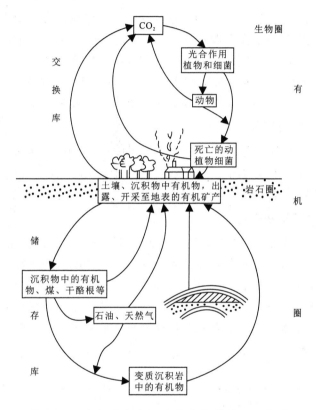

图 2-1 有机圈中有机碳地球化学循环示意图

可见,生物圈自身存在有机碳循环,而且能为沉积岩石圈的有机碳循环提供物质来源。由于在岩石圈中有机碳大循环周期以百万、千万、亿年计,是生物圈中有机碳循环周期的亿万倍,因此大部分有机碳分布在沉积岩石圈循环的各环节上,约为 6.4×10^{15} t,是生物圈有机碳的 1000 倍以上。但是对于单独一次有机碳循环来说,只有生物体总有机碳的 0.01%~0.1% 被埋藏于地下沉积物中,参加沉积岩石圈的大循环。对于石油地质-地球化学家来说,最感兴趣的有机碳循环路径为:

$CO_2 \xrightarrow[\text{叶绿素}]{\text{光}}$ 植物、自养细菌 $\longrightarrow$ 动物 $\longrightarrow$ 死亡的有机体 $\xrightarrow{\text{沉积}}$ 沉积物中有机质 $\xrightarrow{\text{深降深埋}}$ 沉积岩中有机质 $\xrightarrow{\text{热演化}}$ 石油、天然气 $\xrightarrow[\text{燃烧}]{\text{开采}}$ CO_2

这种循环呈"螺旋式",并非简单的重复。

第二节 有机质来源与沉积环境

生物发育与有机质沉积是既相互关联又相互区别的两个自然过程。沉积物中有机质的数量和性质不仅取决于生物发育的程度,还取决于有机质来源和沉积环境。

一、有机质来源

古生物学家研究古生物化石,会特别注意区分化石是原地还是异地埋藏的。而有机质沉积比化石埋藏要更为复杂,因为随生物硬体(如壳体)同时沉积的软体有机质数量有限,多数有机质是以分散状在水盆地中沉积下来的。因此要严格区别有机质是原地还是异地沉积有时是非常困难的。通常只能将有机质来源大致划分为水盆地内水生生物来源、水盆地外陆源高等植物来源、水盆地内水生生物与水盆地外陆源高等植物混合来源三大类。

1. 水盆地内水生生物来源

有机质主要来源于水盆地内生活的各种水生生物。严格说,盆地内来源并不意味着都是原地来源。有机质可以在水盆地内从一地搬运到另一地。在这种有机质的天然组合中,以生态系统的生产者浮游植物来源最为重要,其次是细菌和浮游动物。

2. 水盆外陆源高等植物来源

在陆地环境中,生物死亡后,大都被氧气和细菌很快地"消尸灭迹",只有产量最高的生产者,即由抗氧耐腐的生化组分(纤维素、木质素、孢粉、角质、树脂等)组成的高等植物残体,才有可能被大量带到水盆地中参与有机质的沉积。陆源有机质对水盆地来说都是异地来源,只有在沼泽环境中,高等植物多为原地来源。陆源有机质主要通过河流搬运到水盆地。从近代河流搬运物中可以看出,有机物有时占河流中固体物总重量的50%以上(表2-1)。

表2-1 河流固体物中有机物的含量
(据 Levorsen,1967)

河流名称	有机质含量(%)	河流名称	有机质含量(%)
多瑙河	3.25	亚马逊河	15.03
詹姆士河	4.14	莫华克河	15.34
摩米河	4.55	德拉瓦河	16.00
尼罗河	10.36	爱尔兰娄尼河	16.40
哈德逊河	11.42	申古河	20.63
莱茵河	11.93	塔帕若斯河	24.16
昆布兰河	12.08	普拉他河	49.59
泰晤士河	12.10	尼格罗河	53.83
几尼斯河	12.80	乌拉瓜河	59.90

3. 水盆地内水生生物与水盆外陆源高等植物混合来源

在湖泊环境、海陆过渡环境及浅海大陆架环境中,有机质部分来源于盆地内水生生物,部分来源于盆地外高等植物。这种有机质来源的二元性,不仅影响有机质的数量,还影响有机质的性质。在从侵蚀区进入沉积盆地的边缘线(称之为"落入线")附近,特别是河流流入盆地附近,这种混合来源最为明显。由于河水把大量陆源有机质带入海洋,所以河口水中的有机质比大洋水高很多。对切萨波克湾、帕塔克森特河河口水以及加利福尼亚岸外太平洋水的分析结果表明,在分析的 6 类有机成分中,河口水均比大洋水丰富(表 2-2)。陆源有机质不仅是有机沉积的重要参加者,还为水生生物提供了营养物,使河口及邻近水域的水生生物繁盛。所以在水盆地的近陆部分,有机质大多是混合来源的。

表 2-2 河口水与大洋水所含有机质的比较

(据 Chervin,1978 及其中参考文献)

类别	河口水($\mu g/L$)	大洋水($\mu g/L$)	河口水/大洋水
溶解有机碳	2 900	800	3.6
溶解有机氮	280	100	2.8
溶解有机磷	25	15	1.7
颗粒有机碳	2 000	150	13
颗粒有机氮	280	25	11
颗粒有机磷	40	4	10

二、沉积相和沉积环境的基本概念

沉积地质体(包括富有机质沉积体)的特征,虽受物质来源、风化侵蚀和搬运历史等多因素的影响,但最重要的控制因素还是沉积环境。沉积环境是指与特定类型沉积物的沉积相关的物理、化学和生物过程的组合(Reading,1996)。古代沉积环境已不复存在,我们面对的只是它所留下的残缺不全的"遗迹"——沉积岩。这就需要引入"相"的概念,"相"是在一定的沉积条件下形成的一种有特色的岩石,这种沉积条件反映一种特定的过程或环境(Reading,1996),它可以是演示的任何可观察属性(例如它们的整体外观、成分或形成条件),以及这些属性在地理区域内可能发生的变化。它是岩石的总体特征,包括相与邻近岩石区别的物理、化学和生物特征(Parker,1984)。因此,相是沉积环境的物质表现,是反映沉积环境专门特征的岩体;而环境是形成具有专门特征岩体的特定地质组合。再造古代环境(包括古代有机沉积环境)的两条基本途径是:①确定古代相,解释形成这些相的过程,然后恢复发生这些过程的环境;②将现代相与古代相进行比较,通过现代沉积环境的特征反演古代沉积环境。这两种途径都要采用环境参数法,即将沉积环境分解成一系列环境参数,再进行研究和比较。环境参数可分为物理、化学和生物三大类,它们既相互独立又相互关联。尽管沉积作用可以发生在水上环境(如风成沉积),但绝大部分仍然发生在水体中。同时,水上沉积物中即使包括有机质,但由于与空气的充分接触,有机质很容易遭受氧化,无法得到有效保存,所以有机质主要沉积、保存于各种水体环境中。因此,水体环境的物理、化学和生物参数对有机质沉积和保存至关重要。

三、沉积环境参数

1. 水体环境的物理参数

所谓物理环境是指沉积物与有机质从中降落的沉积介质的动态和静态物理性质。对有机质沉积有重要影响的物理参数包括水流流速、黏土矿物与有机质的絮凝作用、水体深度与浪基面的深度、沉积速率与沉降速率等。

1)水流流速

Hjulstrom(1935)注意到被侵蚀、搬运、沉积的碎屑粒径与水流流速关系密切(图2-2):①被侵蚀颗粒的始动流速大于搬运流速;②在无黏着、无涡流情况下,搬运粒径大小与流速成正比;③粉砂、黏土、分散有机质颗粒的始运流速与沉积临界流速相差很大。说明黏土和有机质颗粒一经搬运,即长期悬浮水中,不容易沉积下来,大都会被搬运到水盆地比较平静的环境中,通过黏土与有机质的黏合作用才能沉积。碎屑颗粒在流水中呈3种方式搬运:悬浮、跳跃、滚动(图2-3)。当水流速度大于颗粒沉降速度的12倍时,则完全悬浮。悬浮颗粒粒径通常小于0.1mm,因此分散有机质主要呈悬浮搬运。

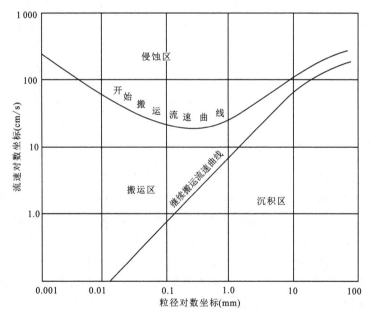

图2-2 碎屑物质在流水中侵蚀、搬运、沉积与流速的关系
(据Hjulstrom,1936)

碎屑颗粒在水体中的沉降速度 v,可用斯托克斯公式计算:

$$v = \frac{2}{9}gd^2\frac{\gamma_1-\gamma_2}{\nu} \tag{2-1}$$

式中:v——颗粒沉降速度(mm/s);

γ_1——颗粒相对密度；

γ_2——介质相对密度；

d——颗粒半径；

g——重力加速度(mm/s^2)；

ν——介质黏度($g/mm \cdot s$ 或 $0.1Pa \cdot s$)。

斯托克斯公式是在实验室理想条件下得到的，砂粒沉积大体适合，但有机质及黏土微粒则不适合。按此公式，Degens (1982)估计一个约 $0.5\mu m$ 的黏土颗粒要下沉100m需22a。如果在海洋中，它随洋流可绕地球两周。那么，有机质与黏土颗粒是如何沉积下来的呢？

2) 黏土矿物与有机质的絮凝作用

20世纪60年代Pauling(1960)发现氢的键合作用是平衡黏土结构所必需的，而有

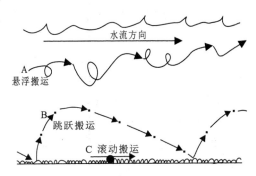

图2-3 沉积物颗粒的搬运方式
（据Selly，1982）

机质则具氢的键合作用。在此基础上Bernal和Degens等发现黏土颗粒与有机质的絮凝、黏合作用是有机质和黏土沉积最重要的机理，具体表现为：①浮游植物释放、分泌有机物与黏土矿物，特别是呈悬浮态的黏土发生絮凝作用，形成大粒聚合体并迅速沉积下来，到达水底的软泥沉积量，随表层生物生产力而变化；②浮游动物以泥质物为食，在其体内黏土与有机成分黏合，以粪粒形式排出并迅速沉积。实验证明，细黏土或细有机质颗粒沉降速度约为 $0.1\sim5m/d$，而粪粒的沉降速度可达 $250\sim400m/d$。粪粒大小从 $10\mu m$ 到 $300\mu m$。絮凝作用产生沉积物的数量相当巨大，但应该注意的是絮凝作用主要在波浪作用弱的静水盆地中发生。

3) 水体深度与浪基面深度

浪基面（又称有效浪力底）系指水盆地波浪有效作用水体的底面。此面之上是波浪造成的湍流高能环境，此面之下是静水低能环境(Dean and Dalrymple，1991)。碳酸盐和泥质沉积曾被当作深水的标志，但实际上碳酸盐主要沉积于浅水陆棚区，而泥质沉积可以发生在深水区，也可以发生在浅水区，其决定因素之一是水动力条件，即水体深度与浪基面深度之间的关系，或者称为沉积物"保存潜势"的大小。"保存潜势"取决于环境能量的大小与活动频率。动水高能环境，"保存潜势"小，以砂砾、介壳、砂屑灰岩沉积为主。在浪基面以下的静水低能环境中，保存潜势较高，以沉积具致密纹理的粉砂岩和泥质岩为特征。然而，浪基面以下有时也可见粗碎屑沉积，主要是由浑浊底流搬运砂砾而形成。在停滞缺氧的水体条件中，可见黄铁矿、菱铁矿的沉积(Berner，1969)。当有机质来源丰富时，在浪基面以下的静水缺氧环境中，可形成大范围的富有机质沉积，它们大多赋存于细粒沉积物中。但是，过深的水体（如大洋深海环境）反而不利于有机质沉积，因为有机质在此种环境的沉降过程中常常被其他生物或氧气所消耗。

4) 沉积速率与沉降速率

沉积物的补给能力控制沉积厚度、岩性及水深，而沉积物的补给能力受沉积和沉降速率的影响。当沉降速率超过沉积速率时，沉积物补给不足，会引起海侵（湖侵）使水体加深，导致化学成因沉积物增加；当沉积速率超过沉降速率时，则导致进积作用使陆源比例增加。在陆地环

境,沉积物供给不足可形成湖泊和泥炭沼泽。

有机质沉积亦受沉积和沉降速率的影响。水体与沉积物,特别是细粒沉积物界面是非常重要的,在此界面之下,通常为还原环境,有机质保存条件良好。盆地快速沉陷和沉积物的快速沉积有利于形成还原环境,使有机质得以保存。Ариатов 研究了相同类型的山间小盆地的含油气性后指出:沉降速率和深度不大、面积和岩石体积大的盆地(如圣-克鲁斯,南-帖尔盆地)所含烃类地质储量丰度要比面积和体积都较小,但沉降、沉积速率快、深度大的盆地(洛杉矶、圣-马里亚盆地)要低几个数量级(表 2-3)。我国泌阳凹陷与洛杉矶盆地相似,生油岩系沉积速率快,使丰富的有机质得以及时埋藏保存,生油岩有机碳丰度高达 2%~4%。反之,在沉积速度最缓慢的深海平原,生物不发育,沉积了大范围红色黏土,其有机质含量低于 0.1%。

然而,当单位时间有机质供应量不变,沉积速率加快时,会产生"稀释效应",即在有机物供应恒定时,有机质丰度与碎屑沉积速度成反比,无机物"稀释"了有机物(Tyson,2001)。如尼日尔河三角洲沉积中心,异地和原地来源的有机质都较多,但河流带来的沉积物堆积更快,因此细粒沉积物中平均有机碳含量较低(0.3%~0.8%),而在邻近地区虽未接受更多的有机质,但由于陆源沉积较少,稀释效应较弱,使相应沉积物中平均有机碳含量相对较高(0.1%~1.2%)。Shimkus 和 Trimonis(1974)观察到,里海沉积物中有机碳丰度高值区并不与原始生物高产区吻合,而与 $CaCO_3$ 高丰度区吻合,这是因为有机质和 $CaCO_3$ 丰度均受控于陆源沉积物的沉积速率。在高速沉积区,由于"稀释效应",有机质与 $CaCO_3$ 的丰度均会降低。

表 2-3 泌阳与国外山间小盆地沉积速度和烃类地质储量丰度的比较

(据王启军等,1988)

油气盆地	地质构造单元	盆地沉积盖层体积 ($\times 10^3 km^3$)	盆地面积 ($\times 10^3 km^2$)	沉积盖层最大厚度 (km)	堆积的直线速度 (m/Ma)	堆积的体积系数 (km^3/Ma)	烃类地质储量 ($\times 10^6 t$)	地质储量丰度 ($\times 10^3 t/km^3$)	地质储量面积丰度 ($\times 10^3 t/km^2$)
泌阳(核三段)	秦岭褶皱带			3.5	258			268.28	166.77
洛杉矶	太平洋滨海沉积带	9.2	4.00	8.0	295	245	4 520	50 220	1 130
圣-马里亚	太平洋滨海沉积带	5.1	5.00	4.5	122	200	315	62.80	63
维也纳	阿尔卑斯褶皱系	24.5	12.00	10.0	240	440	540	31.60	45
拉拉米	落基山后克拉通造山带	10.0	4.10	3.0	75	130	110	11.0	26.83
马耶-范格	缅甸褶皱带	0.9	0.75	2.0	201	80	1	2.14	1.43
汉纳	落基山后克拉通造山带	1.0	4.00	11.0	106	160	29	1.40	7.25
利维莫尔	北海岸山脉系	2.0	0.75	8.0	250	81	2	0.66	2.67
圣-克鲁斯	中央北海岸山脉系	21.0	7.00	6.0	108	360	6	0.30	0.86
南-贴尔	大西洋褶皱系	0.42	10.00	7.0	110	1100	2	0.01	0.001

沉积速率和沉降速率对有机质沉积的影响是个复杂的问题,有机质沉积是受多种因素影响的多元函数。一般来说,过快和过慢的沉积速度不利于有机质富集,前者起"稀释作用",后

者起"暴露氧化作用"(Tyson,2001)。只有当有机质来源丰富,沉积速度适中,才能形成较高丰度的有机质沉积。

2. 水体环境的化学参数

水体环境的化学参数主要包括氧化-还原电位(Eh)、酸碱度(pH)、盐度和温度等,不同水体环境化学参数对有机质沉积的影响不同。

1) 氧化-还原电位(Eh)

氧化-还原电位是表征环境氧化还原能力的参数。当 Eh 为正值时代表氧化环境,负值时代表还原环境,等于零则代表中性环境。一般来说,有机质只有沉积、保存在还原条件下才能持久。在氧化条件下,有机质氧气缓慢氧化转化成 CO_2 和 H_2O。对 Eh 极为敏感的是变价元素(如 Fe、Mn 等)化合物,例如含铁的自生矿物,从氧化环境至还原环境依次出现:

褐铁矿—赤铁矿—辉绿石—鳞绿泥石—菱铁矿—白铁矿和黄铁矿
(氧化环境)　(弱氧化弱还原环境)　(还原环境)　(强还原环境)

Теодорович(1955)利用标志矿物将 Eh 地球化学环境分为 6 类:①强还原(硫化物)带;②还原(碳酸铁和硫化铁)带;③弱还原(菱铁矿和蓝铁矿)带;④中性(含三价铁和二价铁的富铁绿泥石)带;⑤弱氧化(海绿石)带;⑥氧化(氧化铁和氢氧化铁)带。有机质主要保存在强还原带至弱还原带。所以,如果沉积物中有机质含量丰富,本身就指示了其处于良好的还原环境。

氧化-还原界面,即隔开氧化环境和还原环境的平面(Eh 零位面),可以在沉积物与水的界面之上或之下,也可与之重合。强还原环境的 Eh 零位面在水中,而氧化环境的 Eh 零位面位于泥中。而且 Eh 零位面之下的还原环境靠部分有机质消耗残余氧来实现。Krumbein 和 Garrels(1952)设计了一个巧妙的图解来说明 Eh 和 pH 值对沉积矿产的控制作用(图 2-4)。他们提出了"地球化学界面"(或称地球化学墙)的概念。地球化学墙是指 Eh 或 pH 的某种特定值或某种特定界线,特定的矿物或沉积物只在界线一边存在,而在界线另一边不存在。"有机物界面"(有机物墙)就位于 Eh 值为零的面上,在此界面之上的氧化环境,有机质不能保存;在此界面之下的还原环境,有机质才能保存下来。

2) 酸碱度(pH 值)

酸碱度的划分主要根据水介质中氢离子的浓度,酸性介质 pH<7,中性介质 pH=7,碱性介质 pH>7。水介质酸碱度是决定某些矿物是否沉淀的一个重要因素。Krumbein 和 Garrels(1952)将 pH=7.8(约为海水的 pH 值)定义为"石灰岩墙"(图 2-4),表示方解石在 pH≥7.8 时可自由沉淀,但在较弱的碱性环境中它仅为副矿物;而当 pH<7,则完全没有方解石沉淀。黏土矿物沉积与酸碱度关系密切,高岭石沉积在酸性环境中,蒙脱石沉积在中性、碱性环境,蒙脱石和伊利石共生常沉积在盐湖中。含煤沼泽和流动水常是酸性的,正常海水偏碱性。当 pH≥7.8 时,有机质常与碳酸盐一起沉积,有机质含量较高,就形成碳酸盐岩生油岩。这种环境缺乏陆源沉积物补给,有机质多为腐泥型。在 pH<7 的强酸沼泽环境,则堆积了以腐殖型为主的有机质。

3) 盐度

水体盐度是指其中所溶解的固体物质的质量百分比。正常海水含有质量约 35‰ 的可溶

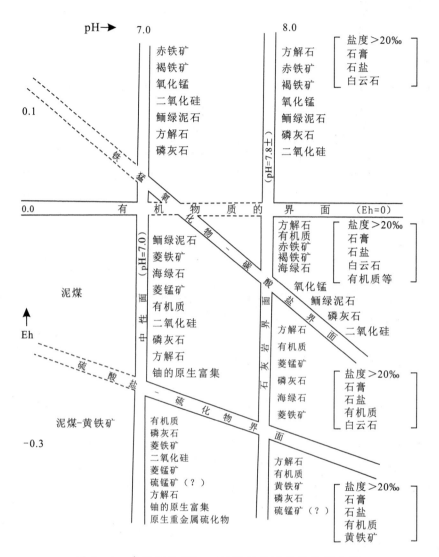

图 2-4 在不同的 Eh-pH 值条件下矿物的稳定区
(据 Krumbein and Garrels,1952)

物质,其含氯量为 19.4‰。盆地内水体盐度变化从淡水到强咸水均存在。生物群是指示盐度最可靠的指标(图 2-5)。盆地内有机质来源与盐度有关,在淡水、微咸水和正常咸水环境中,水生生物均可大量发育,虽种属不同,但生物化学组成无重大区别。而超咸水环境不利于生物发育,仅有少数喜盐生物可以生存,如果盐度进一步升高,则只能发育某些绿藻植物。

咸度周期性变化的环境,可造成不同生物群落的周期性繁盛和死亡,有时也能提供十分丰富的有机质沉积。热带-温带水盆地盐跃层的存在,阻碍了水体的上、下对流,下部水体的缺氧还原环境有利于有机质的沉积和保存,如黑海沟通地中海的博斯普鲁士海峡存在两层海流,盐度约 17.5‰的黑海水沿表层流进地中海,盐度为 38.5‰的地中海水沿底层流入黑海,与黑海水混合,盐度约 22‰,沉到深部变成滞流缺氧的还原水体,使黑海 150m 以下不含溶解氧,200m 深度以下含大量 H_2S,极有利于有机质的沉积和保存。

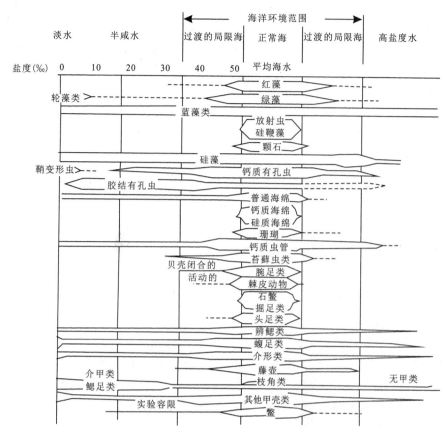

图 2-5 生物的耐盐性与盐度的关系
（据 Heckel，1972）

Пустовалов 提出的化学沉积分异作用是指按化合物的溶解度从小到大依次沉积的作用。溶解度小的先沉积，沉积次序为铝土矿→鲕状赤铁矿→鲕状氧化锰矿→二氧化硅→磷酸钙→海绿石→鲕绿泥石→菱铁矿→方解石→白云石，最后是石膏、硬石膏、氯化钠、钾盐、天然碱、镁盐，它们只在盐盆地出现。这个序列可简化为氧化物→硅酸盐→碳酸盐→硫酸盐→卤化物。这是一种理想的沉积序列，自然界中几乎找不到完整的序列。盐类沉积由于其致密性，有利于有机质沉积后的保存。

4）温度

温度是气候的重要内容，也是沉积环境的一个重要参数。温度影响许多矿物和气体的溶解度，故对化学沉淀有重大影响。温度与蒸发作用对盐类矿物的沉积有特殊的影响，钙、镁的硫酸盐及钾、钠的碳酸盐、氯化物等，都需要在具有一定封闭的环境、气候炎热干燥、蒸发作用强烈的水盆地中才能沉积。现代的浅海碳酸盐沉积主要分布于约北纬及南纬 20~30℃ 的温暖气候区。现代鲕粒岩和海滩岩的水温指标是 15~30℃，古代碳酸盐岩类似于现代碳酸盐沉积。

作为原地有机质来源的水生生物发育与温度密切相关。生物礁生活在热带海洋中（温度高于 18℃），显微粒状灰质藻主要生长在温暖地区，硅藻大量发育在寒冷地区。对有机质沉积和保存影响最大的是热带、温带水盆地内温跃层的存在,它与盐跃层的作用机理是相似的,但更为普遍。温跃层的存在有利于有机质的沉积和保存。如北海在春季开始形成温跃层,稳定在50m深度左右,上部水体光照强且含氧,生物发育,下部无光且缺氧,生物死亡,有利于有机质沉积与保存。冬季温跃层不复存在,海水上下对流,富营养水上升,含氧水下沉,有利于生物发育。季节性的温跃层造成季节性的有机质富集,既有利于生物发育又有利于有机质沉积,会形成深(富含有机质)浅纹层相间的沉积物。而热带长期存在的温跃层和盐跃层仅有利于有机质的沉积,但不利于生物发育,因为表层水难以与深层水对流而贫营养。

3. 水体环境的生物参数

生物既是有机质和沉积物的提供者,又是影响有机质和沉积物沉积的重要环境参数。作为环境参数,生物至少从如下5个方面影响有机质和沉积物的沉积。

1) 提供有机质和沉积物来源

生物的高初级生产率能提供大量的有机质来源。珊瑚、苔藓虫、藻类、放射虫、抱球虫、颗石藻、有孔虫等的硬壳和骨质是生物灰岩、硅藻土、白垩、各种礁体、各种远洋生物软泥的主要沉积物来源。

2) 改变沉积环境

生物活动引起CO_2含量的变化可以影响碳酸盐的沉淀及溶解搬运。特别是生物消耗氧气的呼吸作用和部分有机质分解消耗氧气,可生成大量CO_2、H_2S、NH_3、CH_4等气体,造成下部水体的缺氧还原环境,为有机质沉积和保存创造了良好的条件。原地底栖生物及遗迹化石大量发育的沉积层,反而说明当时为含氧环境,不利于有机质保存。

3) 加速沉积过程

有机质与黏土的絮凝作用,既是物理过程,又是生物过程。作为生油气母质的有机质,主要以溶解和微粒两种分散形式存在于水盆地中。它们都能与黏土矿物和碳酸盐颗粒产生絮凝作用或通过动物产生粪粒作用,这大大加速了有机质、黏土、碳酸盐矿物的沉积速率。类脂物是主要生油母质,在水中溶解度低,部分又含在坚硬的壳质组分中,常呈微粒形式,都较易通过絮凝作用沉积下来。从有机质改变环境和加速沉积两方面来看,有机质为其自身沉积和保存创造了有利的条件,这也是自然界中的"自我保护"现象。

4) 消耗、改造有机质

生态系统中的消费者和还原者均以生物有机质为食。对于大量的高等植物有机质,细菌的分解、还原作用更是占据主导地位。在营养丰富、条件适宜时,细菌的繁殖速度是极其惊人的。它们在大量消耗各种有机质的同时,其自身的有机质体又可提供更富类脂物的有机质。这可视为对有机质的改造作用,在第三章等章节中我们将详述细菌的这种特殊作用。

5) 富集稀有微量元素

大量实际资料证明,有机质在许多稀有、分散和放射性元素的地球化学表生循环和迁移中起重要作用。铀、锗、钒、钼、铜、银、金、钴、镍、镀、锌、硒等元素的迁移与富集都与有机质的含量、成分等密切相关。部分微量元素在生物体内富集的浓度甚至为环境基质的几十万倍。铀、锗、钒等常与煤、黑色页岩等富含有机质的岩石共生(Dai et al,2015)。此外,有机质还可促进许多金属元素富集,形成层控矿床。

四、相分析和环境的恢复

孤立的环境参数通常不能全面准确地反映环境,因此综合各类环境参数,从四维(三维空间加时间)整体上进行相分析和环境的恢复是必要的。1894年德国学者瓦尔特(Walther)提出了现今被大家广泛使用的相序定律(Walther's law):在整合的地层剖面中,有成因联系的相的垂向序列反映了环境的横向邻接;而环境的横向邻接情况在垂向序列中将会再现,即相的分布通常遵循横向上叠置,纵向上相依的特征。对于油气源岩和其他有机岩,可以从它们在垂向剖面上的位置,推测其在平面上的分布,也可以依据它们横向上的分布推测其在剖面上的位置。

通过学者们的进一步研究发现,各种沉积环境具有各自独特的沉积序列模式。所谓模式是复杂的自然现象和过程的理想简单形式。沉积模式既可作为解释沉积环境的标准,也可应用于相的预测。甚至可以认为,鉴定和恢复沉积环境时,与其依靠沉积岩特定的结构、构造特征,不如依靠亚相的特定层序和相应的相模式特征,但不能刻板地套用模式。近年来,地质学的新观念认为,沉积事件并不都是正常、缓慢渐进的发展过程,而"灾变"的沉积过程也是十分重要的。灾变沉积过程含有的"能量"通常会比正常沉积过程大几个数量级,而且瞬间发生,所形成的沉积现象往往用正常沉积理论无法完全解释,例如海啸沉积(Shanmugam,2006)。

有机地球化学工作者不仅要研究沉积相,而且要进一步研究有机相。有机相的概念是1979年Rogers在"第十届世界石油会议"上首次明确提出的,其类似于沉积相,但可跨越时间而不受地层或岩石单位的限制。有机相需要从3个方面共同确定,即有机质含量(原始类型、数量)、有机质来源和沉积环境,其中有机质类型是最为重要的。

第三节　不同环境中有机质沉积特征

沉积岩中有机质的不均衡性,除源于生物发育的不均衡外,更与有机质沉积的不均衡性密切相关。本节将讨论与油气形成有关的不同水体环境的有机质沉积特征,即沉积物中有机质的数量和性质。

一、海洋环境的有机质沉积

海洋古地理景观多种多样,沉积环境各不相同,其有机质沉积的主要特征如下。

1. 沉积场所最大

海洋是最大的生物生活空间,也是最大的沉积空间。从古至今,海洋接受了最大量的有机质沉积。海洋被称为地球上"生命的摇篮",从2 000Ma前自养生物遍及全海洋算起,海洋中生物的繁盛早于陆地约1 500Ma。志留纪后陆生生物逐渐繁盛,但"百川归大海",海洋仍然是陆源有机质的重要异地沉积场所。

2. 远洋水域有机质来源单一,近陆海域有机质来源混合

陆地生物出现以前,海洋生物是有机质的唯一来源。志留纪以后,近陆海域(主要是大陆架及其邻近的海域)既有水生生物有机质沉积,又接受陆源有机质沉积,而开阔的大洋盆地内有机质来源大多是单一的。

众多学者对海洋有机质的总体研究表明,海洋中有机质主要来源于海洋植物的初级生产力,陆源输入或许不足总输入量的1%。日本的半田畅彦(1977)根据前人研究总结了输入海洋有机质的各种途径及所占的比重(表2-4)。海洋有机质主要来源于海洋生物的初级生产力,但陆源有机质高度集中于占面积比例很小的大陆架,特别是河口三角洲附近。因此,陆源有机质对海洋有机质也起到了重要的作用。

表2-4 各种途径输入海洋的有机碳

(据半田畅彦,1977)

初级净生产量	100g 碳/m^2·a=274mg 碳/m^2·d(Ryther,1963)	$3.6×10^{16}$gC/a
河川	$3.0×10^{16}$L/a(Gibbs,1967)	$3.0×10^{14}$gC/a
	$3.2×10^{16}$L/a(Garrels and Mackenzie,1971)	$3.2×10^{14}$gC/a
	10mg 碳/L(Garrels and Mackenzie,1971)(世界平均值)	
	3.5mg 碳/L(Williams,1968;亚马逊河)	
	4mg 碳/L(Reader et al,1972;麦肯齐河)	
	25mg 碳/L(Beek et al,1974;美国佐治亚州萨蒂拉盆地的河流)	
地下水	$4×10^{15}$L/a (Garrels and Mackenzie,1971)	$0.8×10^{14}$gC/a
	20mg 碳/L(Beck et al,1974)	
降水	$2.23×10^{17}$L/a (Neumann and Pierson,1966)	$2.2×10^{14}$gC/a
	$3.74×10^{17}$L/a (Garrels and Mackenzie,1971)	$3.5×10^{14}$gC/a
	1mg 碳/L(Williams,1971)	
直接输入风成物质	$6×10^{13}$g/a (Garrels and Mackenzie,1971)	$0.02×10^{14}$gC/a
	25%(表面土壤中有机碳的浓度,Kononova,1966)	
植物挥发物质	$1.7×10^{14}$g/a (Went,1960)	$1.5×10^{14}$gC/a
	$4.4×10^{14}$g/a (Rasmussen and Went,1964)	$3.9×10^{14}$gC/a
油船(原油)	1967年为$700×10^{12}$g (Kirby,1968),0.4%(通过洗舱抛出)	$0.03×10^{14}$gC/a

3. 有机质沉积的有利条件

海洋环境的有机质沉积通常需要海洋表层生物的高生产力、下层水体的缺氧还原环境、持续较快的沉降速率,以及能够加速沉积的絮凝作用。对黑海的现代沉积研究表明(表2-5)浮游植物和细菌是黑海有机质的主要生产者。在浅水区域,水底生物(如底栖藻类)也起到了一定的作用。黑海生物初级生产率很高,DeuSer(1971)系统研究了黑海有机质来源及有机沉积作用(图2-6),发现整个黑海的有机质来源,原地行光合作用的浮游植物是首位。通过河流及亚速海、马尔马拉海进入黑海的有机质占比不到40%,而通过自养细菌再化学合成的有机质不足15%。汇集在黑海中的有机质,大部分(80%)在水层上部200m,由于呼吸及氧化,以CO_2形式再返回到水圈-大气圈系统中,小部分被带到亚速海和马尔马拉海。由于黑海存在盐跃层,海水在150m深度以下停滞,水中不含溶解氧,形成了良好而稳定的缺氧还原环境。一小部分有机质沉降进入200m以下的厌氧带,其中约一半被硫酸盐还原时氧化,1/4被溶解消耗,1/4埋藏于沉积物中,被埋藏有机碳的数量占黑海总有机碳的4%,比一般开阔海洋沉积物中平均有机碳要大得多。折算为有机质丰度,常超过10%。如此丰富的有机质沉积,主要由于表层生物的高生产率,下层水体的缺氧还原环境,以及持续较快的沉积速率形成。

表 2-5 在黑海中生命物体的组成与每年的产量

有机体类型	生命物体,干重($\times 10^3$ t)	年产量,干重($\times 10^3$ t)
浮游植物	650	200 000
细菌	120	80 000
浮游动物	500	15 000
水底动物	4 500	18 000
水底植物	375	375
鱼	1 800	900

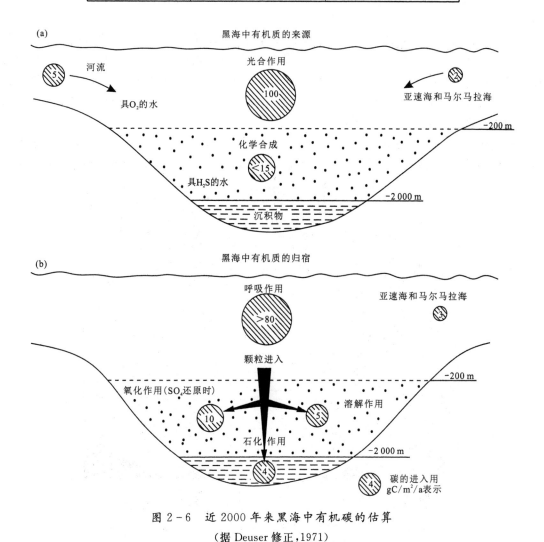

图 2-6 近 2000 年来黑海中有机碳的估算

(据 Deuser 修正,1971)

(a)有机质的来源,以 g/m²·a 计算;(b)有机质的归宿,有机碳总输入量的约 4%固定在沉积物中

4. 高能滨岸带(滨海)不利于有机质沉积保存

滨岸带包括后滨(潮上带)、前滨(潮间带)和临滨(潮下带,从平均低潮线到浪基面)。这里不乏生物存在,但潮汐、波浪、风暴等作用使水体处于高能充氧状态,有机质很难得到良好的沉积和保存。障壁岛使水体形成一定封闭、滞流环境,在潮坪局部发育较富的有机质沉积。整体而言,滨岸带是生物发育但有机质沉积贫乏的环境。

5. 大陆架是海洋内有机质的主要沉积区

在碎屑海,河流带来大量细粒泥质悬浮沉积物,且富含陆源有机质,有利于有机质沉积,主要体现在:生物初级生产率高,有机质与黏土絮凝作用加速其沉积,温(盐)跃层的存在,使浅海在浪基面下保持缺氧还原环境。如中国东部的浅海地区沉积了大范围的泥质沉积物,其中暗色泥质沉积物富含有机质。原地质矿产部 101 化探队曾分析南黄海北部远岸深水青灰色泥质沉积物中的有机碳,其含量为 1.75%。周希林等分析黄海沉积物有机质最高达 3.13%,平均为 1.27%。

晚侏罗世时,欧洲西北部广大地区为陆表海,主要为泥质沉积物(图 2-7),可进一步划分出 3 种泥相:①正常泥相,发育底栖化石、遗迹化石,见菱铁矿结核,含有机质较少;②局限海泥相,底栖及遗迹化石少,有机质含量中等;③沥青质泥相,几乎不含底栖生物,表栖生物十分发育,Eh 值为零的界面在水中,水底为缺氧还原环境,常见黄铁矿结核,有机质含量高,是理想的油源岩。在垂直层序中,3 种泥相常组成旋回。

现代碳酸盐沉积与两个主要因素有关:①碎屑相对少;②生物产率高,碳酸盐基本上是有机成因的。Wilson(1975)划分的碳酸盐岩 9 个准相也被有机地球化学家所采用(图 2-8)。

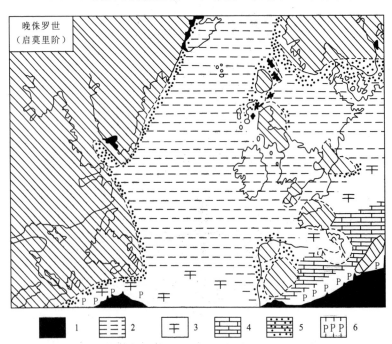

图 2-7 西北欧地区晚侏罗世陆表海盆地中陆架相的分布

(据 Hallaw and Sdlwood,1976)

1.大洋壳上的远洋相;2.海相页岩;3.泥灰岩;4.块状海相灰岩;5.砂质灰岩;6.塌陷大陆壳上的远洋相

横剖面图	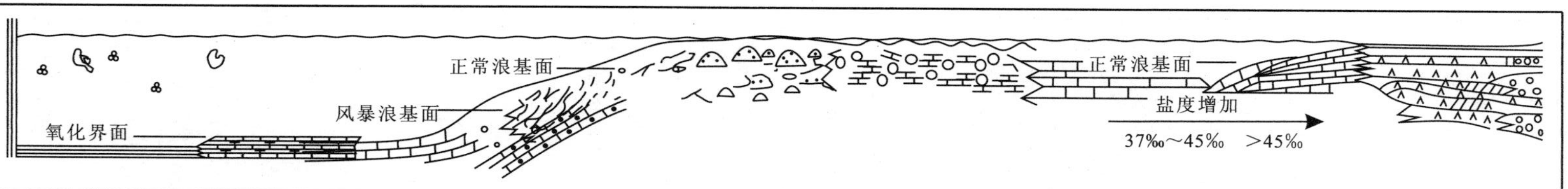 \{示意剖面图\}								
相号	1	2	3	4	5	6	7	8	9
相和一般环境	盆地(静海或蒸发的)	开阔浅海	碳酸盐岩台地的趾部	前坡	生物群岩隆(礁)	台地边缘砂	开阔台地	局限台地	台地蒸发岩
岩性	(1)细碎屑岩 (2)碳酸盐岩 (3)蒸发岩	(1)碳酸盐岩 (2)页岩	碳酸盐岩	(1)具滑塌结构的细粒沉积物 (2)前积层碎屑反积层 (3)灰泥块	(1)黏结岩 (2)结壳的块体 (3)生物捕积岩	(1)浅滩灰 (2)具砂丘砂的岛	(1)灰质砂体 (2)粒-泥灰岩区 (3)陆源碎屑	(1)生物碎屑粒泥灰岩 (2)涡道中的生物碎屑砂 (3)潮坪上的灰泥 (4)细粒陆源碎屑夹层	(1)盐坪上的结核状硬石膏和白云岩 (2)在变干的岸边潮坪中的纹层状蒸发岩
	暗色页岩或粉砂薄层灰岩(非补偿盆地)干旱时盆地为蒸发岩充填	富含化石的细粒灰岩,灰岩和泥质岩、页岩互层	细粒灰岩,局部的棱石	沉积角砾岩或沉积灰砂,前积层碎屑倾斜流水的变化	块状石灰岩,白云岩	砂屑灰岩-鲕粒灰岩或白云岩	多变的碳酸盐岩和陆源碎屑	常为白云岩和白云质灰岩	不规则的纹层状台云岩和硬石膏,局部可以迅变为红层
颜色	暗褐色、黑色	灰色、绿色、红色、褐色	暗到亮色	暗到亮色	亮色	亮色	暗到亮色	亮色	红色、黄、褐色
生物群	仅有浮游生物和自游生物,偶见块状残留深积物	多种多样的带壳的动物群和遗迹化石,内栖动物和表栖动物都有	生物碎屑主要来自上坡	完整的化石群体和伴生生物群	主要的造架群落及伴生生物群	几乎没有原地生物。特殊的生物群落主要是来自其他台地环境中磨蚀的贝壳碎片	生物群以耐性强的为主,耐性弱的较少,而且常很局限	有限的动物群,多半为食植物的腹足类、藻类、一些有孔虫(如栗米虫)、介形类	叠层藻是唯一的原地生物群

图 2-8 碳酸盐岩标准相带图

(据 Wilson, 1975 简化)

其中，盆地相、开阔浅海相、碳酸盐岩台地边缘斜坡趾部相最利于有机质沉积。其次为前坡相、局限台地相和开阔台地相。图2-9是中东主要生油层系之一的上侏罗统岩相图，其盆地相为浅海碳酸盐岩，台地相为潟湖及生物礁粒屑碳酸盐岩，均富含有机质（丰度为3%～5%）。台地相水体是高盐度的，虽然较高的水体盐度限制了生物的数量，但为有机质提供了极好的保存条件，因此有机质丰度亦较高，其生油母质来源主要是藻类。碳酸盐相带想要形成富有机质沉积，需要表层生物的高产率、深层水体的停滞缺氧环境，而整个中东地区碳酸盐生油相带均满足以上条件。

6. 远洋盆地是生物钙质、硅质丰富沉积区和有机质贫乏沉积区

远洋沉积作用受两个主要因素控制：①碳酸盐补偿深度（CCD），即生物成因碳酸盐岩的溶解速率和物质供应速率处于平衡状态的深度，通常CCD深度介于4 000～5 000m之间。在CCD以下的洋底无法堆积

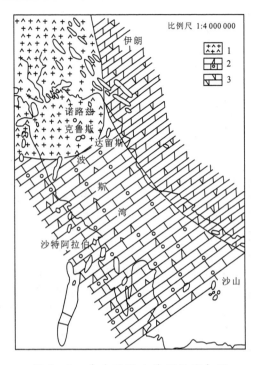

图2-9 中东地区上侏罗统岩相图
（据王启军等，1988）
1.蒸发岩；2.潟湖及生物礁近岸砂坝粒屑碳酸盐岩；3.浅海碳酸盐岩

方解石。②表层水营养度决定的表层生物产率，在生物贫乏的"海洋沙漠"区底部，主要沉积红色黏土。现代远洋盆地沉积物主要有4类（图2-10），在CCD深度以上主要是由有孔虫、抱球虫和翼足类骨骼组成的钙质软泥；CCD深度以下主要是由放射虫、硅藻组成的硅质软泥和红黏土；南极大陆毗邻洋区主要是冰川沉积物。但是，无论是生物成因的钙质软泥，还是硅质软泥，一般有机质含量都很低。一是因为洋流发育，有机质在经过很深的水体（微含氧）沉积时遭受氧化；二是因为沉积速率过慢，钙质软泥的沉积速率一般为15～40mm/ka，而硅质软泥为2～10mm/ka，红色黏土仅为1～10mm/ka。

7."堰塞"小洋盆和毗邻大陆架的深海盆是有机质的重要沉积区

"白垩纪中期事件"时期的大西洋是一个"堰塞"小洋盆，沉积了黑色页岩。另一个"堰塞"小洋盆的典型范例是晚白垩世的东地中海地区，也沉积了黑色页岩。这是一次冰期后不久，俄罗斯大地上的冰川大量融化，淡水源源不断经黑海流入地中海，形成盐跃层，使古地中海曾一度滞流，故而沉积了大范围富有机质的黑色页岩。图2-11表示了"堰塞"盆地和开阔盆地有机质沉积的不同状况。开阔洋盆地只在海底隆起的顶部，洋流绕道而行所形成的局部乏氧带沉积了富有机质沉积物，如太平洋的白垩纪黑色页岩仅见于海底隆起之巅，而"堰塞"盆地底部普遍发育富有机质沉积物。

图2-10表示毗邻陆架的深海盆分布着较多的陆源沉积物，有人称其为"深碎屑海"。浊流、水下泥石流、滑塌作用等都会把河流和陆架上的碎屑搬运至此（图2-12）。前三角洲和陆

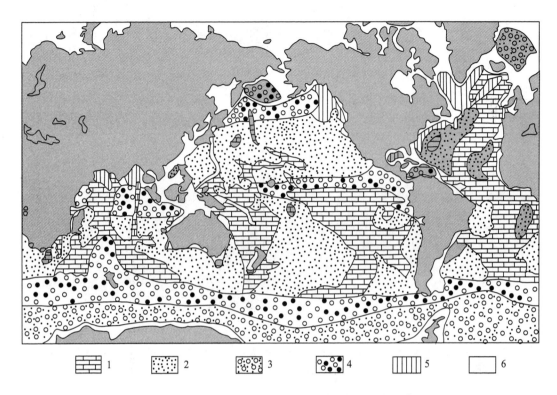

图 2-10　大洋底远洋沉积物主要类型的全球分布图

（据 Douglas，1978）

1.钙质沉积物；2.深海黏土；3.冰川沉积物；4.硅质沉积物；5.陆源沉积物；6.大陆边缘沉积物

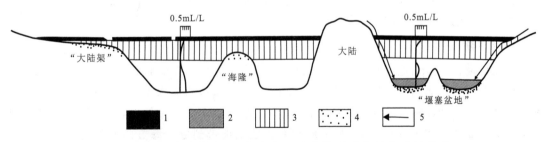

图 2-11　具有发育良好、分布广泛的少氧层的大洋分层模式图

（据 Schlanger and Jenkyns，1976）

1.高度固碳的上部混合水层；2.停滞底水；3.少氧层；4.各种类型的富碳沉积物；5.陆生植物物质

架上富有机质的细粒沉积物也被部分搬运到这里，形成了生油、储油的良好配置。

在北美、欧洲及我国南部地区的寒武纪、奥陶纪和志留纪时期，广泛分布着深海相的黑色笔石页岩，表明这些曾毗邻大陆边缘的深海一度十分缺氧。在这些笔石页岩中，有机碳含量局部高达3.7%。如挪威奥斯陆地区上寒武统笔石页岩有机碳含量最高可达10%。因此，古代大陆边缘的深碎屑海是有机质沉积区，也是石油资源的重要远景区。

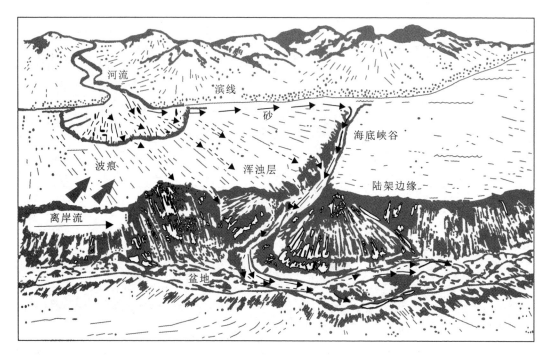

图 2-12 加利福尼亚波尔德兰德盆地中砂(实线箭头)和泥(虚线箭头)的来源、路径和搬运模式
(据 Moore,1969)

二、过渡环境的有机质沉积

三角洲、河口湾及潟湖位于陆地与海洋之间,兼有两者的某些特点。河口湾和潟湖的区别在于:潟湖是障壁岛(砂坝)内的浅水体,而河口湾则是由于河谷沉溺,变成凹进海岸的海湾。这类过渡环境的有机质沉积特点如下。

1. 有机质来源的二元性

过渡环境通常是陆地淡水汇流入海的交汇口,水生生物中的淡水生物与半咸水、咸水生物在这里混合。有机质则是水生生物来源与陆源并存,因此有机质来源的二元性非常明显。特别是在河口三角洲,随着河流入海,流速迅速降低,陆源砂质大致按粒度在分流河道亚环境和三角洲前缘亚环境卸载沉积下来,黏土质和有机质则被带到更向海方向的前三角洲亚环境。前三角洲大部分位于波基面下,随着水体盐度的增加,水流流速变缓,有利于有机质和黏土发生絮凝作用而沉积下来。

2. 低能缓流还原环境,有利于有机质沉积

低能缓流还原环境是前三角洲亚环境、河口湾滨外亚环境和与海连通的近海湖、潟湖浪基面下环境。三角洲沉积同时受腹地和水盆地特征的影响,腹地特征主要指河流体系和沉积物供给特征,水盆地特征包括各种物理、化学、生物特征。当河水流入水体密度较高的海盆时,河水就像有浮力支撑的羽毛一样向盆地内扩散,若以河流作用为主,就形成向海远远突进的高建设性三角洲;若以海洋作用为主,则形成被海洋强烈改造的高破环性三角洲。不管哪种类型的三角洲,河流携带的大量悬浮黏土质和有机质都要被带到水流大大减缓、水体加深、低能还原的前三角洲亚环境内才能沉积下来。长江三角洲是一个河流作用和海洋作用都较强的三角洲（图2-13）。含有机质较多的前三角洲泥质沉积物分布在从长江口到钱塘江口以南滨外的广大地区，海洋作用造成泥质物偏向南分布。

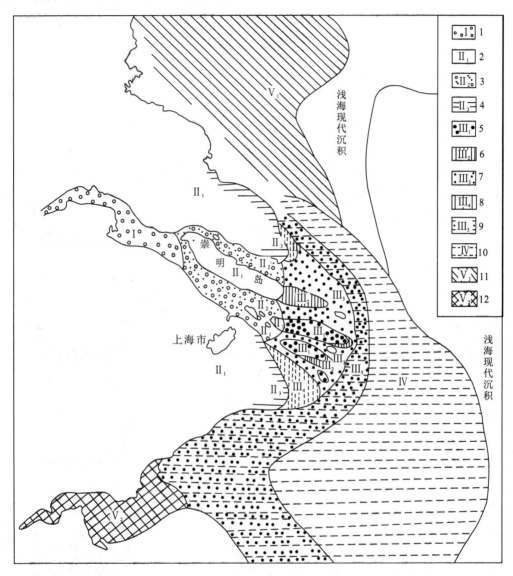

图2-13 现代长江三角洲沉积环境
（据刘宝珺，1980）

1.主砂道相；2.三角洲平原；3.分流河道；4.滨海平原；5.河口砂坝；6.末端砂坝；7.三角洲前缘席状砂；8.水下天然堤；9.三角洲前缘边缘；10.前三角洲；11.琼港辐射砂洲；12.钱塘江砂坝

河口湾多是沉溺的河谷，开口河口湾受海洋潮汐作用影响很大，只在滨外发育富有机质的泥质沉积，图2-13的钱塘江河口湾就是如此。而像旧金山湾那样的半封闭河口湾，潮汐作用为障壁岛所阻，河流作用也不强，在水体平静的还原环境中沉积了深灰色到黑色的富有机质泥岩。

与海连通具有过渡性质的"海湖",以马拉开波湖最为典型。从该湖南面卡塔通博河注入大量淡水和陆源物质,从其北面海水通过海峡注入湖中,密度和盐度较大的混合水沉入下部。湖水上淡下咸,在下部形成还原环境。湖表层生物生产率极高,湖底为黏稠状蓝-黑色淤泥,有很强的 H_2S 味,有机碳含量超过 5%(图 2-14),这相当于沉积物中有 10% 的有机质。近岸沉积物的有机碳含量要小 4 倍。湖盆中心沉积物中低含磷高含硫。这类封闭性好、滞流的过渡性水盆地极有利于有机质的沉积。

3. 干旱潟湖环境,富有机质泥岩常与蒸发盐岩组成旋回

沉积蒸发盐岩形成的条件为蒸发量大于注入量,且碎屑物输入量较少。图 2-15 可代表深浅不等的潟湖蒸发盐岩沉积模式,这类蒸发盐岩盆地沉积一般可分为 4 个阶段:A. 静海相

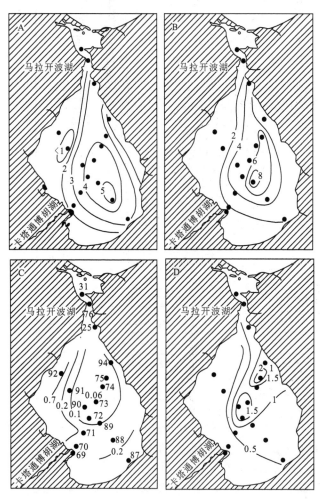

图 2-14 马拉开波湖底沉积物中各种组分的分布
(据 Redfield,1958)
A. 有机碳占天然干沉积物的百分比(%);B. 有机溶剂抽提物占天然沉积物的百分比(%);C. 呈 P_2O_5 状态的磷(%);D. 硫(%)

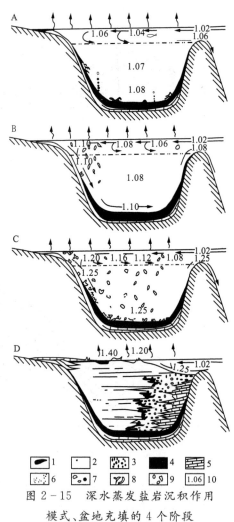

图 2-15 深水蒸发盐岩沉积作用模式、盆地充填的 4 个阶段
(据 Schmalz,1969)

1. 钾盐;2. 石盐;3. 石膏、硬石膏;4. 富有机质腐泥岩;5. 白云岩化碳酸盐岩;6. 砂岩;7. 立方体石盐;8. 凹晶石盐;9. 石膏;10. 卤水密度(g/cm³)

阶段——旋回开始,海水盐度开始升高,底水停滞缺氧,生物发育,沉积了富有机质腐泥岩相,常为油源岩;B. 浓缩阶段——海水蒸发浓缩,表层出现早期盐类沉积,动物群稀少;C. 稳定蒸发阶段——蒸发盐岩依次大量沉积,表层石盐和石膏沉淀并保存在底部;D. 终结阶段——盐充填盆地,最终形成钾盐,靠海的一边可形成碳酸盐岩。如发生海进,又会开始新的有机质腐泥-蒸发盐岩沉积旋回。地中海及其周围陆地晚中新世墨西拿期就发育这种沉积旋回,每个旋回底部为富有机质的沥青质页岩。

4. 过渡带以陆相淡水与海相咸水环境交替为特征,使有机质生物来源更复杂

近代沉积以西湖为例,汪品先等(1979)研究了西湖自更新世以来的演变。各种完全不同环境(海湾、潟湖、淡水湖)的演变相当迅速(图2-16)。在暗色细粒沉积物中有机质丰度高。古代沉积物以三水盆地为例,三水盆地的生油层系㘯心组,部分层位发现大量淡水生物化石,包含以鲤科为主的淡水鱼、淡水介形虫、虫管化石、叠层藻、半咸水介形虫、锥螺等,说明海相环境与淡水湖环境多次交替,使有机质类型丰富多样(图2-17)。三水盆地中心以腐泥型有机质为主,水盆地边缘和河流三角洲处以混合型和腐殖型有机质为主,表明过渡性环境中有机质来源的二元性和复杂性。

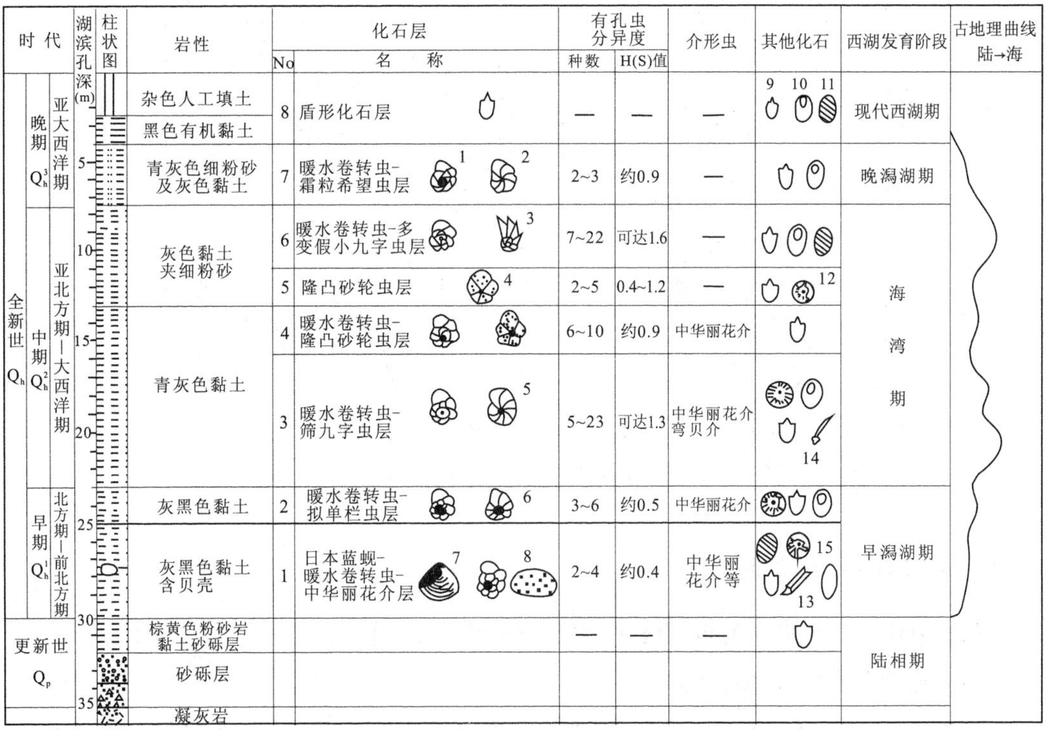

时代		湖滨孔深(m)	柱状图	岩性	化石层		有孔虫分异度		介形虫	其他化石	西湖发育阶段	古地理曲线 陆→海
					No	名称	种数	H(S)值				
全新世 Q_h	晚期 Q_h^3 亚大西洋期	5		杂色人工填土	8	盾形化石层	—	—	—	9 10 11	现代西湖期	
				黑色有机黏土								
				青灰色细粉砂及灰色黏土	7	暖水卷转虫-霜粒希望虫层	2~3	约0.9	—		晚潟湖期	
	中期 Q_h^2 亚北方期-大西洋期	10		灰色黏土夹细粉砂	6	暖水卷转虫-多变假小九字虫层	7~22	可达1.6	—		海湾期	
		15			5	隆凸砂轮虫层	2~5	0.4~1.2	—	12		
				青灰色黏土	4	暖水卷转虫-隆凸砂轮虫层	6~10	约0.9	中华丽花介			
		20			3	暖水卷转虫-筛九字虫层	5~23	可达1.3	中华丽花介 弯贝介	14		
	早期 Q_h^1 北方期-前北方期	25		灰黑色黏土	2	暖水卷转虫-拟单栏虫层	3~6	约0.5	中华丽花介	15	早潟湖期	
				灰黄色黏土含贝壳	1	日本蓝蚬-暖水卷转虫-中华丽花介层	2~4	约0.4	中华丽花介等	13		
更新世 Q_p		30		棕黄色粉砂岩 黏土砂砾层			—	—			陆相期	
		35		砂砾层								
				凝灰岩								

图2-16 西湖的发育阶段及其微体化石群

(据汪品先等,1979)

1.暖水卷转虫;2.霜粒希望虫;3.多变假小九字虫;4.隆凸砂轮虫;5.筛九字虫;6.卡纳利拟单栏虫;7.日本蓝蚬本州亚种;8.中华丽花介;9.盾形化石;10.刺盒虫;11.轮藻受精卵膜;12.硅藻;13.鱼骨;14.海胆刺;15.粪化石

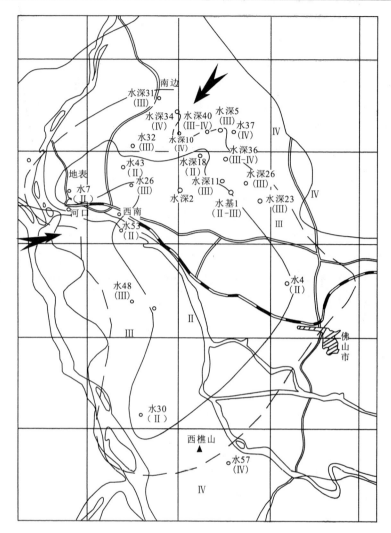

图 2-17 三水盆地㘦心组干酪根类型分区示意图
（Ⅱ、Ⅲ、Ⅳ代表干酪根各类型区）

三、湖泊环境的有机质沉积

陆相湖泊环境是有机质的重要沉积环境，沉积特征如下。

1. 有机质来源的二元多方向性

在陆源区，有机质难以沉积、保存，在深海远洋及部分开阔浅海，异地陆源有机质难以到达。位于这两极之间的湖泊，则既能得到陆源有机质，又能接受原地水生生物有机质，因此湖泊环境的有机质来源具有二元多方向性。这区别于开阔浅海和三角洲环境，在这些环境中陆源有机质大多来自大陆方向，而被陆地包围的多方向物源则造成湖泊亚环境（亚相带）呈极不规则的环状分布。从湖滨到湖心依次出现砾→砂→粉砂→黏土沉积。湖浪作用基面比海洋浪基面浅，水浅得多，水域面积也小得多。因此，在湖盆中心附近的深湖-半深湖亚环境经常是有机质最好的沉积、保存场所，越向湖滨有机质丰度越低、有机质类型越不利于生油。而巨大海盆中心则是有机质贫乏区,在这一点上二者明显不同。

2. 营养型湖浪基面以下的还原环境,是有机质富集区

如果把生态学的限制因子概念应用于沉积学,则决定湖泊环境有机质沉积的"限制因子"往往不是温暖潮湿的气候,而是营养条件所决定的有机质来源与还原环境。曾经过分强调温暖潮湿气候是陆相湖盆生油的决定因素,甚至把陆相生油理论概括为"陆相潮湿坳陷"学说,目前看来是十分片面的。温暖潮湿气候是陆相湖盆生油的有利因子,但绝非决定性限制因子,青海湖就是一个典型的例子。

中国科学院兰州地质研究所、微生物研究所、南京古生物研究所对青海湖进行的多学科综合考察为我们提供了内陆干旱-半干旱气候条件下湖泊生物发育和有机质沉积极有价值的资料。青海湖是从早-中更新世就已形成的新构造断陷湖,其生物发育以生产者浮游植物产量最高,其次是浮游动物,再次是底栖动物和鱼类。浮游植物以硅藻和刚毛藻(一种绿藻)为主,浮游动物以原生动物为主。将青海湖的营养物质和某些生物数量与长江中下游的淡水湖泊比较(表2-6)发现,青海湖鱼产量和许多指标与水草茂盛的梁子湖相当。全湖现存生物量约为 32.8×10^4 t,其中刚毛藻和浮游植物约为 23.8×10^4 t,占 72.6%,平均 71.2t/km²,生物产量属中等,湖泊属中营养型。

表 2-6 青海湖和长江中下游富营养型淡水湖的营养物质与某些生物数量的比较

(据中国科学院兰州地质研究所等,1979)

湖名	无机氮 (mg/L)	无机磷 (mg/L)	有机物耗氧量 (mg氧/L)	SiO₂ (mg/L)	透明度 (cm)	浮游植物 (个/L)	浮游动物 (个/L)	底栖动物 (g/m²)	水生高等植物 (湿重 g/m³)
青海湖	0.08	0.006	1.41	0.35	500~1 000	58 847	418	0.97	0
梁子湖	0.08	0.002	1.8~12.1	3.4	10~300	47 175	1 683	135.13	469
花马湖[1]	0.12	0.005	10~26	1.5~3.0	23~150	1 365 000	10 931	67.06	161~375
东湖[2]	0~0.05	0.003	7.0~8.5	0.7~8.3	200	563 775	2 475	—	5 500~7 250
洪湖[3]	0.31	0.014	17.9	1.8	200	86 700	—	114.7	37 000
大通湖[4]	1.67~2.20	0.01~0.012	5.5	3.1~4.1	26~40	2 180 000	132	166.0	9.3
五里湖	0.163	0.03	1.1	1.7	24	267 463	5 121	—	—

注:1.刚毛藻未列入;2.据邓冠强等;3.据丘昌强等;4.据卢奋英等

青海湖有机沉积作用研究表明整个青海湖水团是氧化型的,底水 Eh 值变化介于 $+105$~$+624$mV 之间,而湖底淤泥的 Eh 值平均为 -145mV,具有良好的还原环境。说明在青海湖的水-淤泥界面上下,环境发生了质的变化,一旦进入埋藏就迅速变为还原环境。研究者依据 Eh 值,并参考 Fe、S 指标、沉积水动力条件和水团氧化还原状况,编制了如图 2-18 所示的青海湖底沉积物 Eh 值分布图。由图 2-18 可知:一个内陆湖泊的氧化还原相带与其沉积水动力状况关系密切。在河口区,水动力活跃的湖盆北部氧化相带宽,而在湖湾区,水动力相对稳定的湖南部氧化相带窄,还原相带面积大。当然,氧化还原相带还与水深和沉积物粒度有关。在较好的还原环境下,青海湖淤泥的有机碳平均含量为 2.24%,换算成有机质丰度为 4.18%,与

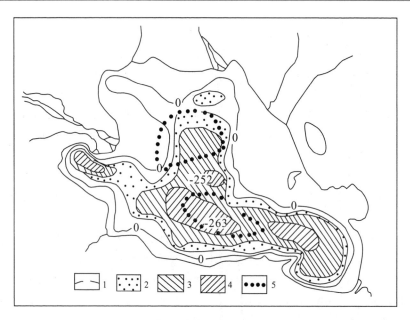

图 2-18 青海湖底沉积物 Eh 值分布图

(据梁狄刚和刘中庆等,1979)

1. 等值线;2. $-150\sim-100$mV;3. $-200\sim-150$mV;4. <-200mV;5.18m 水深线

世界海洋和某些大型湖泊相比,并不逊色。表 2-7 表明,湖泊的大小和深度,对沉积物中有机质的丰度无明显影响,与水域盐度关系也不大。而且像富营养型淡水湖,如美国伊利湖,生物量为青海湖的几十倍,里海生物量为 10^8 t/km^2,也大于青海湖(70t/km^2),但这 3 个湖的有机碳平均含量非常接近。这说明在一定条件下,有机质的沉积、埋藏条件比湖泊营养条件和生物繁盛程度对于有机质沉积要更为重要。图 2-19 表示了湖底表层沉积物有机碳含量的分布,它们都呈环带状从湖滨浅水带向中部深水区增高。而河流入湖对有机质有"冲淡"作用,说明河流携带的有机质贫乏,不是青海湖有机质的重要来源。湖底沉积物含有机碳 2% 以上的地

表 2-7 青海湖与世界某些海、湖淤泥*有机碳含量的比较

(据中国科学院兰州地质研究所等,1979)

水域		淡水湖			微咸水湖			内海	大洋
水盆		伊利湖	休伦湖	贝加尔湖	咸海	巴尔喀什湖	里海	青海湖	黑海	太平洋**
面积(km^2)		25 800	59 510	31 500	63 600	18 000	436 340	4 635	411 550	179 679 00
最大深度(m)		66	227	1741	68	26.3	975	28.6	2 200	11.034
含盐量(‰)		0.127	0.096	0.091	10.2	1.5~5	12~13	12.5	17.5	35
有机碳(%)	最高含量	3.54	4.00	3.50	1.56	2.74	4.0	3.10	5.35	2.39
	平均含量	2.54	2.73	2.10	0.63	0.95	2.10	2.29	1.80	0.43
	样品数	59	61	100	47	44	42	26	93	525

注:*砂和粉砂不计算在内;**不包括边缘海及加利福尼亚湾

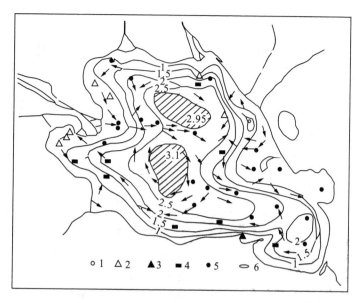

图 2-19 青海湖底沉积物有机碳百分含量等值线图
(据中国科学院兰州地质研究所等,1979)
1.砂;2.粉砂;3.泥质粉砂;4.粉砂质淤泥;5.粉砂质黏土淤泥;6.有机碳等值线

区占湖底面积60%以上。图2-20和图2-21都表明明显水动力状况、水深和沉积物的还原条件是影响有机沉积作用的重要因素。沉积物中的还原环境是由于部分有机质消耗了残存氧而造成的。由于有机质供给者主要是浮游生物,故有机质类型有利于生油。前人对于青海湖的系统研究表明,干燥气候下的湖泊在其他条件有利时,也可形成富有机质、具一定生油潜能的沉积。"潮湿"不能作为湖泊有机质沉积的决定性限制因子。

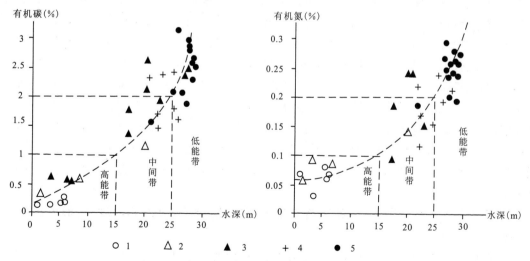

图 2-20 青海湖底沉积物有机碳含量、有机氮含量与水深关系图
(据中国科学院兰州地质研究所等,1979)
1.砂;2.粉砂;3.泥质粉砂;4.粉砂质淤泥;5.粉砂质黏土淤泥

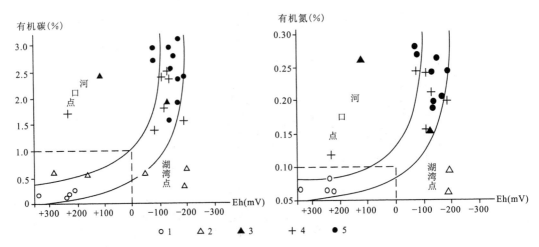

图 2-21 青海湖底沉积物有机碳含量、有机氮含量与 Eh 关系图
(据中国科学院兰州地质研究所等,1979)
1.砂;2.粉砂;3.泥质粉砂;4.粉砂质淤泥;5.粉砂质黏土淤泥

3. 湖泊环境差异大,沉积的有机质差异大

相互分割的不同湖泊,无论是生物的生存环境,还是有机质的沉积环境,都比海洋和过渡环境的差异性大。例如,有的湖盆地整体都是氧化环境,均为红色沉积物,只能是缺乏有机质沉积的贫油盆地;而有的湖盆(如美国科罗拉多湖)成油页岩,有机碳高达 11%～16%;加拿大的新斯科舍湖成油页岩有机碳高达 8%～26%;有的近沼泽湖泊环境,油页岩和碳质页岩有机碳丰度达百分之几十。

湖泊有机质类型复杂,通常不是单一的腐殖型。由于原始有机质来源的二元性,环境的差异性大,形成多种多样的有机质类型。可以说,所有的有机质类型在湖泊沉积物中都能见到,而且都有可能占据主要地位。如美国著名的绿河页岩的有机质是典型的藻菌型;我国松辽盆地白垩系主要生油岩有机质为腐泥型;江汉盆地潜江凹陷下第三系生油岩——有机质主要为腐泥-腐殖混合型;陕甘宁盆地延安组和延长组生油生气岩有机质部分属于腐殖型。就是在一个湖盆中,甚至是一个小湖盆地,有机质还可具有多种类型。如我国南襄盆地中的泌阳凹陷,其主要生油岩古近系渐新统核桃园组三段分布面积不过 $700km^2$,但包含 4 种干酪根类型,其中Ⅰ型占 19.3%,Ⅱ型占 56.1%,Ⅱ$_1$型占 21.1%,Ⅲ型占 3.5%(图 2-22)。整个泌阳凹陷核桃园组生油岩可以用较好的Ⅱ型代表其平均水平。总而言之,当环境有利时,湖泊可形成有机质丰度高、类型好、生油潜能大的油源岩;而当环境不利时,湖泊内将形成不具有工业价值的油源岩。

4. 营养型淡水湖泊半深-深湖及前三角洲亚环境沉积富有机质泥质岩,形成碎屑-黏土岩旋回

营养型淡水湖生物发育,一般周围陆地植物繁茂,有大量陆源有机质供给,有机质来源非常丰富。位于温带的湖泊常存在温跃层,湖泊的半深-深湖亚环境主要位于浪基面以下,使底水呈现缺氧还原环境。加上以水云母和高岭石为主(局部为蒙脱石)的黏土矿物与有机质产生絮凝作用,常常成为油源岩的最有利形成区。如我国松辽盆地上白垩统(主要油源岩)基本为

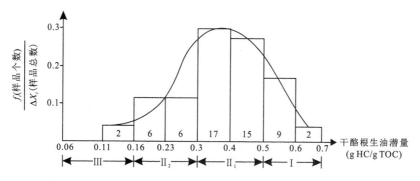

图 2-22 泌阳凹陷核桃园组干酪根类型直方图
(据王启军等,1988 修改)

温湿气候下的河流-湖泊沉积(图 2-23)。在湖泊的发展过程中经历了两次大的湖侵,湖水面积在 $9\times10^4 km^2$ 以上,气候温暖潮湿,盆地相对稳定,沉降速率较快,形成了巨大的深湖静水体,在其中沉积了厚层的富有机质黑色页岩、油页岩、泥灰岩等(Feng et al,2010)。由于为缺氧还原环境,泥质岩中底栖生物稀少,以浮游生物为主,发现完整的鱼化石,层面上分布粉末状自生黄铁矿,有机碳含量为 1.7‰~2.3‰。松辽盆地巨大的石油资源主要在湖中心半深-深湖亚环境形成,湖盆地前三角洲泥相也富含有机质。

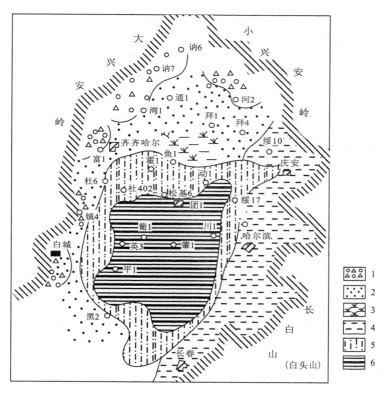

图 2-23 松辽盆地青山口期岩相分布图
(据大庆油田研究院)

1.洪积相;2.泛滥平原相与三角洲分流平原相;3.沼泽相;4.平原淤积相;5.三角洲前缘相或滨浅湖相;6.较深湖相

5. 盐湖中的富有机质油页岩，泥质岩常与蒸发盐岩组成旋回

盐湖发育在干燥气候下封闭盆地中水位最低的地区，湖泊水体的含溶质量有时大于 0.5%，这个盐度是大部分淡水生物生存的上限。形成盐湖的必要条件为蒸发量超过入流量，且盆地封闭或流出量很少（Warren，2016）。满足干旱气候和水文封闭条件，既可使湖盆蒸发量超过入流量，又可使盐湖获得聚集大量溶质和保持小范围常年湖的足够入流。超过入流量的蒸发作用使湖水溶质的浓度不断增加，各种盐分依其饱和的先后顺序沉积。盐湖中能发育耐高盐性、高碱性的水生生物，如蓝绿藻、硅藻、细菌、轮虫类、挠足类、线虫类等。封闭、静止的环境有利于有机质的沉积和保存，因此盐湖常形成极富有机质的油页岩、泥质岩与蒸发盐岩的旋回沉积组合（Roehler，1992）。如美国怀俄明、科罗拉多和尤塔州始新世绿河组沉积，因蕴藏世界上储量最大的油页岩和天然碱矿，被广泛研究。戈修特湖是这些古代湖泊之一，图 2-24 为绿河组各亚环境的岩相剖面，主要包括：①湖盆边缘亚环境，主体为冲积扇砾岩和沙坪沉积；②干泥坪亚环境，主体为纹层状具强泥裂白云质泥岩；③暂时性湖泊亚环境，主体为纹层状或块状白云岩，白云质泥岩和油页岩组成的旋回（相当于图 2-24 泥坪相内侧剖面）。白云石泥岩为盐晶穿切，为典型盐泥坪沉积，反映主要形成于静水湖环境，偶尔暴露陆上，油页岩富有机质；④常年浅水湖泊亚环境，主要由富有机质的油页岩和细纹层白云岩、天然碱组成油页岩—白云岩—天然碱旋回。湖盆内藻类大量繁殖，有机质沉积、保存条件极好，使绿河组油页岩的有机碳丰度高达 11%～16%，是世界上最典型的藻质型有机质，其有机质向页岩油的转化率高达 70%。预计美国西部绿河组油页岩潜在含油量约 $3\,000\times10^8$ t，是世界上储量最大的油页岩矿床。以前把油页岩与蒸发盐岩互层解释成气候波动所引起，其中藻类大量繁盛时期形成的油页岩层反映潮湿气候，而碳酸盐、天然碱形成时期主要为干旱气候。然而，进一步的研究表明油页岩沉积基本上是在一个浅的、季节性干盐湖环境中，油页岩沉积是一种更随机的、受洪水及生物共同发育控制的结果。

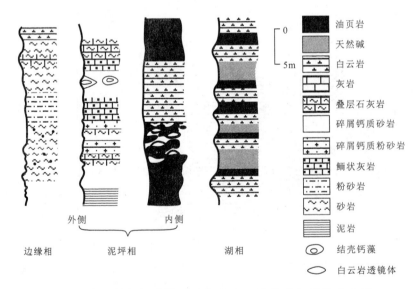

图 2-24 绿河组边缘泥滩和湖泊环境的岩相剖面示意图

（据 Surdam and Wolfbauer，1975）

陈发景等(1983)研究了我国东部白垩纪—古近纪蒸发盐岩和生油岩分布后认为蒸发盐岩系的分布与干旱、半干旱气候带有关,煤系的分布与潮湿、半潮湿气候带有关,而生油岩系既与潮湿、半潮湿气候带有关,又与干旱、半干旱气候带有关,常在断陷湖盆的发育期(湖盆演化分初始期、发育期、萎缩期、结束期)生油岩与蒸发岩组成旋回(图2-25)。例如东营凹陷沙四段的膏盐层和生油层都是在断陷湖盆发育期形成;潜江凹陷有两个湖盆发育期,对应形成新沟咀组三段——一段和潜江组四段——一段两套膏盐层和生油层组合。在断陷湖盆的萎缩期,蒸发盐岩常与红色岩系伴生,不发育生油岩。

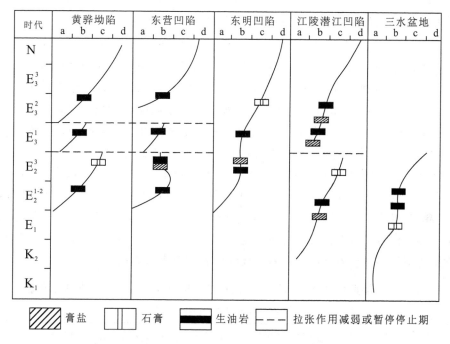

图2-25 蒸发盐岩和生油岩与断陷湖盆演化期的关系

(据陈发景等,1983)

a.断陷湖盆初始期;b.发育期;c.萎缩期;d.结束期

在生油含油丰富的泌阳凹陷古湖盆中心的核桃园组二段和三段顶部,发育由富有机质泥岩、油页岩、白云岩、泥灰岩和天然碱组成的沉积旋回(胡受权,1998)。沉积亚环境和岩相组合、旋回组合特征与美国绿河组有相似之处。

6. 单断式"箕状"断陷不对称湖盆,有机质亦呈不对称展布

单断式"箕状"断陷即一边为深断裂、另一边为平缓的斜坡形成的断陷,是我国许多陆相盆地的特征。湖盆的沉降中心通常不与沉积中心重合,而且都不位于湖盆的中心。我国泌阳凹陷就是一个南深北浅、南断北斜的单断式"箕状"凹陷。其上发育了不对称的多物源富营养型的快速稳定湖泊沉积。泥岩有机质丰度高、类型好、生油岩厚,生油层有机质数量和类型都呈不对称展布,高值带偏向发育深断裂的南部。

四、沼泽环境的有机质沉积

沼泽环境是主要的成煤、成煤系气环境,其有机质沉积特点如下。

1. 有机质来源的原地单一性

沼泽具有地形上平坦低洼,构造上持续缓慢沉降,水介质静止低能的特点,造成原地大量繁盛的植物就地堆积,异地来源的碎屑和有机质稀少。泥炭沼泽的形成与发育是生物、地质、地貌、气候、水文等多种自然因素综合作用的结果,是一种特殊的生态平衡和沉积平衡。植物大量死亡堆积的速率大致与地壳沉降速率平衡,就可保持相当长的沼泽生态和沼泽沉积环境(Holz et al,2002)。如澳大利亚维多利亚州的褐煤矿层厚度大于 300m,即是在大约一百万年时间内不间断沉积所形成的泥炭。显然,有机质绝大部分来源于原地高等植物。

2. 温和湿润的气候和长期停滞的水体有利于沼泽发育及泥炭沉积

炎热潮湿气候固然使沼泽森林具有最大的生长速度和初产率,但它又使死亡的有机质具有最快的分解速率,能保留下来形成泥炭者甚少。现代泥煤和类泥煤的堆集常发生在高纬度的寒冷地区,如斯堪的纳维亚、苏格兰、苏联、加拿大、阿拉斯加等。许多学者认为温度过高或过低都不利于泥炭沉积,温和潮湿气候最为有利。相比于温度,潮湿和湿地条件更为重要,长期停滞的积水必不可少。在地表浅层,死亡的有机体处于氧化-弱氧化环境中,而在停滞水体的下层,随着氧气的消耗,逐渐转化成还原环境,使部分有机质能够保留下来。一般来说,泥炭的形成率(即泥炭的堆积量与植物的生产量之比)常不足 10%,即只有不到植物总产量的 10% 可以形成泥炭。表 2-8 是加拿大曼尼托巴州泥炭地试验区的统计结果,这些结果说明,曼尼托巴州泥炭地年平均堆积量的干量是 27~52g/m²·a,而现今纯生产量是 710~1 630g/m²·a。作为泥炭堆积的有机质不足 10%,损失量高达 90% 以上。但是,这样的泥炭形成率仍要比细粒沉积物中有机质聚集形成油源岩的效率高数倍。

表 2-8 曼尼托巴州泥炭地不同植物带的现今生产量和近期泥炭堆积量

(据 Reader and Stewart,1972)

植物带	一次纯生产量 (g/m²)	枯叶量 (g/m²)	一年后枯叶量 (g/m²)	泥炭层的深度 (cm)	¹⁴C 年代 (距今)	年堆积量 (厚度,cm/a)	年堆积量 (重量,g/m²·a)
森林沼泽	709.9	488.8	344.0	185~190	4 524±126	0.041 4	36.3
水藓沼泽	992.6	846.0	638.3	200~205	7 939±103	0.025 5	26.8
酸性沼泽	1 942.6	1 749.0	1 428.3				
边缘低地	1 631.0	1 128.0	843.5	80~85	2 960±73	0.027 9	51.7

3. 沼泽沉积的有机质丰度最高,但类型单一

沼泽泥炭沉积是地球上有机质最集中的沉积。我国大部分煤田的无机矿物灰分仅占 10%~30%,也就是说,其有机质含量可以占到 70%~90%。形成这样高的有机质丰度,一方面是植物的繁盛和不断堆积,另一方面是开阔平坦、河道衰老、丛林杂草密布的沼泽环境阻挡了异地碎屑的输入,大大降低了稀释作用。

沼泽环境可划分为闭流盆地、充水泥炭沼泽和腐泥湖泊-沼泽 3 类(Diessel,1992)。闭流盆地是一种极低能环境,水体基本没有运动,典型的沉积物是煤层底部不成层的根土岩。充水泥炭沼泽沉积的特点是盆地局部地区发生淤泥堆积作用,当陆源物质较多时,形成粉砂质黏

土,而陆源物质较少时,则形成以腐殖型有机质为主的煤层。腐泥湖泊-沼泽沉积主要由腐泥煤组成,水体相对较深,陆上沼泽植物繁盛,主要形成腐殖煤,水中发育水藻和微生物,主要形成腐泥煤。

4. 沼泽煤系常与湖泊、潟湖生油层系交替发育

形成沼泽的一个重要途径是湖泊、潟湖的淤积陆化。湖泊相或潟湖富有机质沉积常组成剖面下部,向上逐渐过渡为煤系沉积,例如芬兰的瓦尔莫萨(Valmossa)泥炭地,是在冰川凹地形成的湖泊经陆化而成的泥炭地(图2-26)。下部骸泥堆积是湖相沉积物,往上逐步陆化形成泥炭堆积。有的盆地中心发育湖相、潟湖相沉积,边缘发育沼泽沉积。

三角洲河漫沼泽沉积还常与三角洲砂体、前三角洲富有机质泥岩在时间上交替,在空间上伴存。

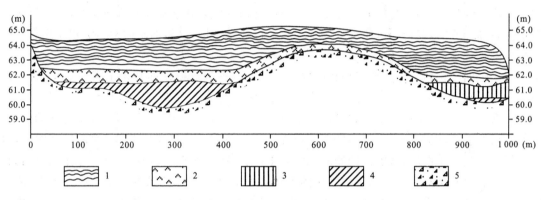

图2-26 瓦尔莫萨(Valmossa)泥炭地断面图
(据 V. 瓦卢弗塔,1960)
1.泥炭;2.骸泥;3.黏土骸泥;4.黏土;5.冰川堆积地形

第三章

微生物的分解作用与腐殖质的形成

沉积有机质是指地质体中由沉积作用形成的有机质,它是由生物死亡堆积并经过微生物分解作用后残留下来相对稳定的有机组分,直接进入或经过化学缩聚作用后再进入地质体(主要是沉积岩)中的有机质。沉积有机质包括分散型有机质和富集型有机质。不同地区、不同环境下形成的沉积有机质,其组成差异很大。同一沉积有机质处于不同的热演化阶段,其组成也有很大差异。所以,沉积有机质没有固定的化学组成和结构,它是地质体中与沉积作用有关的有机质的总称。

当年轻的沉积物随着上覆沉积物的堆积,进入岩石圈时,便立即开始了新的演化阶段,以适应新的环境,这就是成岩作用阶段。这些沉积物松散,上覆压力不大,温度不高(低于50～60℃),富含孔隙水,无机矿物与有机质混杂,底栖生物尤其是微生物活跃,组成了复杂的体系。它们与新的埋藏环境不相适应,因此会在内部发生一系列复杂的生物化学、物理化学作用,以改变沉积物的原始性质,从而达到新的稳定和平衡。其中,无机矿物经受了压实、定向、矿物转化、重结晶作用等固结成岩;湖沼中堆积的大量高等植物残体经过泥炭阶段形成了褐煤;而沉积物中的分散有机质,在早期低温低压下,不足以发生普遍的化学反应,而是以微生物的生物化学改造作用为主,即大部分原始有机质被微生物分解和选择性吸收,剩余组分和参与的微生物残体一起,经还原、缩聚等作用形成腐殖质和干酪根。因此,成岩阶段有机质的演化就是指沉积有机质在沉积物固结成岩过程中,在低温低压条件下所经历的以微生物改造为主的演化过程,该阶段以褐煤和大量干酪根的形成为终点。不同地区该阶段的延续时间和分布深度变化很大,可从几十米到几百米。

第一节　成岩阶段微生物的分解作用

一、微生物简介

地球上生物可分为三大类:动物、植物和原生生物。原生生物即普通所指的微生物,即任何显微尺度的生物,它们与动、植物的显著区别在于其简单的生物结构,大多数为单细胞或不分化、分化不明显的多细胞。原生生物分原核生物和真核生物,其中原核生物包括细菌和蓝细菌(蓝藻),真核生物包括原生动物、藻、真菌、粘菌等。所谓原核是没有核膜、核仁等结构的染色质体,而真核则具有核膜、核仁、染色体等结构。对地质体内有机质进行改造的主要是以腐生为主的细菌和真菌。一切通过体内菌绿素进行光合作用的自养光能菌,可直接从无机物合成有机物而获得能量和营养,因此不在本章讨论之列。只有异养腐生的细菌和真菌以有机质为养料,并使部分有机物矿质化,以便重新被光合生物所利用。这类微生物在有机质的改造和有机碳的生物地球化学循环中,都起到十分重要的作用。

按照细菌的生活环境,可将其分为喜氧细菌(好气性细菌)和厌氧细菌(嫌气性细菌)。前者必须在有氧环境中生活,在有氧情况下它们将葡萄糖分解为二氧化碳和水,释放出大量能量,这一过程称为有氧呼吸。而厌氧细菌只能生活在缺氧环境下,如甲烷菌、硫酸盐还原菌等。它们可利用葡萄糖中的结合氧,将其分解为二氧化碳和其他代谢产物,释放出少量能量,这一过程称为发酵或无氧呼吸。有许多细菌是兼性的,即可在不同环境下采用不同的呼吸方式。从生物进化上来说,最早出现的是厌氧细菌,之后才有光合细菌和喜氧细菌出现。

二、微生物的分布

微生物一般体积很小,表面积与体积比值极大,细胞大都能与环境直接接触(高等生物则不能),有利于细胞吸收大量营养物质和排除废物,因而代谢作用迅速、活动力强。微生物生殖率大、世代时间短,能在短时间内繁殖大量的群体,有利于适应变化剧烈的新环境,能在环境相差极大的空间中生长和繁殖。其生存的温度可以从$-10 \sim 105℃$,压力高达1 000atm(1atm=101.325kPa),介质pH值可从$1 \sim 11$,最适宜的pH值范围是$6.5 \sim 8$。细菌可在淡水和高饱和盐溶液中大量繁殖。在一些极端环境,如火山热泉、冰冻极区、酸性热泉、高盐湖中等都有细菌存在。但是,微生物生长仍然服从生态学的基本规律,受许多环境因子控制,其最重要的限制因子是营养物质。一般只要有大量有机物质存在,这种或那种群落的微生物就会大量生长、繁殖。营养物质包括水、氧、无机矿物元素,碳、氮的有机物和无机物,微量的有机生长素等。其次是环境因子,主要受温度、光照、盐度、pH值、能量等因子限制。

土壤是微生物生存的基地,是最适合它们生长、繁殖的栖所。一般土壤表层含有丰富的有机物质,空气较流通,因而表层微生物,无论在数量上和种类上都比深层土内多。一克肥沃表土中所含的细菌数目可高达1×10^8个,一般约$2 \times 10^7 \sim 3 \times 10^7$个,其中异养好气的中温型细菌数量最大。在水体及水底淤泥和沉积物中,也大量分布着多种微生物,分布于水表层和上层多为好气型微生物。而在深水或滞水水底、水底细粒沉积物中大都是嫌气型微生物。鞘细菌和硫细菌分别存在于含铁和含硫的水体内,当铁细菌种——赭色纤毛细菌大量繁殖时,可使整个水面变为赤色。水内真菌以水生藻状菌为主,当水内富含有机质,真菌的种类和数量很多,它们生在腐烂的动物和植物残体上,活跃地分解有机质。

一般在沉积物上部几十米范围内微生物活动十分活跃,但随深度增加数量急剧减少,而且可以由好气型细菌活动为主转变为嫌气型细菌活动为主(表3-1)。故在近代水体沉积物中,微生物的种类和数量均存在很大变化。温度、盐度、pH值的变化都会影响微生物种类和数量的变化,绝大多数微生物的生长温度为$10 \sim 40℃$,pH值为$5 \sim 8$,当pH值为$2 \sim 3$时,细菌活动基本停止。

三、微生物的代谢机制

新陈代谢是生物活动的基本动力,通过新陈代谢,生物将外界的营养物质转化成生物体本身,并排除废物,得以生长和繁殖。腐生异养微生物的代谢机制,在这里我们只能作简单扼要的介绍。

(1)微生物的代谢途径错综复杂,但从方向上分为两大类:①分解途径,即分子结构由大变小被简化;②合成途径,即分子结构由小变大被复杂化。微生物利用营养物质主要通过分解途径,而微生物生成新的细胞物质主要通过合成途径,二者紧密偶联共同完成代谢职能。

表 3-1　加利福尼亚州圣地亚哥湾近代沉积中细菌数量

(据 Zobell and Anderson,1936)

深度(cm)	嫌气细菌	好气细菌	嫌气/好气
0~3	1 160 000	74 000 000	1:64
4~6	14 000	314 000	1:21
14~16	8 900	56 000	1:6
24~26	3 100	10 400	1:3
44~46	5 700	28 100	1:5
66~68	2 300	4 200	1:2

(2)有机化合物是异养微生物的主要碳源和能源。细菌、真菌、放线菌等摄取营养物质的方式与原生动物不同,它们都是通过细胞表面吸收营养物质,故营养物质必须是小分子溶质才能透过细胞质膜而进入细胞,而原生动物则靠吞噬作用或胞饮作用摄取食物。可以说,自然界和沉积物中的各种有机化合物都可被不同类型的异养微生物利用作为营养物质,但大部分大分子化合物必须由胞外酶分解成小分子化合物后,才能跨膜运输,被微生物细胞所吸收。

(3)不同的微生物分泌不同的胞外酶,可分解利用不同的有机物。一些简单的作为微生物主要碳源和能源的化合物,如葡萄糖、果糖等几乎所有微生物都能利用。而纤维素、半纤维素、甲壳素、果胶质、木质素、芳香化合物、无机化合物等只能为具专化胞外酶的专化微生物所利用。分解淀粉的酶称淀粉酶,分解纤维素的酶称纤维素酶,此外还有蛋白酶、肽酶、酯酶、脱羧酶、脱水酶、转氨酶等。如天然纤维素的分解需要两种纤维素酶:C1 和 Cx。C1 酶可将有交链的天然纤维素分子转化成直线形的脱水葡萄糖单位,然后 Cx 酶再将其水解成纤维二糖或葡萄糖。纤维二糖可被纤维二糖酶水解成葡萄糖,葡萄糖可被微生物细胞吸收,进入细胞体内的代谢途径。能分泌纤维素酶的细菌有很多,如芽孢杆菌、梭菌、杆菌、纤维粘细菌、纤维单胞菌、纤维放线菌、玫瑰色放线菌等。

(4)微生物吸收营养物质的机制,即营养物质跨膜运输的机制,是生物科学研究的重要课题。目前在微生物中已发现 4 种运输机制:被动扩散、助长扩散、基团转移、主动运输。

(5)小分子化合物经过跨膜运输进入细胞后,还要由酶来降解,从而释放出合成代谢所需要的能量和获得合成新细胞物质的中间产物。微生物利用这些中间产物和能量,也是在酶的催化下,经过复杂的合成途径合成多种氨基酸、核甘酸、脂肪酸和糖类等,进而分别组成蛋白质、核酸、类脂和多糖等细胞物质以及各种次生产物。从有机营养物质到新的微生物细胞物质绝不是简单的搬迁和重复,而是一系列生化过程的质的转变。

四、异养微生物在有机地球化学中的作用

在有机圈的地球化学行为中,微生物是无处不在、无所不能的。下面简要归纳一下异养微生物在有机地球化学中的特殊作用和贡献。

1. 根据异养假说,异养微生物是地球上生命的先驱

从起源意义上来说,没有微生物就没有生命和生命的进化。有关微生物分子演化树各节

点出现的时间尚未查明,目前备受生物学家和地质学家关注的主要是蓝细菌、硫酸盐还原菌、甲烷菌等强烈影响地球其他圈层的微生物(谢树成等,2006)。

2. 在"三足鼎立"的生态系统中,异养微生物是必不可少的成员——分解者

地球上生物所需的能量和营养物质完全来自行光合作用的绿色植物及光合微生物。但它们合成有机物必需 CO_2。CO_2 是其唯一碳源,而阳光是其唯一能源。大气中 CO_2 含量仅 0.03%,远不够绿色植物需要。如大气中 CO_2 没有来源的话,根据现今光合作用率计算,在几十年内大气中的 CO_2 将被完全耗尽。大气中 CO_2 主要由有机质分解、转化来补充。据计算,90%的有机碳转化成 CO_2 的矿化作用是真菌和细菌分解代谢的结果。只有10%是其他生物代谢和氧化燃烧作用造成。这种压倒性贡献是微生物无处不在、代谢高效、繁殖惊人、能力非凡的反映。从生态意义上来说,没有微生物就没有生物圈和生命世界。

3. 形成有利于有机质沉积保存的还原环境

从微生物代谢机制,可以更深入地认识还原环境的形成及对有机质沉积保存的意义。微生物的生长和繁殖,主要通过生物合成,使细胞物质增值和分裂。生物合成是吸能反应,需要能源供应。通常是依靠一种高活性化合物——三磷酸腺苷(ATP)提供生物合成所需的能量。没有 ATP 的生成和参与,生物合成就无法进行。而高能态的 ATP 生成也需要能量。一切异养微生物利用化合物的氧化过程中所释放的能量进行磷酸化作用生成 ATP。微生物的氧化作用根据最终电子受体的性质分3种方式:①有氧呼吸作用——以分子氧为最终电子(氢)受体,这是喜氧和兼性喜氧的细菌在有氧环境中进行的氧化方式;②无氧呼吸作用——以无机氧化物(如 NO_3^-、NO_2^-、SO_4^{2-})代替分子氧,作为最终电子(氢)受体,这是少数厌氧菌和兼性菌在无氧还原环境下进行的氧化方式;③发酵作用——电子(氢)供体和电子(氢)受体都是有机化合物,这是大多数厌氧菌和兼性菌在无氧还原环境中进行的氧化方式。

有氧呼吸与发酵和无氧呼吸的区别在于:①有氧呼吸有氧参加,最终使有机质彻底氧化成 CO_2 和 H_2O,既大量消耗有机质,又大量消耗氧。前者对有机质沉积、保存有害,而后者能造成无氧还原环境,对其他有机质沉积保存有利。发酵和无氧呼吸没有氧参与,分解主要产物仍是有机物。特别是发酵作用可以说主要是改造有机质,而不是消耗有机质。故还原环境及在其中进行的发酵作用有利于有机质的沉积和保存。②有氧呼吸比发酵效率高约10倍,1g 葡萄糖经有氧呼吸氧化成 CO_2 和 H_2O 放出 2878.6×10^3 J 自由能,而经发酵只放出 226×10^3 J 自由能。也就是说,在氧化环境中有机质被氧化的速率比还原环境发酵氧化速率快得多。③正因为此,在氧化环境下几乎所有的有机质都能降解,而在还原环境的发酵作用则不然,一些有机质很难被发酵氧化。在更深的还原环境,由于专一的营养物质逐渐耗尽和有毒代谢物质的积累,微生物的生长繁殖受阻,进入死亡期,微生物分解有机质的作用也就趋于停止。

4. 对生物元素地化循环的特殊贡献

生物的元素成分在生物体和环境之间反复周转构成物质循环,微生物无论在质和量两方面都作出了特别重要的贡献(谢树成等,2012)。前面已经介绍在生态系统的碳素循环中微生物对矿化有机碳的压倒性贡献。同时它们造成的缺氧还原环境和酸性物质的积累,使大量有机质离开了生物圈,和沉积物一起沉降进入沉积岩石圈。这是一种碳素的封存,或者说是进入有机圈的以地质时钟为量度的缓慢大循环。

(1)对氮素循环的贡献:氮是生物蛋白质、核酸、酶的重要元素成分。虽然分子态氮(N_2)

非常丰富,约占地球大气成分的80%,但其在化学性质上是惰性的,不能为大多数生物直接利用。它们需要的是化合态的氮源——硝酸、亚硝酸、氨等,而这些在土壤和水中都是比较贫乏的,常成为生物生长发育的限制因子。据计算,每年循环周转的氮素在 $1\times10^8\sim1\times10^9$ t之间。大气中氮气的大量供给和生物圈化合态氮的相对贫乏,表明将分子态氮转化成化合态氮的固氮作用是氮素循环的关键环节。细菌是完成这一过程的最主要生物类群,90%以上的固氮作用由细菌代谢完成。生物固氮一部分是自生细菌作用(非共生固氮),另一部分是与植物共生的细菌作用(共生固氮)。最重要的共生固氮作用者是根瘤菌属细菌,最重要的非共生固氮作用者是蓝细菌。生物残体的蛋白质和核酸经微生物分解形成氨,氨经专化好气细菌氧化成亚硝酸,亚硝酸再氧化成硝酸。硝酸盐是供植物利用的主要有效含氮物质,氨转化成硝酸的作用称硝化作用。另一类专化细菌,可使硝酸还原成氮气(称反硝化作用),又返回大气,可以说整个氮素的地球化学循环的每个重要环节都离不开微生物(图3-1)。

(2)对硫素循环的贡献:硫酸盐是水中普遍存在的矿物质。大多数的微生物利用硫酸盐作为主要的硫源。在细胞蛋白质和酶中都含有硫,在生理上是仅次于磷的重要矿质元素。元素硫和硫化氢也只有先氧化成硫酸盐才能为生物所利用。而硫氧化细菌则可将 H_2S 氧化成硫酸根为生物提供硫源。另一类硫酸盐还原菌可将水体和孔隙水中的硫酸盐还原成硫化氢,形成强还原环境,有利于有机质的沉积和保存(图3-2)。

在还原环境中,只有部分硫能进入细菌细胞中。大部分 S^{2-} 可与金属元素结合成金属硫化物。在黏土软泥中铁很丰富,S^{2-} 与 Fe 结合成水硫铁矿和陨硫铁矿,最后转化为黄铁矿(FeS_2)。在碳酸盐软泥中缺少金属Fe,硫可与残余有机质结合形成有机硫化物,提高了原始生油母质的含硫量,这是形成碳酸盐岩中高硫原油的原生因素。

5. 改造、代谢有机质

用代谢说明微生物对沉积有机质的改造是很贴切的,一方面各类微生物在酶的催化下对

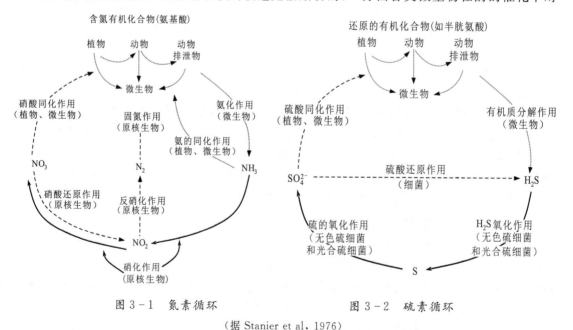

图3-1 氮素循环　　　　　图3-2 硫素循环

(据 Stanier et al, 1976)

实线箭头表示氮的氧化作用,虚线箭头表示还原作用,点线箭头表示无变价反应

几乎所有有机质具有非凡的联合分解吸收能力,其中包括生油能力不强的大量纤维素、半纤维素、木质素等高等植物的主要成分。另一方面也是在酶的催化下,微生物又以惊人的速度合成新细胞物质,进行生长繁殖。微生物的生物化学组成结构与高等植物生化组成大不相同。微生物是高类脂、高蛋白质,而高等植物则是高纤维素、高木质素。也就是主要通过微生物代谢活动,将沉积物中不太有利于生油的有机质改造成更加有利于生油的有机质。

不同种类有机质的抗细菌分解能力不同,最易分解的是原生质,其次是脂肪、果胶质、纤维素、半纤维素。具较高抗微生物分解能力的是木质素、木栓质、角质、孢粉质、蜡质和树脂。Lijmbach 就十分强调微生物的改造作用和有机质的抗微生物分解能力对于形成生油原始物质的重要作用。他认为生油的原始物质是由一部分藻类、细菌体和有机质的抗微生物分解组分(孢粉、蜡、树脂等)组成,这些抗分解组分也较利于生油。将植物遗体埋在土壤一年后的实验结果表明,由于微生物的分解,糖类损失了 99%,半纤维素损失了 90%,纤维素损失了 75%,木质素损失了 50%,蜡质损失了 25%,而酚仅损失 10%。这说明不同有机组分接受微生物代谢改造的能力是不同的,也表明高等植物中不利于生油的主要组分(糖类、纤维素、半纤维素等)正是微生物代谢的主要对象。

此外,异养微生物还参与或促进形成了甲烷气、腐殖质和干酪根,这部分内容将在下面章节详细论述。

综上所述,微生物不仅在生态系统中是不可缺少的三大成员之一,在有机地球化学循环中也是最重要的参与者。

第二节 腐殖质的组成、结构及性质

在年轻沉积物中,大分子生物化合物降解的产物,如糖、氨基酸、脂肪酸等,其含量会随着深度增加而迅速减少。一方面它们不断为微生物利用吸收,另一方面它们被地下水带走或发生聚合作用。与此同时,一些不能水解和不溶于有机溶剂的组分则越来越丰富,可占沉积物中有机质的 75%~95%,这就是土壤中的腐殖质。

腐殖质是土壤和现代沉积物中主要的有机质。它是生物(主要是植物)死亡堆积并经细菌分解后缩聚的有机物,所以不同于生物体内的分子化合物,它既没有固定的元素组成和结构,也没有特定的物理性质。

腐殖质按照土壤学研究,通常分为三类:富啡酸、胡敏酸和胡敏素(图 3-3),一般将富啡酸和胡敏酸统称为腐殖酸。这 3 种组分的组成及结构既有区别又有联系,表现出系列演化的特性。其中腐殖酸对土壤的性质、元素的迁移和富集影响较大,并可为有机质的演化提供重要信息。

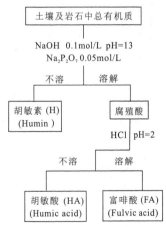

图 3-3 腐殖质分离流程
(据 Stanier et al,1976)

一、腐殖酸的组成

腐殖酸为暗色到黑色胶状体,无定形,结构十分复杂,用一般化学方法难以进行分析。应用现代分析技术,如电子显微镜、X 衍射、核磁共振等,使腐殖质的研究取得了一定进展。研究表明,腐殖酸不是单一的纯有机化合物,而是非均一的大分子缩聚物。

腐殖酸主要由 C、H、O、N、S 元素组成,不同的腐殖酸其元素百分含量变化很大(表 3-2)。如表所示,胡敏酸与富啡酸的碳、氧含量分别以 52% 和 40% 为界,富啡酸 C≤52%、O>40%,而胡敏酸正好相反,C>52%、O≤40%。Schnitzer(1978)分析了各种气候下土壤中腐殖酸元素组成的大量资料,得到了富啡酸和胡敏酸的"标准"元素组成(表 3-3)。

表 3-2 不同地区腐殖酸的元素组成

类型		产地	C(%)	H(%)	O(%)	N(%)	H/C	N/C	资料来源
胡敏酸	海相和湖相	羽沼湖	52.88	6.09	33.88	7.15	1.37	0.12	Ishiwatari (1973)
		木崎湖	54.91	4.95	36.18	3.96	1.00	0.06	
		纪井半岛滨	52.15	5.23	37.93	4.69	1.19	0.077	
		佐上海湾	50.57	5.21	39.39	4.83	1.23	0.082	
	泥炭煤	黑龙江泥炭	61.15	5.61	29.79	3.45	1.10	0.050	傅家谟和秦匡宗 (1995)
		内蒙褐煤	65.45	4.39	30.16		0.81		
富啡酸	土壤	莫斯科省草灰化土	57.63	5.23	32.33	4.81	1.090	0.072	Кононова (1963)
		伏龙兹省黑钙土	62.13	2.91	31.38	3.58	0.560	0.049	
		格鲁吉亚红壤	59.65	4.37	31.54	4.44	0.879	0.064	
		莫斯科省草灰化土	46.23	5.05	44.60	4.12	1.312	0.076	
		伏龙兹省黑钙土	44.84	3.45	49.36	2.35	0.922	0.045	
		格鲁吉亚红壤	49.82	3.35	44.30	2.50	0.807	0.043	

不同沉积环境中形成的腐殖酸,其元素含量有一定差异。从表 3-2 和图 3-4 中可以看出,海相及湖相沉积物中的腐殖酸里,氢和氮含量较高,碳含量较低;在泥炭和煤中,氮含量较低,碳含量较高;而土壤腐殖酸的碳、氮含量都较高。海相与湖相中腐殖酸的 H/C 原子比为 1.0~1.5,土壤腐殖酸的 H/C 主要为 0.5~1.0。N/C 原子比也是由海相、湖相到土壤、泥炭依次递减。

氧原子在各种含氧官能团中,主要是羟基(—OH)、羧基(—COOH)、羰基(>C=O)和甲氧基(—OCH$_3$)。图 3-5 为不同成因腐殖酸的红外光谱,其中湖相、海相沉积物中富含脂链(2 800~2 900cm^{-1}),而泥炭、土壤中的腐殖酸则相对富含氧(1 700cm^{-1}、1 050cm^{-1})。

表 3-3 腐殖酸的标准元素组成
(据 Schnitzer,1978)

元素	富啡酸(FA)(%)	胡敏酸(HA)(%)
C	45.7	56.2
H	5.4	4.7
O	44.8	35.5
N	2.1	3.2
S	1.9	0.8
合计	99.7	100.4

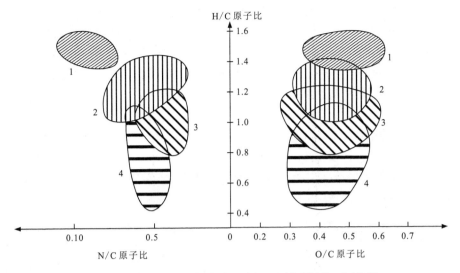

图 3-4 不同成因腐殖酸 H/C-N/C,H/C-O/C 图
(据 Huc et al,1980)
1.沉积物(原地输入);2.灰化土;3.泥炭;4.黑钙土

元素组成的差异反映了有机质来源及成岩环境的差异。湖、海沉积物有机质来源包含大量富类脂、富蛋白质的水生生物,故腐殖酸中相对富含氢和氮;而陆地土壤、泥炭中有机质来源以高等植物为主,因而腐殖酸中相对高氧、低氢、低氮。另外,土壤腐殖质多形成于氧化环境,氧含量较高;湖、海沉积物多为还原环境,氢含量较高。

同时,腐殖酸的元素组成还与其演化程度有关。从泥炭→褐煤→烟煤的腐殖酸中碳含量递增,氧含量、氢含量递减。

二、腐殖酸的结构

腐殖酸的研究方法主要有两种,即降解法(氧化降解、还原降解和热降解)和非降解法(光谱分析、扫描电镜和 X 衍射)。它们为揭示腐殖酸的结构提供了丰富的资料。

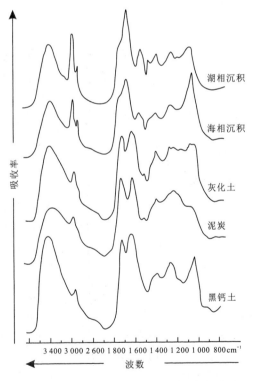

图 3-5 不同成因腐殖酸的红外光谱图
(据 Huc et al,1980)

腐殖酸降解产物有酚酸和苯羧酸,还有脂肪酸等酯族化合物,它们可视为腐殖酸组成的基本单元(表 3-4)。脂族结构中 50% 是脂肪酸与酚羟基形成的酯(图 3-6)。其余的脂族松散地吸附在腐殖酸上。根据各种测试分析资料,不同学者提出了不同的结构模式

(图 3-7)。其共同认识是：腐殖酸的分子是由几个相似的结构单元缩合而成，每个单元都含有核、桥键和官能团。核可以是饱和脂肪环，也可以是芳香环和杂环，有单环、双环，也有稠环。一般是苯、萘、蒽、吡咯、噻吩、吡啶、吲哚等。桥键是连接核的原子或原子团，一般有—CH_2—、—NH—、—O—、—S—、—N<，最普遍的是—O—、—CH_2—。核上带有一个或多个官能团，主要有羧基、酚羟基、醌基。基本单元间通过氢键、范德华力、相邻芳核上的 π 键相互连结。李善祥等(1983)提出，腐殖酸可以认为主要是一组天然的芳香族羟基羧酸。从图 3-7 可以看出，海水中腐殖质富脂链、脂环和肽键，芳香结构较少，而土壤中腐殖质以酚结构为主，脂肪结构较少。因此，可以将近代沉积物有机质分成两类：一类主要来源于高等植物，在土壤、泥炭中的是真正的腐殖质；另一类主要来源于水生生物，在还原环境下形成的物质可称为腐泥质，这类物质呈黑色，富脂链、脂环和肽键。

表 3-4 腐殖酸主要降解产物

主要降解产物	FA(%)	HA(%)
脂肪族化合物	22.2	24.0
酚类	30.2	20.3
苯羧酸类	23.0	32.0
合计	75.4	76.3

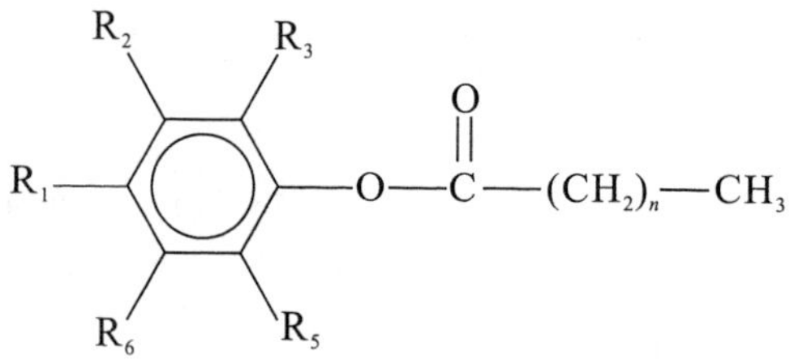

图 3-6 腐殖质中酚——脂肪酸酯

用扫描电镜和 X 衍射观察到，随 pH 值变化，腐殖酸集合体形状也会发生改变。当 pH 值较低时，腐殖酸多呈纤维状、束状，形成开放结构。随着 pH 值增加，纤维组合成细网络，呈松散海绵状结构，内有很多空穴。当 pH 值>7 时，腐殖酸结构定向排列、呈片状，厚度逐渐加大。富啡酸的结构比胡敏酸更为"开放"，具有柔软性，中间有不少空穴可与金属元素络合。

三、腐殖酸的性质

1. 溶解和胶溶性质

腐殖酸能或多或少地溶于碱性、弱酸性及中性溶液，如 NaOH、KOH、$(NH_4)_2HPO_4$、草酸、酒石酸，也溶于醇、醛、酮、吡啶等有机溶剂。腐殖酸由极小状微粒组成，粒径 8~10nm，球间由小键连接，充分显示了胶体特性。其表面积大、黏度高、吸附力强，可吸附其他分子和粒子。

2. 弱酸性

腐殖酸中酸性基团上活泼氢的存在使其具有弱酸性，其酸性取决于羧基和酚羟基的含量。富啡酸比胡敏酸的酸性强，随缩合过程羧基减少，直到变成中性胡敏素。腐殖酸可与碱、醇、有机化合物、金属离子起反应，形成络合物或缩合物，从而提高土壤和沉积物中的金属浓度，并保护一些不稳定的有机化合物免于破坏，它还能分解碳酸盐、醋酸盐、磷酸盐等。

3. 热解性质

腐殖酸对热不稳定，随温度增加，其碳含量增加，氧含量减少。在 250~400℃，主要是侧链官能团的热解，500℃以上则"核"分解，540℃不再含氧。

4. 分子量

腐殖酸的分子量尚无定论，各学者得出的数值差别很大，而且还与其本身缩合程度有关。

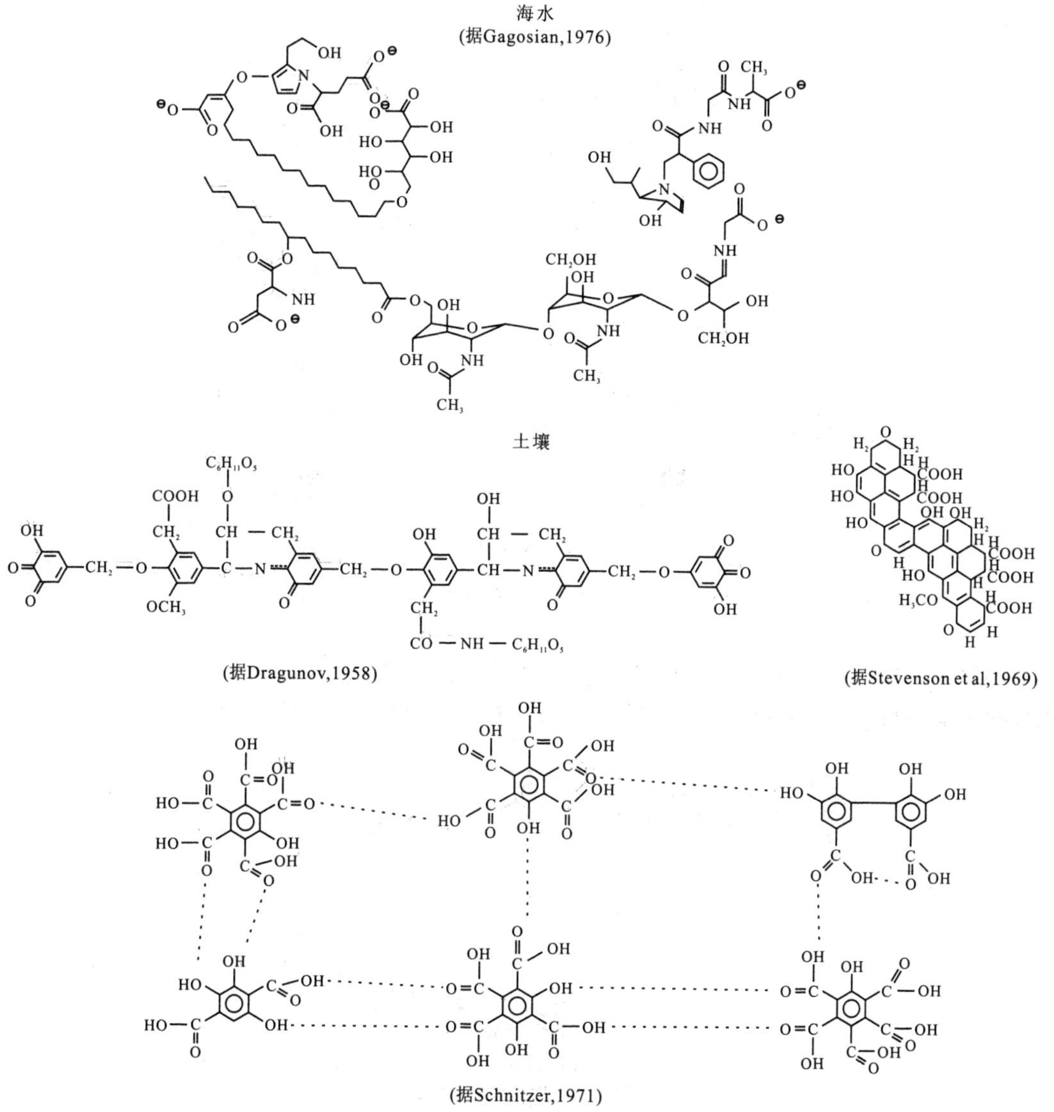

海水
(据Gagosian,1976)

土壤

(据Dragunov,1958)　　　　　　　　　　　　　　(据Stevenson et al,1969)

(据Schnitzer,1971)

图 3-7　推测的腐殖酸结构
上图为海水中腐殖质，下图为土壤中腐殖质

湖泊腐殖酸的分子量约 6 400，沼泽泥炭约 7 600。从富啡酸到胡敏酸，分子量逐渐增大。一般富啡酸分子量 626～2 000，胡敏酸 2 000～2 000 000。

第三节　腐殖质的形成与成岩阶段演化

一、化学缩合作用

腐殖质的形成，不同的研究者提出了不同的见解。一般认为，腐殖质是由生物体死亡堆积，经微生物分解成小分子化合物，部分被微生物吸收，剩下部分再经过化学缩合作用，形成大

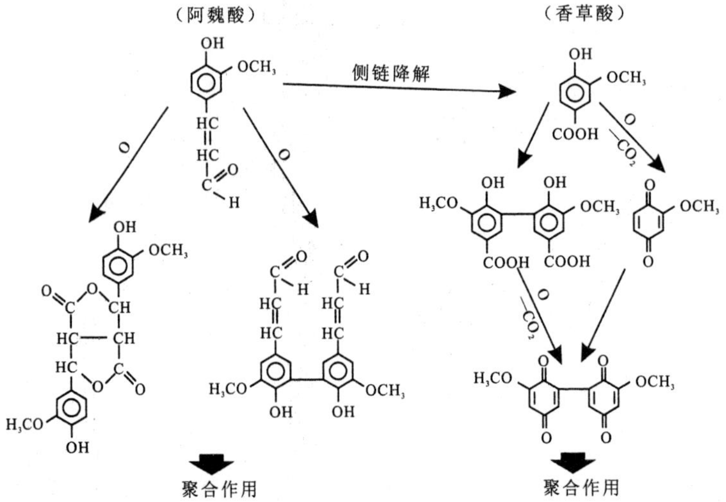

图 3-8 由酚—酚反应生成的聚合物
(据 Monin,1976)

分子的腐殖(泥)质。在腐殖(泥)化过程中,主要的反应是酚与酚的缩聚(图 3-8),酚与含氮化合物的缩聚(图 3-9),糖胺缩合(图 3-10)及酚与脂肪酸的缩合反应。

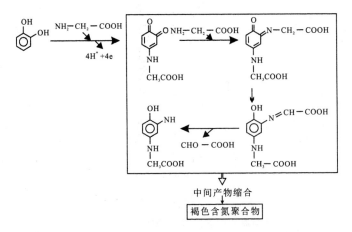

图 3-9 由氨基酸和酚缩合成的聚合物
(据 Swaby,1966)

  土壤中腐殖化主要是酚的氧化缩合,其中间产物为醌。酚的主要来源是木质素,其次是丹宁及微生物的细胞组分。木质素是由苯基丙烷单体组成的聚合物,它们被细菌分解成单体。单体侧链被氧化为羧基,脱去甲基,在聚酚氧化酶的作用下使酚氧化成醌,然后再与含氮化合物反应生成腐殖质。糖胺反应又称为 Maillard 反应,主要发生在水盆地中。水生生物富含蛋白质和糖类。实验证明,真菌可分解糖类形成醌类物质,再与氨基酸反应合成腐殖酸。这些反应发生在水介质中,pH 值约为 8,更有利于腐泥化作用。

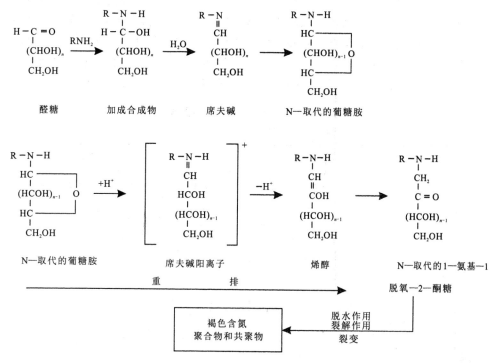

图 3-10 由糖胺缩合作用演变成的聚合物
（据 Maillard,1913）

二、成岩阶段腐殖质的演化及产物

土壤和现代沉积物的研究表明,腐殖酸的形成主要发生在水和沉积物界面附近。根据 Huc 等(1986)对一些三角洲、港湾中陆源软泥的分析发现,在 0～10m 处腐殖酸含量为总有机质重量的 50%～60%,随深度加大,其含量明显减少,而且富啡酸与胡敏酸比值减小(比较富啡酸与胡敏酸的组成和结构,可以看出变化的趋势是由富啡酸到胡敏酸含碳量增加,含氧量减少)。随着含氧官能团(主要是羧基、羟基)的消去,腐殖酸的酸度下降,可以水解的部分减少,随之而来的是氨基减少,含氮量降低,与此同时,芳核的缩合度提高,分子量加大,表 3-5 总结了这一变化的趋势。随埋深加大,最后转化为不溶于有机溶剂和碱性溶液的中性聚合物——胡敏素。

我国煤田工作者研究了从植物→泥炭→褐煤→烟煤的化学组成的变化。结果表明植物中不存在腐殖酸,在泥炭和煤化程度低的褐煤中腐殖酸含量高达 68%,在煤化程度高的褐煤中腐殖酸含量大大降低,约 3%,在烟煤阶段则完全消失。

腐泥质不仅会发生上述类似的变化,而且随着沥青组分的聚集,含氢量增加,H/C 原子比上升。因此把成岩阶段有机质的演化途径分为两类更准确,即腐殖化作用和腐泥化作用(黄第藩等,1984)。腐殖化作用和腐泥化作用有着不同的演化方向,湖沼中有机质由于腐殖化作用,经历了从富啡酸到胡敏酸、胡敏素直至煤型或腐殖型干酪根演化的过程;而分散在湖、海底部的有机质则由于腐泥化作用,形成含氢量较高的腐泥质,然后转变为油型或腐泥型干酪根。在陆源物质供应充分的地区,如尼日尔三角洲、德克萨斯-路易斯安那海湾地带的现代沉积物中腐殖酸一般比较丰富;而在盆地内部或碳酸盐软泥中,腐殖酸含量大大减少,如在黑海中部典型的"静海"环境沉积物中(表层0~70cm)仅含10%~15%的腐殖酸,而85%~90%的有机质完全不溶于碱(据 Tissot and Welte,1984),这可能说明富含类脂的有机质在强还原环境下的演化也可不经过腐殖酸阶段就直接形成富含类脂物的不溶的缩聚物,这是油型干酪根的前身。

表3-5 腐殖酸的演化示意图

(据汪本善,1982)

项目		富啡酸	胡敏酸	残留煤
颜色		浅黄──→黄褐──→褐色──→灰黑──→黑色		
元素含量(%)	C	43~52	52~71	71
	O	51~40	40~20	<20
H/C原子比		1.0~0.8	1.25~0.56	1.0~0.5
总酸度		1 420~890	890~485	0
分子量		626	2 000 000	更大
亲水性		大──────────────→小		
絮凝极限		极大─────────────→极小		
缩聚程度		低──────────────→高		

胡敏素向干酪根演变的具体途径还不十分清楚,但将这两种物质进行比较,发现其结构类似。Huc等(1973)对黑海沉积物研究表明,两者主要差异在年轻沉积物中的胡敏素还有15%~40%可以水解。随埋深加大,水解部分减少,而干酪根是基本不能水解的。可见,腐殖(泥)质是有机质演化早期阶段的产物。

成岩作用的另一结果是形成少量的沥青,烃类是其中的重要组成。这些烃类直接来源于生物活体中的类脂物,它们带有明显母质及环境的印迹,故称之为生物标志化合物。生物标志化合物在成岩阶段受到了一定的改造,如去羧基、去甲基、去羟基、还原环化和芳构化、异构化等,但基本保持了原有碳骨架。Hunt(1977)提出在成岩作用中可以形成的烃类占沉积物中C_4~C_{40}烃类的9%,其中大部分为C_{15}以上的烃类。

微生物降解形成的甲烷气也许是成岩阶段最重要、最普遍的烃类。曾有专家学者认为C_2~C_8烃仅有痕量产生。但是越来越多的资料表明,在成岩阶段后期,在适宜的条件下,也可以形成相当数量的石油烃,并可聚集成矿,这就是所谓的未熟油(黄第藩等,2003)。

总之,经过成岩阶段,有机质基本实现了从生物聚合体向地质聚合体[腐殖(泥)质、干酪根]的转化,完成了从生命有机质向沉积有机质的转变。其最终产物是干酪根,为沉积岩中最主要的有机质,并生成一定数量的包括甲烷气和未熟油在内的烃类。

第二篇
沉积有机质的组成及其分析方法

油气地球化学分析方法

烃源岩中沉积有机质及其演化产物——石油和天然气等,是油气地球化学研究的重要对象,要了解它们的组成、性质和演化规律,必须依赖相应的现代实验分析技术。可以说,没有现代实验技术和大型精密仪器的发展,依赖于实验技术而成长的油气地球化学无法得到蓬勃发展与完善。通常,地质样品中有机质的分析方法流程为有机质的提取、分离和组分测定与识别。本章主要对油气地球化学中常用的实验分析技术进行简要介绍,更多更深层次的实验技术介绍请参见相关专门书籍。

第一节 有机质的分离与富集

有机质除少量以富集状态(石油、煤、油页岩等)存在外,大部分都以分散状态存在于沉积物和岩石中。因此,要深入研究这些有机质的化合物组成,必需先将它们从岩石中分离并富集出来。

一、取样原则

样品是实验分析的关键环节,只有获得可靠的样品,才有可能得到比较可靠的分析数据。从取样角度来看,样品的代表性决定了样品的有效性。而样品的代表性主要表现在样品位置及其质量和重量两方面。

1. 样品位置的代表性

为使选取位置的样品具有代表性,取样前应该有详尽的取样计划。取样前,应该熟悉研究区已有地质、地球化学资料,根据研究目的,做出取样计划。如要对烃源岩开展研究时,应根据完井地质报告、录井岩屑实物剖面、录井综合图以及该井试油报告等资料制订取样的井位、深度等取样计划。若完井地质报告及试油报告还未取得,应根据该井的地质设计进行取样设计。力求所取样品具有代表性,能够代表研究区不同层位的烃源岩。

2. 样品质量和重量的代表性

取样的位置保证了代表性,还得保证所取样品的质量具有代表性。不同样品具有不同的选样原则。

(1)岩心(岩屑)样品:新出筒岩心或岩心库中旧岩心泥页岩、碳质泥岩或碳酸盐岩,要用小刀刮去岩心表面泥饼,去掉泥浆污染,旧岩心要去掉风化部分;岩屑样品要挑出代表本层位的泥页岩、碳质泥岩以及碳酸岩,清水洗去岩屑表面泥浆,在室温下自然凉干;如仅做有机碳和热解分析(小样),其样品量不少于10g;如要做石油地球化学全分析(大样),则所需样品量不少于50g,如岩石有机碳含量较低,应适当增加样品,保证后续项目的样品量。样品须用玻璃瓶、锡箔袋、布袋、牛皮纸袋等进行包装,并附上标签,不能用塑料纸等含有机成分的物品包装,以免污染样品而影响分析的准确性。

(2)油样:在井上取油样(一般为原油、凝析油),均需用洁净工具取,用密封玻璃瓶装。填写标签且将其贴于瓶上,并详细记录出油的情况、取样条件、取样日期、样品的井深和层位等地质情况及分析项目。原油样品如含水含砂,在分析前要经过脱水脱砂处理后方能进行后续分析测试。

(3)气样:天然气常规分析,可用排水(饱和盐水)取气法,使用500mL的输液瓶为宜,取气量最多不超过取气瓶的2/3,气瓶倒置,在水中塞上密封胶塞,取出气瓶倒置存放,不能混入空气,每个样品要同时取一个平行样备用。在瓶上编号,附上气样井号、层位、产层深度及取样时间、取样部位等因素,并做好取样记录。气样不能长期存放,暂时不能分析要放在冰箱低温保存,保存时间应控制在2~3个月以内。

二、岩石中可溶有机质的抽提

抽提就是用有机溶剂把岩石中的有机质抽提出来的过程,也称作萃取。不同性质的有机溶剂从岩石中抽提出的有机质性质和数量不同。常用的有机溶剂有两大类:一类为含氯有机溶剂,如三氯甲烷(即氯仿)、二氯甲烷等,它们的抽提物是游离性有机物,性质与原油接近;另一类为苯-甲醇二元混合溶剂,或甲醇+苯+丙酮三元混合溶剂,其抽提物中的芳香烃和含O、S、N杂原子的极性化合物较多。一般较多采用含氯有机溶剂抽提,如氯仿,抽提物常用"氯仿沥青"表述。抽提方法主要有:索氏抽提、超声波抽提、搅拌抽提、气体加压抽提及超临界抽提等。

索氏抽提装置见图4-1,是目前使用最广泛的抽提方法。将样品粉碎至粒径为0.09mm以下,取40~50g装入氯仿抽提后的滤纸做成的袋中,放在抽提器的样品室内,样品在索氏抽提器中通过溶剂回流,不断与纯溶剂接触,有机质被溶剂溶解出来。这种抽提比较完全,适于定量分析,但是抽提时间长,用氯仿抽提需72h,抽出物较长时间处于加热状态,轻组分大多散失,影响了定量分析。目前多改用直流式,以提高萃取效率。如回流式萃取氯仿沥青需要72h,而采用直流式抽提最多16h即可。

近年来超声波抽提法得到了较广泛的应用,它的抽提效率高,1h相当于索氏抽提的72h,避免了抽提物受热散发,但是抽出量一般较大。目前,国内外都对抽提器进行了各种改进。如我国研制的快速抽提仪(YS-8全自动多功能快速抽提仪),该仪器保持了索氏抽提法原理简单和搅拌抽提法抽提快速的优点,克服了索氏抽提法抽提效率低和搅拌抽提法容易漏样的缺点。采用该仪器,在抽提的

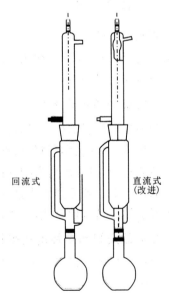

图4-1 索氏抽提与改进装置

同时能自动完成脱硫与过滤,抽提达到预定时间、停水和溶液蒸完时能自动报警停止加热,一机可以同时做4个样品,抽提、脱硫、过滤及溶剂蒸馏回收全过程历时10h左右,所得各项分析

结果与"索氏抽提法"有较好的可比性。

国外亦有采用球棒粉碎抽提器。该抽提器是将岩石粉碎与沥青抽提同时进行,在强行搅拌的条件下使溶剂与岩样相互作用,由搅拌摩擦进行加热,降低轻质组分的损耗。

不同的抽提方法所得到的结果不完全相同。因此,在应用地球化学资料时,需弄清实验的方法,保证对比结果的可靠性。

三、岩石中不溶有机质——干酪根的分离

抽提后的岩样中还含有大量不溶于有机溶剂的有机质,称为干酪根。这部分有机质往往与沉积岩中 90% 以上的无机矿物紧密结合。因此,从已抽提可溶有机质的岩样中将干酪根分离出来的最理想办法是除去全部无机矿物,不改变原始的干酪根结构,但这是一个非常困难的工作。

通常先用盐酸(HCl)和氢氟酸(HF)分别除去岩石中的碳酸盐以及硅酸盐矿物,反复处理,使岩样中的不溶有机质富集;再用重液浮选,分层后进一步去除重矿物,得到干酪根,这样得到的干酪根纯度可达 90% 以上。

四、原油与氯仿沥青"A"族组分分离

原油和岩石中的有机物质是一个复杂的混合物,需要根据不同的研究目的,进一步将其进行分离。根据有机化合物的结构、性质及极性大小的差异,把复杂的混合物分为饱和烃、芳香烃、非烃和沥青质 4 个族组分。目前族组分分离技术主要有 3 种方法:柱层析法、棒薄层色谱法和液相色谱法。其中柱层析法被广泛使用。

柱层析法首先用正己烷或石油醚沉淀试样中的沥青质。之后,将其可溶物通过装有吸附剂(通常为硅胶和氧化铝,使用前需要分别对其活化)的层析柱中,用不同极性的溶剂(极性逐渐增强,如正己烷、2:1 的二氯甲烷与正己烷、1:1 的无水乙醇与氯仿)依次冲洗出饱和烃、芳烃和非烃组分。然后驱赶溶剂、称量,求得试样中各组分的含量。

五、有机组分的鉴定

对分离、富集的有机质的组分和结构的认识还需进一步依靠不同类型的仪器。根据不同的研究目的,目前最常用的仪器主要有:用于分离并鉴定未知化合物的各类色谱(气相、液相和热解等)和各类质谱仪;用于官能团分析的各类光谱仪(红外、紫外等);用于结构分析的核磁共振、电子顺磁共振、X 光衍射仪等;用于干酪根显微组分研究的各类显微镜(电子、光学等)。下面对油气地球化学广泛使用的色谱、质谱、碳氢稳定同位素和光谱等分析技术进行简要介绍,显微镜技术在此不再介绍。

第二节 色谱法分析原理与方法

一、概述

色谱法是一种广泛应用的物理化学分离方法,它能分离性质相近多组分的复杂混合物,亦称为层析法。色谱这一概念是 1906 年由俄国植物学家茨维特首先提出的。他将植物叶子的

石油醚抽提液倒入一根装有碳酸钙吸附剂的竖直玻璃管中,再加入石油醚,自上而下淋洗,结果不同色素按吸附顺序在玻璃管内依次形成胡萝卜素、叶黄素、叶绿素 A、叶绿素 B 等一圈圈的连续色带,他将这些色带命名为色层或色谱,称此方法为色谱法(chromatography)。色谱分离过程中所使用的玻璃管被称为色谱柱(chromatographic column),管内的碳酸钙等填充材料称为固定相(stationary phase),石油醚淋洗液称为流动相(mobile phase)。色谱法实质上是利用试样中各组分在色谱柱的流动相和固定相之间具有不同的分配系数来进行分离的。试样各组分在流动相和固定相之间进行连续多次分配。由于组分与固定相和流动相作用力的差别,在两相中分配常数不同。在固定相上溶解、吸附力大的组分,即分配常数大的组分迁移速率慢,在色谱柱中停留的时间长,即保留时间(retention time)长;在固定相上溶解、吸附力小的组分,即分配常数小的组分迁移速率快,在色谱柱中停留的时间短。各组分同时进入色谱柱,而以不同速率在色谱柱内迁移,导致各组分在不同时间从色谱柱洗出,从而实现组分分离的目的。

所有色谱分离体系都由两相组成。按两相的形态分离机理等,可将色谱法进行分类。固定相装在色谱柱内的称为柱色谱,根据柱管的大小、结构和制备方法的不同,又分为填充柱、整体柱、毛细管柱等。固定相呈平面状的称为平面色谱,包括薄层色谱(thin layer chromatography,TLC)和纸色谱(paper chromatography,PC),薄层色谱固定相以均匀薄层涂敷在玻璃或塑料板上,纸色谱以滤纸作固定相或固定相载体。按流动相为液态、气态、超临界流体的不同,可分为液相色谱(liquid chromatography,LC)、气相色谱(gas chromatography,GC)、超临界流体色谱(supercritical fluid chromatography,SFC)。本节着重介绍油气地球化学中应用最广泛的气相色谱法。

二、气相色谱法

1. 分析原理

气相色谱法(gas chromatography,GC)是英国生物学家 Martin 和 James 创建的以气体为流动相的色谱分离技术。用气体作流动相(称为载气)的主要优点是气体在色谱柱内流动的阻力小,气体的扩散系数大,组分在两相间的传质速率快,有利于高效快速分离。

在气相色谱中对分离起主要作用的是溶质与固定相。根据固定相的不同,气相色谱分为气-固吸附色谱和气-液分配色谱。气-固吸附色谱的固定相为多孔性固体吸附剂,其分离主要基于溶质与固体吸附剂之间的吸附能力等差异;气-液分配色谱的固定相是将高沸点的有机化合物固定在惰性载体上,再涂抹在毛细管内壁形成液膜,或直接键合在石英毛细管内壁,其分离是基于溶质在固定相的溶解能力等不同而导致分配系数差异。

2. 气相色谱仪

气相色谱仪有多种类型。商品化的气相色谱仪有填充柱、毛细管柱和制备气相色谱仪等 3 种,图 4-2 为氢火焰离子化检测器毛细管色谱仪结构图。各类气相色谱仪的结构大同小异,主要包括气路系统、进样系统、色谱柱系统、检测器、温控系统及数据处理和计算机控制系统。

(1)气路系统主要由载气和检测器用的助燃、燃气等气路组成,还包括各项控制调节阀、测量用的流量计、压力表及气体净化用的干燥管等。气相色谱中常用的载气有高纯氢气、氮气、氦气和氩气。载气通常都要通过净化装置以去除载气中的水分、氧及烃类杂质。载气的纯度、流速和稳定性影响色谱柱效、检测器灵敏度及仪器整体稳定性,一般采用稳压阀、稳流阀串联

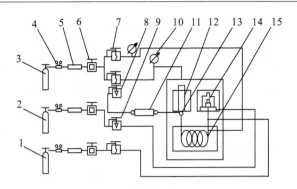

图 4-2 氢火焰离子化检测器毛细管色谱仪

1. 氢气瓶；2. 空气瓶；3. 载气瓶；4. 减压阀；5. 净化管；6. 稳压阀；7. 稳流阀；8. 负压稳压阀；
9. 针形阀；10. 压力表；11. 干燥管；12. 净化室；13. 分流器；14. FID；15. 毛细管柱

组合实现载气流速的调节及稳定。

(2) 进样系统。进样系统是将气体、液体和固体溶液试样引入色谱柱前瞬间汽化、快速定量转入色谱柱的装置。毛细管柱色谱仪在柱前装置一个分流/不分流进样器。分流进样(split injection)是指试样在汽化室内汽化后，蒸气大部分经分流管道放空，极小一部分被载气带入色谱柱，这两部分的气体流量比称为分流比。分流是为适应微量进样，避免试样量过大导致毛细管柱超负荷。不分流进样(splitless injection)是指进样时试样没有分流，当大部分试样进入柱子后，打开分流阀对进样进行吹扫，让几乎所有的试样都进入柱子。这种进样方式特别适用于痕量分析。

(3) 分离系统。分离系统或色谱柱是气相色谱仪的心脏，安装在控温的柱箱内。毛细管的内径为 0.1~0.5mm，柱长为 10~100m，石油组分分析的典型柱长是 30m 和 60m。根据固定液在毛细管内涂渍方式或柱结构不同，可分为涂壁开管柱、壁处理开管柱、多孔层开管柱、载体涂层开管柱、填充毛细管柱等。固定液一般按"相似相溶"的原则来选择，即分离非极性化合物，一般选用非极性固定液，分离极性化合物选用极性固定液。固定液是具有高沸点的有机化合物，其润湿性好，能均匀涂渍于载体表面或毛细管柱内壁，其热稳定性和化学稳定性好，在使用条件下不会发生热分解、氧化及与分离组分不会发生不可逆的化学反应；固定液对被分离组分有良好的分离选择性，即组分与固定液之间具有一定的作用力，使被分离组分间分配系数显示出足够的差别，同时，固定液对试样的各组分还有适当的溶解能力。固定液按化学结构的不同可分为烃类、醇和聚醇、酯和聚酯、聚硅氧烷类等。烃类固定液包括烷烃、芳烃及其聚合物，属于非极性和弱极性固定液。角鲨烷为这一类的典型代表，它是极性最小的固定液。醇和聚醇固定液是强极性的，是分离各种极性化合物的固定液。酯和聚酯固定液对醚、酯、酮、硫醇、硫醚等有较强的分离能力。聚硅氧烷类固定液是在气相色谱中应用最广泛的一类固定液，它具有很高的热稳定性和很宽的液态温度范围(-60~$350°C$)，原油及烃源岩中的饱和烃、芳烃均可在该类固定液中得到很好的分离。

(4) 检测器。检测器是将色谱分离后各组分在载气中浓度或量的变化转换成易于测量的电信号，然后记录并显示出来。其信号及大小为被测组分定性定量的依据。检测器的种类很多，根据检测机理的不同，可以分为热导检测器、电子捕获检测器、氢火焰离子化检测器、火焰光度检测器及氮磷检测器等。

热导检测器(thermal conductivity detector,TCD)是依据每种物质都具有导热能力,组分不同则导热能力不同及金属热丝(热敏电阻)具有电阻温度系数的原理而设计的。热导检测器主要由池体和热敏元件组成。池体为不锈钢制成,有 4 个大小相同、形状对称的孔道,内装长度、直径及电阻完全相同的铂丝或钨丝合金,即热敏元件,热敏元件与池体绝缘。4 个热敏元件组成惠斯顿电桥的四臂(图 4-3),其中两臂为试样测量臂(R_1,R_4),另两臂为参考臂(R_2,R_3)。其工作原理为:在没有试样的情况下只有载气通过,池内产生的热量与被载气带走的热量之间建立起热动态平衡,使测量臂与参比壁热丝温度相同,电阻值相同。根据电桥原理:$R_1 \times R_4 = R_2 \times R_3$,电桥处于平衡状态,无信号输出,记录仪显示的是一条平滑的直线。进样后,载气和试样组分混合气体进入测量臂,参比臂仍通载气,由于测量臂混合气体的热导系数与参比臂载气的热导系数不同,测量臂的温度发生变化,热丝的电阻值也随之变化,从而使参比臂和测量臂的电阻值不再相等,$R_1 \times R_4 \neq R_2 \times R_2$,电桥平衡被破坏,产生输出信号,记录仪上显示色谱峰。混合气体与纯载气的热导系数越大,输出信号也就越大。载气的热导系数越高,与被测组分的热导系数差别越大,则检测灵敏度越高。热导检测器结构简单,性能稳定,对无机和有机化合物都有响应,通用性好,而且线性范围宽,因此,是应用最广的气相色谱检测器之一。

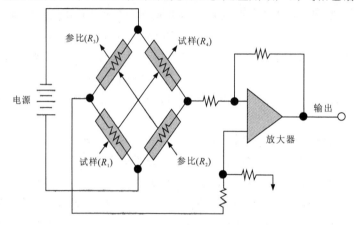

图 4-3 惠斯顿电桥测量线路

氢火焰离子化检测器(hydrogen flame ionization detector,FID)是以氢气和氧气燃烧的火焰作为能源,含碳有机化合物在火焰中燃烧产生离子,在外加电场的作用下,离子定向运动形成离子流,微弱的离子流经过高电阻,放大转换为电压信号被计算机数据处理系统记录下来,得到色谱峰。其结构如图 4-4 所示,氢火焰离子化检测器的主体是离子室,由石英喷嘴、极化极、收集极、气体通道及金属外罩等部分组成。载气携带试样流出色谱

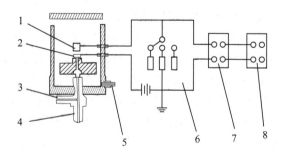

图 4-4 氢火焰离子化检测器结构示意图
1.收集极;2.极化极;3.氢气;4.接柱出口;5.空气;
6.高电阻;7.放大器;8.数据处理系统

柱后,与氢气混合进入喷嘴,空气从喷嘴四周导入点燃后形成火焰,在极化极和收集极之间加

直流电压,形成电场,试样随载气进入火焰发生离子化反应,形成离子流。氢火焰离子化检测器对有机化合物具有很高的灵敏度,比热导检测器的灵敏度高几个数量级,在油气地球化学分析中应用极广。但对永久性气体、水、CO、CO_2、氮氧化合物、H_2S等无机化合物没有响应。

电子捕获检测器(electron capture detector,ECD)是一种用^{63}Ni或^3H作放射源的离子化检测器,主要用于检测较高电负性的化合物,如含卤素、硫、磷、氰基等,检测灵敏度高,是对痕量电负性有机物最有效的检测器,已广泛应用于农药残留分析。

火焰光度检测器(flame photometric detertor,FPD)又称硫、磷检测器,是用一个温度 2 000~3 000K 的富氢火焰作发射源的简单的发射光谱仪。当有机磷、硫化合物进入富氢火焰中($H_2:O_2>3:1$)燃烧时,产生离子碎片,发出特征波长的光,以适当的滤光片分光,经光电信增管把光强度转变成电信号进行测量。它是一种对含磷、含硫有机化合物具有高选择性、高灵敏度的检测器。

氮磷检测器(nitrogen phosphorus detector,NPD)又称热离子检测器(thermionic detector,TID),具有与氢火焰离子化检测器相似的结构,只是将一种涂有碱金属盐Na_2SiO_3、Rb_2SiO_3类化合物的陶瓷珠放置在燃烧的氢火焰和收集之间。当试样蒸气和氢气流通过碱金属盐表面时,含氮、磷的化合物就会从被还原的碱金属蒸气上获得电子,失去电子的碱金属形成盐再沉积在陶瓷珠表面,氮、磷检测器是一种对氮、磷化合物具有高选择性、高灵敏度的检测器,广泛应用于石油、农药、食品、药物等多个领域。

(5)温度控制系统:用来控制和调节汽化室、色谱炉和检测器的温度、程序升温色谱仪的炉温可以按设定的程序进行升温,这样就有利于把组分沸点范围很宽的饱和烃、芳香烃或非烃样品分离得更好。

(6)数据处理系统:采用计算机控制色谱仪的运行、数据采集、储存、处理和打印。

3. 气相色谱参数

色谱柱内分离的试样各组分依次进入柱后,检测器产生检测信号,其响应信号大小对时间或流动相流出的体积的关系曲线称为色谱图。色谱图显示分离组分从色谱柱洗出浓度随时间的变化,反映组分在柱出口流动相中的分布情况,与组分在柱内迁移和两相中分布密切相关。色谱图的横坐标是时间或流动相体积,纵坐标是组分在流动相中的浓度或检测器响应信号的大小,以检测器响应单位或电压、电流等单位表示。色谱图包含各种色谱信息,主要有:①说明试样是否是单一纯化合物。若色谱图有一个以上色谱峰,表明试样中有一个以上组分,色谱图能提供试样中的最低组分数;②说明色谱柱效及分离情况,评价相邻物质对分离优劣的分离度等;③提供各组分保留时间等色谱定性资料;④给出各组分色谱峰高、峰面积等定量依据。

图4-5是两组分混合物的典型色谱图。其中一个组分是不与固定相作用,在柱内无保留的溶质。图中涉及如下术语。

(1)基线:当色谱体系只有流动相通过,而无试样进入检测器时,检测器输出恒定不变的响应信号,为平行于横坐标的水平直线。

(2)色谱峰高:组分洗出最大浓度时检测器输出的响应值,即图4-5中从色谱峰顶至基线的垂直距离 AB',以 h 表示。

(3)色谱峰区域宽度:有3种表示方式,即①色谱峰底宽,由色谱峰两边的拐点作切线,与基线交点的距离,图中IJ;②半峰高宽度,是峰高一半处的宽度,图中GH;③标准差σ,色谱峰是高斯曲线，数理统计中用 σ 度量曲线区域宽度，是峰高 0.607 处峰宽的一半，即图中 EF 的一半。

(4)色谱峰面积：色谱曲线与基线间包围的面积，即图中 ACD 内的面积。

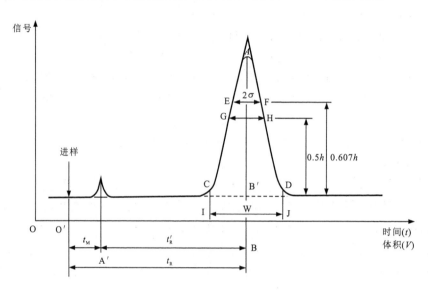

图 4-5 两组分混合物的典型色谱图

保留值是表示试样各组分在色谱柱中停留时间的数值。由于各组分在色谱柱的固定相和流动相间的分配系数不同，在分离过程中它们在同一柱上所显示出来的保留时间长短就不同，可据此对化合物做出定性判断。因此，保留值就成了研究色谱过程的最重要数据之一。保留值有以下几个常用参数。

(1)死时间(t_M)：流动相流经色谱柱的平均时间定义为死时间，以 t_M 表示，如图 4-5 所示。一般采用与流动相性质接近、不与固定相发生作用的物质检测响应测定，气相色谱一般为空气。

$$t_M = L/\mu \qquad (4-1)$$

式中：L 为柱长(cm,mm)；μ 为流动相平均流速(cm·s^{-1},mm·s^{-1})。

(2)保留时间(t_R)：保留时间定义为溶质通过色谱柱的时间，即从进样到柱后洗出最大浓度的时间，以 t_R 表示

$$t_R = L/\mu_x \qquad (4-2)$$

式中：μ_x 为溶质通过色谱柱的平均线速度。

(3)调整保留时间(t'_R)：调整保留时间为溶质在固定相上滞留的时间，即保留时间减去死时间，以 t'_R 表示。

$$t'_R = t_R - t_M \qquad (4-3)$$

(4)保留指数：由于保留时间受仪器、色谱条件等多种因素的影响，给不同的实验室或同一实验室不同时间对同一化合物定性造成困难。为了克服这一缺陷，1958 年 Kovals 提出了重现性较好和较少受操作条件影响的保留指数，在色谱恒温的条件下，这个指数的定义是：将正烷烃碳数乘以 100 作为这些正烷烃的保留指数(如正一十四烷的保留指数为 1 400，正一十五

烷的保留指数为 1 500),用被检测的某化合物前后相邻的正烷烃的保留指数作参照,用对应的实际保留时间(t'_R)作内插值,即得某化合物的保留指数,计算公式如下:

$$I_X = 100 \times \left(Z + \frac{\lg t'_{R(x)} - \lg t'_{R(Z)}}{\lg t'_{R(Z+1)} - \lg t'_{R(Z)}} \right) \tag{4-4}$$

式中：I_X——物质 X 的保留指数；

$t'_{R(X)}$——物质 X 的实际保留时间；

$t'_{R(Z)}$, $t'_{R(Z+1)}$——与 X 物质相邻的两个正烷烃的实际保留时间；

Z, $X+1$——与 X 物质相邻的两个正烷烃的碳数。

4. 色谱定性分析

色谱定性是鉴定试样中各组分,即每个色谱峰是何种化合物。基于色谱分离的主要定性依据是保留值,亦可基于检测器给出选择性响应及与其他结构分析仪器联用定性。

(1)保留值定性:色谱保留值与分子结构有关,但缺乏典型的分子结构特征,因而只能鉴定已知物,而不可能鉴定未知的新化合物。根据保留时间定性需要用已知化合物为标样,且要严格控制色谱条件。在同样色谱条件下,用已知化合物与试样中色谱峰对照定性,或将已知化合物加入试样中导致其色谱峰增高定性。这是色谱基本定性方法。

(2)选择性响应定性:色谱仪器一般配置通用型和选择性检测器,前者对所有化合物均有响应,后者只对某些类型化合物有响应。例如,气相色谱仪的热导检测器(TCD)属通用型检测器;氢火焰离子化检测器(FID)只对有机化合物有响应。根据 FID 和 TCD 有无响应,可鉴别试样中有机化合物和无机化合物。

(3)色谱-结构分析仪联用。结构分析仪器提供分子结构信息,可对化合物直接定性。色谱-结构分析仪器联用,将结构分析仪器作为色谱检测器,色谱的高分离能力与结构分析仪器的成分鉴定能力相结合,使各种色谱联用技术成为当今最有效的复杂混合物成分分离鉴定技术。其中发展最早、应用最广泛的是色谱-质谱联用仪器。GC-MS、HPLC-MS 已成为油气地球化学及生物地球化学等实验室的常规分析仪器。

5. 色谱定量分析

色谱定量分析是根据检测响应信号大小、测定试样中各组分的相对含量。定量分析的依据是每个组分的量(质量或体积)与色谱检测器的响应值成正比,一般与峰高或峰面积响应成正比。色谱仪器配置的色谱工作站可直接提供色谱峰高、峰面积等,按下述不同定量方法可给出各组分定量数据。

(1)标准校正法或外标法。配制一系列组成与试样相近的标准溶液,按标准溶液色谱图,可求出每个组分浓度或量与相应峰面积或峰高的校准曲线。按相同色谱条件下试样色谱图相应组分峰面积或峰高,根据校准曲线可求出其浓度或量,这是应用最广、易于操作、计算简单的定量方法。

(2)内标法。选取合适的内标化合物,一般要求内标物是高纯化合物；与试样中各组分很好分离；试样中不存在该内标物,内标物不与试样中的组分发生化学反应；分子结构、保留值及检测响应与待测组分相近。

内标法的计算公式为:

$$\omega_i = \frac{m_i}{m} \times 100\% = \frac{A_i f'_i}{A_{is} f'_{is}} \times \frac{m_{is}}{m} \times 100\% \tag{4-5}$$

式中：m_i 为组分 i 的质量；

A_i 为组分 i 的相应峰面积；

f'_i 为组分 i 的相对定量校正因子，即组分 i 的定量较正因子与标准物定量校正因子之比；

f'_{is} 为内标物的相对定量校正因子；

m_{is}、A_{is} 分别为内标物质量和峰面积；

ω_i 为被测组分的含量。

内标法可获得高定量准确度，因为不需定量进样，可避免定量进样带来的某些不确定因素。特别适用于测定含量差别很大的各组分。

(3)峰面积归一化法。试样中所有组分全部洗出，在检测器产生相应的色谱峰响应，同时已知其相对定量校正因子，可用归一化法测定各组分含量。

归一法不必称样和定量进样，可避免由此引起的不确定因素。分离条件在一定范围内对定量准确度影响较小，适用于多组分同时定量测定，该方法在气相色谱氢火焰离子化检测器测定烃类化合物时有实用价值。

6. 气相色谱在油气勘探中的应用

气相色谱仪是油气地球化学分析中必不可少的重要研究手段。采用氢火焰离子检测器结合毛细管柱，能够快速高效地分离并测定各种组分。目前广泛应用于天然气的成分分析、原油的轻烃分析、全油气相色谱分析、饱和烃色谱分析、芳烃色谱分析等。图 4-6 为典型的饱和烃气相色谱图。

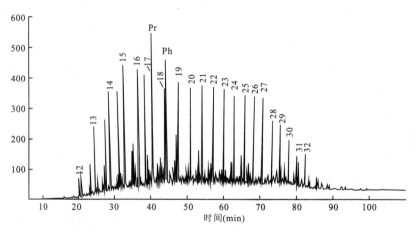

图 4-6 饱和烃气相色谱图

（色谱峰上方的数字为正构烷烃的碳数）

三、热解色谱

热解是通过加热使大分子物质(如高聚物)发生分解的反应过程。热解色谱法可使不挥发的高聚合物加热裂解为挥发性产物，再用气相色谱去分析这些产物。热解色谱仪实际上就是在一般气相色谱仪前面加上热解装置，对样品进行高温预处理。因此，它兼有裂解反应和气相色谱分析两个方面的功能。可从裂解碎片色谱图中了解物质的组成、结构及其热稳定性和分解机理。在油气地球化学中主要采用两种热解色谱法:岩石热解(Rock-Eval)分析仪和热解-气相色谱。

1. 岩石热解(Rock-Eval)分析仪

岩石热解分析是通过对岩石样品加热(热解),将岩石中的挥发性烃类蒸发或将不挥发的有机质(如干酪根)裂解成为挥发性产物,之后进行检测和分析。1977年法国石油研究院研制出岩石热解分析仪,该仪器可以通过岩石热解的方法,得到游离烃、热解烃和残碳量等参数,进而评价烃源岩的生油气潜力、有机质类型和成熟度。它是一种快速定量定性评价烃源岩的分析方法,现已在全球范围广泛应用。20世纪80年代末,热解分析技术逐渐用于储层含油气性评价中,使热解分析技术又有了新的发展。

该方法是在惰性气体中将含有机质的岩样进行程序升温加热,然后分别用氢火焰离子化检测器和热导检测器对岩样中有机质释放出的烃类和二氧化碳进行定量检测分析。样品在氦气流中加热,热解排出的游离气态烃、自由液态烃和热解烃由氢火焰离子化检测器检测,热解排出的二氧化碳和热解后的残余有机质加热氧化生成的二氧化碳由热导检测器检测。由于岩石热解分析在统一规定温度范围、恒温时间和升温速率的条件下进行,因而只有在此相同分析条件下所得分析结果和计算参数才有可比性。目前全世界均使用相同的分析条件和标准(表4-1),经岩石热解分析仪可得到谱图(图4-7)和参数(表4-2)。

表4-1 岩石热解分析仪的分析参数及其分析条件

分析参数	起始温度(℃)	终止温度(℃)	恒温时间(min)	升温速率(℃/min)
S_0	90	90	2	—
S_1	300	300	3	—
S_2	300	600	1(600℃)	25或50
S_4	600	600	7~13	—
T_{max}	300	600	—	25或50
S_3	300	390	—	25或50

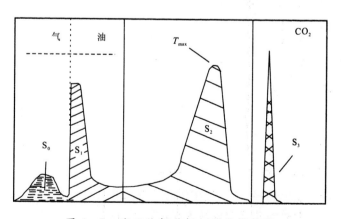

图4-7 岩石热解分析仪的热解谱图

表 4-2 岩石热解分析仪得到参数的含义及单位

符号	含义	单位
S_0	90℃检测的单位质量烃源岩中的烃含量	mg/g
S_1	300℃检测的单位质量烃源岩中的烃含量	mg/g
S_2	300~600℃检测的单位质量烃源岩中的烃含量	mg/g
S_3	300~390℃检测的单位质量烃源岩中的二氧化碳含量	mg/g
S_4	单位质量烃源岩热解后的残余有机碳含量	mg/g
T_{max}	S_2 峰的最高点相对应的温度	℃

根据这些参数,还可以推算出一系列的参数,并应用于烃源岩或储集层沥青的评价与分析。这些参数及计算的公式分别为:

(1)产烃潜量(生油势)PG(mg/g,烃/岩石):

$$PG = S_0 + S_1 + S_2 \tag{4-6}$$

(2)有效碳 PC(%):

$$PC = 0.083 \times (S_0 + S_1 + S_2) \tag{4-7}$$

(3)产率指数 PI:

$$PI = \frac{S_0 + S_1}{S_0 + S_1 + S_2} \tag{4-8}$$

(4)降解潜率 D(%):

$$D = \frac{PC}{TOC} \times 100\%, \quad TOC = PC + \frac{S_4}{10} \tag{4-9}$$

(5)氢指数 HI(mg/g,烃/TOC):

$$HI = \frac{S_2}{TOC} \times 100\% \tag{4-10}$$

(6)氧指数 OI(mg/g,CO_2/TOC):

$$OI = \frac{S_3}{TOC} \times 100\% \tag{4-11}$$

(7)烃指数 HCI(mg/g,烃/TOC):

$$HCI = \frac{S_0 + S_1}{TOC} \times 100\% \tag{4-12}$$

(8)类型指数 TI:

$$TI = \frac{S_2}{S_3} \tag{4-13}$$

(9) $TOC = [0.83 \times (S_0 + S_1 + S_2) + S_4]/10 \tag{4-14}$

热解分析仪不断更新换代,当前广泛使用的热解仪发展出新的功能,对生烃动力学研究提供了强有力的支撑。这些新的功能和特性表现在如下方面:

(1)程序升温热解温度高达 850℃。对于Ⅲ型干酪根及高演化生油岩能得到更完整的 S_2

组合，并能测得更高的 T_{max} 值，也能得到更精确的氢指数。

（2）氧化炉温度可高达 850℃，可以连续检测耐高温的不完全氧化燃烧物质，如焦碳、沥青等。可获得总有机碳（TOC）的有效测定，对过去很难测准的煤样及其他高有机质含量样品能获得更准确的 TOC，进而得到更准确的氢、氧指数数据。

（3）氧指数的分析。原有仪器仅收集捕获 300～390℃ 热解过程中产生的 CO_2 的量计算氧指数（OI），而忽略了同时产生的 CO。新的仪器通过红外检测器在线连续检测产生的 CO 和 CO_2，使得氧指数的计算更加准确。

（4）无机碳的测定。热解温度提高到 850℃，能使沉积岩中的碳酸盐矿物，如白云石、方解石充分分解，使无机碳的测定更准确。

总之，新的热解仪更利于Ⅲ型干酪根及高演化有机质的热解研究，是进行动力学模型研究、判断有机质类型及其产烃率和降解率，进而进行盆地模拟、计算盆地的生油量和远景储量的理想工具。

2. 热解-气相色谱

热解-气相色谱是在热解装置的基础上，让热解产物首先经过色谱柱分离，然后再进入检测器检测，这样就可以鉴定有机质热解产物的详细分子化合物组成。如对于干酪根这类不挥发的缩聚物，可以从它的热裂解产物碎片的色谱图了解其组成、结构及其热稳定性和分解机理，在干酪根章节我们将详细阐述该方法的应用。该方法用量少、简便快捷，能及时提供大量的信息。

四、元素色谱

元素分析仪实质是小型专用气相色谱仪，所以也叫元素色谱仪。可分析有机物（如石油、干酪根）中的 C、H、O、N 等元素。

目前使用的元素分析仪，C、H、N 和 O 分成两个管路，样品在高温炉中分解后，变成欲测定的形态（CO_2、H_2O、N_2、CO），然后以氦气流载入色谱柱进行分离，依次进入热导池，产生和各自浓度呈成比例的电子信号，信号由电位差计和积分仪分别记录，按照所得数据和标准样品得到相应值，计算各元素含量。

第三节　质谱法分析原理与方法

质谱法是通过对被测试样离子质荷比的测定进行分析的分析技术。被分析的试样首先被离子化，然后利用不同离子在电场或磁场中运动行为的不同，把离子按质荷比（m/z）分开而得到质谱。通过试样的质谱和相关信息，得到试样的定性定量结果。

质谱仪早期主要用来进行同位素测定和无机元素分析。20 世纪 40 年代以后开始用于有机化合物分析，20 世纪 60 年代出现了气相色谱-质谱联用仪，使质谱仪成为有机化合物分析的重要仪器。20 世纪 80 年代以后出现了许多新的离子化技术和新的质谱仪，如液相色谱-质谱联用仪、电感耦合等离子体质谱仪、傅立叶变换质谱仪等，使质谱法更加广泛地应用于地球化学，特别是油气地球化学领域。

按分析对象的不同，质谱法可以分为离子质谱法和分子质谱法。二者在仪器结构上基本相似，都由离子源、质量分析器和检测器组成。所不同的是二者的离子源不同。原子质谱一般提供元素及其同位素原子质量,采用高温热电离、火花电离等离子化技术。分子质谱的主要研究对象是有机分子,一般采用相对较低的粒子流电离,有多种离子源和离子化技术,包括电子轰击电离、化学电离、大气压电离、基质辅助激光解吸电离等。本节主要介绍分子质谱法的基本内容。

一、基本原理和方程

分子质谱是试样分子在高能粒子束(电子、离子、分子等)作用下电离生成各种带电粒子或离子,采用电场、磁场将离子按质荷比大小分离,依次排列成图谱,称为质谱。质谱不是光谱,是物质的质量谱。

分子电离后形成的离子经电场加速从离子源引出,加速电场中获得的电离势能 zeU 转化成动能 $\frac{1}{2}mv^2$,两者相等,即:

$$zeU = \frac{1}{2}mv^2 \qquad (4-15)$$

式中:m 为离子的质量;

v 为离子被加速后的运动速率;

z 为离子的电荷数(多数为1,少量可 $\geqslant 2$ 至数十);

e 为元电荷(亦称基本电荷,为最小电荷量的单位,$e = 1.60 \times 10^{-19}$ C);

U 为加速电压。

具有速率 v 的带电粒子进入质谱分析器的电磁场中,就受到沿着原来射出方向直线运动的离心力(mv^2/R)和磁场偏转的向心力($Bzev$)的共同作用,两合力使离子呈弧形运动,二者达到平衡:

$$mv^2/R = Bzev \qquad (4-16)$$

式中:e, m, v 与前式相同;

B 为磁感应强度;

R 为离子在磁场中偏转圆周运动的半径。

代入并整理公式,得:

$$m/z = B^2 R^2 e/(2U) \qquad (4-17)$$

以上为质谱方程的基本公式。当 R 一定时,此公式可简化为:

$$m/z = K\frac{B^2}{U} \qquad (4-18)$$

式中:K 为常数。此方程说明,磁质谱仪器中,离子的 m/z 与磁感应强度平方成正比,与离子加速电压成反比,可以保持 B 恒定而变化 U(电扫描)或保持 U 恒定而变化 B(磁扫描)实现离子分离。一般都为磁扫描。

二、质谱仪及检测过程

质谱仪主要由进样系统、离子源系统、质量分析器、检测器、真空系统及电子计算机控制和数据处理系统等组成。

1. 进样系统

进样系统的目的是在不破坏真空环境,具有可靠、重复性的条件下,将试样引入离子源。

典型的进样系统包括加热进样、直接进样、色谱进样、标准进样等。油气地球化学分析多用气相色谱进样。将毛细管气相色谱柱的末端直接插入离子源内,色谱的流出物直接进入离子源。这种直接导入型的接口结构简单、收率高(100%),通常仅适用于毛细管柱气相色谱,载气仅限于氦气或氢气。

2. 离子源

离子源主要分为气相离子源和解析离子源。气相离子源是将试样先蒸发为气态,然后受激离子化。包括电子轰击源、化学电离源、场电离源等。这类离子源适用于沸点低于500℃的化合物,其分子质量通常低于 1×10^3。解析离子源是对固态或液态试样不经过挥发过程而直接被电离。适用于相对分子质量高达 1×10^5 的非挥发性或热不稳定试样的离子化,包括场解吸源、快原子轰击源、激光解吸源、电喷雾电离源和大气压化学电离源等。下面主要介绍电子轰击源。

电子轰击源(electron-impact soures,EI)应用最为广泛,主要用于挥发性试样的电离。试样首先在高温下形成分子蒸气,以气态形式进入离子源,离子源的灯丝(钨丝或铼丝)经加热后发射出电子,经加电离电压使电子加速形成高能电子,当高能电子和试样分子足够近的时候,静电排斥力使分子失去电子,形成的主要产物是带一个正电荷的离子。通过适当的推斥电压导引,让正离穿过加速狭缝,并最终进入质量分析器。

一般有机化合物电离电位约为 10eV,在电子轰击下,试样分子可能有多种不同途径形成离子,如试样分子被打掉一个电子形成分子离子,进一步发生化学键断裂、重排形成碎片离子、重排离子等。

电子轰击源电离效率高,能量分散小,结构简单,操作方便,工作稳定可靠,产生高的离流,因此,灵敏度高,可做质量校准。大量的碎片离子峰提供了丰富的结构信息,使化合物具有特征的指纹谱,并据此建有标准质谱图库。目前,所有的标准质谱图大多是在 EI 源 70eV 下获得的。电子轰击电离源的局限性是很多情况下得不到分子离子峰,因为 70eV 已大大超过了化学键裂解所需的能量(化学键的能量为 $200\sim600\mathrm{kJ\cdot mol^{-1}}$),导致对相对分子质量的测定困难。另一个局限性是要求试样先汽化,因此,有的分析物还来不及离子化就被热裂解了。电子轰击离子源只适用于分析分子质量小于 1×10^3 的物质,主要适用于易挥发有机试样的电离。GC-MS联用仪中普遍使用此离子源。

3. 质量分析器

质量分析器(mass analyzer)的作用是将离子源产生的离子按质荷比(m/z)顺序分离。分子质谱仪的质量分析器有飞行时间分析器、离子阱分析器、回旋共振分析器、磁分析器、四极杆分析器等。前述质谱原理基于磁分析器,此处仅介绍最常用的质量分析器四极杆质量分析器。

四极杆质量分析器是一种射频动态质量分析器,如图 4-8 所示,它由 4 根平行对称放置、具有双曲线截面的圆柱状电极构成,相对电极间的距离为 $2r_0$。在 x 方向上的电极上加射频电压 $U+V_0\cos\omega t$,在 y 方向上的电极上加射频电压 $-(U+V_0\cos\omega t)$。$\omega=2\pi f$ 是角频率,U 是电压中的直流分量,V_0 是电压射频分量的幅度。离子沿 z 轴从离子源射入,经四极杆质量分析器分离后到达接收器。

离子在双曲型电场内任意一点(x,y,z)处的电位为:

$$V(x,y,z) = (U+V_0\cos\omega t)\frac{x^2-y^2}{r_0^2} \tag{4-19}$$

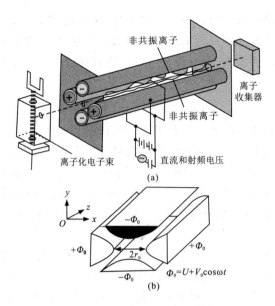

图 4-8 四极杆质量分析器

如果质量为 M，电荷为 e 的离子沿 z 轴射入四极电场中，将受到电场力的作用而运动，其运动方程为：

$$\begin{cases} M\dfrac{\mathrm{d}^2 x}{\mathrm{d}t^2} + \dfrac{2e}{r_0^2}(U+V_0\cos\omega t)x = 0 \\ M\dfrac{\mathrm{d}^2 y}{\mathrm{d}t^2} + \dfrac{2e}{r_0^2}(U+V_0\cos\omega t)y = 0 \\ M\dfrac{\mathrm{d}^2 z}{\mathrm{d}t^2} = 0 \end{cases}$$

令

$$a = \frac{8eU}{Mr_0^2\omega^2},\ q = \frac{4eV_0}{Mr_0^2\omega^2},\ \xi = \frac{\omega t}{2}$$

则离子运动方程变换为

$$\begin{cases} \dfrac{\mathrm{d}^2 x}{\mathrm{d}\xi} + (a+2q\cos 2\xi)x = 0 \\ \dfrac{\mathrm{d}^2 y}{\mathrm{d}\xi} - (a+2q\cos 2\xi)y = 0 \end{cases} \tag{4-20}$$

这类方程一般解可分为稳定解和不稳定解。在稳定解情况下，当 $\xi \to 0$ 时，$x(\xi)$ 或趋于零或取有限值，其物理意义是离子在 x 方向周期性的有界振荡，可以通过四极场。在不稳定解的情况下，当 $\xi \to \infty$ 时，$x(\xi)$ 也无限大，其物理意义是离子振荡的振幅随时间而增加，最终碰到电极而消失。方程解的特性仅与 a 和 q 有关，可以 a、q 为坐标给出表征解的稳定与不稳定的三角形稳定图（图 4-9）。该图为以 q 为底，以接近抛物线和接近直线的曲线为两腰的三角形，此三角形又叫稳定三角型。凡是在稳定区内的离子都有稳定的轨道，此外，皆为不稳定轨道的离子。在给定的场参数（r_0, ω, U, V_0）条件下，一切具有相同质量的离子在三角形稳定图中由同一工作点表示。因 $\dfrac{a}{q} = \dfrac{2U}{V_0}$，它与质量无关，所以不同质量（质荷比）的离子在稳定性图中均落在一条通过坐标原点的、斜率为 $\dfrac{a}{q}=\dfrac{2U}{V_0}$ 的直线上,该直线称为质量扫描线。质量扫描线与稳定区边界点 $M_1(q_1,a_1)$ 和 $M2(q_2,a_2)$ 之间对应的质量范围($M_1\sim M_2$)内的离子以有限振幅沿着 z 方向运动,并达到接收器。对应交点以外的质量的离子则因振幅增大,碰着 X 或 Y 电极而被"吸收"。增大 $\dfrac{a}{q}$ 的值可以提高质量扫描线的斜率,致使 $M_1(q_1,a_1)$ 与 $M_2(q_2,a_2)$ 的间隔小到只允许一种质量的离子通过四极杆质量分析器到达接收器。

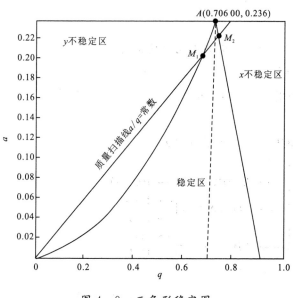

图 4-9 三角形稳定图

在 r_0 和 e 一定的情况下,到达接收器的离子质量 M 与 ω,U,V_0 有关。因此,保持 ω 和 U/V_0 不变而改变 V_0(U 将随之而变),或者保持 $U、V_0$ 不变而改变 ω,都可以使每种质量的离子轮流通过四极场到达接收器,实现质谱扫描。四极杆质量分析器通常可轻易地分辨相差一个原子质量单位的离子。四极杆质量分析器的特点是:

(1)在纯电场下工作,结构简单,体积小,质量轻,成本低。
(2)对入射离子的初始能量要求不严,适用于有一定能量分散的离子源。
(3)仪器的主要指标可用电学方法方便地调节,改变 U/V 即可调节分辨率和灵敏度。
(4)改变射频电压幅值 V_0 即可扫描质谱,且扫描质量与 V_0 有线性对应关系,谱峰容易识别。
(5)电场扫描速率快,可以在少于 300s 的时间得到一张完整的质谱图。

四极杆质量分析器的缺点是分辨率较低,且灵敏度与质量数有关,存在严重的质量歧视效应,即随质量数(质荷比)的增大,灵敏度降低。

4. 离子接收与放大及数据处理系统

由四极杆质量分析器出来的离子打到高能电极上产生电子,电子经电子倍增器产生电信号,电信号被送入计算机储存,这些信号经计算机处理后得到质谱图及其他各种信号。

5. 真空系统

为了减少(消除)不必要的离子碰撞、散射效应、复合反应和离子-分子反应等干扰,质谱仪的质量分析器必须处于 1×10^{-3} Pa 以下的真空状态。一般真空系统(vacuum system)由机械真空泵和涡轮分子泵组成。机械真空泵能达到的真空度为 1×10^{-1} Pa,必须依靠高真空泵才能达到要求。近年来大多使用涡轮分子泵,涡轮分子泵直接与离子源或分析器相连抽出气体再由机械真空泵排到系统之外。

三、离子类型

分子在离子源中发生下列 4 类离子化及其反应。

(1) 分子离子化反应

$$ABCD + e^- \longrightarrow ABCD^{\cdot+} + 2e^-$$

(2) 裂解反应

$$ABCD^{\cdot+} \longrightarrow A^+ + BCD^{\cdot}$$

$$\begin{aligned}
&\longrightarrow A^{\cdot} + BCD^+ \longrightarrow BC^+ + D \\
&\longrightarrow CD^{\cdot} + AB^+ \longrightarrow B + A^+ \\
&\qquad\qquad\qquad\quad\, \longrightarrow A + B^+ \\
&\longrightarrow AB^{\cdot} + CD^+ \longrightarrow D + C^+ \\
&\qquad\qquad\qquad\quad\, \longrightarrow C + D^+
\end{aligned}$$

(3) 重排裂解反应:

$$ABCD^{\cdot+} \longrightarrow ADBC^{\cdot+} \longrightarrow BC^{\cdot} + AD^+$$
$$\qquad\qquad\qquad\qquad\qquad\,\longrightarrow AD^{\cdot} + BC^+$$

(4) 离子-分子反应:

$$ABCD^{\cdot+} + ABCD \longrightarrow (ABCD)^{\cdot 2+} \longrightarrow BCD^{\cdot} + ABCDA^+$$

分子离子是指分子失去 1~2 个电子(多为 1 个电子)而得到的离子(molecular ion),即:

$$M + e^- \longrightarrow M^+ + 2e^-$$

式中 M^+ 是分子离子,m/z 即为分子的相对分子质量。分子离子中失去电子的位置(或所带电荷的位置)与分子的结构有关。一般地,如果分子中有杂原子(如 O,N,S,P)等,则分子易失去杂原子的未成键电子,电荷位置可表示在杂原子上,如 $CH_3CH_2O^+H$;如果分子中无杂原子而有双键,则双键电子较易失去,正电荷位于双键的一个碳原子上;如果分子既无杂原子又无双键,其正电荷位置一般在支链碳原子上。分子离子是确定化合物相对分子量的重要依据。

由于许多元素都具有一个或多个同位素,这些元素形成化合物后,其同位素就以一定的丰度出现在化合物中。因此,当化合物被电离时,由于同位素质量不同,在质谱图中离子峰会成组出现,每组有一个强的主峰,其余为由重同位素形成的离子峰,叫同位素离子(isotopic ion)峰,又叫同位素峰。

同位素峰的相对强度与同位素的丰度及原子个数有关。因此,可以利用同位素的相对丰度来确定化合物的分子式。

分子离子产生后可能具有较高的能量,将会通过进一步的裂解或重排而释放能量,形成新的离子,这些离子称为碎片离子(fragment ion)。一般强度最大的质谱峰,称为基峰,对应于最稳定的离子。碎片离子的生成与分子的结构、化学键的性质有关,是化合物结构鉴定的重要依据。

在两个或两个以上键的断裂过程中,某些原子或基团从一个位置转移到另一个位置生成的离子,称为重排离子(rearrangment ion)。例如,当化合物分子中含有 $C=X$ (X 为 O,N,S,C)基团,而且与这个基团相连的链上有 γ 氢原子,这种化合物的分子离子裂解时,此 γ 氢原子可以转移到 X 原子上去,同时,β 键断裂。这种断裂方式称为麦氏重排,是 1956 年由 Mclafferty 首先发现的。

麦氏重排的特点是:同时有两个以上的键断裂并丢失一个中性小分子,生成的重排离子的质量数为偶数。

图 4-10 为 $17\alpha(H)21\beta(H)C_{30}$ 藿烷的质谱图。图中 412 峰为分子离子峰,191 峰为基峰。其他数字标出的为碎片离子峰。

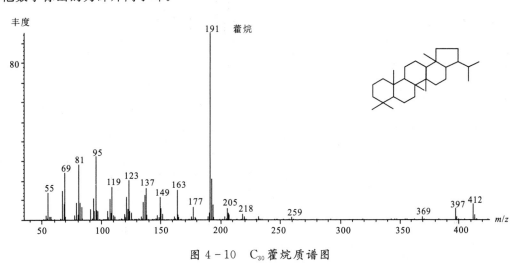

图 4-10 C_{30} 藿烷质谱图

表 4-3 为侯读杰和冯子辉(2011)总结的饱和烃常见的生物标志物的特征碎片离子峰、分子离子峰及基峰,利用这些不同的离子可以对生物标志化合物进行定性分析。

表 4-3 饱和烃常见的生物标志物的特征碎片离子峰、分子离子峰及基峰

化合物类型	化合物类别	基峰 m/z	特征碎片离子峰 m/z	分子离子峰 m/z
无环链烷烃类	正烷烃	57	$57+14i$	$14i+2(i>9)$
	异构烷烃	57	M^+-43	$14i+2$
	反异构烷烃	57	M^+-29	$14i+2$
	单甲基烷烃	57	$84,98,112,\cdots$	$14i+2$
	规则类戊二烯烷烃	57	$183,253,323,\cdots$	$14i+2(i>14)$
	不规则类戊二烯烷烃	57	$141,169,183,197$ 等	

续表 4-3

化合物类型	化合物类别	基峰 m/z	特征碎片离子峰 m/z	分子离子峰 m/z
倍半萜	补身烷系列	123	$M^+-15,81,137,193$	194,208,222
	杜松烷	109	165,195	208
	桉叶油烷	109	165,195	208
	雪松烷	82	163,191	206
	花侧柏烯	132	119	202
	紫罗烯	159		174
	氢化茚	$117+14i$	$117+14i$	$118+14i$
二萜类	半日花烷	123	81,137,263	278
	松香烷	163	123,191,233,261	276
	海松烷类	163	191,247,261,276	276
	贝壳杉烷类	123	231,259	274
二倍半萜	脱A-弱扇烷	123	149,163,287	330
	脱A-乔木烷	191	95,123,163,287,315	330
三萜类	伽马蜡烷	191	95,109,123,无369	412
	奥利烷	191	397,95,109,123	412
	乌散烯	218	191,203,259	410
	蕨烷	69	83,123,191,259,327,397	412
	锯齿烷	123	69,191,231,259,273	412
	羽扇烷	191	123,137,369,397	412
	双杜松烷	123	81,95,109,204,205, 245,311,369,397	412
四萜类	β-胡罗卜烷	69	69,83,97,111,125	558
	γ-胡罗卜烷	57	69,83,97,125	560
长链环状萜类	烷基环己烷	82,83,97		$140+14i$
	烷基苯	91,92,105,106,119,133		$134+14i$
	三环萜烷	191	$205,M^+-15$	$262+14i$
	脱甲基三环萜烷	177	$191,M^+-15$	$248+14i$
	四环萜烷	191	$123,177,M^+-15$	330,344
	藿烷系列	191	149,163,177,369	$370+14i$
	莫烷系列	191	149,163,177,369	$370+14i$
	六环藿烷系列	191	205,217	$424+14i$
	苯并藿烷系列	191,197		$418+14i$
	8,14-断藿烷系列	123	137,371	$372+14i$
甾烷类	ααα规则甾烷	217	$149,232,M^+-15$	$372+14i$
	αββ规则甾烷	218	$217,109,259,M^+-14$	$372+14i$

续表 4-3

化合物类型	化合物类别	基峰 m/z	特征碎片离子峰 m/z	分子离子峰 m/z
甾烷类	βαα 甾烷	217	149,151,231	$372+14i$
	重排甾烷	217	189,259	$372+14i$
	重排甾烯	257,271	M^+-15	$370+14i$
	4-甲基甾烷	231	$163,165,232,M^+-15$	$386+14i$
	甲藻甾烷	231	98,163,217,231	414
	3β-乙基甾烷	245	$177,231,M^+-15$	$400+14i$
	脱 A,B-环甾烷	110,124	95,151,165	$278+14i$
	1,10-断胆甾烷或 4,5-断胆甾烷	219	$109,123,M^+-57$	$374+14i$
	羊毛甾烷	190	191,231,259	414—432
金刚烷类	单金刚烷	$135+14i$		$136+14i$
	双金刚烷	$187+14i$		$188+14i$
	三金刚烷	$239+14i$		$240+14i$

四、质谱定性分析

分子质谱法可根据质谱图的质谱峰或 m/z 数据及相对强度对化合物进行定性、定量及结构鉴定。这里着重介绍分子离子峰的识别及分子离子峰在化合物定性中的应用。

化合物的定性分析主要是对化合物的相对分子质量的测定。分子离子峰的 m/z 可提供相对分子质量,因此,获得分子离子、准确地识别分子离子峰是定性分析的关键。

分子离子的形成和相对强度或稳定性与电离方法及电离条件有关。国际上对有机化合物的质谱分析多用 70eV 的 EI 电离,并且建立了已知纯化合物的标准质谱图库。根据与标准谱图的对照,确认分子离子峰,从而确定相对分子质量。

分子离子的形成主要还受分子结构的控制。分子链长增加、存在分子支链、含羟基、氨基等极性基团等一般导致分子离子稳定性降低;具有共轭双键系统及芳香化合物、环状化合物分子离子一般较强。有机化合物分子离子稳定性的顺序为:芳香烃>共轭烯烃>烯烃>脂环>酮>直链烃>醚>酯>胺>酸>醇>支链烃。在同系物中,相对分子质量越大则分子离子稳定性越小。

可根据如下特征,确定分子离子峰:

(1)原则上除同位素峰外,分子离子峰或准分子离子(包括:质子化分子离子$[M+1]^+$、去质子化分子离子$[M-1]^+$、缔合分子离子$[M+R]^+$)峰是质谱图中最高质量峰。

(2)符合氮律。由 C、H、O 元素组成的化合物,分子离子峰的质量数一定是偶数。由 C、H、O、N 组成的化合物,分子中含奇数个 N 原子,分子离子峰的质量数一定是奇数;含偶数个 N 原子,则分子离子峰的质量数为偶数。这是因为 N 的化学价是奇数(多为3)而质量数是偶数的原因。

(3)判断最高质量峰与失去中性碎片形成碎片离子峰是否合理。分子电离可能失去 H、CH_3、H_2O、C_2H_4 等碎片,出现相应的 M-1、M-15、M-18、M-28 等碎片离子峰,而不可能出现 M-3 至 M-14,M-21 至 M-24 等碎片离子峰。

(4)当化合物中含有 Cl 和 Br 元素,因两元素的重同位素丰度较高,$^{35}Cl:^{37}Cl$ 约为 3:1,$^{79}Br:^{81}Br$ 约为 1:1,因此,化合物的同位素峰 $[M+2]^+$ 会是分子离子峰的 $\frac{1}{3}$ 强度或相近强度。

五、色谱-质谱分析仪

色谱-质谱分析仪主要由色谱、质谱和计算机数据处理系统3个部分组成。色谱部分与质谱部分是密封连接的。如前所述,气相色谱的特点是分离能力强、灵敏度高、定量准、设备操作简便,但对复杂混合物分析如果没有标准样就难于定性;质谱法的特点是鉴别能力强、灵敏度高、适于作单一组分的定性分析,但对复杂的多组分混合物的定性鉴定却无能为力。将色谱和质谱联合起来,不仅可以取长补短,还可以得到两种方法单独使用无法得到的数据。即色谱仪作为分离器,质谱仪作为鉴定器,用气相色谱将复杂的多组分混合物分离为单组分,然后逐一输入质谱仪,进行定性鉴定。这样既发挥了色谱法的高分辨能力,又发挥了质谱法的高鉴别能力,从而大大提高了仪器检测的灵敏度,是目前应用最广的先进技术手段。尤其是色谱-质谱-质谱联用,更进一步提高了联用的效率。色谱-质谱仪的结构如图4-11所示。

经过色谱-质谱分析后的资料常用的有3种图件,即总离子流图、质量(碎片)色谱图和质谱图。质谱图已在前面解读,此处仅介绍前两种图件。

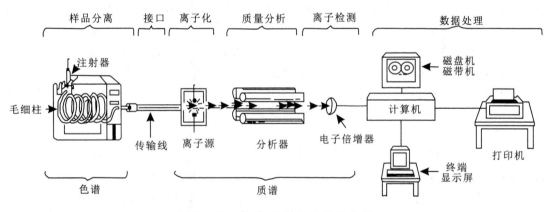

图4-11 色谱-质谱仪结构示意图

1. 总离子流图(TIC)

总离子流图是色谱流出物的总离子流测定的色谱图,基本与气相色谱图一致,又称为重建离子流色谱图。在气相色谱-质谱(GC-MS)分析过程中,随着时间的增加,载气携带着被毛细柱分离的各组分依次进入离子源,并被电离成具不同质荷比的各种类型的离子。同时,质谱仪的分析器则按设定的扫描速度和范围不断地进行重复扫描。若设速度为2s/次,m/z 范围为50~500,即每隔2s,分析器允许 m/z 为50~500 的离子依次通过1次。计算机的数据系统把每次扫描所采集到的离子强度及与之对应的时间存储在磁盘上。通过计算机把每次扫描所采集到的离子流强度叠加起来并扣除本底,即得总离子流强度和扫描次数(即时间)的对应关系。若以横坐标为时间(或扫描次数),以纵坐标为离子流强度作图,即得该样品的总离子流图。

总离子流图是一份对色谱分析过程的重要监视记录,可用来与以前在 FID 上获得的色谱图进行比较,其接近程度足以进行直接对比。若有显著差异,就应检查 GC 或 GC-MS 的分析过程是否正常。此外,TIC 图是对每种化合物作定性和定量分析时不可缺少的图件。

2. 质量(碎片)色谱图

质量(碎片)色谱图只反映某一质量离子的存在和丰度大小。利用质量色谱图,根据某些化合物的特征离子,可以初步判断某些化合物的存在和分布,同时可以区分某些在色谱中无法分离的化合物。它首先可用来检测具有相同特征离子或分子离子的某一类化合物或同系物,如藿烷、甾烷类分别有共同的 m/z 为 191 和 217 的特征离子(图 4-12),因此用 m/z 为 191 和 217 的质量色谱图就可方便、快速地将这两类化合物检测出来,用于各种对比研究;其次可用来分离混合峰,有相似或相同的保留时间但具不同 m/z 的特征离子或分子离子的化合物叠合在一个色谱峰内,可用几张具不同 m/z 的质量色谱图将它们分离。

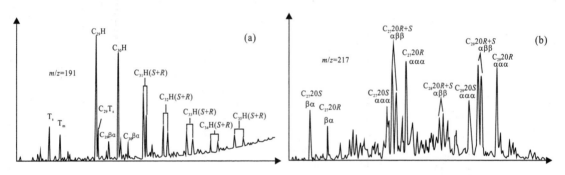

图 4-12 五环三萜烷($m/z=191$)(a)和甾烷($m/z=217$)(b)的质量色谱图

第四节 碳氢稳定同位素分析方法

同位素是指质子数相同而中子数不同的元素。稳定同位素是指不能自发地放射出射线但能稳定存在的同位素。目前测定稳定同位素丰度的方法主要是质谱法。在石油勘探开发中主要开展原油和沉积有机质的碳、氢同位素分析,其中最有意义的是碳同位素分析。此外,天然气的碳、氢、氧、氮同位素分析,碳酸盐岩的碳、氧同位素分析均具有重要意义。

一、分析原理

同位素质谱仪利用离子光学和电磁原理,按照质荷比进行分离,从而测定样品的同位素质量和相对含量。有机质的同位素分析原理是将有机物质氧化生成二氧化碳和水,再分离二氧化碳测量碳同位素组成,同时将水用锌还原封管法制成氢气以测量氢同位素组成。下面介绍几个常用术语。

1. δ 值

在自然界中,稳定同位素组成变化很微小,用同位素比值或同位素丰度,往往不能明显地显示出这种微小差别,所以一般用 δ 值来表示同位素的变化。δ 值是指样品中两种稳定同位素比值相对于某种标准对应比值的千分偏差。即:

$$\delta(‰) = \frac{R_{样品} - R_{标准}}{R_{标准}} \times 1\,000 \tag{4-21}$$

以碳同位素为例,其定义为:

$$\delta^{13}C = \frac{(^{13}C/^{12}C)_{样品} - (^{13}C/^{12}C)_{标准}}{(^{13}C/^{12}C)_{标准}} \times 1\,000 \tag{4-22}$$

式中:$(^{13}C/^{12}C)_{样品}$——待测样品的^{13}C与^{12}C比值;

$(^{13}C/^{12}C)_{标准}$——标准样品的^{13}C与^{12}C比值。

显然δ值的大小与所采用的标准有关。因此,进行同位素分析时要选择合适的标准,不同样品间的比较也必须采用同一标准才有意义。表4-4为目前国际上通用的稳定同位素测定标准。

表4-4 国际通用的稳定同位素测定标准

元素	标准及代号	来源
氢	V—SMOW	维也纳标准平均海水,与标准平均海水(SMOW)相同,D/H=155.76×10^{-6} (Hagemann et al,1970),$\delta D=0.00‰$
	北京大学自来水	北京大学自来水,来自井水,$\delta D=-64.7‰$
碳	PDB	皮狄组箭石,$^{13}C/^{12}C=1\,123.75\times10^{-5}$(Craig,1957),$\delta^{13}C=0.00‰$
	NBS—19	选自白色大理岩中$CaCO_3$,粉碎后取48~80目的组分(由联合国际原子能委员会IAEA推荐),$\delta^{13}C=1.95‰$
	TTB—1(即GB W004405)	北京周口店石灰岩,$\delta^{13}C=0.58‰$
	炭黑(即GB W00407)	国内用于有机物质制样时标准,$\delta^{13}C=-24‰$
氧	V—SMOW	皮狄组箭石,$^{18}O/^{16}O=2\,005.2\times10^{-6}$(Craig,1957),$\delta^{18}O=30.91‰$,(V—SMOW)用于古温度研究
	NBS—19	$\delta^{18}O=-2.20‰$(PDB)
	TTB—1(即GB W004405)	$\delta^{18}O=-8.49‰$(PDB)
硫	CDT	迪亚布洛峡谷铁陨石中的陨硫铁,$^{34}S/^{32}S=449.94\times10^{-4}$(Thode et al,1961),$\delta^{34}S=0.00‰$
	LTB—1	吉林盘石红旗岭Ⅰ号岩体磁黄铁矿(国内推荐使用的参考标准),$\delta^{34}S=-0.32‰$

2. 同位素分馏

由于同位素质量差所引起的同位素物理和化学上的差异称之为同位素效应。由于同位素效应而引起的同位素比值在不同的两种物质之间或同一物质两个相态之间发生的同位素分配称之为同位素分馏。在自然界造成同位素分馏主要有以下3种机理。

(1)热力学平衡分馏。在热力学平衡条件下,体系处于同位素平衡分馏时,同位素在两种矿物或两种相之间的分馏称之为同位素热力学平衡分馏。如同位素交换反应就属于此类方式的分配,它是指不同的化学物质之间、不同相之间或单个分子之间发生的同位素分配,其特点是:①同位素交换反应是一种可逆反应;②元素的同位素有相同的化学性质,物质间的同位素交换不发生化学反应,只是在化合物之间或相之间发生同位素组成的重新分配,因此是等体积置换;③交换过程中伴随着同位素分子键的断开和重新组合。

(2)动力学同位素分馏。同位素对反应速度的影响,称为同位素的动力效应。在不可逆的单向反应过程中,不同同位素分子的反应速度不一样,由此而引起的同位素分馏称为动力分馏作用,其特点是:①动力分馏效应是不可逆的单向反应;②反应物与反应产物之间不发生同位素交换,即反应物与反应产物迅速脱离接触;③同位素平衡分馏系数一般随温度升高而变小;④动力分馏作用不仅与各种同位素分子的反应速度有关,而且与初始反应物消耗程度有关;⑤动力同位素分馏效应往往出现在反应产物中优先富集轻同位素。

(3)同位素物理-化学分馏。在稳定同位素地球化学中最有意义的物理-化学分馏是蒸发与扩散。在室温下蒸发时,大多数化合物的气相富集轻同位素,而凝析相中则富集重同位素。在扩散过程中如果不存在逆扩散,扩散效应将使气体残余部分同位素变重,扩散部分变轻。

二、稳定同位素的分析步骤

实验室内的主要分析步骤如下。

(1)前期处理,物质的分离与提纯。典型的样品量为5~15mg,虽然这是目前质谱仪灵敏度的下限要求,但若谨慎操作,毫克级以下的样品亦可做常规分析。

(2)将元素定量转化为气体,以备送质谱仪检测。

(3)以真空分馏方法纯化气体。

(4)以一种实验室标准物质的同位素组成为基础,用质谱法检测气体的同位素组成。

(5)根据相关的国际标准,计算样品的同位素组成(各个实验室所采用的同位素标准是依据国际标准而确定的)。

分析精度取决于多种因素,包括样品的不均一性、样品的制备和质谱仪分析。常用的表示精度的方式是重复性,即分析人员从相同样品的不同分析中获得相同结果的能力,也应通过连续分析一种已知同位素组成的标准物质来监测分析的准确度。然而,即使完成了准确的样品分析,也必须记住,这些分析结果仅仅是所分析物质的平均表达式。

三、与元素分析仪联机的分析方法

目前国内外已普遍将元素分析仪与气体同位素质谱仪联机用来检测各种元素的同位素。C、N、H的元素分析与碳同位素检测前处理的原理相同,即样品都是经过燃烧分解后生成的CO_2、H_2O和分子氮。元素分析也没有造成碳的任何损失,因此,可将元素分析后准备放空的CO_2气体收集,提纯后输送至同位素质谱仪检测其$\delta^{13}C$。这种分析所获数据更精确,且样品用量减少,如在检测一份干酪根样品的碳元素百分含量的同时又可以获得碳同位素组成,分析成本也相应降低。

四、GC-IRMS在线碳同位素质谱仪

GC-IRMS在线同位素质谱仪的基本原理是利用气相色谱将饱和烃或油、气样品分离为单体化合物,分离后的单体直接进入高温(800~940℃)氧化燃烧后成为CO_2,之后由同位素质谱仪分析CO_2的碳同位素组成,由此得到单体烃(而不是混合物)的同位素组成(图4-13)。

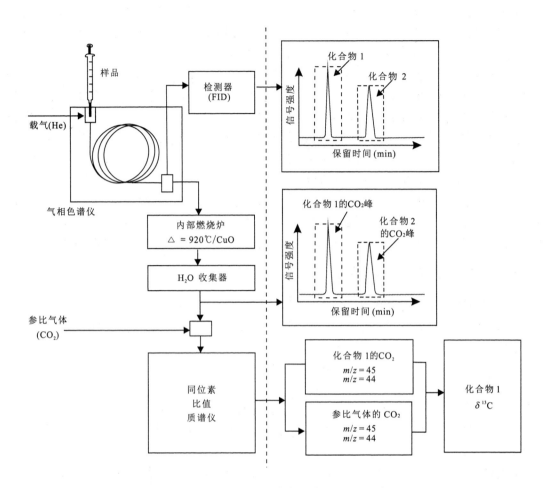

图 4-13 GC-IRMS 测试单体化合物碳同位素示意图

稳定同位素分析和研究在油气勘探中取得了明显效果，在干酪根、石油和天然气组成等方面均有很好应用，利用其可进行油气源对比，判识天然气成因类型，研究沉积环境，追溯油气二次运移路线，探讨有机质的热演化规律，分析油气的次生变化等。

第五节 红外光谱法

红外吸收光谱是利用物质的分子吸收了红外辐射后振动或转动引起偶极矩的净变化，产生分子振动和转动能级从基态到激发态的跃迁，从而得到分子振动能级和转动能级变化产生的振动-转动光谱，因为出现在红外区，所以称之为红外光谱。利用红外光谱进行定性、定量分析及测定分子结构的方法称为红外吸收光谱法。

20 世纪 60 年代以来，红外光谱先后用于原油、烃源岩、沥青、干酪根等分析，获得了大量的有用信息，主要用于区分不同类型的有机质及对其热演化、油源进行对比等。随着分辨率高的色谱、质谱等仪器的发展，红外光谱在油气地球化学中的应用逐渐减少，但对于难挥发、难分解的大分子物质及官能团结构的分析，红外光谱仍具有其独特的优势。

一、原理和方法

当分子受到红外光的辐射,产生振动能级的跃迁,在振动时伴有偶极矩改变则可吸收红外光子,形成红外吸收光谱。通常将红外光谱区按波长分为近红外区、中红外区和远红外区。常用波段($400\sim4\,000\,nm/cm^{-1}$)在中红外区。

在红外光谱分析中,对原油及抽提物等都采用涂片法(将样品涂于经抛光后的 NaCl 晶片中央),对于干酪根及沥青质多采用压片法(将样品和 KBr 按 0.25∶100 混合研匀压成透明薄片),样品用量在 5mg 以上,需除去低环芳烃,仅用稠环芳烃(18 个或 10 个碳原子以上)。由于吸收光谱强度与制样方法和样品用量相关,计算某一指标时,应采用比值法。

红外光谱分析的优点是速度快、样品用量少、分辨率相对高、重复性好,不破坏原始样品,适用于任何状态的物质;缺点是多解性强,影响定量因素多,受溶剂的影响严重,特别是对高分子化合物影响因素更多。

二、傅里叶变换红外光谱仪的结构与原理

傅里叶变换红外光谱仪包括红外光源、干涉仪、检测器、数据处理和记录装置(图 4-14)。其工作原理为:红外光源发出的光首先通过一个光圈,然后逐步通过滤光片、进入干涉仪、到达样品,最后聚焦到检测器上。每一个检测器包含一个前置放大器,前置放大器输出的信号(干涉图)发送到主放大器,在这里被放大、过滤、数字化。数字化信号被送到 AQP 板进行进一步的数学处理,将干涉图变换成单通道光谱图。

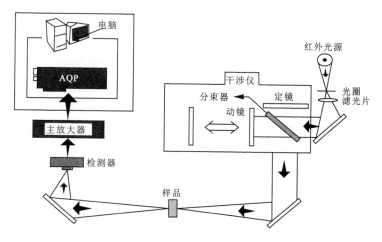

图 4-14 傅里叶变换红外光谱仪示意图

三、红外光谱在油气勘探中的应用

红外光谱有很多应用,最广泛的应用是对未知化合物进行结构鉴定。在石油、干酪根等有机组成中不同的官能团吸收不同频率的红外光束,因此不同的吸收峰就代表有机组成中不同官能团。图 4-15 为Ⅱ型干酪根的典型红外光谱图,各吸收峰的位置及意义见表 4-5。

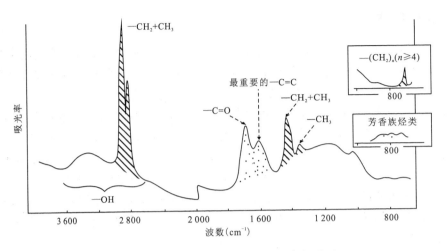

图 4-15 Ⅱ型干酪根的典型红外光谱图

(据 Tissot et al,1978)

表 4-5　Ⅱ型干酪根的典型红外光谱特征

(据 Tissot et al,1978)

基团类型	主要吸收频带(cm^{-1})	反映的基团振动特征
烷基类型(反映类脂化合物的丰度,是形成油气的主要组成)	2 930、2 860	脂肪链的甲基(—CH_3)、亚甲基—(CH_2)官能团伸缩振动
	1 455	—CH_2、—CH_3 的不对称弯曲振动
	1 375	—CH_3 的对称弯曲振动
	720	脂肪链—$(CH_2)_n$—($n>4$)的 C—C 骨架振动
芳基类型(反映芳香烃含量及缩聚程度)	1 630～1 600	芳核中 C=C 伸缩振动
	870 左右	芳环—CH 的面外变形振动
	810 左右	4～5 个相邻氢原子的吸收峰
	750 左右	2～3 个相邻氢原子的吸收峰
		1～2 个相邻氢原子的吸收峰
含 N、O、S 杂原子基团类型(反映杂原子含量)	3 600～3 200	—OH 伸缩振动
	3 500～3 100	—NH_2、—NH 伸缩振动
	2 600～2 500	—SH 伸缩振动
	1 710	羰基、羧基的 C=O 伸缩振动
	1 650～1 560	—NH_2 变形振动
	1 600～1 500	—NO_2 不对称伸缩振动
	1 300～1 250	—NO_2 对称伸缩振动
	1 220～1 040	—S=O 对称伸缩振动
	1 100～1 000	芳基、烷基中醚—C—O—C—伸缩振动

生物标志化合物

第一节 生物标志化合物的概念

生物标志化合物(biomarker)(简称生物标志物)在医学、细胞生物学、生态毒理学、地质学与天体生物学等不同的学科领域有不同的含义。在地质学与天体生物学中,生物标志物是指任何可以指示现代或地质历史时期生存过的生物体的分子。在油气地球化学学科中,生物标志物可以具体指沉积有机质、烃源岩、原油、油页岩、煤中那些来源于活的生物体,在有机质热演化过程中具有一定的稳定性,没有或较少发生变化,基本保存了原始生物化学组分的碳骨架,记载了原始生物母质的特殊结构信息的有机化合物。生物标志物是由生物体的生物化学物质、特别是类脂化合物经历一定的地质历程演化而来的复杂的有机分子,因此,又称为分子化石(molecular fossil)、地球化学化石(geochemical fossil)以及指纹化合物(fingerprint compound)。

当生物体死亡后保存在沉积物中随沉积物进入成岩阶段时,生物体的生物化学组分演化为两种性质各异、数量相差悬殊的有机地球化学组分,即数量占绝对优势(约90%)的不溶于有机溶剂的干酪根(kerogen),以及约占10%左右的可溶于有机溶剂的可抽提有机质(extractable organic matter,EOM)。生物标志物仅是可溶有机质中的很小部分。

生物标志化合物来源于陆地植物、海洋和湖泊中的水生生物,特别是藻类。此外,陆地、海洋、湖泊中广泛分布的细菌和古菌也是生物标志物的重要来源,它们结构复杂,具高分子量,与活生物体中的生物化学组分具有成因上的联系,如高等植物中的蜡、动植物中的甾醇、萜类。这些生物标志物明显区别于后期干酪根热裂解时形成的低-中分子量、结构简单的烃类。

在成岩阶段和热成熟阶段中,这些在生物体中多以酸、醇、酮、醚等形成存在的化合物通过消除不稳定官能团、加氢还原、芳构化、异构化等化学作用,发生了成分和结构上的变化,即由生物构型转化为地质构型,从而达到热力学上的稳定以适应新的地质环境,然而它们仍然保留了原始母体的基本格架。正是这种结构上的"继承性"使其具有标志有机质来源及原始环境的作用;而结构上的"变异性"又使其能够用于追溯有机质经历的演化过程。

由于原油和烃源岩中均可以检测到生物标志化合物,因此,生物标志化合物提供了油-源对比、油-油对比的依据。在只有原油样品能够利用的条件下,原油中的生物标志化合物可以示踪烃源岩的特征。由于生物标志化合物能够提供烃源岩有机母质来源、沉积环境及成岩环境条件、有机质热演化历程、生物降解作用、烃源岩的年代学等诸多方面的信息,因此,生物标志化合物在油气地球化学领域应用广泛,意义重大。

第二节 生物标志化合物的类型

生物标志化合物有饱和烃、芳烃、酸、醇、酮、醚、酯等各种类型。在烃源岩和原油中,生物标志化合物主要以饱和烃和芳烃的形式存在。但在一些低成熟度的烃源岩和原油中,同时还保留有酸、醇、酮、醚等非烃生物标志化合物。

一、正构烷烃

正构烷烃($n-$Alkanes)是直链的饱和烃,是可溶有机质和原油的主要组分。

正构烷烃广泛分布于细菌、藻类以及高等植物中。不同来源的正构烷烃其碳数组成具有明显的差异。细菌和低等水生生物来源的正构烷烃中低碳数成分占优势,通常为碳数小于21的正构烷烃,多以C_{15}、C_{17}为主,无明显的奇偶优势;沉水植物和浮叶植物来源的,多以C_{23}、C_{25}等中等链长的正构烷烃为主;而挺水植物和陆地高等植物来源的正构烷烃以C_{27}、C_{29}、C_{31}高碳数化合物为主,且具有明显的奇碳优势。不同生物来源的正构烷烃不仅表现出碳链长度的差异,也表现出化合物单体碳同位素的差异,细菌等微生物来源的正构烷烃,其碳同位素值较高等植物来源的更加负偏。

正构烷烃可由生物体直接合成,但大多数正构烷烃是由生物体中的生物化学组分在沉积、成岩过程中通过各种脱官能团作用而形成的。比如高等植物的叶蜡,是高碳数正构烷烃的主要来源。叶蜡在沉积、成岩过程中通过水解作用形成长链脂肪酸和脂肪醇。这些长链的脂肪酸和脂肪醇具有明显的偶碳优势,在还原环境下通过脱羧基作用和脱羟基作用,形成了具有奇碳优势的长链正构烷烃。

然而,在碳酸盐岩和蒸发岩系中,正构烷烃常常出现偶碳优势,并且伴随着植烷优势。这种分布特征被认为是在强还原条件下,脂肪酸、脂肪醇以及植醇通过还原作用直接形成偶碳数正构烷烃以及植烷的作用超过了脱羧作用形成奇碳数正构烷烃以及姥鲛烷的作用。

此外,黏土矿物和碳酸盐矿物不同的催化作用,也是形成奇碳优势和偶碳优势差异的原因。实验证明,蒙脱石有利于脂肪酸脱羧基生成少一个碳原子的奇碳数正构烷烃;而碳酸钙则有利于脂肪酸的C—C键β断裂形成少两个碳原子的正构烷烃。所以,在碎屑岩中正构烷烃主要是奇碳数优势,而在碳酸盐岩中则呈现出偶碳数优势。

高碳数正构烷烃的奇偶优势常用碳优势指数(carbon preference index,CPI)来表征,Bray和Evans(1961)提出CPI的计算公式为:

$$\text{CPI} = \frac{1}{2}\left[\frac{\sum(C_{25}\sim C_{33})}{\sum(C_{24}\sim C_{32})} + \frac{\sum(C_{25}\sim C_{33})}{\sum(C_{26}\sim C_{34})}\right] \qquad (5-1)$$

若样品中高碳数正构烷烃未能出现较完整的C_{24}至C_{34}系列,则用$2C_{29}/(C_{28}+C_{30})$来替代CPI,更为简单、适用。

Scalan和Smith(1970)经过数学运算和推导,提出了另一个参数,即OEP值,它是以$i+2$为中值的动态平均值。OEP的计算公式为:

$$\text{OEP} = \left(\frac{C_i + 6C_{i+2} + C_{i+4}}{4C_{i+1} + 4C_{i+3}}\right)^{(-1)^{i+1}} \qquad (5-2)$$

式中:i值一般在$C_{24}\sim C_{34}$之间,常是主峰。

高碳数正构烷烃的奇偶优势随着有机质热成熟作用的增强而逐渐消失。国内外大量资料显示：现代沉积物中正构烷烃的 CPI 值为 2.4～5.5，古代沉积岩中则降到 0.9～2.4，原油中 CPI 值为 0.9～1.2，逐渐趋近于 1。因此，明显的奇偶优势仅出现在现代沉积以及低成熟度的页岩、原油和泥炭之中。白垩纪、第三纪以来的烃源岩及原油具有较高的奇偶优势，既反映了其有机质成熟度较低，又反映了陆源有机质的贡献，因为自白垩纪以来高等植物，尤其是被子植物出现了繁盛期，成为类脂物的重要来源。

正构烷烃是最易遭受生物降解的组分，当原油被降解时，正构烷烃，尤其是低碳数正构烷烃最先被降解，并形成色谱图上的鼓包（即 PUMP 峰），又称 UCM（unresolved complex mixture）峰。此时，CPI 和 OEP 已经不再适用于这类原油。

二、支链烷烃

支链烷烃（branched alkanes）主要是指烷基取代基烷烃（alkyl - substituted alkanes），包括单甲基烷烃、双甲基烷烃、X 型烷烃和 T -型分支的烷烃。其中异构烷烃（2 -甲基烷烃）和反异构烷烃（3 -甲基烷烃）在原油和烃源岩中普遍分布，常常成对出现。

许多证据表明异构烷经、反异构烷烃来源于细菌、高等植物等。如 Chaffee（1986）对煤中的异构和反异构烷烃研究发现，在大多数样品中，常出现偶数碳原子的支链烷烃优势，推测它们可能来自于高等植物和细菌蜡。Tissot 等（1984）在印度尼西亚可能来自陆源有机质但被微生物强烈改造的高蜡原油中发现有丰富的无奇偶优势的异构和反异构烷烃，这类化合物可能为微生物成因。同时，近年来在南极岩石样品中检测到了长链的反异构酸和反异构烷烃，被认为来自于岩石内的微生物（Mastumoto，1992）。但也有学者认为异构烷烃和反异构烷烃缺少生物学的专属性，并且可以通过无机过程合成，比如在热裂解阶段，通过烯烃的立体异构化（Hoering，1980；Klomp，1986）和酸催化作用可以形成异构烷烃和反异构烷烃（Kissin，1993）。

2 -甲基链烷烃并不常见，前寒武纪的原油中曾有报道（Klomp，1986），但仍有争议（Klomp，1986）。现代蓝细菌藻席中包含有 2 -甲基链烷烃和 3 -甲基链烷烃（de Leeuw et al，1985；Kenig et al，1995a），但其来源仍不清楚。这些化合物常与具有相近碳数的中等链长的单甲基链烷烃（MMAs）共同出现，可能指示蓝藻是其共同生源，因为已知细菌中含有 2 -甲基羧酸。Chappe 等（1980）指出 Messel 油页岩干酪根中醚的裂解可释放出大量的 13,16 -二甲基二十八烷，指示了一种官能团化的前驱物。Sinninghe Damsté 等（2000）认为泥炭、滨海和湖相沉积物中古菌类二烷基甘油醇四醚类脂物是这类化合物的前驱物。

中等链长的单甲基链烷烃（MMAs）来源复杂，在中一新元古代的原油和烃源岩中含量丰富，很多学者认为可能与蓝细菌有关。但西伯利亚前寒武纪原油中丰富的 12 -甲基及 13 -甲基 MMAs，被认为是已绝灭生物的来源。侏罗纪富硫生物灰岩沥青中丰富的 9 -甲基 MMAs 指示了与其类似的生物前驱物。海绵中亦发现丰富的甲基十六烷酸和甲基十八烷酸，被认为是与海绵共生的细菌来源。非洲南部和澳大利亚东部石炭纪—二叠纪藻烛煤的抽提物和加水热解产物中含有 4 个独特的、富含 ^{13}C、碳数分布范围为 C_{23}～C_{30} 的 MMAs，被认为是细菌强烈改造丛粒藻的产物。因此，如果没有足够的证据支持，中等链长的 MMAs 就不应用作特定生物输入或地质年代的标记物。

三、无环类异戊二烯烷烃

无环类异戊二烯烷烃(acyclic isoprenoids)是指带支链的类异戊间二烯烷烃。按照异戊二烯单元连接的顺序可以分为规则的和不规则的两类。

规则的类异戊二烯烷烃是指各异戊二烯单元以头-尾相接成的链状分子(图 5-1),这类化合物常以烯、酸、醇、酮的形式广泛地存在于各种生物体及现代沉积物之中。在古代沉积岩、原油和煤中则以饱和烃形式存在。规则的头对尾类异戊二烯烃同系物的系列可以自 C_8 (2,6-二甲基庚烷)延伸至 C_{250+}。高分子量的类异戊二烯(C_{80+})主要来源于聚戊二烯或多萜醇,属于高分子化合物范畴;低分子量类异戊二烯可能来源于生物分子的主体,如藻类和细菌中的叶绿素、维生素 E、古细菌类脂物、蛋白质以及大分子类异戊二烯的热降解。

不规则的类异戊二烯烃是指异戊二烯单元以头-头相连或尾-尾相连而形成的链状分子,也就是在头-尾系列中有一个头-头或尾-尾相连的键(图 5-2)。两端有时带有饱和环或芳香环。

尾-尾相连的系列碳数为 30~40,常见的有角鲨烯、蕃茄红素和胡萝卜素。这些不饱和的烯烃及其衍生物广泛地存在于高等植物、藻类、细菌之中。生油岩和原油中可检测出相应的烷烃及其降解产物:角鲨烷、全氢 β-胡萝卜素(胡萝卜烷)、蕃茄红烷等。

在美国绿河页岩、德国的密赛尔页岩、我国胜利油田沙河阶组和南阳油田的核桃园组中均检测出这类尾-尾相连的化合物。它们的存在一般可以指示菌藻的成因以及强还原环境,例如 β-胡萝卜素是不稳定的化合物,只有快速堆积和还原环境才能保存下来。

头-头相连的异戊二烯烃碳数可从 32~40,如八甲基三十二烷。在生油岩和原油中更多见到的是它们降解的产物,碳数为 15~30。一般认为这类烃是来源于古细菌膜的类脂组分。

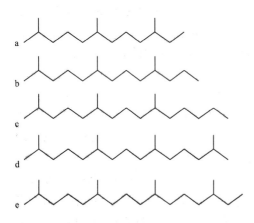

图 5-1 常见规则类异戊烯烷烃
a. C_{15}(法呢烷)2,6,10-三甲基十二烷;b. C_{16}(异十六烷)2,6,10-三甲基十三烷;c. C_{18}(降姥鲛烷)2,6,10-三甲基十五烷;d. C_{19}(姥鲛烷)2,6,10,14-四甲基十五烷;e. C_{20}(植烷)2,6,10,14-四甲基十六烷

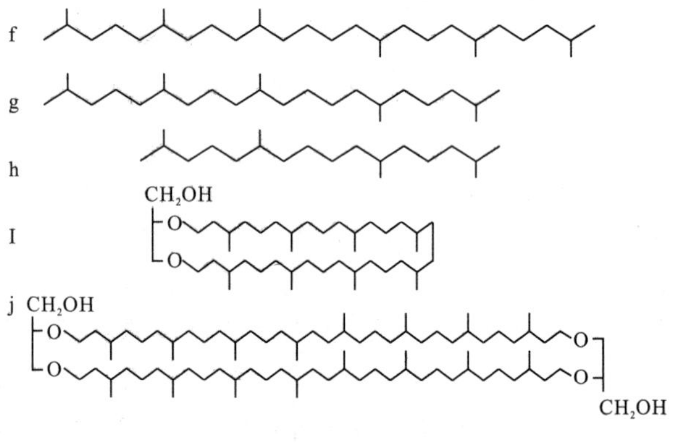

图 5-2 几种重要的不规则类异戊二烯烃
f. 角鲨烷(2,6,10,15,19,23-六甲基二十四烷);g. PMI(2,6,10,15,19-五甲基二十烷);h. 藏花烷(crocetane,2,6,11,15-四甲基十六烷);i. 甘油二醚;j. 甘油四醚

碳数小于或等于 20 的规则的头尾相连的类异戊二烯烃是地质体中最丰富的类异戊二烯烃类,它是原油及烃源岩抽提物中仅次于正构烷烃而普遍存在的烃类化合物(Volkman and Maxwell,1986)。其中分布最广的是 iC_{19} 的姥鲛烷(pristane)和 iC_{20} 的植烷(phytane)。此外,降姥鲛烷(norpristane)、异十六烷(isohexadecane)和法呢烷(farnesane)也是十分常见的。缺少 C_{17} 的类异戊二烯烷烃可能与链断裂的机理有关。

姥鲛烷和植烷的主要来源是光合生物中叶绿素 a 以及紫硫细菌中细菌叶绿素 a 和 b 的植基侧链(Brooks et al,1969;Powell and McKirdy,1973)。沉积物中的还原或缺氧条件有利于植基侧链断裂生成植醇,植醇再被还原为二氢植醇,最后形成植烷。氧化条件则促使植醇优先转化成姥鲛烷,其过程为植醇先被氧化成植酸,植酸脱羧基形成姥鲛烯,再还原为姥鲛烷(图 5-3)。原油中姥鲛烷和植烷具有共同的前驱物的依据是其 $\delta^{13}C$ 值相似,偏差一般不会超过 0.3‰,且比与其共生的四吡咯约负偏 4‰。这与它们叶绿素的衍生物相吻合(Haves et al,1990)。

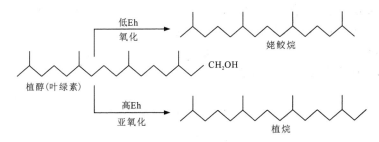

图 5-3 植醇(起源于叶绿素 a 的侧链)成岩转化为姥鲛烷和植烷

目前丰富的研究资料表明无环类异戊二烯烃的成因不是单一的。尤其是规则型的类异戊二烯烃,不仅来自叶绿素的植醇侧链,而且还有动物、细菌、古菌等多种来源。以植物为食的浮游动物可在体内将食物中的植醇直接转化为饱和的和不饱和的异戊二烯烃。在浮游动物中检测出较为丰富的姥鲛烷、植烷就是证明。这是直接将碳数小于或等于 20 的类异戊二烯烃转入沉积有机质的一种途径。低分子量的类异戊二烯烃(碳数小于 15)也可以来自天然的倍半萜,如法呢烷等。而 $C_{21}\sim C_{25}$ 的高分子量类异戊二烯烃则可能来自碳数为 25 的二倍半萜,如五甲基二十烷,甚至三萜。一些二倍半萜(聚异戊稀醇)存在于真菌、树叶和昆虫腊中。而桦树脑中类异戊二烯醇 $C_{30}\sim C_{45}$ 可作为更长链类异戊二烯烃的先质体。因此,陆相烃源岩和原油中常含有比海相原油更多的规则长链类异戊二烯烃。类异戊二烯烃还有一个重要的来源,就是古细菌的细胞膜。目前在多种沉积环境的沉积物中已鉴定出了一些与古细菌膜类脂组分有关的分子,其中最多的是含有 C_{40} 类异戊二烯链的甘油四醚(图 5-2)。其结构就是两个 C_{20} 的植烷链头-头相连而成,所以也称为二双植烷基甘油四醚。

此外,也有带单环或双环的 C_{40} 链。其余一些二醚含有 C_{20} 的植烷链,C_{15} 的 2-甲基异构链等。这些醚类化合物在一定条件下分解就会形成 C_{15}、C_{20}、C_{40} 的头-尾相连型和头-头相连型的类异戊二烯烃。近年来,在古代沉积物和石油的检测组分中,尤其在干酪根热解产物中检测出这些成分更证实了古细菌对这类烃的贡献。

尾-尾连接的无环类异戊二烯烃 PMI(2,6,10,15,19-五甲基二十烷)和藏花烷(crocetane,2,6,11,15-四甲基十六烷)被认为是产甲烷古菌和噬甲烷古细菌的可靠生物标志物。在冷泉碳酸盐岩和冷泉区沉积物中，含有丰富的饱和态的和不饱和态的藏花烷和PMI，它们对产甲烷古菌和（或）甲烷厌氧氧化古菌与硫酸盐还原菌组成的甲烷厌氧氧化共生体具有指示意义，其化合物单体的碳同位素以极其负偏为特征，可达到 $-130‰$。这些化合物往往和来自硫酸盐还原菌的异构和反异构脂肪酸共存，且其沉积环境中富含化石生物群落。

四、萜烷

"萜"的碳骨架是由两个或更多个异戊二烯结构单元组成的。萜类化合物（Terpenoid）是广泛存在于植物和动物体内的天然有机化合物。萜烷（Terpane）是由生物构型的萜类化合物经过地质作用，脱去各种杂原子基团和不饱和键，形成地质构型的有机质，它属于饱和烃范畴。国内外大量研究发现萜烷的热稳定性和抵抗微生物降解的能力均比正构烷烃强，所以它们能够较稳定地存在于烃源岩和原油中而成为重要的生物标志物。

1. 五环三萜烷

五环三萜烷是指由6个异戊二烯结构单元组成的5个环包含有30个碳原子的环烷烃（图5-4）。五环三萜烷可分为藿烷系列和非藿烷系列两类，两者的区别在于：藿烷系列的E环为五元碳环，并且其碳数由27～35（往往缺少C_{28}）成完整系列；而非藿烷系列五环三萜烷，E环多为六元碳环，而且大多只有30个碳原子。

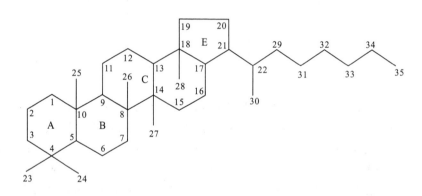

图5-4 五环三萜烷的骨架结构和碳原子排列顺序

1) 藿烷系列

藿烷（hopane）是五环三萜烷中最重要的一类，由4个六元环和1个五元环组成（图5-4）。碳数为27～35，在C-4、C-8、C-10、C-14、C-18均有甲基，C-21是烃基取代基，它可以是—H、也可以是—CH_3、—C_2H_5等，这类化合物的立体异构主要发生在C-17、C-21、C-22上，正常藿烷的碳数为30，当某碳位上少1个—CH_2时称为降藿烷（norhopane）；少2个—CH_2时称为二降藿烷（binorhopane）；少3个—CH_2时称为三降藿烷（trinorhopane），其中$17\alpha(H)$-22,29,30-三降藿烷（Tm）和$18\alpha(H)$-22,29,30-三降藿烷（Ts）最常见，在大多数地质样品中都能够检测到。当某碳位上增加1个—CH_2时称为升藿烷（homohopane），增加2个—CH_2时称为二升藿烷（bihomohopane），相应的还有三升直到五升藿烷（tri-, tetra-, penta-homohopane）。

关于藿烷类的起源有两种看法。最初认为藿烷系列主要来源于植物界,因为具藿烷结构的五环三萜烷类,如各种藿烷、藿醇和藿酮等,广泛存在于植物界的绿色植物中。史继扬等(1991)认为高等植物中长链异戊二烯类烷烃如角鲨烯的环化作用可以形成藿烷系列化合物。但随后许多学者发现藿烷类广泛分布于各个时代的沉积物中,甚至在元古界地层中也有发现。而在泥盆纪以前,地球上还没有大量的高等植物,因此,提出藿烷类化合物主要来源于原核生物或细菌,细菌藿四醇是藿烷类化合物更合适的前身物(Seifert et al,1978;Grantham et al,1980;Volkman et al,1983;Peters and Moldowan,1991;Philip,1985,1993)。

小于 C_{31} 的藿烷类化合物可能有其他生源。如里白烯、里白醇,常来源于热带树木、低等蕨类植物、苔藓、地衣、藻和原生动物中。

沉积物中的生物构型的藿类(酸、醇、烯)在沉积圈中经历了温度、压力和催化剂的作用逐渐转化为地质构型的藿烷。即由 $17\beta(H)21\beta(H)$ 藿烷演化为在地质条件下更为稳定的 $17\beta(H)21\alpha(H)$ 藿烷,又称莫烷(mortane)。随着热力条件的增加,莫烷进一步演化为更为稳定的 $17\alpha(H)21\beta(H)$ 藿烷。$C_{31}\sim C_{35}$ 藿烷系列存在 C_{22} 手性碳原子,未成熟时该手性碳原子为 22R 构型。随着成熟度的增加,演变为 22R 和 22S 异构体的混合物。最终达到热力学平衡时,22R∶22S 约为 40%∶60%。藿烷类化合物随着沉积物埋藏深度的增加而发生构型的变化,可以用于判断原油和烃源岩的成熟度。

C_{27} 的三降藿烷常见于生油岩和原油中,一般有 3 个组分:$17\alpha(H)$(即 Tm)、$17\beta(H)$ 和 $18\alpha(H)$(即 Ts)。其中 $17\alpha(H)$ 和 $17\beta(H)$ 分别为藿烷和莫烷的降解产物,$18\alpha(H)$ 可能有不同来源,但受热演化影响大,因此常选用 Tm/Ts 作为成熟度指标。

生物降解同样影响藿烷的结构。最明显的是当原油遭受强烈降解后形成去甲基藿烷系列,也就是 C—10 上的甲基脱落,形成 C_{25}—降藿烷系列化合物。在国内外强烈降解的原油中都能见到这种现象。

此外,在未成熟现代沉积物或低成熟的生油岩中还见到芳构化藿烷。芳构化一般开始于 D 环,一直进行到 A 环,形成了具 1~4 个不等的芳环。澳大利亚褐煤中具有三芳和四芳藿烷系列。这可能是煤和油中的多环芳烃,主要是烷基芳烃系列的一个来源。

在沉积物和原油中除 $C_{27}\sim C_{35}$ 正常的藿烷系列外,通常还存在 $18\alpha(H)$-30 降新藿烷(C_{29}Ts)和 $17\alpha(H)$-30 重排藿烷。Volkman 等(1983)在澳大利亚西部 Barrow 次级盆地原油和抽提物中均发现 $17\alpha(H)$-30 重排藿烷;Philip 和 Gilbent(1986)在许多盆地的原油和烃源岩也检测出该化合物;我国许多含油气盆地中也普遍检测到该化合物(曾宪章等,1989;黄第藩等,1989)。Moldowan 等(1991)在巴布亚新几内亚原油和美国阿拉斯加 Prudhoe 湾原油中发现了 $18\alpha(H)$-30 降新藿烷(C_{29}Ts)和 $17\alpha(H)$-30 重排藿烷,并通过分子碳同位素及其形成机理研究后认为它们来源于细菌或藻类(异氧菌或蓝细菌),这些物质在亚氧化环境经氧化和黏土矿物催化即可形成 $18\alpha(H)$-30 降新藿烷(C_{29}Ts)和 $17\alpha(H)$-30 重排藿烷。

2) 非藿烷结构的五环三萜烷

非藿烷结构的五环三萜烷化合物主要有奥利烷、羽扇烷、伽马蜡烷等(图 5-5)。它们一般都具有生源意义(Philip,1985;Peter et al,1993)。$18\alpha(H)$-奥利烷被认为是白垩系或更年青时代高等植物的标志物,可能来源于桦木醇和被子植物中的五环三萜烯(Crantbam et al,1983;Peters,1993)。伽马蜡烷被认为来源于四膜虫中的四膜虫醇(Hills et al,1966;Ten Haven et al,1988),四膜虫醇是一种类脂物,它取代了存在于某种原生动物或其他生物细胞膜中的甾类化合物(Ourisson et al,1987)。伽马蜡烷被认为是咸水还原沉积环境的标志物,广泛分布于碳酸盐岩和盐湖相原油和沉积物中(Moldowan et al,1985,1992)。大量的伽马蜡烷指示有机质沉积时的强还原超盐度条件(Moldowan et al,1985;傅家谟等,1986),但这样的环境并不总是高伽马蜡烷比值(Moldowan et al,1985)。更多的研究证明,伽马蜡烷与分层水体有关。在海相和非海相烃源岩沉积环境中,水柱深部因超盐度造成水体分层,或者因为温度梯度造成水体分层。四膜虫醇被认为主要来源于生活在水柱含氧带和厌氧带界面处的食菌纤毛虫。因此,伽马蜡烷能指示分层水体环境(Sinninghe Damsté et al,1995)。

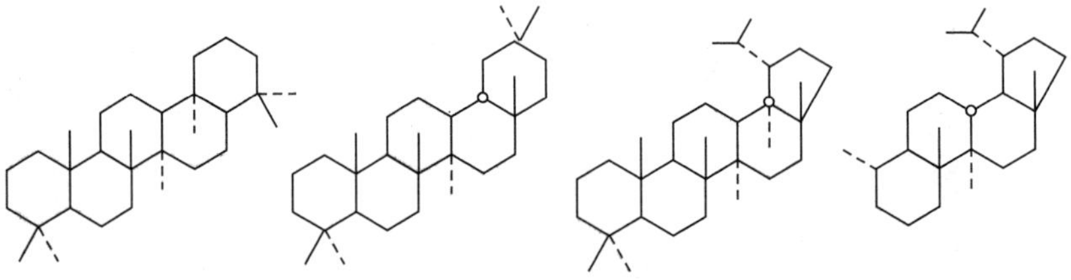

图 5-5 一些非藿烷系列的五环三萜类化合物

伽马蜡烷　18a(H)-奥利烷　羽扇烷　脱-A环-羽扇烷

2. 四环萜烷

四环萜烷也较广泛分布于原油和岩石抽提物中,但含量一般都较低。尽管在细菌中可能存在形成四环萜烷的途径,但是 Aquino Neto 等(1983)认为四环萜烷是由藿烷前驱物——藿烯中的五元环(E环)经热降解或生物降解作用断裂而形成。在成熟度较高的烃源岩或原油中,四环萜烷与藿烷比值升高,表明四环萜烷的热稳定性相对较强。Peters 等(1993)发现该系列化合物分布于 $C_{24}\sim C_{27}$,有可能分布到 C_{35},常以 C_{24} 丰度最高。原油中丰富的 C_{24} 四环萜烷常被认为来源于碳酸盐岩或蒸发岩沉积环境(Connan 等,1986;Peters 等,1993)。Philip(1986)等发现澳大利亚陆相原油中 C_{24} 四环萜烷也较为丰富。

3. 长链三环萜烷

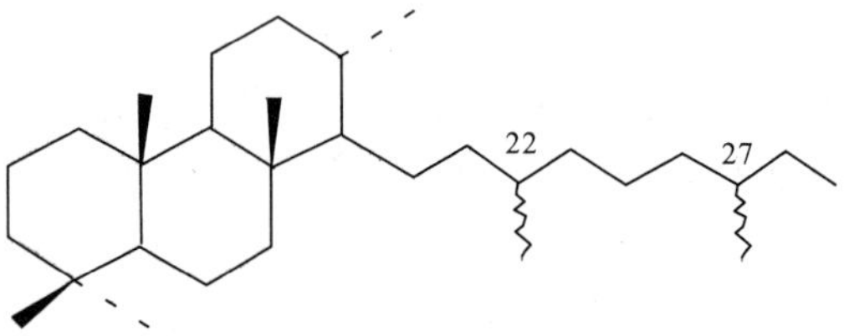

长链三环萜烷的结构特征如图 5-6 所示,包含 3 个六元环,且在环上带有一个异戊二烯结构单元的长链。这类化合物在原油和沉积物中广泛分布,并且其碳数一般以 $C_{19}\sim C_{30}$ 为主,但在一些原油中也检测出了 $C_{19}\sim C_{45}$ 的三环萜,甚至碳数更高,可达 C_{54}。关于

图 5-6 长链三环萜烷结构示意图

三环萜的确切起源目前还不清楚,海相和陆源的湖相沉积盆地原油中都检测到了丰富的三环萜烷系列(Philip,1993)。在中国许多第三系、白垩系含油气盆地中都检测到了数量不等的三环萜烷(黄第藩等,1983;王铁冠等,1990)。三环萜烷虽没有特殊的前身物,但大多认为它们来源于微生物或藻类。三环萜烷比藿烷抵抗生物降解的能力更强,且它的出现意味着原油或沉积物的成熟度可能更高。

4. 二萜烷

二萜类广泛分布于高等植物,特别是树脂中,但在原油和烃源岩中存在较少,目前仅在加拿大、澳大利亚、印度尼西亚以及新西兰的一些原油中检测到。有关二萜类的成因,比较一致地认为来源于树脂类化合物(Philip,1981;Snowdon 等,1980;王铁冠等,1990)。在原油和沉积物中发现的二萜类化合物都具有松香酸或海松酸结构(图 5-7)。

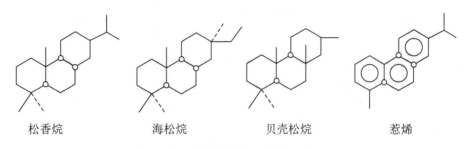

松香烷　　海松烷　　贝壳松烷　　惹烯

图 5-7　几种重要的二萜化合物

5. 倍半萜

自 Bendoraitis(1974)在德克萨斯州墨西哥湾沿岸一个相对密度较高的生物降解原油中首次检测出倍半萜类后,Philip 等(1981)在澳大利亚和印尼等许多盆地的非降解原油中检测到这类分布很广的化合物,并注意到阿拉斯加原油中倍半萜的分布不同于澳大利亚原油,提出陆源比海相可能含有更多的倍半萜前身物。长链的二环倍半萜一般比较少见,多数为 C_{14}、C_{15} 和 C_{16} 3 个碳数的化合物。Alexander 等(1983)合成了两种广泛分布于澳大利亚原油中的倍半萜,并鉴定为 $4\beta(H)$—桉叶油烷和 $8\beta(H)$—锥满烷。

倍半萜的成因比较复杂,许多学者提出了不同的观点。Bendoraitis(1974)认为它们可能来自有关的环状萜类生物降解或热降解;Alexander 等(1983)认为 C_{15} 的 $4\beta(H)$—桉叶油烷与植物中的桉叶油醇有关,$8\beta(H)$—锥满烷来源于细菌中的锥满醇。Simoneit(1986)和王铁冠等(1990)认为倍半萜从骨架特征上看可能由芒柄花梗烷和 8,14-断藿烷 C—12 与 C—13 键断裂形成,也可由三环藿烷烃碳环开环破裂而衍生。藿烷的前身物也能直接或间接地产生二环倍半萜桉叶油烷同系物,并提出了成因机理示意性图(图 5-8)。

五、甾烷

甾族化合物的共同特征是包含有 1 个四环的碳环结构,可以看成是一部分氢化或完全氢化的菲与一个环戊烷稠合的碳环,同时还具有 3 个侧链。甾的骨架结构在 A/B 环和 C/D 环之间都有一个角甲基(C—10、13),而在环戊烷基上(C—17)带有一个侧链,其基本碳骨架和碳原子排列顺序如图 5-9 所示。甾族化合物的碳数范围一般在 $C_{27}\sim C_{30}$ 之间,和萜烷一样,甾烷(Sertane)也是由生物构型的甾族化合物经过地质作用,脱去各种杂原子基团和不饱和键,形成地质构型的有机质,它属于饱和烃范畴。沉积有机质和石油中甾烷有 3 种基本结构:规则甾烷、重排甾烷和甲基甾烷。

1. 规则甾烷

规则甾烷是指具有图 5-9 结构特征的甾烷,即在 C—10、13 上有 1 个甲基及 5 个手性碳

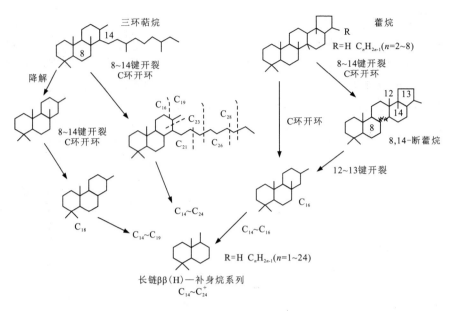

图 5-8 长侧链二环倍半萜成因机理图
(据王铁冠等,1990)

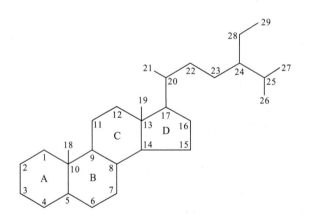

图 5-9 甾烷的基本骨架及碳原子排列顺序

原子:C—5、14、17、20 和 24。烃源岩和原油中最常见的规则甾烷是 C_{27}~C_{29} 甾烷,其相对含量可以反映有关母质输入信息。普遍认为 C_{27} 甾烷通常来源于低等水生生物和藻类,C_{29} 甾烷可以来源于藻类和陆源高等植物,通常陆源高等植物是 C_{29} 甾烷的主要来源之一。

在生物体和低成熟度的沉积物中的甾类,属热稳定性低的构型,称为"生物构型"。随着埋深和成熟度增加,它们向热动力性质更稳定的立体构型("地质构型")转化。甾类立体异构化有 3 种分配趋势:①链状烃(包括环状烃上的侧链)—生物构型绝大多数为 R 型,地质异构化逐渐转化为 S 型;②环状烃—生物构型多数为 α 型,地质构型逐渐转化为 β 型;③分子重排—分子中的氢原子或烷基从一个碳原子转移到另一个碳原子上(一般转移到相邻的碳原子),由正常的构型转变为重排构型。甾醇的"生物构型"主要为 $5\alpha(H)$,$14\alpha(H)$,$17\alpha(H)$—20R 构型,而在未成熟沉积物中,规则甾烷构型主要为活的生物体中的甾醇立体化学构型。随着成熟度的增加,立体异构化作用将在 C-14、17、20 和 24 上产生异构化,R 构型向 S 构型转化,α 构型向 β 构型转化。因此,甾烷中几种异构体的相对含量可以反映原油和烃源岩的成熟度。

2. 重排甾烷

重排甾烷与规则甾烷的区别主要是 C-10 和 C-13 上的甲基重排到 C-5 和 C-14 上(图 5-10)。重排甾烷在油和沉积物中也较丰富。甾醇在成岩过程中向重排甾烯的转化被认为是黏土的酸性催化作用的结果(Ruhinstoin et al,1975;Sieskind et al,1979)。Peters 等(1990)研究发现重排甾烷的热稳定性比规则甾烷好,其相对含量可以作为成熟度评价标准。

图 5-10 规则甾烷、重排甾烷碳骨架

3. 4-甲基甾烷

4-甲基甾烷是在 C-4 位置上有 1 个甲基,其碳数范围从 $C_{28} \sim C_{30}$(图 5-11)。4-甲基甾烷可以分为两类,一类为 4 和 24 位上有取代基;另一类为 4,23,24 位上有取代基,后者即甲藻甾烷。4,24 取代的甾烷来源目前尚不清楚,可能为藻类。它们同样也被认为与细菌有关(Philip,1993)。甲藻广泛存在于海相或湖相沉积环境中,而且在海相甲藻中 4α-甲基甾醇的丰度比脱甲基甾醇更丰富。4α-甲基-24 乙基胆甾烷和 4α,23、24-三甲基胆甾烷(甲藻甾烷)在富甲藻海相沉积物中均可发现,但在湖相沉积物中只找到了 4α-甲基-24 乙基胆甾烷。因此,淡水沉积物中具有 4-甲基甾烷优势。

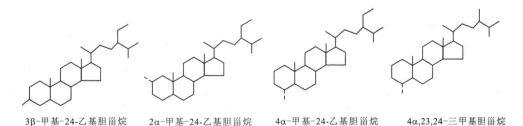

3β-甲基-24-乙基胆甾烷   2α-甲基-24-乙基胆甾烷   4α-甲基-24-乙基胆甾烷   4α,23,24-三甲基胆甾烷

图 5-11 常见的甲基甾烷类化合物

4. 芳香甾烷

芳香甾烷具有甾烷碳骨架特征,在 A、B、C 中 1 个或 3 个环被芳构化的化合物,称为芳香甾烷或芳构化甾烷。研究表明,在未成熟的沉积物中未发现 A、B、C 环三芳甾类,单芳甾烷是

在早期成岩作用阶段,由生物合成的甾烯醇直接脱水生成甾烯,继而在微生物作用下经过重排而形成的,而三芳甾烷则是单芳甾烷在晚期成岩和后生作用阶段进一步芳构化的产物。这说明温度是促使甾类芳构化的主要动力。

六、常见甾烷和萜烷化合物的质量色谱图识别

1. 甾烷质量色谱图的识别

图 5-12 为甾烷的 $m/z=217$ 质量色谱图,可以分为如下 3 类峰(当前的分离技术)。

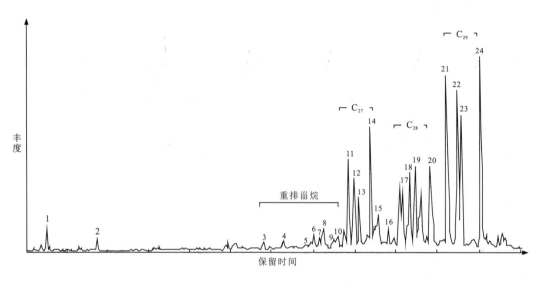

图 5-12　甾烷的 $m/z=217$ 的质量色谱图

(1)第一组:保留时间最短的两个峰 1 和 2,它们是孕甾烷和升孕甾烷(甲基孕甾烷),其碳数分别为 21 和 22,也称为低分子量甾烷。一般情况下,这两个峰的相对强度较小,但在盐湖相原油和烃源岩中较高。由于低分子量甾烷抗生物降解能力较强,在原油受到强烈降解作用破坏时,它们的含量会相对升高。另外,它们也会因原油运移距离增加而相对富集。

(2)第二组:峰号为 3~10、15 和 16,它们是重排甾烷,特征是保留时间比同碳数规则甾烷短。这组峰比较复杂,通常重排甾烷的相对丰度比正常甾烷低,但在成熟度较高、黏土矿物催化作用明显以及严重降解的原油中,其相对丰度会增高,甚至超过规则甾烷。

(3)第三组:规则甾烷 $C_{27}\sim C_{29}$,每个碳数均有 4 个立体异构体(依保留时间递增的顺序依次为 $5\alpha14\alpha17\alpha20S$、$5\alpha14\beta17\beta20R$、$5\alpha14\beta17\beta20S$ 和 $5\alpha14\alpha17\alpha20R$)。这组峰的保留时间比同碳数重排甾烷的长,强度一般最强。在色谱分离效果较好的情况下,这组峰有 12 个,其中靠近重排甾烷(实际上和部分重排甾烷共逸出)的 11~14 号峰是 C_{27},中间 4 个峰是 C_{28}(17~20),最后的 4 个峰(21~24)是 C_{29}。

所有峰对应的具体化合物名称见表 5-1。

表 5-1 甾烷化合物的鉴定表

峰号	相对分子质量	分子式	化合物名称
1	288	$C_{21}H_{36}$	孕甾烷
2	302	$C_{22}H_{38}$	升孕甾烷
3	372	$C_{27}H_{48}$	$13\beta,17\alpha$-重排胆甾烷 20S
4	372	$C_{27}H_{48}$	$13\beta,17\alpha$-重排胆甾烷 20R
5	372	$C_{27}H_{48}$	$13\alpha,17\beta$-重排胆甾烷 20S
6	372	$C_{27}H_{48}$	$13\alpha,17\beta$-重排胆甾烷 20R
7,8	386	$C_{28}H_{50}$	$13\beta,17\alpha$-重排麦角甾烷 20S(24S+24R)
9,10	386	$C_{28}H_{50}$	$13\beta,17\alpha$-重排麦角甾烷 20R(24S+24R)
11	372	$C_{27}H_{48}$	$5\alpha,14\alpha,17\alpha$-胆甾烷 20S
12	372	$C_{27}H_{48}$	$5\alpha,14\beta,17\beta$-胆甾烷 20R
13	372	$C_{27}H_{48}$	$5\alpha,14\beta,17\beta$-胆甾烷 20S
14	372	$C_{27}H_{48}$	$5\alpha,14\alpha,17\alpha$-胆甾烷 20R
15	400	$C_{29}H_{52}$	$13\beta,17\alpha$-重排谷甾烷 20R
16	400	$C_{29}H_{52}$	$13\beta,17\alpha$-重排谷甾烷 20S
17	386	$C_{28}H_{50}$	$5\alpha,14\alpha,17\alpha$-麦角甾烷 20S
18	386	$C_{28}H_{50}$	$5\alpha,14\beta,17\beta$-麦角甾烷 20R
19	386	$C_{28}H_{50}$	$5\alpha,14\beta,17\beta$-麦角甾烷 20S
20	386	$C_{28}H_{50}$	$5\alpha,14\alpha,17\alpha$-麦角甾烷 20R
21	400	$C_{29}H_{52}$	$5\alpha,14\alpha,17\alpha$-谷甾烷 20S
22	400	$C_{29}H_{52}$	$5\alpha,14\beta,17\beta$-谷甾烷 20R
23	400	$C_{29}H_{52}$	$5\alpha,14\beta,17\beta$-谷甾烷 20S
24	400	$C_{29}H_{52}$	$5\alpha,14\alpha,17\alpha$-谷甾烷 20R

2. 萜烷质量色谱图的识别

在 $m/z=191$ 质量色谱图上，识别三环萜烷和五环三萜烷时，首先要确定三环萜烷与五环三萜烷的分布范围。三环萜烷保留时间短，出峰在前，五环三萜烷保留时间长，出峰在后。确定三环萜烷碳数的方法很容易，先找相距最近的两个峰，其中前者为 C_{23}，后者为 C_{24}。C_{23} 在三环萜烷中一般相对强度最大，很好辨认。然后，由 C_{23} 峰往前按等间距确定 $C_{22}\sim C_{19}$，由 C_{24} 往后按等间距确定其后的三环萜烷,一般 C_{22} 三环萜烷相对强度低。此外,从 C_{26} 三环萜烷开始,峰成对出现,且在 C_{26} 三环萜烷之前常出现 C_{24} 四环萜烷(图 5-13)。

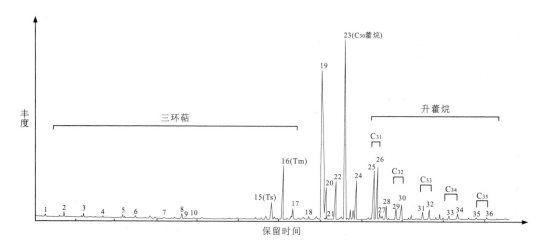

图 5-13 萜烷的 $m/z=191$ 的质量色谱图

五环三萜保留时间相对较长,在 $m/z=191$ 质量色谱图上首先可辨认 $\alpha\beta$-C_{30} 藿烷:通常,最强峰后面等间距的峰成对出现,那么最强峰即是 $\alpha\beta$-C_{30} 藿烷。该峰后面的 5 对峰依次为 $C_{31} \sim C_{35}$ 升藿烷;前面等间距的峰是 $\alpha\beta$-C_{29} 藿烷,最前面一对峰分别是 Ts 和 Tm,在 $\alpha\beta$-C_{29} 和 $\alpha\beta$-C_{30} 藿烷以及 $\alpha\beta$-C_{30} 藿烷和 $\alpha\beta$-C_{31} 藿烷之间的两个峰则分别为 C_{29} 和 C_{30} 莫烷。伽马蜡烷则位于 C_{31} 升藿烷之后。图 5-13 中各峰对应的具体化合物名称如表 5-2 所示。

表 5-2 萜烷化合物鉴定表

峰号	相对分子质量	分子式	化合物名称	峰号	相对分子质量	分子式	化合物名称
1	262	$C_{19}H_{34}$	三环萜烷(C_{19})	19	398	$C_{29}H_{50}$	$17\alpha(H),21\beta(H)$-30-降藿烷
2	276	$C_{20}H_{36}$	三环萜烷(C_{20})	20	398	$C_{29}H_{50}$	$18\alpha(H)$-30-降新藿烷(C_{29} Ts)
3	290	$C_{21}H_{38}$	三环萜烷(C_{21})	21	412	$C_{30}H_{52}$	$17\alpha(H)$-重排藿烷
4	304	$C_{22}H_{40}$	三环萜烷(C_{22})	22	398	$C_{29}H_{50}$	$17\beta(H),21\alpha(H)$-30-降藿烷(莫烷)
5	318	$C_{23}H_{42}$	三环萜烷(C_{23})	23	412	$C_{30}H_{52}$	$17\alpha(H),21\beta(H)$-藿烷
6	332	$C_{24}H_{44}$	三环萜烷(C_{24})	24	412	$C_{30}H_{52}$	$17\beta(H),21\alpha(H)$-藿烷(莫烷)
7	346	$C_{25}H_{46}$	三环萜烷(C_{25})	25	426	$C_{31}H_{54}$	$17\alpha(H),21\beta(H)$-29-升藿烷 22S
8	330	$C_{24}H_{42}$	四环萜烷(C_{24})	26	426	$C_{31}H_{54}$	$17\alpha(H),21\beta(H)$-29-升藿烷 22R
9	360	$C_{26}H_{48}$	三环萜烷(C_{26})	27	412	$C_{30}H_{52}$	伽马蜡烷
10	360	$C_{26}H_{48}$	三环萜烷(C_{26})	28	426	$C_{31}H_{54}$	$17\beta(H),21\alpha(H)$-29-升藿烷 22S+22R

续表 5-2

峰号	相对分子质量	分子式	化合物名称	峰号	相对分子质量	分子式	化合物名称
11	388	$C_{28}H_{52}$	三环萜烷(C_{28})	29	440	$C_{32}H_{56}$	$17\alpha(H),21\beta(H)-29-$二升藿烷 22S
12	388	$C_{28}H_{52}$	三环萜烷(C_{28})	30	440	$C_{32}H_{56}$	$17\alpha(H),21\beta(H)-29-$二升藿烷 22R
13	402	$C_{29}H_{54}$	三环萜烷(C_{29})	31	454	$C_{33}H_{58}$	$17\alpha(H),21\beta(H)-29-$三升藿烷 22S
14	402	$C_{29}H_{54}$	三环萜烷(C_{29})	32	454	$C_{33}H_{58}$	$17\alpha(H),21\beta(H)-29-$三升藿烷 22R
15	370	$C_{27}H_{46}$	$18\alpha(H)-22,29,30-$三降藿烷(Ts)	33	468	$C_{34}H_{60}$	$17\alpha(H),21\beta(H)-29-$四升藿烷 22S
16	370	$C_{27}H_{46}$	$17\alpha(H)-22,29,30-$三降藿烷(Tm)	34	468	$C_{34}H_{60}$	$17\alpha(H),21\beta(H)-29-$四升藿烷 22R
17	416	$C_{30}H_{56}$	三环萜烷(C_{30})	35	482	$C_{35}H_{62}$	$17\alpha(H),21\beta(H)-29-$五升藿烷 22S
18	416	$C_{30}H_{56}$	三环萜烷(C_{30})	36	482	$C_{35}H_{62}$	$17\alpha(H),21\beta(H)-29-$五升藿烷 22R

第三节 生物标志化合物的作用

生物标志化合物由于其特征、稳定的结构而具有独特的溯源意义,它们在油气地球化学中被广泛应用于指示生源输入、母质类型、沉积环境,并作为油源对比、运移、生物降解和储层连通性等方面的评价指标。

一、母源输入和沉积环境判识

1. 正构烷烃、异戊二烯类烷烃

正构烷烃、异戊二烯类烷烃的一些指标可以用来研究母质类型,但要注意的是用正构烷烃研究母质类型时,必须用低成熟或未成熟的成熟度相近的烃源岩,以排除成熟度的影响。

1) 碳数分布曲线或轻重比

研究表明,低等水生生物富含类脂化合物,正构烷烃中低碳数成分占优势,轻重比大,而高等植物则富含蜡,高碳数成分占优势,轻重比小。饱和烃的正构烷烃分布特征可以反映生油岩中有机质类型的优劣,一般认为,来自低等浮游生物的类脂体生源母质,其主峰碳数一般小于23,而且低碳部分较多,高碳数部分较少,分布呈前单峰型;而以高等生物为生源母质的有机质,则主峰碳大多大于25,高碳数部分较丰富,低碳数部分贫乏,呈后单峰型。混合型有机质则介于两者之间,呈双峰型。

2) 姥鲛烷与植烷比值(Pr/Ph)

无环类异戊二烯烃类广泛地应用于油源对比和恢复沉积环境。其中姥鲛烷和植烷由于结构上的稳定性和较高的含量,成为最常用的标志化合物。姥鲛烷与植烷比值可作为环境指标,反映氧化还原环境。

根据我国各油田大量分析资料研究发现，Pr/Ph 值确实与原始沉积环境有关。梅博文等（1980）统计了我国原油中类异戊二烯烃的分布（表 5-3），指出我国原油中异戊二烯烃浓度占 C_{10+} 正构烷烃含量的 5%～15%，高者可达 20%～43%。一般盐湖相石油形成于强还原环境，具植烷优势和正构烷烃的偶碳优势；湖相生油岩生成的石油形成于还原环境，Pr/Ph 为 1～3；湖沼相石油形成于弱氧化环境，姥鲛烷优势明显，Pr/Ph＞3。煤系地层中 Pr/Ph 值很高，如陕甘宁盆地中下侏罗统煤层中 Pr/Ph 可高达 5～10。冀中坳陷的研究表明，Pr/Ph 值与母质类型有关。如饶阳凹陷 Es_3 段烃源岩，母质类型属偏腐泥型，Pr/Ph 都小于 1，绝大多数小于 0.7；而廊固凹陷 Es_3 段生油岩，母质类型为混合型，其 Pr/Ph 多大于 1。

表 5-3　不同沉积环境中烃源岩的 Pr/Ph 变化特征

（梅博文等，1980）

沉积相	烃源岩岩性沉积特征	水介质	Pr/Ph	CPI	原油类型
咸水深湖相	膏盐，灰岩、泥灰岩、黑色泥岩互层	强还原	0.2～0.8	<1	植烷优势
淡-微咸湖相	大套富含有机质的黑色泥岩类油页岩	还原	0.8～2.8	<1	姥植均势
淡水湖沼相	煤层、油页岩，黑色页岩交替相变	弱氧化～弱还原	2.8～4.0	>1	姥鲛烷优势

3）Pr/nC_{17}-Ph/nC_{18} 关系图

与其他烃类形成一样，类异戊二烯烷烃的热演化同样遵循着化学热力学的规律：随着有机质热成熟度增加，Pr/nC_{17} 和 Ph/nC_{18} 明显降低。因此，利用这一对参数不仅可以判断母质类型和沉积环境，也可判断成熟度。此外，这两个参数的变化也可反映原油的生物降解程度，在原油受生物降解不太严重的情况下，随降解程度增加，Pr/nC_{17} 和 Ph/nC_{18} 增加（图 5-14）。

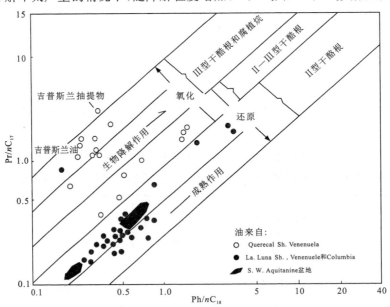

图 5-14　Pr/nC_{17} 与 Ph/nC_{18} 关系图

（据 Hunt，1996）

2. 甾烷和萜烷

许多研究表明,在不同生物体内甾醇的分布是不同的,陆生植物主要含 C_{29} 甾醇,而动物主要含 C_{27} 甾醇,水生浮游动植物(主要是藻类)也以 C_{27} 甾醇为主,其次是 C_{28} 甾醇,这种分布特征同样保留在甾烷中。因此,不同母质类型的烃源岩中,其甾烷等组成和分布特征是不同的(图 5-15)。在腐殖型烃源岩以及由高等植物形成的腐殖煤中,C_{29} 甾烷的相对含量高,达 45%以上;C_{27} 甾烷的相对含量低,只有 27%～29%。萜烷中除藿烷系列外,还往往含有一定丰度的降海松烷、降松香烷之类的三环二萜以及奥利烷和 γ-羽扇烷等非藿烷系列五环三萜烷。而在母质类型较好的偏腐泥型烃源岩和由藻类形成的腐泥煤以及尚未出现高等植物的海相奥陶系灰岩中则相反,甾烷中 C_{27} 相对丰度高达 40%～46.5%,C_{29} 则只有 31%左右,其萜烷只有长链三环萜烷和五环三萜烷等,无松香烷、海松烷等三环二萜类。因此,可以根据烃源岩中甾烷、萜烷的组成和分布特征来判断沉积有机质的来源,划分烃源岩类型和有机相。

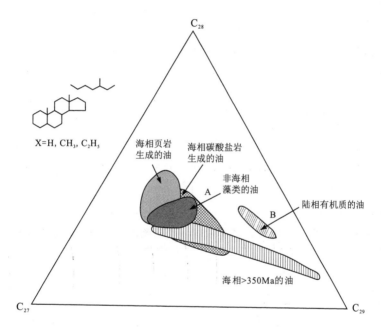

图 5-15 规则甾烷与有机质来源关系图
(据 Peters and Moldowan,1993)

表 5-4、表 5-5 分别总结了用于有机质输入或沉积环境指标的非环状和环状生物标志化合物。尽管某一化合物或某一组化合物可能是支持某一种特定的生物成因或古环境,但也可能有例外,所以在使用时应小心。

二、沉积有机质形成时代确定

在地质历史中,生物发育与分布具有时代特征。因此,某些生物标志化合物的形成和分布随地质时代而变化,反映生物界的演化。表 5-6 列出了某些生物标志化合物所局限的时代。

表 5-4 作为生物输入和沉积环境指示物的非环状生物标志化合物

化合物	生物来源	沉积环境	研究实例
nC_{15}、nC_{17}、nC_{19}	藻类	海相,湖相	Gelpl 等(1970),Tissot 和 Welte(1984)
nC_{15}、nC_{17}、nC_{19}	奥陶纪粘球藻	赤道带海相	Reed 等(1986),Jacobson 等(1988)Longman 和 Palmer(1987)
nC_{27}、nC_{29}、nC_{31}	高等植物	陆相	Tissot 和 Welte(1984)
$nC_{23} \sim nC_{31}$(奇数)	非海相藻类	湖相	Gelpi 等(1970),Moldowan(1985)
2-甲基二十二烷	细菌	超盐环境	Connan 等(1986)
姥植烷比(低)	光合细菌及古菌	还原-缺氧超盐度	傅家谟等(1986,1990)
2,6,10,15,19-五甲基二十烷	古细菌	厌氧及超盐环境	Brassell 等(1981),Risatti 等(1984)
2,6,10-三甲基-7-(3-甲基-丁基)十二烷	绿藻	超盐环境	Yon 等(1982),Kening 等(1990)
丛粒藻烷	丛粒藻	湖相/微咸水	Moldowan(1980),Mckirdy 等(1986)
16-去甲基-丛粒藻烷	丛粒藻	湖相/微咸水	Seifert 等(1981),Brassell 等(1986)
中等链长单甲基烷烃	蓝细菌	热泉,海相	Shiea 等(1990)
角鲨烷	古细菌	超盐环境	Ten Haven 等(1986)
$C_{31} \sim C_{40}$ 头对头异戊二烯类烷烃	甲烷菌	非专属沉积环境	Risatti 等(1984)

表 5-5 作为生物输入和沉积环境指示物的环状生物标志化合物

化合物	生物来源	沉积环境	研究实例
饱和烃 $C_{15} \sim C_{23}$(奇数)环己基烷	奥陶纪粘球藻	海相	Reed 等(1986)
β-胡萝卜烷	蓝细菌,藻	干旱环境,超盐环境	蒋助生和 Fowler(1986)
扁枝烷	针叶树	陆相	Noble(1985a,1985b,1986)
$C_{27} \sim C_{29}$ 甾烷	藻和高等植物	各种沉积环境	Moldowand 等(1985) Volkman(1986)
24-正丙基甾烷(C_{30})	金藻	海相	Moldowand 等(1985,1990) Peter 等(1986)
4-甲基甾烷	沟鞭藻或一些细菌	湖相或海相	Brassel 等(1986) Wolff(1986)
重排甾烷	藻类或高等植物	富含黏土矿物岩石	Rubinsein 等(1975)
甲藻甾烷	沟鞭藻	海相,三叠纪或比三叠纪年轻的地质时代	Summon 等(1987) Goodwin 等(1988)

续表 5-5

化合物	生物来源	沉积环境	研究实例
25,28,30-三降藿烷	细菌	缺氧的海相环境,上升海流	Grantham 等(1988) Volkman(1983c)
28,30-二降藿烷	细菌		Seifert 等(1980) Grantham 等(1980)
$C_{35}17\alpha,21\beta(H)$-藿烷	细菌	还原到缺氧环境	Peter 和 Moldowand(1991) Köster 等(1997)
2-甲基藿烷	蓝细菌	封闭盆地	Summons 等(1999)
23,28-二降羽扇烷	高等植物	陆相	Rullkötter 等(1982)
$4\beta(H)$-桉叶油烷	高等植物	陆相	Alexander 等(1983)
伽马蜡烷	以细菌为食的原生动物	分层水体	Grice 等(1998) Moldowand 等(1985) Ten Haven 等(1988)
$18\alpha(H)$-奥利烷	高等植物(被子植物)	白垩纪或比白垩纪 更年轻的地质时代	Ekweozor 等(1979,1988) Riva 等(1988)
六氢苯并藿烷	细菌	缺氧的碳酸盐岩-石膏沉积环境	Connan 和 Dessort(1987)
孕甾烷,升孕甾烷	未知	超盐环境	TenHaven 等(1986)
C_{24}四环萜烷	未知	超盐环境	Comnan 等(1986)
降藿烷(C_{29}藿烷)	多种生物来源	碳酸盐岩/蒸发岩	Clark 和 Philp(1986)等
$C_{19}\sim C_{30}$三环萜烷	塔斯玛尼亚藻	非专属沉积环境	Aquino Neto 等(1989) Volkman 等(1989)
芳烃:苯并噻吩, 烷基二苯并噻吩	未知	碳酸盐岩/蒸发岩	Hughes(1984)
芳基异戊二烯类烷烃 (1-烷基2,3,6-三甲基苯)	绿硫菌	超盐环境	Summons 和 Powell(1987) Clark 和 Philp(1989)

三、有机质成熟度衡量

自 20 世纪 60 年代初期以来,人们一直将正构烷烃 OEP 值(或 CPI)视为经典的成熟度指标,但它只能鉴别有机质是否成熟,却不能进一步划分不同的热演化阶段。甾、萜等生物标志化合物在地质演化过程中也会发生一定的变化,从而使它成为被广泛应用的成熟度指标。

1. 构型异构化反应

生物合成的 R 构型甾烷在地质条件下的受热过程中,将向 S 构型转化而形成 R+S 构型的混合物。这样,$C_{27}\sim C_{29}$甾烷的 20S/(20S+20R)的比值就会随成熟度的升高而增大。类似地,甾烷环上 C-14、C-17 位的稳定性较差的 $\alpha\alpha$ 构型将向地质条件下更为稳定的 $\beta\beta$ 构型转化,这样,C_{29}甾烷的 $\beta\beta/(\alpha\alpha+\beta\beta)$ 也将随着成熟度的升高而增大。由于 C_{27} 和 C_{28} 甾烷的异构化比值常常受重排甾烷共逸峰的干扰,因此,常用 C_{29} 甾烷异构体来测定。

表 5-6 原油中一些生物标志化合物的时代分布

生物标志化合物		有机体	首次在地质上出现
萜烷	奥利烷	被子植物	白垩纪
	贝叶烷,贝壳杉烷	被子植物	晚石炭世
	伽马蜡烷	原生动物,细菌	晚元古代
	28,30-二降藿烷	细菌	元古代
	2-甲基藿烷和3-甲基藿烷	细菌/原核生物	元古代
甾烷	23,24-二甲基胆甾烷	定鞭金藻或钙板金藻	三叠纪
	4-甲基甾烷	沟鞭藻,细菌	三叠纪
	甲藻甾烷	沟鞭藻	三叠纪
	24-正丙基胆甾烷	海相藻	元古代
	$C_{27} \sim C_{29}$ 甾烷	真核生物	元古代
异戊二烯类烷烃	双植烷	古细菌	元古代
	丛藻粒烷	丛藻粒	侏罗纪

同理,藿烷烷基链上的异构化也可反映成熟度的变化,通常用 C_{32} 升藿烷(C_{31} 常与伽马蜡烷共逸,C_{32} 以上含量较低)的异构体来表征。

2. 甾烷的芳构化反应

烃类产物演化过程中,一方面向相对富氢的小分子烃类转化,另一方面向相对贫氢的芳香结构演化(可视为歧化反应)。因此,对相似结构的化合物来说,饱和结构/芳香结构或低聚芳香结构/高聚芳香结构的比值应该随着演化程度升高而降低。非芳甾烷在成岩演化过程中,主要通过 C 环也可以通过 A 环芳构化变成单芳甾烷,进一步可经中间产物二芳甾烷很快演化成三芳甾烷。由于甾烷类和芳甾烷分别存在于饱和烃馏分和芳香烃馏分中,而二芳甾烷一般不太稳定,故通常由三芳甾烷/(三芳甾烷+单芳甾烷)来构建成熟度指标。这一比值作为成熟度指标的主要问题在于运移过程中的分馏效应(三芳甾烷极性强,更容易被吸附)可能严重干扰其本来的成熟度面貌。

由于强烈的芳构化作用一般需要在较高的热应力条件下发生,与构型异构化一类的成熟度参数相比,芳构化指标所适应的成熟度较高。

3. C-C 单键的断裂

由于大多数情况下,C-C 键断裂的反应物-产物关系并不严格明了,这类指标一般从总体上计算。如 C_{21}、C_{22} 的低分子甾烷一般较 $C_{27} \sim C_{29}$ 规则甾烷稳定,故 $C_{21} \sim C_{22}$ 甾烷/Σ甾烷的比值将随成熟度升高而增大。低相对分子质量的芳甾烷与高相对分子质量芳甾烷、三环萜烷/五环萜烷也可以视为这类成熟度指标。成熟度指标 OEP 和 CPI 的变化也与 C—C 键的断裂所形成的无奇偶优势的正构烷烃对原有奇偶优势的正构烷烃的稀释有关。

4. 重排反应

重排反应主要是指环上的角甲基位置转移的反应,如甾烷 C-13 位的甲基重排到 C-14 位形成重排甾烷,藿烷的 C-18 位甲基重排到 C-17 位,即由 $17\alpha21\beta-22,29,30$-三降藿烷 (Tm) 演化为 $18\alpha21\beta-22,29,30$-三降新藿烷(Ts)。因此,重排甾烷/(重排甾烷+正常甾烷)、Ts/Tm 比值一般随成熟度的升高而增大,但其比值的大小也往往同时与环境有关(Machenzie,1984)。

事实上,生物标志化合物中可以用于成熟度指标的还有很多(图 5-16)。应用这些参数时需要考虑它们的来源、源岩岩性以及生物降解等因素。同时,还需要注意各参数的应用范围,某些参数超过一定范围而达到平衡后就丧失了反映进一步的成熟演化特征的作用(图 5-16)。

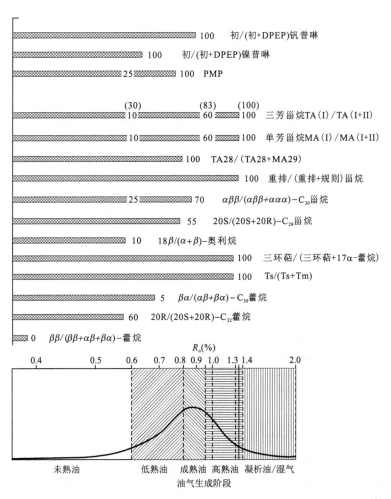

图 5-16　有机质热演化阶段的甾烷、萜烷立体化学阶梯

(据 Peters,2005)

四、生物降解程度指示

由于不同的生物标志化合物对微生物降解具有不同的抵抗能力,这使得它成为描述原油经历微生物降解过程及程度的最佳指标。在估算降解原油的成熟度、进行油-油和油-源对比时必须考虑生物降解的影响,随着生物降解程度的增加,原油的物性将发生明显的变化,原油的密度、黏度增大,胶质和沥青质含量增加,关于生物降解对原油物性的影响,Canan(1984,1987)等做过大量的研究,在此只简要总结生物降解对生物标志化合物分布的影响。

饱和烃遭受生物降解的先后顺序为:正构烷烃＞无环异戊二烯类烷烃＞藿烷(有25-降藿烷存在)＞规则甾烷＞藿烷(无25-降藿烷存在)＞重排甾烷＞芳香甾类化合物＞卟啉。根据生物标志化合物的特征,可将生物降解程度划分为10级(图5-17)。

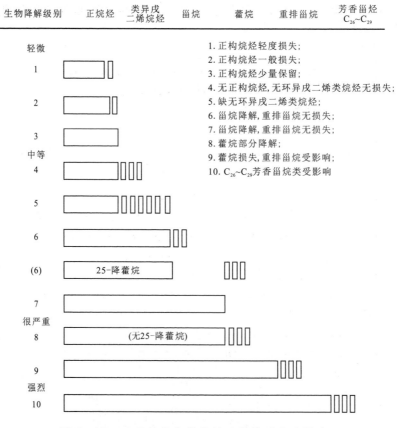

图5-17 不同程度生物降解对成熟原油的影响

不同类型的化合物和异构体受微生物的影响不同。如某些研究中发现 C_{27} 甾烷相对 C_{28} 和 C_{29} 甾烷更易损失,生物构型的 $5\alpha(H),14\alpha(H),17\alpha(H)$-20R 甾烷比地质构型的 $5\alpha(H),14\alpha(H),17\alpha(H)$-20S 甾烷或 $5\alpha(H),14\beta(H),17\beta(H)$ 甾烷更易受微生物的影响。它们受生物降解由易到难的顺序为:$\alpha\alpha\alpha20R > \alpha\alpha\alpha20S > \alpha\beta\beta20R > \alpha\beta\beta20S >$ 重排甾烷(Seifert 和 Moldowan,1979;Mackenzie 等,1982;张大江等,1988)。在研究生物降解样品时,了解这些是十分重要的。

五、油气运移路径示踪

由于油气分子在大小、结构、极性等方面的差异,必然导致油气在运移的过程中产生一定程度的运移分异效应(地质色层效应)。这在给油源对比研究增加困难的同时,也为研究油气运移及确定成藏时油气充注方向提供了依据。近年来不少学者研究了运移对原油中生物标志化合物的影响,发现随着运移距离的增加,烷烃与芳香烃、正构烷烃与环烷烃的比值增加。长链三环萜烷比藿烷易于运移,甾烷中 $\alpha\beta\beta$ 组分比 $\alpha\alpha\alpha$ 组分易于运移,单芳甾烷比三芳甾烷更易运移。因此,随着原油运移距离的加大,易于运移的组分相对富集。

Seifert 等(1981)在实验研究的基础上,提出了"运移指数"的方法,他们认为某些甾烷参数,如 $5\alpha(H),14\alpha(H),17\alpha(H)$-20S 甾烷/$5\alpha(H),14\alpha(H),17\alpha(H)$-20R 甾烷的比值在石油运移过程中不受地质色层效应的影响;而另一些甾烷参数,如 $5\alpha(H),14\beta(H),17\beta(H)$-20R 甾烷与 $5\alpha(H),14\alpha(H),17\alpha(H)$-20R 甾烷的比值既受成熟度的影响,又受地质色层效应的影响。他们提出分别用上述两组参数为横坐标和纵坐标作图,即可得到能判别运移现象及运移程度的立体化学变化图(图 5-18)。

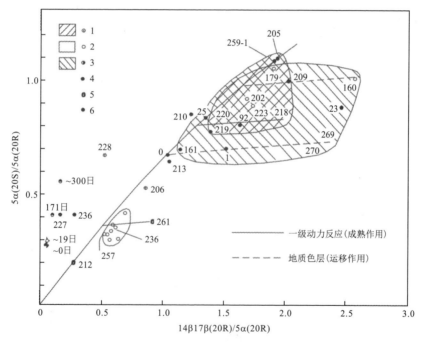

图 5-18 应用 C_{29} 甾烷研究原油和沥青的成熟与运移作用
(据 Seifert and Moldowan,1981)

1. 普鲁德霍湾油田;2. 希普海岸油田;3. 落基山逆掩断层带油田;4. 其他;5. 页岩沥青;6. 绿河页岩热解产物

不过,由于影响有关指标数值的多元性及运移过程中的复杂性,上述指标是否能够客观指示运移距离的大小,不少学者还有疑虑。如上述有关参数同时还受成熟度的影响,同时运移是否达到平衡,运移途径中黏土矿物的影响、混源问题,含量较少的生物标志化合物能否代表整个原油等等,都还有待于深入研究。

六、油气源对比研究

正是由于不同生物输入、不同沉积环境、不同岩性、不同时代的生物标志化合物具有不同的特征，使生物标志化合物在油气源关系研究中应用最广、同时也最为有效、成功的对比指标。Welte等(1975)率先利用几种不同的生物标志化合物构成指纹，对德国南部莱茵地堑盆地弗斯特油田始新统的石油开展了油源对比。后来，Seifert(1979)把甾烷、萜烷化合物广泛应用于油源对比研究中，使油源对比技术日臻完善，并在许多地区取得了成功的实例，从而把油源对比工作提高到了分子级水平(详见第十一章)。

干酪根地球化学研究

第一节 干酪根的定义及分布

干酪根(Kerogen)来源于希腊语,意为能生成油或蜡状物的物质。1912年Crum Brown首次提出该术语,用于描述苏格兰油页岩中经过蒸馏产生蜡样石油的有机质,并且将其限定在具有经济价值的富含有机质岩石中(Vandenbroucke等,2007)。随后人们发现,即使有机质丰度很低的沉积岩,通过人工热解或者长时期的地质埋藏也能生成石油。因此,White(1915)和Trager(1924)先后将干酪根定义扩展到所有能生油的岩石中的有机质。在此后的这一阶段中,干酪根被认为是岩石中经过加热可以产生石油的有机质(Down和Himus,1941)。但是,沉积岩中的有机质不仅包括未生成但加热能生成石油的干酪根,也包括加热不能生成石油的干酪根(死碳),同时还包括已经由干酪根生成且滞留在其中的油和沥青(加热也能产生石油),但它们却不是干酪根。为此,Breger(1960)提出干酪根应该根据其有机前驱物的化学组成来定义,无需考虑有机质的含量。他定义了几种抗生物降解能力很强的组分,如木质素、色素和脂类等,这些组分被保存下来作为干酪根。然而,这个概念依旧没有考虑前面提出的油、沥青和干酪根共生于沉积岩中的问题。1958年,Forsman和Hunt首次考虑到该问题,提出干酪根的定义为"一切不溶于常用有机溶剂的古代沉积物中的分散有机质"。随后Durand(1980)将其扩展到"所有不溶于常用有机溶剂的沉积有机质",不仅包括分散在沉积岩中的有机质,还包含"纯"的有机质矿产,如不同煤阶的腐殖煤、藻煤、藻烛煤和各种地沥青类物质,同时也包含近代沉积物和土壤中的一切不溶有机质。该定义很好地解释了干酪根的有机前聚物、与沉积环境相关的保存过程,强调了干酪根、干酪根的前聚物以及它们之间的转化产物的相互关系。

基于分离干酪根的实验,Tissot和Welte(1978)将其定义为沉积岩中既不溶于含水的碱性溶剂,也不溶于普通有机溶剂的有机组分,它泛指一切成油型、成煤型的有机物质,但不包括现代沉积物中的腐殖物质。Hunt(1979)则将干酪根定义为不溶于非氧化性的酸、碱和有机溶剂的沉积岩中的分散有机质。王启军等(1988)提出的定义中则去掉了Hunt定义中的"分散有机质",而是定义成"一切有机质"。上述定义都是以分离干酪根的实验方法为基础的,它具有实用性强的特点。卢双舫等(2008)在前人基础上,提出干酪根定义为"一切不溶于常用有机溶剂的沉积岩中的有机质",将干酪根限定在沉积岩中,但仅用常用有机溶剂的不溶性来限定,给研究干酪根带来不确定性。如若用氧化性酸碱处理,势必会破坏干酪根的结构,改变干酪根的原始组成。因此,本书在王启军等(1988)定义的基础上加以改进,将干酪根定义为"不溶于非氧化性无机酸、碱和常用有机溶剂的沉积有机质",首先认为干酪根是沉积有机质(详见第三章),再用目前分离富集干酪根的方法加以限定。所以,定义中虽然没有强调"一切有机质",但是,理所当然的包括分散的和富集的有机质。

上述以分离实验方法为基础的定义具有很强的实用性,但也存在缺陷。它限定了干酪根在"常用有机溶剂"的不溶性,而"常用有机溶剂"决定着抽提组分的数量、化学结构以及不同抽提方式下伴随的不同可溶组分。事实上,关于溶剂特征、抽提条件和溶剂与岩石的比例目前并没有建立一个标准,这就导致不同实验室结果的可变性,而且,"抽提"永远不可能是"完全"的,它不仅依赖于溶剂的极性,同时还与分析过程有关,如样品的磨碎程度、加热温度、抽提时间和搅拌时间及程度等。所以,干酪根的定义是相对的。

干酪根是地球上有机碳的最重要存在形式,是沉积有机质中分布最广泛、数量最多的一类。在古代非储集岩中,比如页岩和细粒碳酸盐岩,干酪根约占总有机质的80%~99%,其余则是沥青(图6-1)。沉积岩中分散状态的干酪根是富集状态煤和储集层中石油含量之和的1 000倍,是非储集层中的沥青和其他分散石油之和的50倍(Hunt,1979)。

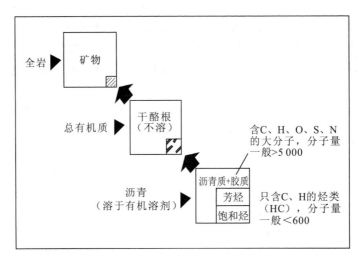

图6-1 古代沉积岩中分散有机质的组成

(据Tissot,1984)

第二节 干酪根的组成

在未成熟的沉积物中,生物体与化石大分子有机质——干酪根是一个连续的统一体。当生物死亡、进入水体、沉积,最终埋藏进入沉积物之后,有机碎屑分子中的可溶和不可溶组成随着埋深的增加持续地发生转化。因此,干酪根的形成从有机质死亡开始,一直是一个持续的过程。这也是为什么我们不讨论干酪根形成而只讨论干酪根成因的原因,如生物体中一些有机质组分能够避免矿化作用,直接进入沉积循环而形成干酪根,而这些有机质组分的不同将导致其形成干酪根组成的不同。

含有机质的沉积岩经过盐酸(HCl)、氢氟酸(HF)及常用有机溶剂处理,除去矿物质和可溶有机质后,分离出来的干酪根一般是细小、柔软的无定形粉末;颜色从灰褐色到黑色。肉眼看不出干酪根的形状、结构和组成,但可以采用物理、化学的多种先进测试手段分析其组成。

一、显微组成

显微检测技术,包括自然光的反射光和透射光测定、紫外荧光和电子显微镜鉴定。煤岩学者对煤的有机显微组成研究颇为深入,根据煤中有机质在镜下的特征,将其显微组分划为三大类:壳质组、镜质组和惰质组。干酪根的有机显微组分研究就是在其基础上发展的。用岩石学的方法,将干酪根粉末制成薄片,在显微镜下观察可识别的有机组分,即有机显微组分。干酪根的显微组分通常由两部分组成:一部分为具有一定形态和结构的,能识别出原始组分和来源的有机碎屑,如藻类、孢子、花粉和植物组织等,通常这只占干酪根的一小部分;而主要部分为多孔状、非晶质、无结构、无定形的基质,镜下多呈云雾状、无清晰的轮廓,是有机质遭受较明显改造后的产物。显然,干酪根的显微组分的观察和分析可以帮助我们了解其生物来源,并进而分析其可能的沉积环境。大量镜下观察研究表明,干酪根的有机显微组分,除了与煤相似的壳质组、镜质组和惰质组三大组分外,还有一类重要的有机显微组分,即类脂组(或叫腐泥组)。类脂组(腐泥组)为生烃潜力最大的有机显微组分,常见于泥岩、油页岩及碳酸盐岩中,为藻类、疑源类等低等水生生物经腐泥化作用(或沥青化作用)形成的有机显微组分,包括藻质体和无定形。其各自的生物来源和光性特征见表6-1。

表6-1 干酪根显微组分特征

显微组分			生物来源	透射光	反射光	荧光	扫描电镜
类脂组(腐泥组)		藻质体	藻类	透明,轮廓清晰、黄色、淡绿黄色、黄褐色	深灰色,油浸下近黑色、微突起,有内反射	强,鲜黄色、黄褐色、绿黄色	椭圆,外缘不规则,外表蜂窝状群体,见黑色斑点
	无定形	富氢	水生生物、藻细菌、陆生植物、壳质体	透明-半透明,基色黄,从鲜黄色、褐黄色到棕灰色	油浸下不均匀深灰色,表面粗糙,不显突起	较强,黄色、灰黄色、棕色	不均匀絮状、团块状、花朵状、颗粒状
		贫氢	陆生植物的木质素、纤维素等	暗,近黑色	灰色、白色,微突起	弱或无荧光	
壳质组			植物孢子花粉、角质、树脂蜡、木栓质体	植物孢子花粉、角质、树脂蜡、木栓质体	透明,轮廓清楚,黄绿色、黄橙色、黄褐色、黄色	深灰色,油浸下灰黑色至黑灰色,具突起	中等,黄绿色、橙黄色、褐黄色	外形特殊,轮廓清楚,常保留植物结构
镜质组			植物结构和无结构木质纤维素	植物结构和无结构木质纤维素	透明-半透明,棕红色、橘红色、褐红色,棱角状、棒状	灰色,油浸下深灰色,无突起,中等反射率	弱荧光,褐色、铁锈色	棱角状、棒状、枝状
惰质组			炭化的木质纤维素部分、真核	炭化的木质纤维素部分、真核	不透明、黑色,棱角状	白色,油浸下白色至亮黄白色,高突起,高反射率	无荧光	棱角状、棒状、颗粒状

壳质组的母源多为高等植物的壳质组织,含有高级脂肪酸、高级醇和脂,通过水解或还原作用可生成烃,在干酪根总量中一般占2%~10%。壳质组来源于高等植物的孢子、花粉、树

脂体和角质体,具有这些组织器官的特殊形态或分泌物的颗粒状,在紫外光辐照下发鲜明的荧光,结构轮廓愈加清晰。反射率低,油浸反射光下呈深灰黑色至黑色,透射光下呈浅黄色、鲜黄色。荧光特征是壳质组分的重要鉴别标志。其详细岩性特征见表6-1。

镜质组为高等植物木质素及纤维素经凝胶化作用的产物,是干酪根中主要显微组分之一,平均占4%~30%,弱荧光显示,主要生成天然气和腐殖煤。其详细光性特征见表6-1。

惰质组又称惰性组,是高等植物的木质素及纤维素丝炭化作用的产物,仅能生成痕量的天然气。它富碳贫氢,在成烃过程中被认为是"惰性"的。惰质组在透射光下呈黑色、不透明的棱角状,有时保留植物的细胞结构或粒状结构。由于质脆易碎,在干酪根薄片中常为细分散粒状,其反射率最高,无荧光。在干酪根研究中把再次沉积,经次生氧化的有机颗粒也归入此类。惰性组在所有显微组分中反射率最高。油浸反射光下,呈现白色至亮黄白色。其详细岩性特征见表6-1。

表6-1介绍了不同显微组分具有不同的反射光、透射光、荧光和扫描电镜等特征,但需要注意的是,沉积岩中的干酪根几乎没有完全由单一显微组分组成的,常为多种显微组分的混合,只不过某种干酪根以某种显微组分为主。在成熟度大体一致的条件下,各显微组分的荧光强度近似反映了其生烃潜力。藻质体和以藻、细菌为主形成的富氢无定形生油潜力最大,壳质体和部分富氢无定形次之,镜质组及贫氢无定形生油潜力差,以生气为主,惰质组基本无生油气潜力。

二、元素组成

元素分析表明,干酪根以碳、氢、氧为主,含少量氮、硫、磷及微量金属元素。其中碳占70%~85%,氢占3%~10%,氧占3%~20%,氮小于2%(表6-2)。可见,干酪根没有固定的元素组成,只有一个组成范围,其组成的主要影响因素是有机质来源、沉积环境和演化程度。通常有如下基本规律:①水生生物来源的干酪根富含氢和氮,而陆源高等植物来源的干酪根一般含碳量较高;②深水还原条件下湖相或海相形成的干酪根富氢、氮,而在近岸氧化环境中形成的干酪根则贫氢、氮;③随着沉积物埋深的增加,有机质演化程度增高,油气大量生成,干酪根中碳含量则相对增大。

表6-2 典型干酪根的元素组成

类型	盆地	层组或时代	演化阶段	含量(%)				
				C	H	O	N	S
Ⅰ	皮森斯盆地	绿河页岩始新统	成岩作用	76.5	10.0	10.3	0.6	2.6
	尤因塔盆地	绿河页岩始新统	成岩作用	75.9	9.1	8.4	3.9	2.6
	尤因塔盆地	绿河页岩始新统	深成作用	82.7	4.1	8.3	1.7	3.2
Ⅱ	巴黎盆地	下托阿尔统	成岩作用	72.6	7.9	12.4	2.1	4.9
	巴黎盆地	下托阿尔统	深成作用	85.4	7.1	5.0	2.3	0.2
	北撒哈拉盆地	志留系	深成作用	80.6	5.9	6.4	3.4	3.8
	北撒哈拉盆地	志留系	变质作用	85.4	3.5	5.6	2.1	3.3
Ⅲ	杜阿拉盆地	上白垩统	成岩作用	72.7	6.0	19.0	2.3	0.0
	杜阿拉盆地	上白垩统	深成作用	83.3	4.6	9.5	2.1	0.5
	杜阿拉盆地	上白垩统	变质作用	91.6	3.2	2.9	2.0	0.3

三、基团组成

物质分子中的基团在连续红外光照射下,可吸收振动频率相同的红外光,形成该分子特有的红外光谱。因此,干酪根红外光谱可用来研究其基团组成及含量。干酪根主要由脂族结构、芳香族结构和杂原子(主要是O)结构的三类基团组成,具体为:①在波数 3 430 cm^{-1} 附近有一个宽而不对称的光谱带,此带出现与—OH 基团有关(酚、醇、羧基中的OH);②由几个小的光谱带组成一个强吸收带,在 2 920 cm^{-1} 和 2 855 cm^{-1} 处显示两个最大值,该吸收带与—CH$_2$、—CH$_3$ 脂族基团有关,为 CH 键伸缩振动区;③最大值在 1 710 cm^{-1} 附近,较宽的谱带(1 650~1 750 cm^{-1})为羰基(C=O)的伸缩振动区,该吸收带是由酮、酸、酯中的 C=O 所引起的;④1 600 cm^{-1} 附近的一个宽光谱带与芳核共轭双键 C=C 伸缩振动吸收有关,为苯环的骨架振动;⑤1 450 cm^{-1} 吸收带代表 CH$_3$、CH$_2$ 基团,CH$_3$ 基团为面内弯曲不对称振动,CH$_2$ 基团为面内弯曲剪式振动,1 375 cm^{-1} 吸收带仅与 CH$_3$ 基团有关,为面内弯曲振动;⑥1 400~1 040 cm^{-1} 为一个很宽的光谱带,包括 C—O 伸缩振动和 OH 的弯曲振动;⑦930~700 cm^{-1} 连续衰弱带,与芳环面外弯曲振动有关,并取决于邻近的质子数;⑧720 cm^{-1} 光谱带是由 4 个或 4 个以上碳原子的脂族链形成的。各基团的红外光谱主要吸收频率及所反映的振动特征(图 6-2)与元素组成类似,其基团的相对含量也与干酪根来源、成因和演化程度有关。

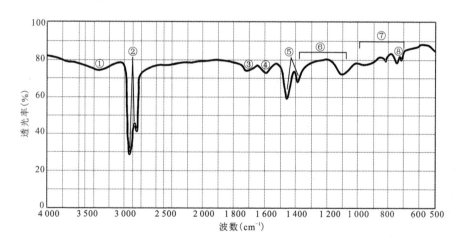

图 6-2 干酪根的红外光谱图

四、稳定碳同位素组成

同位素是指原子核内质子数相同,而中子数不同的原子。原子的质量(原子量)等于质子数与中子数之和,而其化学性质取决于质子数。因此,同位素是化学性质基本相同,而原子量不同的原子,它们在周期表中处于相同的位置。例如,碳原子的质子数为 6,中子数分别为 6、7、8,故碳的天然同位素为 ^{12}C、^{13}C、^{14}C。其中 ^{14}C 是放射性元素,不稳定,而 ^{12}C、^{13}C 是稳定同位素。

在地质研究中,主要是测定样品间同位素含量的差别,即 δ 值 $\{\delta^{13}C‰=[(^{13}C/^{12}C)_{样品}-(^{13}C/^{12}C)_{标准}]/(^{13}C/^{12}C)_{标准}\times 1 000\}$。通用的 PDB 标准是美国卡罗林纳州白垩系 Peedee 层

中的箭石$^{13}C/^{12}C$,其值为 $1\,123.72\times10^{-5}$。我国石油系统采用北京周口店奥陶系灰岩为标准,其$^{13}C/^{12}C$ 为 $1\,123.6\times10^{-5}$。干酪根的碳同位素 δ 值,需将有机质在 900~1 000℃高温下充分氧化成 CO_2,然后通入质谱仪中进行测定。

通常,海相生物碳同位素较重,而陆相生物碳同位素较轻,如陆生高等植物 $\delta^{13}C$ 约为 −25.5‰,而海洋高等植物为 −12‰(Brown 等,1972);对于同一环境而言,高等植物的 $\delta^{13}C$ 值比水生浮游生物的$\delta^{13}C$值大,如海洋高等植物的 $\delta^{13}C$ 为 −12‰,而 2℃ 的海洋浮游生物的 $\delta^{13}C$ 为 −20‰(Brown 等,1972)。这些生物有机质是干酪根的原始母质,其沉积环境直接影响干酪根的组成。因此,其 $\delta^{13}C$ 必然反映到干酪根中,使得不同干酪根的碳同位素组成具有一定差异。此外,由于 $^{13}C—^{13}C$ 键的断裂比 $^{12}C—^{12}C$ 键断裂需要更高的温度和能量,所以干酪根在埋藏作用中,当温度升高发生热降解生烃时,^{13}C 会相对富集,即 $\delta^{13}C$ 增大。即有机质演化过程中的同位素分馏作用也会影响干酪根的稳定碳同位素组成。

根据我国不同油气区、不同地质时代烃源岩中干酪根的研究成果,我国非海相环境的沉积有机质中,Ⅲ型干酪根的 $\delta^{13}C$ 值为 −21‰~−26‰;Ⅱ型干酪根的 $\delta^{13}C$ 值为 −27‰~−25‰;Ⅰ型干酪根的 $\delta^{13}C$ 值为 −31‰~−27‰;海相成因的 Ⅰ~Ⅱ 型干酪根碳同位素 $\delta^{13}C$ 值为 −35‰~−25‰。随着沉积环境中水体盐度的增加,干酪根的 $\delta^{13}C$ 值逐渐增加(图 6-3)。

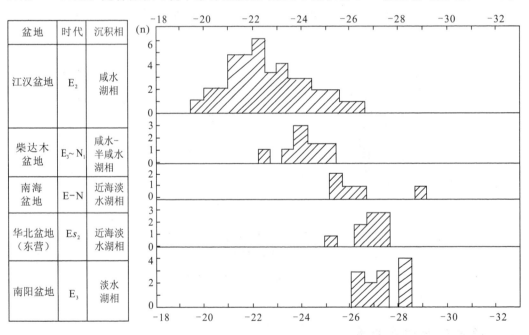

图 6-3 我国不同沉积环境沉积有机质中干酪根$\delta^{13}C$值分布特征

(据黄汝昌,1987)

上述干酪根组成分析均表明:由于干酪根的原始母质来源和热演化程度不同,其组成不可能保持固定值,而是在一定范围内变动,这使得干酪根的一些物理性质,如相对密度等也会发生相应变化。Craddock 等(2019)对阿根廷 Neuquén 盆地 Vaca Muerta 地层的干酪根热演化研究表明:随着其热成熟度的增加,干酪根物理性质(密度和表面积)和化学组成(元素组成和氢指数)等均发生有规律的变化(图 6-4)。

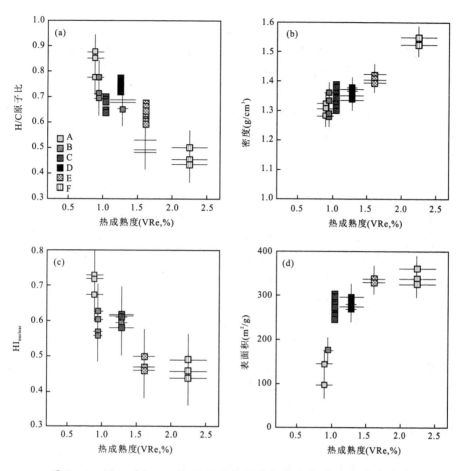

图6-4 Vaca Muerta地层干酪根性质与热成熟度演化的关系图
(据Craddock等,2019)

第三节 干酪根的分类

干酪根分类的开拓性研究由Down和Hinms(1941)开展,他们提出干酪根组成上的差别归因于生物来源、沉积环境和细菌的改造作用。随后Forsman和Hunt(1958)利用不同于Dwon采用的研究技术对干酪根进行研究,也得出了相同结论。他们均认为存在两种类型的干酪根,一种是与煤难以区别的类型(腐殖型干酪根),另一种比煤更多的脂肪族(腐泥型干酪根),腐殖型干酪根是指来源于以高等植物为主的有机质,富含具有芳香结构的木质素和丹宁以及纤维素等,形成于沼泽、湖泊或与其有关的沉积环境。腐泥型干酪根主要来源于水中浮游生物以及一些底栖生物、水生植物等,形成于滞水盆地条件,包括闭塞的潟湖、海湾和湖泊。随后,研究者们根据研究方法和目的的不同,提出了不同的干酪根分类方案(Tissot等,1974;Demaison,1983;黄第藩等,1984;Peters等,1995)。结合我国油气勘探实际资料,最常用的方法是依据干酪根的元素组成、显微组分和热解色谱特征对其进行类型划分,下面对其简要介绍。

一、干酪根的元素组成分类

大量实际分析资料表明,干酪根中各元素含量的变化与干酪根类型密切相关。Tissot等(1974)借鉴煤岩学研究方法,根据干酪根的元素组成,建立了元素分类体系,将干酪根分为Ⅰ、Ⅱ、Ⅲ型(图6-5)。

Ⅰ型干酪根:具有高的H/C原子比,一般大于1.5;O/C原子比低,一般小于0.1。这类干酪根是由脂族链的脂类物质组成。与其他类型相比,聚芳香核和杂原子键含量低;有少量氧,主要在酯键中。当受到500~600℃热解作用时,这类干酪根比其他类型产生更多的挥发性和可抽提组分,是一种高产石油的干酪根,可达原始有机质重量的80%。这类干酪根可能有两个来源:一是进入沉积物的藻类本身是富含藻类的化合物,特别是来自湖相的葡萄藻类及有关类型,如苏格兰奥坦与坎彭的褐煤和孢芽油页岩、南澳大利亚弹性藻沥青以及海相的塔斯曼煤,这些都是由单细胞绿藻形成的;二是沉积的分散有机质经历了微生物的强烈改造,使脂类和微生物蜡以外的其余生化组分均受到微生物的强烈降解,相对富集了脂类物质。这种情况在湖泊环

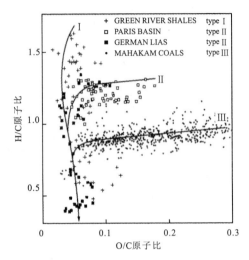

图6-5 干酪根主要类型和演化途径
(据Tissot和Welte,1974)

境中更为突出,如绿河页岩就是由藻类和微生物脂类物质共同形成的干酪根。与其他类型相比,自然界中Ⅰ型干酪根出现较少。

Ⅱ型干酪根:生油岩中常见的一种干酪根类型,具有高的H/C原子比,约1.0~1.5;低的O/C原子比,0.1~0.2。酯键很丰富,芳香核、杂原子酮和羧酸基团丰富。含有大量中等长度的脂族链化合物和脂环化合物,并含有一定量的硫,位于杂环化合物中。与其他类型相比,其共生沥青中环状结构丰富(环烷烃、芳香族或噻吩),内含较高的硫。这类干酪根一般与海相沉积有关,是在还原环境下沉积的,系浮游植物、浮游动物和微生物(细菌)的混合有机质。该类干酪根热解产量比Ⅰ型低,但仍是良好的生油母质。

Ⅲ型干酪根:具有较低的原始H/C原子比,一般小于1;O/C原子比高,达0.2或0.3。此类干酪根系由大量聚芳香核和杂原子酮及羧酸基团组成,但没有酯,非羧基氧很丰富,可能存在于醚基中,脂族链只占很小部分。这类干酪根主要来源于陆地植物的木质素、纤维素和芳香丹宁,含有很多可鉴别的植物碎屑。它与Ⅰ、Ⅱ型相比,生油能力差、热解产量少,但可作为天然气的母质。

我国学者根据多年的油气勘探实践,在Tissot的Van Krevelen图基础上,也提出了适宜于我国的H/C原子比和O/C原子比划分干酪根类型标准,将其划分为Ⅰ型、Ⅱ$_1$型、Ⅱ$_2$型和Ⅲ型(图6-6)。

元素分类法采用的是原子比参数,反映干酪根总体的元素组成及其性质,对确定干酪根的类型和生油潜力是有意义的。但是,该分类方法受有机质演化程度的影响。从Van Krevelen图(图6-5和图6-6)可见:一方面,各类型干酪根随埋深增加、温度升高而发生演化,其H/C、

O/C 原子比逐渐趋于接近,因而在干酪根成熟度较高的情况下用此法分类较困难。另一方面,相同类型干酪根,因受地表风化的影响,其 O/C 原子比有较大增加,H/C 原子比稍下降。因此,同一类型干酪根在不同保存条件(埋藏和风化)下具有不同演化方向,也会给干酪根类型判断带来混乱。孟菲尔德研究了前苏联顿巴斯煤发现,煤受风化后,碳含量由 92% 降到 59.54%,氢由 3.7% 降到 0.31%,而氧则由 1.15% 增至 39.1%。因此干酪根的氧化也干扰干酪根原始类型的判断。

二、干酪根的显微组分分类

前已述及,干酪根在显微镜下主要可观测到类脂组(腐泥组)、壳质组、镜质组和惰质组 4 种显微组分。我国学者在大量研究的基础上,提出了两种显微组分的分类方案。一种是统计类脂组与镜质组的比例;另一种是采用类型指数(TI 值)来划分干酪根类型。其中,TI 值按下式计算:

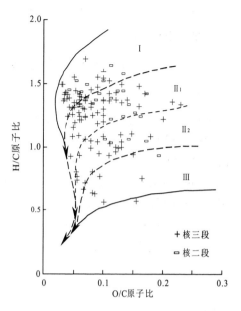

图 6-6 干酪根 H/C 原子比和 O/C 原子比分类图
(泌阳凹陷)

TI=(类脂组含量×100+壳质组含量×50-镜质组含量×75-惰质组含量×100)/100

(6-1)

式中的加权系数是前人根据干酪根中各显微组分对生油的贡献能力确定的。根据计算的 TI 值将干酪根分为 Ⅰ、Ⅱ$_1$、Ⅱ$_2$ 和 Ⅲ 型,其分类标准如表 6-3 所示。

表 6-3 干酪根镜下鉴定分类标准
(据曾庆英,1984)

指标 类型	第一种方法		第二种方法
	类脂组(%)	镜质组(%)	TI 值
Ⅰ 型	>90	<10	>80
Ⅱ$_1$ 型	65~90	10~35	40~80
Ⅱ$_2$ 型	25~65	35~75	0~40
Ⅲ 型	<25	>75	<0

干酪根的显微组分分类法的最大优点是通过显微镜能直接观察干酪根的形态、颜色、透明度、荧光等特征,确定其显微组分的组成和含量,具有直观、快速、经济、简单等优点,应用也较广泛。但此方法观察到的只是一个样品中干酪根的很少一部分,而具有形态的干酪根,包括一些动、植物微化石和碎屑,如藻、孢子等,也只代表干酪根显微组分的一小部分。此外,完整的微化石很少,大部分为无定形干酪根,没有确定的形态和结构,无法根据光学性质加以鉴定。过去通常认为无定形干酪根最富含氢,但随后的研究发现并非都是如此。如法国杜朗曾对

21个无定形干酪根进行了元素分析,其结果8个样品介于Ⅱ型和Ⅲ型干酪根之间,3个样品分布在Ⅲ型附近。

三、Rock-Eval 热解参数分类

随着油气地球化学实验技术的快速发展,法国发明的快速热解生油岩分析仪(Rock-Eval)因其小巧、快速及经济的特点被普遍使用,利用此仪器可获得大量与岩石相关的地化参数,如氢指数 HI、氧指数 OI 和 T_{max} 等。大量数据分析发现,HI 和干酪根的 H/C、OI 与干酪根的 O/C 彼此具有良好的相关关系。因此,Espitalie(1977)提出用 HI 与 OI 图版取代 Van Krevelen 图来确定干酪根的来源和成熟度。随后,学者们又制定了 T_{max} 与 HI 划分不同干酪根类型的图版[图6-7(b)]。

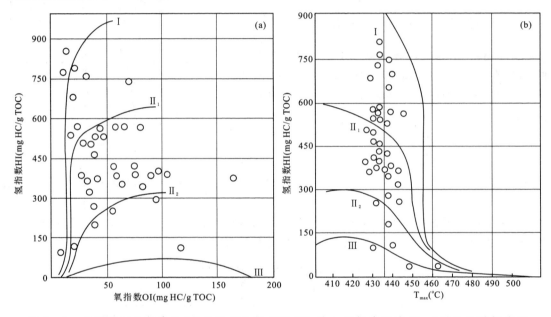

图6-7 应用岩石热解参数(氢指数 HI、氧指数 OI、最大热解峰温度 T_{max})划分干酪根类型
(a)氧指数 IH 与氧指数 OI 相关图;(b)氢指数 HI 与最大热解峰温度 T_{max} 相关图

岩石热解参数分类法具有快速、经济的优点,但也存在明显的不足,主要表现在:①S_3 测不准;②随成熟度增高,S_2 不断降低,导致 HI 变低,而且在成熟度高时与应用 H/C 原子比和 O/C 原子比划分干酪根类型一样,区分不开;③Ⅱ型和Ⅲ型之间的界线太宽,即这种分类法比较粗糙。

四、其他分类方法

如前所述,目前采用的分类方法都有其各自的优缺点。因此,实际划分干酪根类型时应采用多种方法互相验证、综合分析,以利于进行正确的判断。Mukhopadhyay 等(1985)根据干酪根显微组分组合及其光学特征,并考虑氢指数与 H/C、O/C 原子比,提出了干酪根的综合分类方案表(表6-4)。Peters(1994)综合有机岩石学、元素分析、岩石热解分析和总有机碳资料,制定了干酪根的综合评价图版(图6-8)。

表 6-4 干酪根类型综合分类法

（据 Mukhopadhyay 等，1985）

类型	显微组分组成		氢指数 (mg/g)	H/C、O/C	R_o(%)	生成烃类	荧光特征	沉积环境
	主要	少量						
Ⅰ	藻质体 藻屑体 腐泥无定形	细菌残体	>700	>1.5 <0.1	0.6~0.9	主要为油	藻质体绿黄色	严重缺氧湖和浅海潟湖
Ⅱ	腐泥无定形 稳定碎屑体 树脂体 粒状稳定体	粒状稳定体 藻质体 团块镜质体 腐泥质体 基质镜质体	700~150	0.8~1.3 0.1~0.2	0.6~1.1 0.3~0.7 (树脂体)	主要为油，高成熟主要为气(R_o>1.5%)	腐泥无定形为橙色至褐橙色，树脂、孢子体、角质体等为黄色	缺氧海潟湖/深盆地湖或三角洲复合体
Ⅲ	镜质组（均质镜质体，腐殖腐泥质体）	树脂体 惰性组 孢子体	25~150	0.5~0.8 0.2~0.3	0.8~1.0	主要为气	树脂体暗褐色	低缺氧至氧化淡水或沼泽
Ⅳ	惰性组	镜质组	<25	0.5~0.6 >0.3	不是烃类来源	微量气	无荧光	有氧沼泽、富氧海盆

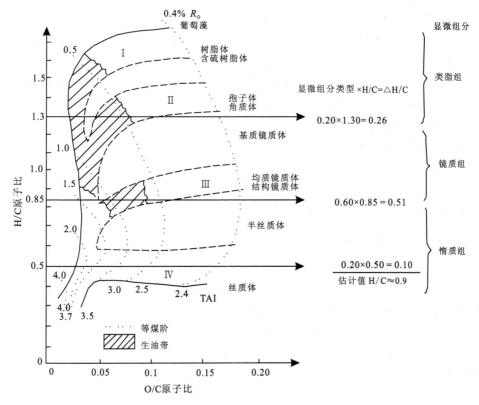

图 6-8 应用有机岩石学、元素分析、岩石热解分析和总有机碳划分干酪根类型

（据 Peters，1994）

第四节　干酪根的结构

自从干酪根晚期生油学说被广泛应用于指导油气勘探与资源评价以来，干酪根结构的研究就一直是有机地球化学家研究的热点之一。但由于其具有如下特点：①分子量极高且不溶解；②不是单一的纯化合物，而是各不相同的次级单元的集合体；③结构复杂且多变。此外，干酪根分离过程中可能会使某些成分损失而失去代表性。因此，至今没有一种完美的物理或化学方法能够理想地分析出其结构、组成和性质。目前仍只能先用各种方法从不同侧面探测，然后综合这些信息，利用计算机模拟干酪根的结构。整个研究目前依旧处于探索假设阶段。

一、主要研究方法

近代仪器及化学分析技术的进步为探讨干酪根的结构、组成提供了有力的支撑，而生物化学、煤化学、石油化学、高分子化学等学科中有关物质结构的研究为干酪根结构研究提供了很多宝贵经验，使得干酪根结构研究不断取得进展。在各种研究方法中，按是否先将干酪根从岩石中的无机矿物分离开来，可以分为"原位"分析法和"离位"分析法；按是否破坏干酪根样品的结构分为直接分析法和降解分析法（干酪根轻度降解或选择性降解）。

早期的干酪根研究广泛采用"离位"法，先将沉积岩中的干酪根富集，然后再进行分析。这种分析方法具有如下缺陷：①目前的干酪根分离方法都会或多或少导致其结构、成分发生改变或混合。如化学试剂可能导致复杂的化学反应，改变其成分和结构；②富集后不同来源、组成的干酪根的混合，也可能掩盖一些本可以分别提取的有效信息；③有机-无机组分的相互产状关系可能蕴含的有效地球化学信息无法揭示和应用等。因此，随着分析技术的进步，地球化学家开始应用"原位"技术研究干酪根。如通过显微镜观察全岩光片中有机质与矿物、有机质与有机质之间的产状关系，更有效地获得有机质来源、组成的信息（李贤庆等，1995，1996）；周炎如（1994）成功应用显微 FT-IR 光谱技术"原位"研究了单个显微组分的干酪根。但这种方法的应用目前仍然有限，提供的信息量也有限。许多分析项目，如干酪根的元素、同位素、化学和热降解等分析无法"原位"进行，依旧采用"离位"技术分析。表 6-5 总结了目前按是否破坏干酪根样品的干酪根结构研究的主要方法。

1. 直接分析法

1）核磁共振（NMR）波谱分析

干酪根中存在有自旋量子数不等于零的核，如 ^1H 和 ^{13}C，在外磁场作用下，通过适当频率的电磁波照射，产生核磁共振（NMR）现象。这种分析能够在不破坏样品的情况下，直接提供干酪根碳氢骨架与官能团的多种结构信息，并且有一定定量分析功能。

Trewhella 等（1986）根据绿河页岩干酪根的核磁共振分析结果（图 6-9），应用计算机拟合谱图，并对核磁共振分析结果中的各种含碳官能团进行了定量计算（表 6-6）。

根据表 6-6 结果，Trewhella 提出了如下绿河油页岩干酪根化学结构。

脂族长链结构：在 100 个碳原子中，约有 6 个脂族甲基，而脂 C 约为 4 个。这样，就约有 4 个位于链终端的脂甲基和 2 个非链脂甲基，说明干酪根结构中每 100 个碳原子约有 4 个脂链，估计每个脂链平均链长大于 6.5 个碳原子。

表 6-5 干酪根结构的主要研究方法

（据傅家谟等，1995）

	方法	可能取得的信息与功能
直接分析法	光学显微镜观察分析	生物前身物的形态与显微组成；反射率、折射率与荧光性质
	扫描电镜与透射电镜	精细的生物前身物的形态与组成
	红外光谱	官能团组成与结构
	核磁共振	官能团组成与结构；分子的动态结构
	顺磁共振	自由基的浓度与分布
	X射线，电子、中子衍射	碳的结构形态与聚集态结构
	电子能谱	表面的化学结构组成
降解分析法	化学元素分析	由C、H、O、N、S等元素组成
	热分析	官能团组成、热性质
	热解聚与超临界溶剂抽提	热解聚沥青的组成与结构
	热普-色谱-质谱	热解产物组成；生物标志化合物
	同位素质谱	同位素组成
	轻度化学降解（氧化，氢化等）	官能团组成，特别是脂族的结构组成
	选择性化学降解（氧化，烷基化等）	官能团组成及其连接方式
	杂原子官能团化学分析	杂原子官能团组成
计算机模拟		优化各种分析参数，构筑化学模型

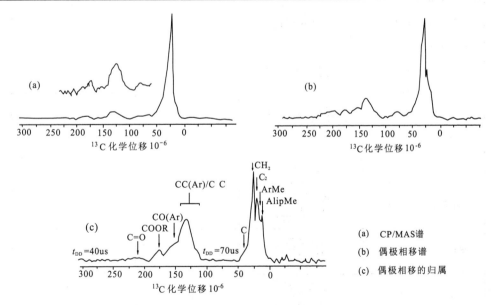

图 6-9 绿河页岩干酪根的 ^{13}C NMR 谱图

（据 Trewhella 等，1986）

脂环结构：约有 8 个与苯环相连的 α 与 β 位的碳原子归属于脂链中的刚性相。其余的 23 个碳原子属于脂环结构。加上脂族叔碳与季碳，可有 37 个脂环碳。其中包括 10~14 个环接点和 4 个烷基侧链的取代点。这种结构与取代甾烷型代基的甾烷化合物结构比较类似。

表 6-6 用 ^{13}C NMR 法测定的绿河页岩干酪根含碳官能团的定量分布

(据 Trewhella 等,1986)

含碳官能团	碳的位置	化学位移($\times 10^{-6}$)	碳百分数(%)
脂甲基(Alip Me)	$-\underset{H}{\overset{H}{C}}-\underset{H}{\overset{H}{C}}-\boxed{CH_3}$	16	6.2 ± 2.4
芳甲基(Ar Me)	苯环-$\boxed{CH_3}$	20	2.9 ± 1.4
脂(C_2)	$-\underset{H}{\overset{H}{C}}-\boxed{\underset{H}{\overset{H}{C}}}-CH_3$	23	4.0 ± 2.0
亚甲基(CH_2)	$[-\underset{H}{\overset{H}{C}}-\boxed{\underset{H}{\overset{H}{C}}}-\underset{H}{\overset{H}{C}}-]_n$	30	10.4 ± 2.5(活动相)
			30.6 ± 5.5(刚性相)
次甲基(CH)	$-\underset{H}{\overset{H}{C}}-\boxed{\overset{H}{C}}-\underset{H}{\overset{H}{C}}-$	39	14.5 ± 3.0
季碳(C)	$\boxed{C}$	40	$<2.0$①
甲氧基(CH_3O)	$-O-\boxed{CH_3}$	55	—
氧亚甲基(CH_2O)	$-\boxed{CH_2}-O-C/H$	50~60	7.2 ± 2.5
氧次甲基(CHO)	$\boxed{CH}-O-C/H$	60~70	3.6 ± 2.0
氢接芳碳(CH(Ar))	苯环-$\boxed{CH}$	128	4.7 ± 1.5
桥接芳碳(C—C)	萘环-$\boxed{C}$	132	$11.0\pm2.5$②
侧枝芳碳(CC(Ar))	苯环-$\boxed{C}$	130~140	$11.0\pm2.5$②
氧接芳碳(Co(Ar))	苯环-$\boxed{C}-O$	154	2.8 ± 1.5
羧基(COOR)	$-\boxed{C}OOR/H$	178	1.4 ± 0.5
羰基(C=O)	$\boxed{C}=O$	210	0.6 ± 0.4

注:①由偶极相移谱估计;②包括桥接芳碳与侧枝芳碳,二者无法区分开来

芳环结构:芳碳率约为 0.19,即每 100 个碳原子中约有 3 个单芳环或两个双芳环(萘型)。这些芳环约有 14 个周边碳原子与各种取代基相接,其中约有 5 个带氢的芳碳原子。

总的碳分布是:芳碳约为 18%~20%,脂环碳约为 36%~38%,脂链碳约为 26%;与氧结合的碳约为 8%~12%;非链甲基碳约为 5%。

2)顺磁共振(ESR)分析

电子的顺磁共振是研究处于外磁场中的未成对电子与微波相互作用的科学。干酪根的 ESR 研究主要基于干酪根存在的自由基。自由基是指共价键分子在均裂时产生的带有不同配对电子的基团。由于不配对电子的存在,物质就具有顺磁性。由于干酪根中大分子的屏蔽作用,一些自由基可以稳定地存在于其中。因此,可以利用 ESR 技术分析干酪根中的自由基浓度,为干酪根的结构研究提供更多信息,同时也可研究干酪根的演化程度。

表 6-7 表明,各种类型干酪根都具有一定的自由基浓度,且不同类型干酪根在相同热演化程度下,其自由基浓度有一定差异;同一类型干酪根,随着热演化程度的不同,自由基浓度也不同。

表 6-7 不同类型干酪根热模拟样品自由基浓度数据表

(据杨万里等,1985)

模拟温度(℃) \ 干酪根类型	Ⅰ型	Ⅱ型 $Ⅱ_1$	Ⅱ型 $Ⅱ_2$	Ⅲ型
250	4.3	13	26	37
300	5.2	15	28	37
350	8.3	40	42	40
400	26	36	49	48
450	34	44	44	60
500	60	34	36	/
600	31	4.6	/	/

自由基浓度(10^{18} 自旋数/g,TOC)

3)电镜、激光扫描显微镜法

20 世纪 80 年代以来,透射电镜、扫描电镜、激光扫描显微镜等一系列新的仪器设备广泛应用到干酪根的研究。应用价值包括以下几方面:一方面在微观上进一步加深了对干酪根显微组分成因与特征的认识,如普通光学显微镜下的无定形在扫描电镜下显示为超细小的生物化石碎片(Suzuki,1984);另一方面通过电子显微镜的高倍放大可以直接测取多项分子结构参数,研究干酪根的微细结构。特别是利用正常光束和衍射光束的干涉并结合高倍放大($5×10^6$~$8×10^6$ 倍)的晶格条纹映像技术,可以观察到芳香族片的边缘、延伸度和片间距离。Alpern 等(1980)曾用电子衍射法研究无定形干酪根的碳结构组成方式及其在埋藏过程中的演化情况。Alpern 揭示了干酪根中存在 2~4 个近乎平行的芳香族片状体。片状体直径为 5~10Å,小于 10 个稠合的芳香族环,这些片状体叠置成堆积体,构成干酪根的基本结构单元。每个堆积体的片状体常常是两个,有时是 3 个或 4 个,浅层干酪根层间距为 3.4~8Å 或更大,其基本结构单元是无规则的,并由非芳香族基团连接在一起。深层干酪根层间距较窄,常见者为3.4~4Å,随着深度的增加,干酪根基本结构单元趋于形成大的聚合体。芳香族片状体逐渐趋于平行,集合体增大到80~500Å。这些参数可以用来判断干酪根类型,研究其热演化程度,估算油气生成潜力。

4) X射线衍射法

X射线衍射法是晶体结构分析的一种重要手段。而干酪根在制备过程中,会不同程度地混有石英、黄铁矿等矿物杂质。因此,在干酪根的衍射图上,首先要扣除杂质矿物的结晶峰,剩下的就只有少量弥散的宽峰,这使得干酪根属于非晶态,不能从衍射图上获得像晶体那样大量准确的结构信息,需要做一系列数学校正和计算。近年来,由于电子计算机的发展和普及,X射线衍射进行非晶态研究取得了长足的进展,可以在不破坏样品的情况下,获得碳骨架结构信息,如芳香度和微晶参数(表6-8),使得其成为干酪根结构分析的一种重要手段。

表6-8 不同类型干酪根芳香度及微晶参数表

(据辛国强等,1987)

类型		井号	芳香度(fa)	芳香片间距(Å)	芳香片堆叠平均高度(Å)	堆叠族中芳香片数目(层)	芳香片大小平均值(Å)	饱和部分间距(Å)
Ⅰ型		杜402	0.21	3.47	18.8	5	/	4.51
		杜401	0.21	3.43	15.0	4	/	4.55
		喇7-261	0.20	3.43	15.0	4	/	4.55
		绥17	0.16	3.57	13.6	4	/	4.55
Ⅱ型	Ⅱ₁	树2	0.35	3.50	18.0	5	/	4.55
		塔4	0.38	3.68	19.6	5	/	4.55
	Ⅱ₂	杜13	0.57	3.57	13.6	4	/	4.55
Ⅲ型		葡浅11	0.84	3.40	15.0	4	16.7	4.55
		华28	0.87	3.50	15.0	4	17.4	4.55
		讷3	≈1	3.43	15.5	5	29.6	/
		拜3	≈1	3.40	18.7	5	23.0	/

5) 红外吸收光谱法

红外吸收光谱法能够测出有机分子中各种官能团,如CH_2、CH_3、$C=O$、$C-O$、$C-C$等,是干酪根结构研究的一种补充手段。根据光谱谱带的位置(波长或波数)和强度(或光密度),可取得定性、定量的结果。干酪根的红外光谱谱带的位置分布详见图6-2。

Rochdi和Landais(1991)应用显微红外光谱对腐殖煤镜质组母质及其中的孢子残留体进行了对比分析,发现在孢子光谱中,脂肪族C—H吸收相当强,而镜质组则C=C吸收更显著。Rochdi和Landais(1991)还给出了藻烛煤及其中藻类残留体的显微傅里叶变换红外谱。藻类残留体光谱主要显示脂肪族C—H吸收特征,而OH、C=C和C=O吸收甚弱。

2. 降解分析法

为了弄清干酪根内部分子的结构,必须借助化学的方法,将其缓和地降解为较小的分子,再用现代物理化学的方法进行分离和鉴定。目前,氧化、氢解、热解是降解干酪根的3种主要方法。

1) 氧化降解

氧化作用是把不溶解的干酪根降解成可鉴定的、结构上有意义的碎片,然后通过一些物理方法进行鉴定,以恢复原始的干酪根结构。通常采用空气、氧气、臭氧、过氧化氢、高锰酸钾、铬酸和硝酸等作为氧化剂,高锰酸钾是干酪根结构研究中最常用的一种氧化剂。

目前,在干酪根结构研究中,以对美国的绿河页岩干酪根研究得最为详细。绿河页岩分布在美国犹他、怀俄明和科罗拉多州,为第三系始新统湖相沉积,有机质来源于水生生物。沉积环境为强还原环境,是典型的脂族干酪根。Durand(1982)用碱性高锰酸盐分阶段氧化绿河干酪根,产物主要有直链脂肪酸($C_8 \sim C_{29}$)、饱和二元酸($C_8 \sim C_{27}$)和异戊二烯型酸(C_9,C_{12},$C_{14} \sim C_{17}$,$C_{19} \sim C_{22}$),并由此认为,干酪根的"核"可能由横向连接的长脂肪亚甲基桥组成,桥链连接的是直链和异戊二烯型链,从而进一步提出干酪根的假设结构(图 6-10)。

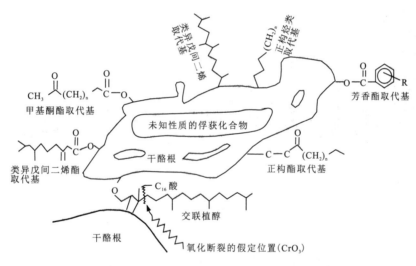

图 6-10 绿河干酪根网络的假设结构

(据 Burlingame 等,1969)

2) 氢解

氢解是在一定温度、压力条件下,使 C—C 键及 C—O 键断裂,但不会使溶剂或降解物发生缩合作用,所得产物能明显地显示不同干酪根的结构组成。福尔斯曼曾用加氢裂解法研究干酪根及烟煤的结构。该方法未使用催化剂,温度为 $360 \sim 400$℃,压力为 $18 \sim 22$MPa。随后随着实验技术的发展,一些学者用催化剂开展干酪根的催化加氢裂解研究,获得了大量有用干酪根结构组成信息(Minkova 等,1985;Mycke 等,1986;Michaelis 等,1989;Snape 等,1994;Love 等,1995)。

3) 热解

随着先进仪器设备的发展,干酪根的热解技术也在不断发展与改进。不同的研究目的,也必然采用不同的研究方法。采用瞬间热解,避免发生热解产物的二次反应,是研究干酪根分子结构的一种有效方法。即干酪根大分子在热裂解过程中,各种与大分子结构直接连接的化学键发生断裂,如各种烯、酯、醚、醇、硫醚键以及各种碳、氢、氧、氮、硫与碳—碳键,其产物在热解体系中可立即去除而不发生二次裂解或缩合、聚合复反应。热解气相色谱法是研究干酪根的一种快速方法,对热解产物进行气相色谱或色谱-质谱分析(图6-11),可对干酪根的性质和结构作进一步研究。

图6-11(a)为格林河页岩的Ⅰ型干酪根,其热解产物正构烷烃、烯烃含量高,碳数分布广,类异戊二烯的含量也较高。图6-11(b)为北海侏罗系页岩的Ⅱ型干酪根,广泛存在于海相地层中,由浮游生物堆积、分解、聚合而成。热解气相色谱图显示其裂解产物主要为正构烷烃和正构烯烃,其次是类异戊二烯烃。通常这类干酪根的裂解产物中存在酚类化合物,且烷基化的多环芳烃含量较低,明显区别于Ⅲ型、Ⅰ型干酪根。此外,该Ⅱ型干酪根中高碳数的正构烷烃往往具有奇偶优势,而烯烃具有偶奇优势。Connan等(1974)认为干酪根酯类化合物的裂解(脱羧)形成奇偶优势的正构烷烃,而其中的醇类化合物裂解(失水)则形成偶奇优势的烯烃。图6-11(c)的是加拿大白垩系Manneville页岩Ⅲ型干酪根的热解色谱图。热解产物除少量

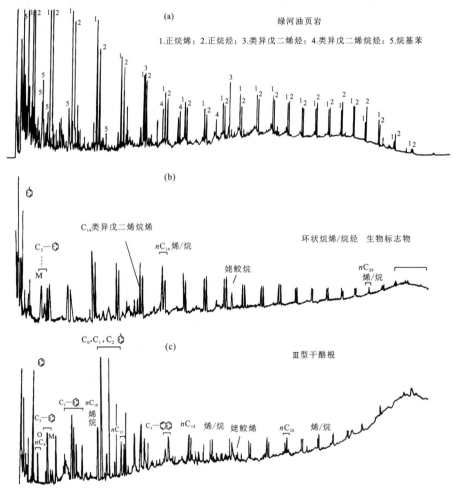

图6-11 不同类型干酪根的热解气相色谱图
(据Larter,1984;Horsfield,1989;Demeet等,1980)

烷烃、烷—1—烯和 α、β—二烯以外,主要化合物是芳烃和酚类化合物。

4)超临界流体抽提法

用甲苯等作为抽提溶剂,在超临界条件下抽提油页岩,可溶解抽提物达有机质含量的 70%～80%,这样就能把干酪根绝大部分变成可抽提物来进行鉴定和研究。该方法比热解或催化氢解所引起的结构破坏程度要小。根据对抽提物 ^1H 核磁共振的波谱分析、元素分析和平均分子量测定,可以得到油母质族结构组成的参数。如茂名油页岩,其芳碳率 0.25～0.30,环烷碳率 0.2～0.3,链烷碳率 0.40～0.45(秦匡宗等,1982)。这一结果为干酪根结构的定量研究提供了一种较好的途径。

二、干酪根结构的综合化学模型

所谓综合化学模型,就是汇集各种方法获得的某一种干酪根的结构参数信息,经综合分析后,提出具有代表性的平均分子结构模型。近年来该方法在干酪根结构研究中得到了进一步发展,引入了结构参数资料的数据库,用计算机技术进行构象的优化模拟,从而提出更为详细的干酪根化学结构与三维模型。如 Siskin 等(1995)提出的绿河页岩干酪根结构模型(图 6-12)。

不同类型的干酪根在元素组成、官能团组成等方面均有明显的差别。显然,其结构也会有所不同。如 Oberlin(1980)提出的 Ⅱ 型干酪根(图 6-13),明显与绿河油页岩干酪根结构(图 6-12)不一样。

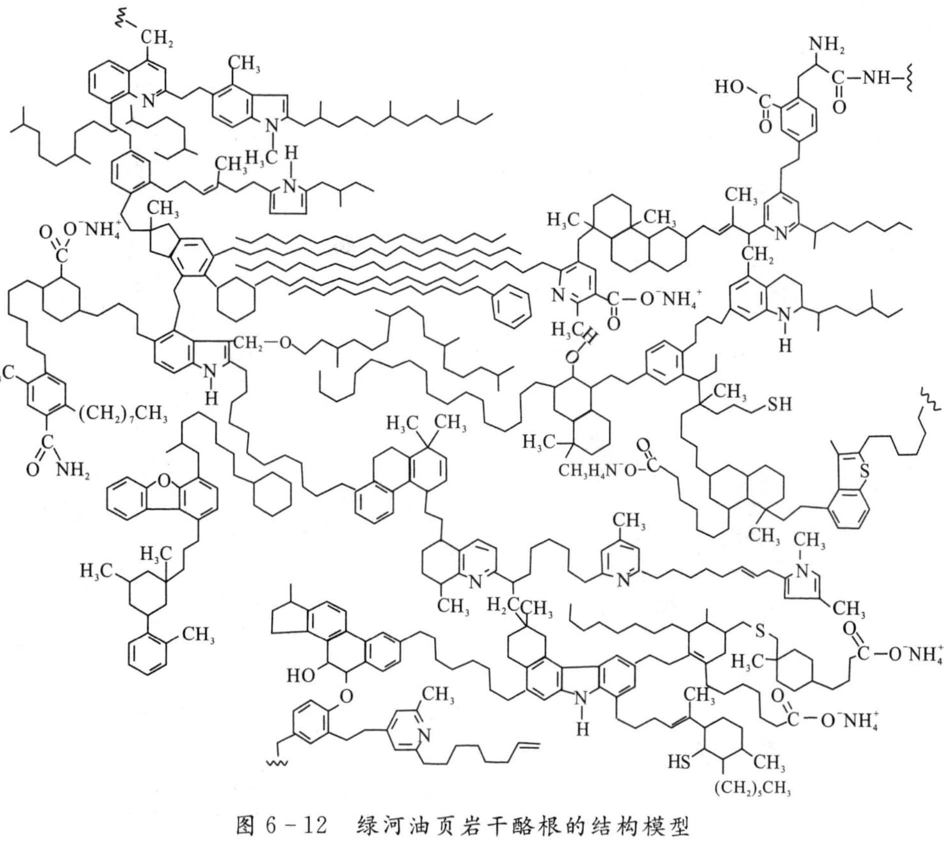

图 6-12 绿河油页岩干酪根的结构模型

(据 Siskin 等,1995)

Behar and Vandenbroucke(1987)综合不同类型干酪根的结构参数资料数据库,利用计算机技术进行优化模拟,针对不同类型的干酪根(Ⅰ型、Ⅱ型和Ⅲ型)在不同的热演化阶段的各种研究参数,综合分析后对其分别提出了较为详细的化学结构模型(图6-14～图6-16)。

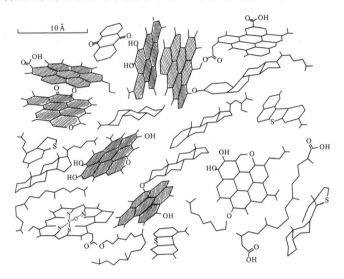

图6-13 深成作用初期的Ⅱ型干酪根结构模型

(据Oberlin等,1980)

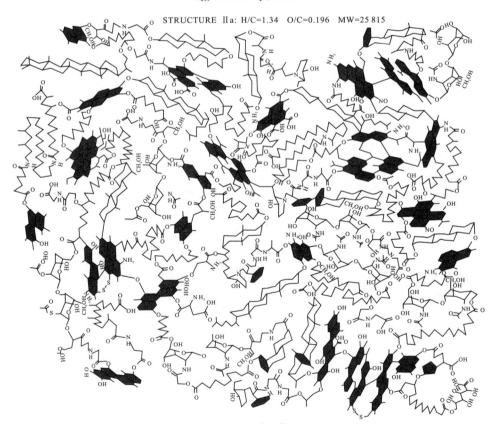

图6-14 Ⅱ型干酪根在成岩作用初期的结构模型

(据Beha and Vandenbroucke,1987)

STRUCTURE IIb: H/C=1.25　O/C=0.089　MW=19 860

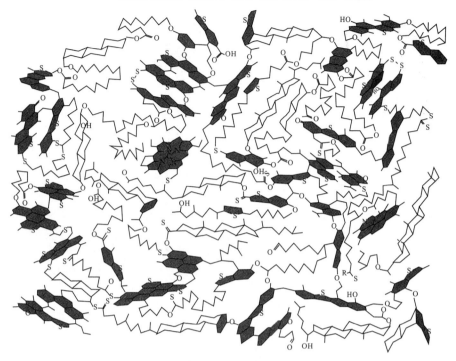

图 6-15　II 型干酪根在深成作用初期的结构模型
(据 Beha and Vandenbroucke, 1987)

STRUCTURE IIc: H/C=0.73　O/C=0.026　MW=7 949

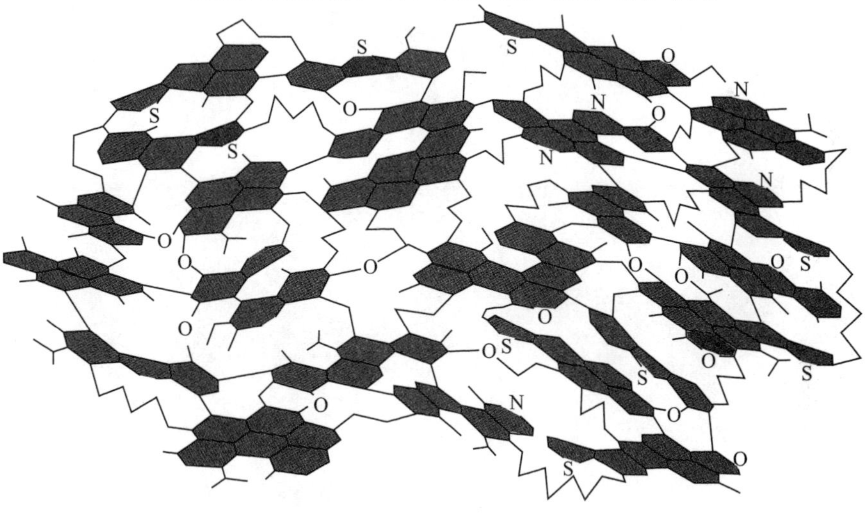

图 6-16　II 型干酪根在深成作用末期的结构模型
(据 Beha and Vandenbroucke, 1987)

第三篇

沉积有机质的演化及其产物特征

石油的形成

第一节 生油理论的发展

石油的成因是油气地质地球化学领域的根本性问题,正确认识石油成因对油气资源评价、勘探靶区选择等都具有重要的指导意义。由于石油、天然气是流体矿产,其产出地与生成地往往不一致,使其成因研究变得复杂和困难,并成为长期争论的科学问题。人类在寻找、勘探和研究油气的过程中,提出了各种石油成因假说。概括而言,主要有无机成因和有机成因两大学说,其中,有机成因学说又可分为早期有机成因说和晚期有机成因说。

一、无机成因说

无机成因说认为油气是无机化合物经化学反应形成的,大致可归纳为两类:一类是地深成因说,认为烃类形成于地球深处,如门捷列夫(1876)提出的碳化说和库德梁采夫(1951)提出的岩浆说;另一类是宇宙成因说,认为烃类早在地球形成的宇宙阶段即已形成,后来随着地球冷却被吸收并凝结在地壳的上部,由这些碳氢化合物沿裂隙溢向地表过程中便可形成油气藏,如索科洛夫(1889)、Gold 等(1982,1984,1993)提出的宇宙说。目前国内外影响较大的无机生油学派主要是地幔脱气理论和费-托地质合成理论。

1. 地幔脱气论

地幔脱气论影响最大的是 Gold 的理论。Gold 等(1982,1984,1993)依据太阳系、地球形成演化的模型,认为地球深部存在着大量的甲烷及其他非烃资源,这些甲烷在地球形成时就已存在,大量还原状态的碳是在地壳深部被加热而释放出来的。经过地质历史时期的种种变化,这些甲烷向上移动,并大量聚集在地壳深度 15km 左右地带,形成无机成因的油气藏。该学说对天然气的形成有重要贡献,但不能对液态烃的成因作出合理解释。

其次是幔汁说或地幔烃碱流体说,由中国著名的铀矿地球化学家杜乐天教授(1987)提出。他认为地幔流体是 HACONS 流体:其中 H 代表氢、卤族元素(F,Cl,Br,I)和热;A 代表碱金属(Na,K,Li,Rb,Cs);C 为碳;O 为氧;N 为氮;S 为硫。后又概括成为烃碱流体,油气也是热液作用的产物,石油中也有大量的亲地幔的元素,如 Cr、Ni、Co、Ag、V、Zn、Cu、Hg、P 等。地幔流体的组成成为无机成因学说的重要理论支柱之一。

此外,香港中文大学岳中琦博士(2012)依据地震爆发、火山喷发的大量事实,认为下地壳与地幔间有高压、高密度的甲烷气,提出了壳幔间层的甲烷气层学说。但是,这层甲烷气在地球物理学上有什么性质、甲烷在该深度的稳定性和特征等均有待商榷。

2. 费-托地质合成理论

该学说进一步分为两个学派,一是俄罗斯学者沃里沃夫斯基等(1986)提出的陆壳岩浆潜入式增长的超基性蛇纹岩底劈说（中地壳与费-托地质合成说）；二是 Szatmari(1986,1989)提出的板块构造地质背景下的费-托地质合成说（板块构造与费-托地质合成说）。

沃里沃夫斯基等(1986)认为：陆壳的结晶部分不全是由高变质的层状结晶岩所构成，即在花岗岩（花岗片麻岩）与玄武岩中间夹有可塑性的超基性蛇纹岩。在地壳发展早期是双层结构，后来由于可塑性的超基性岩的挤入使上下层分离，并发生破裂，即所谓的"超基性蛇纹岩底劈说"。这种超基性岩在地球物理上的显著特点是低速、高导性。根据上述机理，上层的花岗岩（花岗片麻岩）呈不连续的断块漂浮在这层超基性岩上。地幔脱气生成的 CO_2、CO、H_2 沿玄武岩的破裂带上升到超基性的蛇纹岩带，发生了著名的费-托合成反应：

$$CO_2 + H_2 \xrightarrow[300\sim400℃]{Fe,Co,Ni,V} C_nH_m + H_2O + Q \qquad (7-1)$$

费-托合成的烃类伴随着岩浆活动（如火山喷发），沿花岗岩缺失的"通道"上升，并运移到储集层形成油气藏。可见要形成该类油气藏，需有：①蛇纹石化超基性岩是油气生成的"发生器"，油气的费-托合成反应便在此带发生；②沉积盆地有孔隙好的砂岩、白云岩等，成为油气的"存储器"；③上地幔是油气生成的"原料库"。这三者缺一不可，且必须有"通道"相互连通。这是目前对地壳结构的新认识，从而为油气无机生成理论注入了新的活力，使无机成因论摆脱了"烃类无法存在于上地幔的高温条件"的困境。

费-托地质合成反应能否在地质条件下实现，困难主要在于催化剂、氢气和二氧化碳的来源问题。因此，尽管有不少化学家先后发现原油可能是费-托地质合成而生成的组成证据，但并没有引起石油地质学家、地球化学家的注意和重视。直到20世纪80年代，在地质考察中观察到，阿曼蛇绿岩带橄榄岩的蛇纹石化过程可生成大量氢的地质现象，且地下钻探、实验研究也都证实了这一现象，费-托合成反应的石油地质意义才重新得到审视。巴西石油地质学家 Szartmari(1986,1989)提出了在构造环境中的费-托地质合成说。自然界中超铁镁岩的蛇纹石化及其逆反应脱蛇纹石化均是氢的地质来源。因此，大洋中脊、板块俯冲带、裂谷等是超铁镁岩蚀变生氢的有利场所。蛇绿岩、科马提岩等超铁镁岩经常有白云石、菱镁矿等碳酸盐矿物共生，在蛇纹石化过程中，这些碳酸盐矿物有可能部分或完全离解脱碳生成 CO_2。板块俯冲、岩浆侵入、裂谷等地质背景均适宜 CO_2 的排放，为费-托合成反应提供 CO_2。磁铁矿、赤铁矿、铁硅酸盐等都是地壳中常见的矿物，完全可以满足费-托合成反应所需的催化剂。目前看来，最适宜的部位是俯冲板块的接触带、蛇绿岩推覆体和裂谷作用所薄化的地壳，如拥有世界近三分之二油气储量的波斯湾地区，就分布在被推覆到陆架碳酸盐岩之上的 Zagros 碰撞带的蛇绿岩附近。

综合来看，目前关于石油无机成因学说的主要证据有：①在实验室用无机物制得了烃类。如门捷列夫用盐酸加在含锰生铁上获得烃类；②天体的光谱中有烃类的显示；③火山喷出气体、岩浆岩的包裹体中含烃；④陨石中鉴定出烃类。尽管这些依据都是事实，但其致命缺点是脱离了地质条件来讨论石油的成因，而且将宇宙中发现的简单烃与地球上组成复杂的石油等同起来。目前已有公认的无机成因天然气，如松辽盆地徐家围子天然气（郭占谦,1994）。但对于石油的无机成因，国内外未见到可靠的地球化学证据，亦未见到已发现的公认无机成因原油的油田或油藏。因此，随着石油有机成因证据的逐渐增加，油气的有机成因逐渐成为主流观点，但在石油形成的机理和时间上，亦有早期生成说和晚期演化说之争。

二、早期有机成因说

油气的早期有机成因说认为石油是由沉积物（岩）中的分散有机质在早期的成岩作用阶段经生物化学作用和化学作用形成的。这一学说认为，石油是在近现代形成的，是许多海相生物中遗留下来的天然烃的混合物，即它仅仅是生物体中烃类物质的简单分离和聚集。这一学说由 Orton(1988)提出，但受到广泛关注是在 20 世纪 30 年代到 60 年代。其主要证据有：①世界上 90% 以上的石油产于沉积岩区，产出少量工业油流的岩浆岩、变质岩亦都与沉积岩毗邻；②石油中先后鉴定出很多与活生物体有关的生物标志化合物；③石油馏分具旋光性；④石油和动植物残体之间的组成及碳同位素组成具相近性；⑤在近代沉积物和有关的生物体中存在烃类及有关的化合物；⑥部分油气区的勘探实践显示，形成较早的圈闭（如浅于 600m）有油气聚集，而较晚的圈闭则为空圈闭，表明了石油的早期生成、运移、聚集和成藏。

石油早期生成说确认了烃类在生物体和现代沉积物中的存在，这是十分重要的贡献。但这一学说存在明显的弱点和不足，主要体现在：①沉积物和生物体中发现的烃类与原油中的烃类在组成上存在非常大的差别；②生物体和年轻沉积物中的烃类数量太少，远不足以形成商业性石油聚集；③已发现的大多数原油产自于埋深超过 1 000m 的产层中，而不是像该学说期待的浅处。因此，尽管发现有石油在有机质浅埋的早期阶段生成、运移并聚集成藏的，但绝大多数证据并不支持大量石油的早期生成。

三、晚期有机成因说

Tissot 等(1978,1984)通过对世界上各种类型的生油盆地的系统研究，提出了干酪根热降解成油学说。与早期成因说相同的是，他也认为油气源于有机质，但不同的是他认为石油不是生物烃类的简单分离和聚集，而是先形成干酪根，之后在较大的埋深和较高的地温条件下才在热的作用下转化形成。这一学说的主要依据除了早期成因说的依据外，还有两点证据：①大量的实验室热模拟已经证实干酪根在加热时可以产生大量类似于油的烃类和非烃类；②自然地质剖面的实际资料显示，富含有机质的沉积岩中烃类含量在达到一定的深度后开始大量增加。自该理论提出之后，其在指导油气勘探、提高油气勘探成功率方面发挥了巨大的作用，被认为是现代油气勘探的三大理论支柱之一。也正由于干酪根成油学说的提出和完善，油气地球化学才作为一门单独的学科从油气地质学中独立出来。

进入沉积物中的有机质，经过一系列复杂的变化演变为干酪根。作为形成于较低温压条件下的有机聚合物，如果继续保持浅埋，其组成和结构将相对比较稳定。但随着沉积和沉降作用的进行，温度、压力逐渐升高，有机质的组成和结构与其环境不再处于平衡状态，重排、断裂等一系列反应将不可避免地发生，从而导致干酪根组成、结构和性质的变化以及油气的生成。因此，研究油气的生成过程和机理，首先要弄清不溶的干酪根和可溶的沥青随埋深（成熟度）变化而变化的演化规律。

第二节 干酪根的演化

沉积有机质在埋藏过程中的变化不是连续均匀的，具有明显的阶段性。Hunt(1979)将沉积有机质的演化进程划分为成岩作用(Diagenesis)、深成作用(Catagenesis)和变质作用

(Metagenesis)3个阶段。前已述及,干酪根是一个具高度聚合结构的混合物,在一定温压条件下是非常稳定的,但当温压增加,则很容易重排、断裂,这将引起干酪根的变化,并导致油气的生成。这种变化既体现在干酪根含量的变化上,也体现在组成、结构及其物理、化学性质的变化上。

一、干酪根含量的变化

Tissot等(1971)对巴黎盆地下托尔辛页岩的研究结果表明,随埋深增加,沉积物中干酪根数量明显减少,与此同时,MAB抽提物(即甲醇-丙酮-苯混合溶剂抽提出来的极性化合物)缓慢减少,而烃类、胶质+沥青质含量显著增加(图7-1)。反映了随温度升高,干酪根量的减少和沥青量的增加相互补偿,不溶的干酪根向油气转化的实质。

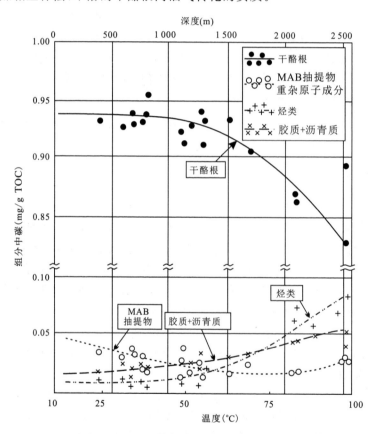

图7-1 巴黎盆地下托尔辛页岩各种有机组分的演化特征图
(据Tissot等,1971)

二、元素组成的变化

如前章所述,干酪根主要由C、H、O等元素组成,其元素组成的变化通常基于Van Krevelen图(图6-5)进行。由图可见,随深度增加,Ⅰ型、Ⅱ型、Ⅲ型3种干酪根虽有不同的演化途径,但总趋势相同,可分为以下3个阶段。

(1)第一阶段:以O/C比值迅速下降为特征,H/C比值略有降低。其中Ⅲ型干酪根比Ⅰ型、Ⅱ型下降慢。该阶段氧元素减少很快,相当于成岩阶段后期。

(2)第二阶段：以 H/C 比值迅速下降为特征，Ⅰ型、Ⅱ型、Ⅲ型干酪根的 H/C 比值分别从 1.5,1.25,0.8 降到 0.5，O/C 比值变化不大。该阶段温度升高，干酪根热解，大量氢元素因形成烃类而排出，相当于深成作用阶段。

(3)第三阶段：H/C 和 O/C 比值降到最低，不同类型干酪根演化曲线在深处趋于合并，以富集碳为特征，含碳量高达 91.6%～93%。该阶段相当于变质作用阶段。

可见，干酪根的热演化是脱氧、去氢、（相对）富集碳的过程。Tissot(1974)对Ⅱ型干酪根的热模拟实验也揭示了此变化规律（图 7-2）。

三、基团结构的变化

干酪根在演化过程中的结构变化必然反映在基团的变化上，而红外光谱可以用来反映干酪根的这

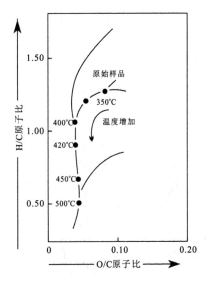

图 7-2　Ⅱ型干酪根的热模拟实验中元素组成演化
(Tissot 等,1974)

一演化过程。图 7-3 是Ⅱ型干酪根的红外光谱随埋深变化而变化的规律(Tissot,1984)。对应于元素组成的变化，也可将其分为 3 个阶段。

(1)第一阶段：以 C=O 峰（1 710cm^{-1}）迅速下降为特征，对应含氧量的迅速减少。而 CH_3、CH_2 基团的峰（2 930cm^{-1}、2 860cm^{-1}）仅稍有减少（图 7-3 中①、②）。

(2)第二阶段：反映脂肪烃 C—H 的 2 930cm^{-1}、2 860cm^{-1} 峰迅速降低，表明大量 CH_3、CH_2 基以烃类形式排出。在 930～700cm^{-1} 范围峰的出现反映芳香环上 C—H 面外弯曲振动，是芳香核脱烷基或是环烷烃逐渐芳构化的结果（图 7-3 中③、④）。

(3)第三阶段：C=O、CH_3、CH_2 基团的峰继续下降趋于消失，相当于最后 CH_4 的形成阶段。此时，耗尽了干酪根中的烷基侧链，仅有芳环上 C=C 的吸收谱带（1 610cm^{-1}）突出，930～700cm^{-1} 谱带相对增强，它反映了残余干酪根中芳香结构不断缩合（图 7-3 中⑤）。

同样，Ⅱ型干酪的人工热模拟实验(Tissot,1974)也证实了该变化规律（图 7-4）。

四、自由基浓度的变化

自由基是指共价键分子在断裂时产生的带有不配对电子的基团，其存在使物质具有顺磁性。煤、沥青、石油及分散有机质中都存在着自由基，电子顺磁共振仪(ESR)可以测定自由基的浓度。有机质受热时烷基链从干酪根上断裂，烷基碎片和干酪根碎片各带有一个不配对电子，形成了自由基。烷基碎片是不稳定的，很快即可从周围介质中得到氢形成烷烃分子。然而较大的干酪根自由基，由于其分子结构的屏蔽作用，可以稳定地存在下来，经历漫长的地质年代（图 7-5）。因此，随着温度增加，干酪根不断裂解，失去烷基链，同时干酪根自由基的数目也不断增加（表 6-7）。

大量资料表明，无论是在地质条件下，还是模拟实验过程中，各种类型干酪根的自由基浓度随热成熟度升高，均呈现先增后减的规律性变化，后期自由基浓度的减少可能与干酪根的再次聚合有关。

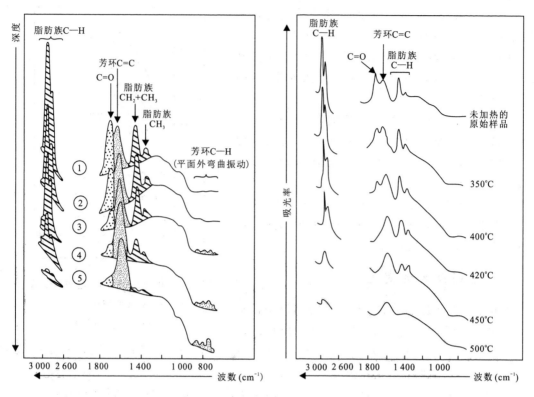

图 7-3　Ⅱ型干酪根实际样品的红外光谱特征随埋深的演化
（据 Tissot 等，1984）

图 7-4　Ⅱ型干酪根热模拟实验中红外光谱特征随埋深的演化
（据 Tissot 等，1974）

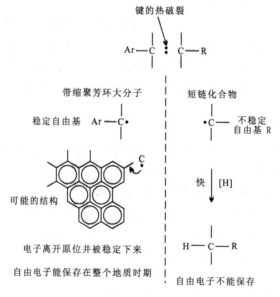

图 7-5　链的断裂与自由基的形成

五、镜质体反射率的变化

在煤岩学研究中,挥发分、固定碳、镜质体反射率等是研究煤变质程度及划分煤阶的重要参数。干酪根显微组分属于吸收性物质,当光线入射时,一部分光被吸收,另一部分光被反射,其反射能力可以表示为:

$$R_o = \frac{I}{I_o} \times 100 \tag{7-2}$$

式中:R_o——油浸介质的反射率(%);

I——反射光强度;

I_o——入射光强度。

显微组分在显微镜下的反射色是其反射能力的视感觉。随着演化程度加深,各种组分之间的反射色及突起的差别逐渐消失。在煤的各显微组分的演化过程中,镜质组反射率变化幅度大,规律明显。大多数煤的显微组分以镜质体为主,在测定过程中容易识别,且便于横向对比。惰质组的反射率在演化过程中变化幅度小,脂质组的反射率变化虽大,但在成油阶段以后不太稳定,因此两者都不宜作鉴定标准(图7-6)。沉积岩中分散有机质的镜质体具有和煤相似的有机分子结构,即以芳香环为核、带有烷基侧链。热成熟过程中侧链裂解作为挥发分析出,芳香稠环缩合度不断加大,形成了更密集的结构单元,从而使透射率降低,反射率增高。图7-7显示镜质体反射率随埋深(温度)变化趋势基本一致,表明二者的相关性。因此,镜质体反射率成为生油岩经历的时间-古地温史、有机质热演化的指标。

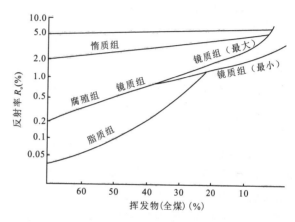

图7-6 煤中主要显微组分反射率与煤化程度的关系
(据 Tissot 等,1984)

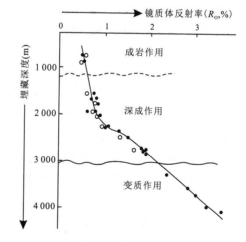

图7-7 某Ⅲ型干酪根成熟度与深度关系图
(据 Tissot 等,1984)

根据镜质体反射率作为有机质成熟作用的指标,可将有机质的热演化阶段划分为:未成熟、低成熟、成熟、高成熟和过成熟5个阶段。

(1)未成熟阶段($R_o<0.5\%$):该阶段为成岩阶段,有机质未成熟。

(2)低成熟阶段($0.5\%<R_o<0.7\%$):该阶段为深成阶段早期,有机质低成熟,为开始生

油阶段,是低成熟油气形成阶段。

(3) 成熟阶段($0.7\% < R_o < 1.3\%$):该阶段为深成阶段,有机质成熟,为主要的生油阶段,其中 $R_o \cong 1.0\%$ 为生油高峰期。

(4) 高成熟阶段($1.3\% < R_o < 2\%$):该阶段为深成阶段后期,有机质达到高成熟,主要产湿气和凝析油。

(5) 过成熟阶段($R_o > 2\%$):该阶段为变质作用阶段,有机质过成熟,主要产干气。干酪根则经强烈的芳构化、缩聚而趋向于形成仅含碳元素的石墨。

六、热失重变化

差热分析(DTA)和热失重分析(TGA)可以补充提供干酪根演化的一些信息。在氮气系统中,巴黎盆地浅层干酪根(相当于成岩阶段)的热失重分析显示重量损失可达70%(图7-8样品A);处于深层作用阶段的干酪根的热失重较前者少,随着演化的进行,热失重有规律减少,从55%(样品B)到40%(样品C),最后到20%(样品D);而撒哈拉深度很大的样品,已经达到变质作用阶段,其热失重少于10%(样品E)。对于同一个样品而言,以350~400℃和500℃为界,可将

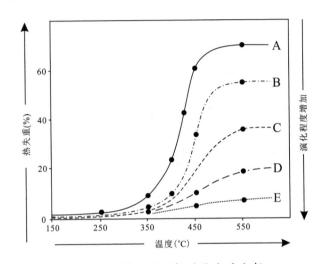

图7-8 Ⅱ型干酪根的热失重分析
(据 Tissot 等,1984)
(样品A、B来自巴黎盆地,C、D、E来自撒哈拉地区)

失重曲线分为明显不同的3个阶段:第一阶段失重量小,主要为 H_2O 和 CO_2;第二阶段失重量大,主要产物为烃类;第三阶段失重量也很小,主要产物为甲烷。这种规律正好与前面论述的干酪根元素组成、官能团变化特征相对应,是有机质演化成烃阶段性的体现。

图7-9是 Durand(1980) 对3种不同类型的未成熟干酪根的热失重分析和差热分析结果。由图可见,随着温度增加,干酪根重量不断减少,但不同类型干酪根的失重量和失重速率均不同,即Ⅰ型>Ⅱ型>Ⅲ型,这反映了不同类型干酪根的生烃潜力不同。

七、干酪根颜色及荧光性的变化

干酪根的成熟度与颜色变化有一定的对应关系。颜色由浅到深的变化是芳核缩聚程

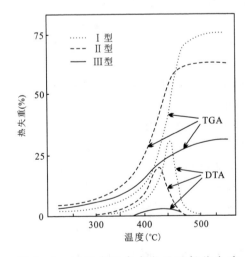

图7-9 不同类型未成熟干酪根热失重
曲线($R_o = 0.5\%$)
(据 Durand,1980)

度加大,碳化程度提高,对光吸收增强的结果。因此,干酪根的颜色可以作为判别成熟度的标志。

目前有两种方法研究有机质的颜色,一种是研究生物残体的颜色变化,如牙形石、孢子、花粉、藻类的颜色;另一种是观察干酪根的颜色变化。随着成熟度的提高,二者的颜色均由浅变深,由黄色到褐色、黑色。用紫外光或蓝光可激发出脂质组的荧光。荧光的产生与芳香结构特别是 1~2 环结构的共轭双键有关。当发荧光分子聚合度加大时,就会因为吸收作用使荧光变弱。在浅层未成熟的样品中藻类、孢子、花粉、树脂体的荧光是强的,多为绿色;随成熟度增加,荧光强度减少,颜色也变为黄色、浅褐色,向着红色移动。当 $R_o=1.3\%$ 时,荧光完全消失(表 7-1)。

表 7-1 有机质热变指示带

(据 Staplin,1969)

热变指示带	孢粉颜色	干酪根颜色	荧光	$R_o(\%)$	成熟阶段	热变指数
第一带黄色带	黄色、淡黄色	黄色	强	<0.5	未成熟	1
第二带桔色带	桔黄色、深黄色	桔黄色	中	0.5~0.75	低成熟	2
第三带棕色带	棕色	褐色	微弱	0.75~1.0	成熟	3
第四带黑色带	棕黑色、暗棕色	暗褐色	无	1.0~2.0	高成熟	4
第一带消光带	黑色	黑色	无	>2.0	过成熟	5

此外,干酪根的电子显微镜观测可以发现:从浅层到深层,干酪根中芳香族片状体从无序排列到有序排列,层间距离减小(从浅层 3.4~7Å 到深层的 3.4~4.0Å),聚合体的直径加大(浅层芳香结构片状体直径 5~10Å,深处可增至 80~500Å),反映了缩聚程度的增加。

八、碳同位素的变化

干酪根的碳同位素组成,一是与其来源(先质)有关,二是与演化过程中的同位素分馏效应有关。就来源而言,一般类脂化合物碳同位素组成较轻,富含 ^{12}C,而蛋白质和碳水化合物富含 ^{13}C。这导致干酪根中的脂族结构较富含 ^{12}C,而杂原子结构比较富含 ^{13}C。

早期的成岩作用阶段,沉积有机质在从生物聚合物—生物单体—地质聚合物(干酪根)的演化过程中,优先脱去的是杂原子化合物,所以干酪根逐渐富集 ^{12}C。深成作用阶段,由于地温增加,干酪根受热裂解,C—C 键发生断裂,而 ^{12}C—^{12}C 键的裂解所需能量要比裂解 ^{13}C—^{13}C 键的能量少,因此干酪根碳同位素相对于产生的沥青要重。但该阶段同时还有一部分相对富集 ^{13}C 的杂原子基团脱去,使得干酪根的碳同位素通常在该阶段变化并不明显。随着成熟度的进一步增加,碳同位素较轻的液态烃和气态烃不断脱出,残余干酪根的碳同位素逐渐变重。

综上所述,随深度(温度、时间)的增加,干酪根在埋藏过程中经历的地球化学演化特征具有明显的阶段性。

(1)成岩阶段。刚形成的年轻干酪根结构松散、芳香片排列无序,缩聚程度甚低,故镜质体反射率低,小于 0.5%,颜色较浅;含氧高,O/C 原子比大,相应于 C=O 的红外吸收峰

($1\ 710\text{cm}^{-1}$)明显,碳同位素组成富含^{13}C;随着演化进行,O/C 原子比迅速下降,^{12}C 相对富集。总之,该阶段以脱氧为特征。

(2)深成阶段。干酪根开始降解,伴随着大量排烃,H/C 原子比下降,相应于 CH_3、CH_2 的红外谱带减弱,镜质体反射率、热失重、自由基浓度和有机质颜色均由于芳核的缩合而发生明显的变化。该阶段以排氢为特征。

(3)准变质阶段。残留的干酪根中仅含少量短烷基链,即 H/C 和 O/C 原子比均降到最低值,红外光谱中只有与芳核结构有关的谱带。自由基浓度进一步下降,镜质体反射率大于2%,干酪根颜色由深褐色变为黑色,芳香片层排列定向,层片密集,直径变大。干酪根形成了愈来愈稳定的结构。该阶段以富碳、缩聚为特征。

第三节 沥青的演化

沉积有机质的演化不仅可以通过研究其自身的演化规律来实现,也可以通过剖析其演化产物的特征和变化规律来实现。因此,本节重点讨论沉积有机质的演化产物之一——沥青的演化规律,以全面揭示沉积有机质的演化规律,建立油气形成的模式。

一、沥青和总烃含量的变化

Larskaya 和 Zhabrev(1964)首先揭示了页岩中干酪根形成的烃量随深度呈对数增加。他们在研究苏联滨里海西部区时,发现沥青含量在 20~50℃ 范围变化甚少,其后便显著增加。在中、新生代沉积中,60℃ 和 30MPa 时(相当于 1 200~1 500m 深度),烃类开始大量生成。深部沉积物中含烃量为浅部含烃量的 3~7 倍。随后,其他学者也相继发现类似规律,图 7-10 是 Albrecht(1976)在研究杜阿拉盆地时得到的烃类含量随深度变化的曲线,它显示了明显的低值—高值—低值的完整三段式特征。泥岩的人工热模拟实验结果也具有类似结果(图 7-11)。

Vassoevich(1969)将烃类强烈生成带称为"生油主期"。Connan(1974)将开始大量生烃的深度称作"生油门限"。图 7-10 中生油门限(上限)为 1 370m,门限温度为 65℃。在 2 200m 和 90℃ 时达到峰值,然后开始下降,至 3 000m 和 115℃ 基本终止了生油过程,但仍可以生成气体。该处可称为生油下限。

二、烃类组成的变化

随着埋深的增加,干酪根热演化形成的各种烃类不仅在数量上呈现规律性的变化,结构上也有明显的变化(图 7-12)。此外,不同类型的干酪根在生油主带形成的烃类组成也不尽相同(图 7-12、图 7-13)。

1. 烷烃

随埋深增加,正构和异构烷烃呈现与烃类总量一致的三段式特征(图 7-12)。

正构烷烃的主峰碳数、碳数范围、奇偶优势是 3 个重要特征。随着深度增加,碳数范围从高碳数(C_{23}~C_{33})向低碳数移动(C_{15}~C_{21}),甚至更低(C_{15-});奇偶优势逐渐消失。图 7-14 显示了美国洛杉矶盆地主峰碳数、碳数范围和奇偶优势的变化:主峰碳数从高碳数向低碳数转移,碳数范围也从 C_{25}~C_{33} 为主转为以 C_{17}~C_{23} 为主;正构烷烃曲线形态由锯齿状变得比较平

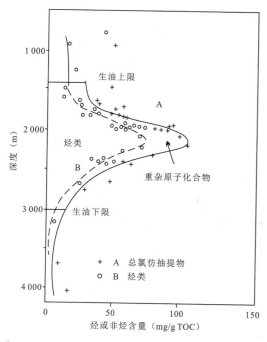

图 7-10　杜阿拉盆地白垩纪地层烃类生成与深度关系

（据 Ablrecht，1976）

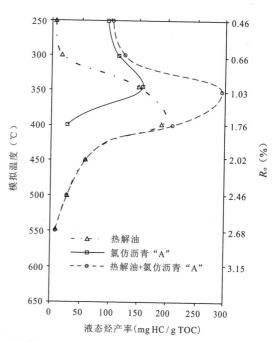

图 7-11　泌阳凹陷泌 80 井泥岩热模拟液态烃产率

（据程克明，1995）

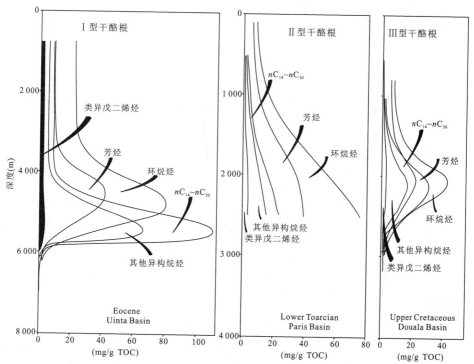

图 7-12　不同类型干酪根中各种烃类的生成与埋深的关系

（据 Tissot，1984）

滑；反映正构烷烃奇偶比值的 $2C_{29}/(C_{28}+C_{30})$ 参数值随埋深增加而逐渐下降趋于 1。

一些无环的异戊二烯烃直接或者在早期成岩作用来自活的生物。随着深度增加，这种异戊二烯烃/正构烷烃的比值不断下降，特别是在深成阶段，该比值由于大量的正构烷烃生成而迅速下降。

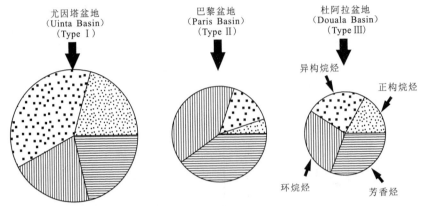

图 7-13 最大生油深度处Ⅰ型、Ⅱ型、Ⅲ型干酪根生成的烃类组成饼图
（据 Tissot，1984）

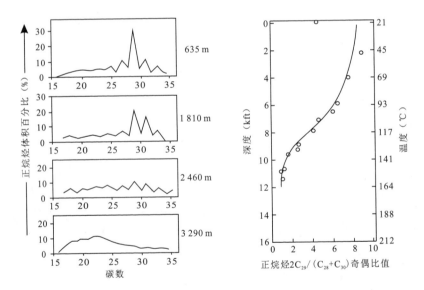

图 7-14 美国洛杉矶盆地正构烷烃分布、奇偶优势随埋深变化图
（据 Plilippi，1965）

2. 环烷烃

随着埋深的增加，环烷烃总量也呈现有规律的三段式特征（图 7-12），且其结构也随着埋深的变化而有规律地变化（图 7-15）。在较浅的深度，即还未达到主生油带的门限温度，环烷烃多为多环（四、五环）、碳数范围为 $C_{27} \sim C_{30}$ 的甾萜类化合物。随着深度增加，多环烷烃含量迅速下降，单、双环环烷烃相对含量明显增大。

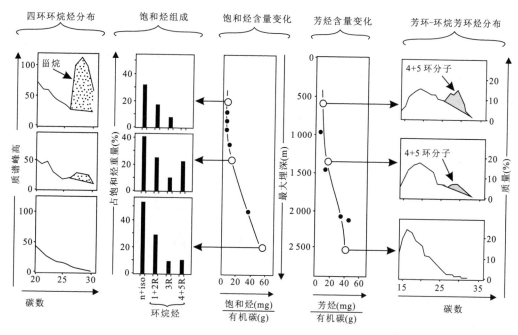

图 7-15 巴黎盆地下托尔辛页岩中各种烃类的演化示意图
（据 Tissot，1984）

3. 芳烃

芳烃含量的变化与饱和烃变化特征相似，但与饱和烃相比，芳烃生成的量较少，且在达到峰值后其含量的下降速度也比饱和烃要慢（图 7-16）。

总体上，芳烃结构、碳数的变化与环烷烃变化特征相似（图 7-15），即随着深度增加，由多环向低环、高碳数向低碳数演化，但不同深度芳香的类型分布不同。图 7-17 是巴黎盆地下托尔辛页岩不同类型芳烃和不同碳数芳烃的分布。浅部样品（费科库特、瓦切兰维尔）以 C_nH_{2n-12}、C_nH_{2n-14} 和 C_nH_{2n-16} 型的芳烃占优势，这些芳烃化合物含有一个或几个饱和环，碳数 $C_{27} \sim C_{30}$ 的甾烷与生物成因甾萜化合物有关；深部样品（埃西塞斯、布奇）以 C_nH_{2n-12} 和 C_nH_{2n-18} 型的芳烃为特征，1～3 环的苯、萘、菲系列芳烃为主，碳数向高碳数方向有规律地减少。因此，也表明芳烃随深度增加，具有向更稳定结构演化的趋势。

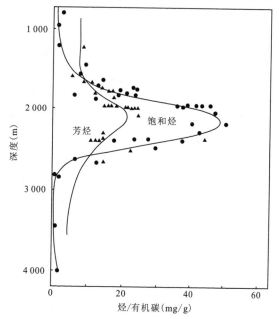

图 7-16 杜阿拉盆地白垩纪地层饱和烃和芳烃与埋深的关系

（据 Albrecht，1976）

三、非烃的变化

非烃包括用氯仿抽提出来的胶质和沥青质以及一些只能用甲醇-苯或者甲醇-丙酮-苯（MAB）混合溶剂抽提出来的重的沥青化合物。浅层沥青的胶质和沥青质富含O、N和S，与原油元素组成有明显区别，但随深度增加，其丰度递减，与原油趋于一致。而且，沥青中胶质和沥青质的H/C与O/C的演化趋势类似于干酪根的演化，这可能表明干酪根首先降解出的是大碎片的胶质、沥青质和MAB抽提物，它们在组成、结构上都与干酪根相似。随着温度增加，残余的干酪根、早期降解的胶质和沥青质进一步降解，生成各种烃类和非烃类，使得早先的沥青与深成作用后的沥青在元素组成上具有显著差异，而与形成的原油组成类似。因此，非烃可能是干酪根转化为石油过程中的一些中间产物。

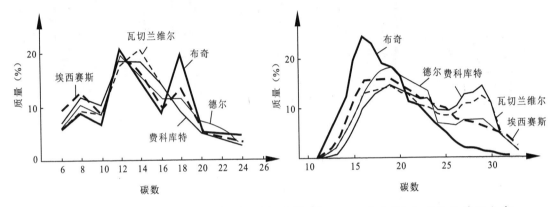

图7-17 巴黎盆地下托尔辛页岩不同类型（C_nH_{2n-p}，$p=6,8$等）和碳数的芳烃分布
（据Tissot，1971）

总之，随着埋深的增大，可溶有机质（沥青）呈规律性的变化，与沉积有机质演化过程（成岩作用至变质作用阶段），在温度作用下向石油的演化密切相关。浅部的烃类所具有的特征性结构，是直接从原始生命物质继承而来，或者是成岩早期转化的结果（单环的饱和作用和芳构化），有机物的基本结构没有改变。当沉积物埋藏到一定深度时，由于温度增高，沉积有机质受热并在热解中生成简单且化学上稳定的结构，如烷烃、单环烷烃、纯的芳烃化合物。因此，从浅到深，烃类中多环的结构逐渐减少，链状结构占优势，低分子烃的比例增加，当超过了生油的主要阶段，热裂解作用成为主要过程，低分子烃就完全占主要地位。

第四节 油气生成的化学动力学和影响因素

油气的生成从分散有机质被埋藏堆积后的生物化学作用阶段开始，经过深成作用热降解成烃，及变质作用的热裂解成气和最终的甲烷化阶段，涉及有机质的分解、聚合、降解、裂解等一系列反应。与所有的有机化学反应一样，这一过程受到化学动力学规律的控制，其重要影响因素是温度。此外，这些反应还受到生物和非生物（如时间、催化剂、压力等）因素的影响。

一、油气生成的化学动力学

化学动力学是研究化学反应速率以及影响化学反应速率各因素的科学。干酪根演化为油气的过程,实质上是一个化学反应的全过程,完全可以根据化学动力学的基本原理,通过研究干酪根演化生油的速率以及影响其演化进行的基本条件来揭示干酪根演化的全过程,了解干酪根演化过程中的基本步骤和总的反应。

1. 化学动力学的一级反应

在化学反应中,凡反应速率只与反应物浓度的一次方成正比的反应,称为一级反应。一级反应可用下式表示:

$$-\frac{dC}{dt} = kC \tag{7-3}$$

式中:C——反应物的浓度;

t——时间;

k——反应速率常数。

负号表示生成物增加,反应物减少,对式(7-3)进行积分得:

$$\int -\frac{dC}{C} = \int k dt \tag{7-4}$$

若以 C_0 表示开始时($t=0$)反应物的浓度,以 C 表示时间为 t 时反应物的浓度,对式(7-4)积分得到:

$$-\int_{C_0}^{C} \frac{dC}{C} = \int_0^t k dt \tag{7-5}$$

$$\ln \frac{C_0}{C} = kt \tag{7-6}$$

$$k = \frac{1}{t} \ln \frac{C_0}{C} \tag{7-7}$$

若已知任何时刻 t 的反应物浓度为 C,即可计算出反应速率常数 k。

2. 阿伦尼乌斯方程

在化学反应中,增加温度可以使化学反应的速率加快,温度对反应物浓度也有影响,但影响不大。因此,可以认为温度主要是影响了反应速率常数 k。当温度升高时,k 值增加,若以 k_i 表示 i℃时的速率常数,k_{i+10} 表示 $i+10$℃时的速率常数,则:

$$\frac{k_{i+10}}{k_i} = V \tag{7-8}$$

式中:V——速率的温度系数,表示温度每升高 10℃ 时化学反应速率增加的倍数,一般为 2~4 倍。

阿伦尼乌斯(1899)研究了反应速率常数随温度变化的关系。他根据大量实验数据进行归纳总结,提出了表征温度与反应速率常数的一般关系式,即阿伦尼乌斯方程式:

$$k = Ae^{-E/RT} \tag{7-9}$$

式中:k——反应速率常数;

A——频率因子;

E——活化能,使分子成为能发生反应的活化分子所需的最低能量,J/mol;

R——气体常数,8.314kJ/(mol·K);

T——反应时绝对温度,K。

由式(7-8)可知:反应速率常数与温度、活化能的关系为指数关系。温度发生微小的变化,反应速率常数就会发生较大的变化。显然,升高温度或降低活化能,或增加反应物的浓度都可使反应速率加快。阿伦尼乌斯方程对于解释干酪根热降解成油的机理具有重要的理论和实际意义。

二、影响油气生成的主要因素

1. 有机质组成与性质

根据化学动力学原理,干酪根大量裂解成油气是一系列化学反应的结果,而干酪根活化能的大小是控制反应速度的关键因素。Ⅰ型干酪根以脂肪族结构为主,杂原子键少,故活化能分布中对应于弱键的低值少,大部分值在 $70×4184J/mol$ 附近,相应于 C—C 键断裂所需的活化能。所以,它要求较高的门限温度。而且在高温下,反应速率迅速增长,生烃量很快上升到峰值。Ⅱ型干酪根活化能分布较宽,由于杂原子键较多,活化能值较Ⅰ型低,峰值为 $50×4184J/mol$,故门限温度较低。Ⅲ型干酪根活化能分布平缓,最大值集中在 $60×4184J/mol$,故门限温度介于Ⅰ型和Ⅱ型之间(图 7-18)。由此,Tissot 和 Welte(1978)提出了油气生成界限,Ⅱ型干酪根首先进入生烃门限,相当于 $R_o=0.5\%$,Ⅲ型次之,$R_o=0.6\%$,Ⅰ型干酪根最后 $R_o=0.7\%$(图 7-19)。不过有机质的类型与其活化能的分布关系并非如此简单。如同一种类型的干酪根,其来源和组成不可能绝对一致,其活化能的分布会随之变化。相应的,其成烃门限等也会明显不同。

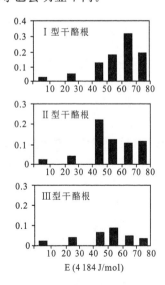

图7-18 3种类型干酪根的活化能分布

(据 Tissot 等,1978)

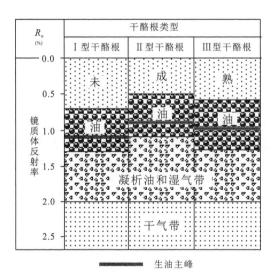

图7-19 根据镜质体反射率确定不同干酪根生成油气的近似界线

(据 Tissot 等,1978)

2. 地层温度

前已述及,当反应物浓度不变时,温度每升高10℃时,化学反应速率一般增加2~4倍。阿伦尼乌斯方程(式7-5)表明,反应速率常数与温度关系为指数关系,即温度发生微小的变化,反应速率常数就会发生较大的变化。在靠近地表处,温度较低,沉积有机质的反应速度较慢,随着深度的增加,沉积有机质的反应速度也加快,这已被许多沉积盆地的沉积有机质演化规律所证实,如美国加利福利亚州洛杉矶盆地中新统泥岩中的烃/有机碳均在浅部位值低,但在温度达到115℃左右时,比值明显增大(图7-20)。这是温度控制沉积有机质演化生成烃类的地质证据。

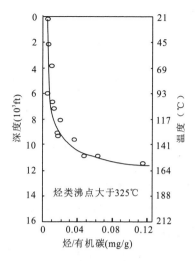

图7-20 洛杉矶盆地中新统泥岩烃/有机碳与深度、温度的关系

(据Philippi等修改,1965)

热力学研究表明,断开一个短链烃比断开一个长链烃要困难很多,而地质体中甲烷的聚集深度比石油的聚集深度深,其原因就在于深处比浅处温度高,能提供使短链烃C—C断裂的更多热能。此外,沉积有机质的受热过程是一个非生物过程,其结果是使生物产生的分子特征消失,具有旋光性的化合物也被降解为不具有旋光性的物质等。

3. 时间

图7-21展示了烃源岩(干酪根类型相同)的时代越新,其生烃门限温度就越高,反之,烃源岩层越老,其门限温度就越低。可见,时间在干酪根成烃过程中也是有影响的。

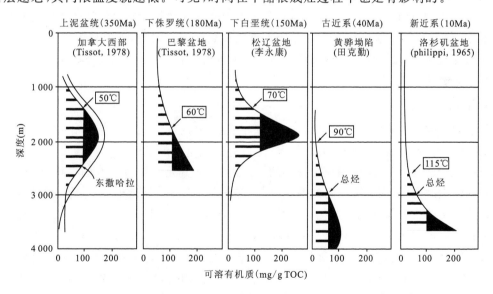

图7-21 几种不同时代烃源岩的门限深度和门限温度比较

干酪根成烃过程中,时间和温度的作用并不完全相当,温度对有机质的热演化起主导作用,反应速率与温度成指数关系,与时间成线性关系。也就是说,温度增加10℃,时间需增加

一倍才是等效的。将反应速率方程(7-7)结合阿伦尼乌斯方程(7-9),可得:

$$\frac{1}{t}\ln\frac{C_0}{C} = Ae^{-E/RT} \tag{7-10}$$

$$\ln A - \frac{E}{R \cdot T} = -\ln t + \ln\ln\frac{C_0}{C} \tag{7-11}$$

对于一个给定的反应物浓度(即 C_0/C 是常数),A 是常数,则上式可简化为:

$$\ln t = \frac{E}{R \cdot T} - B \tag{7-12}$$

式中:t——时间;
   B——频率常数。

该式表明烃源岩年龄对数与温度之间存在线性关系,这就是 Connan(1974)提出的时间-温度关系式。

该关系式表明,在石油的生成过程中,时间和温度可存在补偿关系,门限温度不仅取决于古地温,还取决于烃源岩的地质时代(即该温度下的时间间隔),从而在理论上验证了自然演化剖面观察的结果(图7-21)。实验室内的生烃模拟也正是利用时间-温度的这一关系,通过明显高于地质条件下的反应温度,来极大提高反应速率,从而将地质条件下需要数百万年至数亿年才能完成的反应在短时间内完成。

但时间的补偿作用也是有一定限度的,古老地层若埋藏过浅,从未达到生油门限温度,时间再长也无法使有机质成熟。沉积有机质演化生烃过程是一个长期的、连续累加的不可逆过程。经受的温度较低,生油过程就缓慢;温度升高,过程随之加速;温度再度降低,生烃过程可以再次变慢,只要有机质不被氧化、剥蚀,具有生烃潜力,无论经历多么复杂的过程,一旦重新埋藏到一定深度(温度),就可以生成烃类,即"二次生烃"。

总之,在温度和时间的综合效应下,有利于生成并保存油气的盆地是年轻的热盆地和古老的冷盆地。相反,年轻的冷盆地中的有机质难以达到生油门限值,干酪根难以大量转化为油气。而在老盆地中,长期处于高地温环境条件对油气的保存并不利,尤其是石油(液态烃)的保存温度一般不超过200℃。

4. 压力

传统的干酪根热降解成烃理论往往主要考虑温度和时间对油气生成的作用,而较少考虑压力的作用。随着有机质生烃研究的深入,压力对油气生成的影响逐渐得到重视。化学理论认为,压力的增大有利于反应向压力减小的方向进行,尤其是油裂解成气的过程,涉及反应前后体积的巨大改变,从而导致压力的明显改变,应该受到明显的抑制。但目前,不同学者依据不同地质实例中压力与有机质演化的关系分析,得出了3种互相矛盾的认识:①压力对有机质的热演化和生烃作用无明显影响(Monthioux,1986),也没有证据表明压力影响石油的转化速率(Schenk,1997);②压力的增大促进有机质的热演化(如镜质组反射率升高),特别是烃类的热裂解(Braun,1990;Mastalerz,1993);③压力的增大抑制有机质的热演化和生烃作用(丁富臣等,1991;Price 等,1992;Dalla,1997;姜峰等,1998)。

要正确认识压力对有机质演化和成烃的影响,卢双舫等(1994,2002)认为首先必须明确并区分以下3个关键的概念:①静岩压力-上覆地层的载荷所产生的压力;②总孔隙压力-岩石孔隙中的流体压力,正常压实时,为静水压力,有欠压实时,则出现超压;③有效压力-孔隙中参加反应进程的气体和由裂解反应所生成的气体的分压,不包括惰性气体和水等流体所产生的分压。他认为,如果把这几种压力不加区分地统称为"压力"来描述"压力对有机质成烃的影响",势必会得出互相矛盾的结论。化学理论所指的"压力的增大有利于反应向压力减小的方向进行"是针对有效压力而言的。但地质条件和实验室条件下这种有效压力均很难确定。同时,考察对象是油还是气也可能是导致矛盾的原因之一。干酪根裂解成油后,油还会二次裂解成气。因此,当加压抑制油裂解成气时,如果考察油的生成量,会得到加压促进烃的生成结论;而考察气时,则会得到相反的结论。此外,实验过程中所施加的载荷压力和地质条件下的静岩压力在一定条件下会导致孔隙的封闭,使得生成的气体无法排出而导致孔隙中有效气体压力的升高,也使得问题更加复杂。

从化学理论的角度,应该是压力而不是超压影响反应进程。如在实验室条件下,由于没有作为参照的静水压力,就只有压力而没有超压,但实验室条件下压力的升高对体积变化的反应有明显的影响已得到了许多化工过程的证实。由此来看,就很难理解郝芳(2005)得到的"对有机质演化起作用的是超压而不是压力"这一认识。但是,如果将上述几个概念区分开后,就有可能解释这种现象:正常的静水压力表明孔隙流体的排出比较畅通,因此,有机质热演化生成产物,尤其是气体能够被有效排出,故其有效分压并不会随着静水压力的升高而增大;但在超压条件下,流体、包括生成的气体不能有效排出,这将使孔隙中能够影响反应进程的有效分压升高,从而对有机质的演化和烃类的裂解起到抑制作用。

郝芳等(2005)通过对我国一些典型的超压盆地进行系统研究后提出了超压抑制有机质热演化的4个层次:①超压抑制了有机质热演化的各个方面,包括不同干酪根组分的热降解(生烃作用)和烃类的热演化;②超压抑制了烃类的热演化和富氢干酪根组分的热降解,而对贫氢干酪根组分的热演化不产生重要影响,因而镜质组反射率未受到抑制;③超压抑制了烃类的热裂解,而对于干酪根的热降解未产生明显影响;④超压对有机质热演化的各个方面均未产生可识别的影响。第一层次是烃源岩早期超压并长期保持封闭流体系统的结果。在很多情况下,超压对有机质热演化的抑制作用属于第二和第三层次。需要用多种参数识别超压的抑制作用。超压发育过晚、超压强度低、超压流体频繁释放等都可能导致超压对有机质热演化的各个方面均不产生可识别的影响。

一般认为高压对于使体积增大的裂解反应是不利的,但压力对油气生成的影响仍是一个很有意义的课题。在自然界中发现,当有异常高压存在时,即使地层温度超过200℃,镜质体反射率(R_o)大于2%,仍可有液态烃赋存,而在正常压力下,烃类已转化为气相。如华盛顿湖油山(6 540m)、巴尔湖油田(6 060m),地层温度均超过200℃,仍为油藏,这可能是由于异常高压阻止了液态烃裂解为天然气的缘故。由此可见,压力对油气的生成和转化可能起着某种作用。

5. 催化剂

催化剂对反应速率的影响与浓度、温度对反应速率的影响是不一样的,后者并不改变反应的机理,而催化剂是通过改变反应机理来影响反应速率的。催化剂的存在使反应活化能降低,从而加快反应速率。

有机质生成石油烃类主要有两类反应,即C—C键断裂和脂肪酸脱羧。在实验室中只有高于400℃下反应方可实现,其反应的活化能为$60\times 4\,184\text{J/mol}$,而在沉积物中这类反应却可以进行,它们的活化能为$(20\sim 35)\times 4\,184\text{J/mol}$,表明在地质条件下这类反应是在催化剂参与下完成的。干酪根热演化成烃的反应主要包括脂肪酸脱羧基、键断裂和异构化作用，矿物催化降低了化学反应的活化能，使干酪根热演化成烃过程可以在较低的温度条件下发生。

研究表明，无机盐类黏土矿物是油气生成的很好的催化剂，其催化能力与吸附能力和离子交换能力有关。催化剂表面吸附两种或两种以上物质的分子时，它们便会相互作用而形成新的化合物。通常认为吸附能力强的蒙脱石催化能力最强，伊利石次之，吸附能力弱的高岭石最弱。碳酸盐岩中因黏土矿物较少，其吸附能力也低，导致催化能力更弱。

然而岩石中大量水分的存在会大大降低催化剂的活度，阳离子的性质也会影响其活度。因此，在自然条件下，一般沉积物中的黏土矿物只能视为低活性的催化剂。

黏土矿物的催化作用会影响反应机理，在无催化剂时，C—C 键断裂被认为是自由基反应，直链原始物质仍形成直链烃类。但在有催化剂存在时，反应通过形成正碳离子，使碳骨架重排，形成以支链烃为主的烃类。一般认为在中温下（<125℃）以热催化裂解为主，高温下则以热裂解为主。

第五节 油气形成的模式

前面的讨论可以明确油气的形成具有明显的阶段性，基本上分为 4 个逐步过渡的阶段：未成熟（生物气阶段）、成熟（热催化油气阶段）、高成熟（热裂解凝析油气阶段）和过成熟（高温干气阶段）。然而，在不同的阶段，影响有机质演化的主要因素不同，所生成的烃类和有关产物的数量和组成也明显不同，从而直接影响油气在地质剖面上的分布规律。油气形成的模式正是对各阶段有机质演化特征、油气生成特征及基本规律的总结。

一、一般生烃模式

目前，国内外地球化学家提出的阶段划分大同小异，现介绍 Tissot 等（1974）针对Ⅰ型干酪根成烃演化特征提出的经典成烃模式（图 7-22）。

1. 生物甲烷气阶段——成岩阶段

成岩阶段包括从生物被埋藏到经生物化学解聚及缩聚等作用而形成黄腐酸和腐黑物，直至最终形成干酪根这一过程。主要特点是埋藏浅（从沉积界面到数百乃至 1 500m）、低温（10～60℃）、低压和强烈的微生物活动，与沉积物的成岩作用阶段基本相符。在缺乏游离氧的还原环境内，厌氧细菌非常活跃，生物起源的沉积有机质被选择性分解，转化为分子量更低的生物化学单体（如苯酚、氨基酸、单糖、脂肪酸等），部分有机质被完全分解成 CO_2、CH_4、NH_3、H_2S 和 H_2O 等简单分子。这些新生成的产物相互作用形成复杂结构的地质聚合物，如腐泥质和腐殖质。前者富含脂肪族结构，后者由多缩合核、支撑碳链和官能团（—COOH、—OCH_3、—NH_2、—OH 等）组成，通过杂原子键或碳键连接在一起，成为干酪根的前身。另外，随着可溶于酸、碱的有机化合物与孔隙水的排出，胶质、沥青质和少量液态烃等可溶于有机剂的含量逐渐增加，矿物介质（如铁和硫酸盐）则被还原为低价化合物（菱铁矿、黄铁矿）。

由于埋藏深度较浅，温度、压力较低，有机质虽经各种生化作用的选择富集，但仍保持其原始的结构特征，大部分转化成干酪根保存在沉积岩中，同时，形成少量烃类和低熟油。由于细菌的生物化学降解作用，产物以甲烷为主。因此，成岩作用阶段的烃类形成以生物甲烷气为

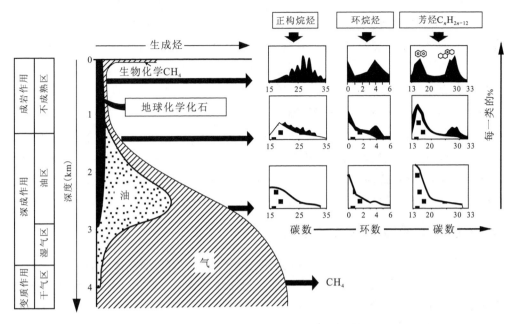

图 7-22 干酪根成烃演化的一般模式
(据 Tissot 等,1974)
(深度是示意的,它根据古生代和中生代生油岩生油门限深度平均值得出)

主,有少量的烃类来自于活生物体,大部分为 C_{15+} 的生物标志化合物,在特定的生源构成和适宜环境条件下可生成相当数量未熟-低熟油。

2. 石油形成阶段——深成作用阶段

此阶段可划分为生油主带和凝析油气带。

1) 生油主带

生油主带又称为"液态窗"阶段。所谓"液态窗"是指液态烃类能够大量形成并保存的温度区间。Pusey(1973)根据开采油气田的经验数据和实验结果,发现液态烃类开始大量形成的温度是 65.6℃,低于 65.6℃生成的主要是生物成因天然气。当温度超过 148.9℃时,液态烃类受到破坏,变成裂解气。因此,他把 65.6~148.9℃这个温度范围称之为液态烃的窗口。有机地球化学家把干酪根大量热降解成烃开始到液态烃生成结束,即液态烃生成的上、下门限之间的这一阶段的深度称之为"石油窗"阶段,此阶段的镜质体反射率值一般确定为 0.5%~1.3%。

在生油主带,随着沉积物埋藏深度达到 1 500~2 500m,地层温度达 60~150℃,此时促使有机质转化的最活跃因素是热催化作用,干酪根大量裂解形成液态烃及一定量的气体。大量低分子液态烃和一定数量的气态烃的生成使干酪根的 H/C 原子比迅速降低。此带内干酪根降解形成中到低分子量的烃,且正构烷烃奇碳优势消失,环烷烃及芳香烃碳原子数也递减,多环及多芳核化合物显著减少,逐渐稀释了继承性的生物标志化合物。

2) 凝析油气带

当地层埋藏深度达到 2 500~3 500m,地温达到 150~250℃,干酪根进入深成作用阶段后期,对应镜质体反射率在 1.3%～2.0%。此时干酪根除了继续断开杂原子官能团和侧链,生成少量水、二氧化碳和氮外,主要反应是大量 C—C 链断裂,包括环烷的开环和破裂。早期形成的液态烃进一步发生热裂解,甲烷及其气态同系物低分子正构烷烃(C_1～C_8)大量生成,气油比一般超过 600～1 000 m^3/t。在地层温度和压力超过烃类相态转变的临界值时,这些轻质烃类就会发生逆蒸发,反溶解于气态烃中,形成凝析气和更富含气态烃的湿气。

3. 裂解气形成阶段——变质作用阶段

地层埋藏深度超过 3 500～4 000m,对应镜质体反射率>2.0%。经过深成阶段后,干酪根中绝大部分可以断裂的侧链和基团基本消失,无生成液态烃的能力,但能进一步裂解形成甲烷等气态烃。此外,已形成的液态烃进一步裂解,变成热力学上最稳定的甲烷。干酪根残渣进一步缩聚,最终石墨化。因此,该阶段也称为过成熟干气阶段。

二、不同类型干酪根的生烃模式

前已述及,由于沉积有机质生物来源的复杂性,不同类型有机质在成烃演化过程控制因素可能存在一定差异。随着煤成油、未成熟石油及超深油气藏的发现,人们一方面对传统干酪根成烃作用模式提出了疑问,另一方面对这些干酪根的成烃规律开展了进一步研究。下面仅介绍几种与我国油气密切相关的烃源岩成烃演化模式。

1. 淡水湖相烃源岩的成烃演化模式

淡水湖相烃源岩的有机质来源相对复杂,湖泊中心向外由深湖亚相-半深湖亚相-浅湖亚相-滨湖三角洲亚相或滨湖亚相变化,有机质类型也发生变化。深湖亚相及较深湖亚相由于位于湖泊波基面以下的深水区,湖底不受波浪影响,多为强还原或还原环境,其岩性主要为灰黑色、深灰色泥岩,富含有机质及分散状黄铁矿,见淡水双壳类、介形类化石,沉积有机质以 II_1 型为主,湖泊较大时藻类发育形成 I 型有机质。在浅湖亚相,由于位于波基面以上的浅水地带,波浪能触及湖底,水底氧气充足,营养丰富,有利于生物生长,有机质母源很复杂,藻类、细菌以及高等植物的各种稳定组分对干酪根都有贡献,主要形成 II_2 型有机质。在滨湖亚相及滨湖三角洲亚相,陆生高等植物来源为主,一般形成 III 型有机质。

图 7-23 为杨万里等(1981)提出的中国陆相生油岩成烃模式,概括了我国陆相烃源岩的油气形成过程。在同一地质条件下,深湖 I 型干酪根富含脂肪结构,优先于较富含芳烃化合物的 III 型与 II 型干酪根裂解,形成液态烃。

2. 咸化-盐湖相烃源岩的成烃演化模式

在干旱气候下,当湖水蒸发量大于湖区降雨量、四周地表径流和地下水输入量较小时,湖水逐渐浓缩,盐度增高,达到某种盐类饱和度时便有某种盐类矿物析出。咸化-盐湖环境的盐度变化范围在 5‰～40‰之间。在干热、温暖的亚热带型气候,干湿交替的变化规律,浮游生物和一些陆源高等植物沉积到湖底,在强烈的厌氧细菌和 H_2S 作用下,大部分腐殖物质被破坏掉,部分也被腐泥化,只保存下来最稳定的烃类先驱物质——类脂类。在成岩作用早期,由于生物残留烃类脂烃占优势,有机质不能结合(缩合)成干酪根,多以游离状态存在。

宋一涛等(2004)根据济阳坳陷沙一段半咸水富藻类烃源岩自然剖面有机质的成熟演化规律,以及未成熟颗石藻及藻类源岩样品的生烃热模拟实验,建立了沙一段半咸水富藻烃源岩在未熟、低熟和成熟 3 个阶段生烃模式(图 7-24)。第一阶段(1 000～2 000m)主要是生物可溶

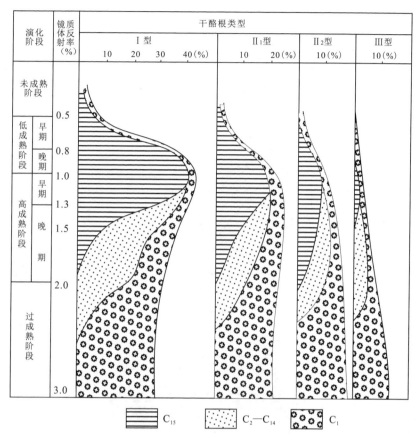

图 7-23 中国陆相生油岩的成烃模式
（据杨万里等，1981）

有机质低温热催化生烃阶段；第二阶段（2 000~3 200m）是可溶有机质低温热催化大量生烃阶段，生油高峰为 300℃（R_o 值为 0.45%），可溶有机质对生烃的贡献大于 58%；第三阶段（>320℃）则为干酪根热降解生烃阶段，抽提过岩样的生油高峰为 350℃，R_o 值为 0.75%。该生烃模式与通常确定的生烃模式不同，其中未成熟油气生成阶段实际上包括了两个生烃阶段：第一个阶段是通过模拟实验新划分的生化生烃阶段，从沉积早期到一千多米；第二个阶段是低温热催化生烃阶段，相当于埋深 1 000~1 600m，这两个阶段往往部分重叠，以生化生烃为主，下部以低温热催化生烃为主。生化生烃和低温热催化作用都可以形成可溶有机质和一定量烃类，只是可溶有机质中通常含有大量非烃和沥青质，因此在埋藏较浅的深度不易排出。由此可见，以藻类有机质为主的烃源岩具有早期、多期连续生烃的特点。

3. 煤系烃源岩的成烃演化模式

典型海相烃源岩和典型湖相烃源岩的有机母质分别来源于海洋浮游生物和细菌，淡水浮游生物和细菌，而煤和煤系烃源岩形成于三角洲、湖泊、河流、障壁岛等与沼泽发育有关的沉积环境，有机母质则以高等植物有机质为主。陆生植物个体大并由具不同特征的组分构成，例如结构部分的组分是贫氢的，而含量较少的角质、孢子、木栓质和树脂等稳定组分则是富氢的。

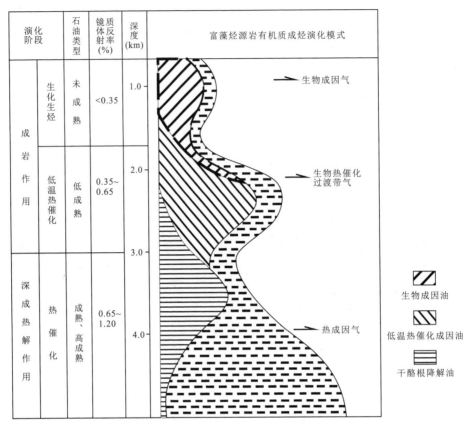

图 7-24 济阳坳陷沙一段半咸水富藻烃源岩有机质成烃模式
(据宋一涛等,2004)

植物死亡后由于沉积环境不同,可以就地埋藏,也可以异地沉积,使陆生植物的某些组成部分分离并相对富集,例如形成富含稳定组分的富氢残植煤。煤及煤系干酪根的母质——腐殖型有机质的组成十分复杂,因而腐殖型干酪根和腐殖煤作为一类烃源岩,具有一定特殊性。

煤和煤系源岩中生烃能力最佳(包括液态烃)的是壳质组,因其原始母质乃是各种富氢物质,如角质、孢子、木栓质和树脂等;镜质组生烃能力次之;生烃能力最低的是丝质组(惰质组)。煤和煤系烃源岩有机质虽然多数为Ⅲ型,但是在某些环境,如滨浅湖、半深湖以及细菌活动强烈的沼泽环境也可以形成Ⅱ型,甚至Ⅰ型。因此,煤及煤系干酪根在热演化过程中既可产生天然气,又具有一定的生油潜力。

图 7-25 是吐哈盆地中下侏罗统煤岩和煤系泥岩样品热模拟实验的成烃演化模式。煤岩样品的有机碳含量为 63.7%,暗色泥岩和碳质泥岩的有机碳含量为 4.3%,干酪根镜检均为Ⅲ型,镜质体反射率(R_o)在 0.36%~0.46% 之间,吐哈盆地中下侏罗统煤岩和煤系泥岩的有机质显微组成基本相似,镜质组含量一般为 60%~80%,惰质组和壳质组含量分别在 10%~25% 和 5%~15% 之间(程克明,1994)。煤岩和煤系泥岩生烃特征的差异主要是煤岩中相对富含木栓质体、角质体和树脂体。它们的相对含量虽然较低,但是生烃潜力大,并且有利于液态烃的生成。此外,煤岩有机质受到细菌的改造也有一定影响。对比分析煤岩和煤系泥岩成

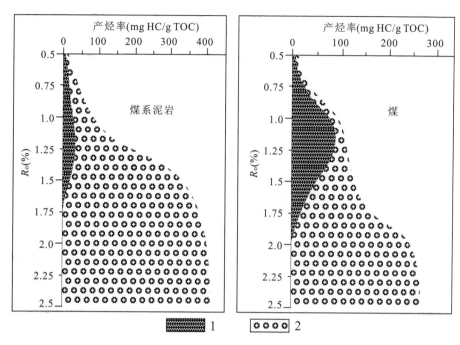

图 7-25 吐哈盆地侏罗系煤系泥岩和煤岩生烃演化模式
(据程克明,1994)
1.液态烃累计产率;2.气态烃累计产率

烃演化特征可见,煤系泥岩有机质的生烃演化特征与典型腐殖型有机质的生烃模式相似,生气为主,液态烃生成数量相对较少,生油高峰的特征不太明显;而煤岩有机质的液态烃生烃能力虽然较低(小于 100mg/g TOC),其生烃演化却具有典型腐泥型有机质的生烃演化特征,即具有明显的生油高峰,并且在成熟阶段以生油为主、生气为辅。

4.碳酸盐烃源岩的成烃演化模式

碳酸盐烃源岩与泥质烃源岩的显著区别在成岩作用过程,前者在压实、压溶、胶结和重结晶各个阶段中,沉积物的组构发生了变化,导致其周边的分散有机质的赋存状态亦发生了改变。在重结晶时,碳酸盐的晶格质点有可能被有机质的质点代替或在碳酸盐晶格缺陷和窝穴处充填有各种状态的有机质(气、液、固态,包括生物沥青大分子、生物沥青大分子解聚生成的烃等),后被结晶的碳酸盐晶体完全包裹,这种赋存状态的有机质称包裹体有机质。由此可见,碳酸盐岩中有机质的赋存状态不同于泥质烃源岩,前者除分散有机质外,还存在包裹体有机质。碳酸盐岩有机质演化表现出相对"滞后效应"。钟宁宁和秦勇等(1995)通过对华北地区石炭系灰岩及与其共生的太原组煤和山西组煤的对比研究证实,碳酸盐岩有机质在镜质组反射率 $R_o<1.0\%$ 之前的演化阶段,海相镜质组反射率、显微组分荧光性、干酪根基本结构单元和岩石热解参数等方面的变化全面滞后于共生的陆源有机质(煤层),滞后程度(ΔR_o)达 $0.25\% \sim 0.35\%$。

碳酸盐岩的成岩作用较泥质烃源岩复杂得多,包括同生、胶结、压实及压溶、重结晶和溶解等作用,导致其有机质赋存形式的多样性和复杂性,进而影响到有机质生烃演化不同于碎屑岩类的特殊性。根据王兆云和程克明(1997)对碳酸盐岩自然演化系列和人工热模拟实验的研究结果表明,碳酸盐烃源岩的生烃过程(包括油和气的生成)是个多阶段连续的过程,可划分为早期生烃、干酪根大量热降解生烃、碳酸盐矿物包裹体有机质在高演化阶段成烃3个主要阶段,且各阶段相互有交叉(图7-26)。

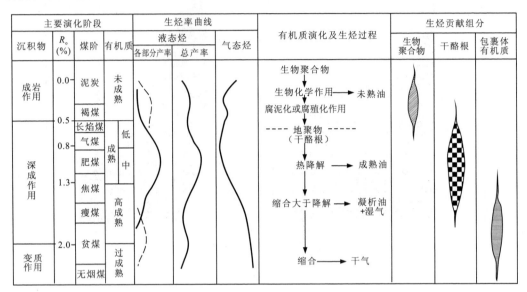

图7-26 碳酸盐岩生烃演化模式

(据王兆云和程克明,1997)

任何科学的学说都没有穷尽真理,而只是开辟了通往真理之路。干酪根热降解成油学说因近年来一系列新发现(未成熟油的大量发现、超深液态烃的发现,无机成因天然气的普遍存在等)而受到了挑战。因此,这一理论还有待今天和明天的油气地质地球化学工作者去进一步发展和完善。

天然气地球化学特征

自然界中天然形成的气体即为天然气。广义的天然气包括自然界中的一切气体,即包括大气圈、水圈、岩石圈、地幔和地核中的一切天然气体;狭义的天然气指岩石圈、水圈、地幔和地核中绝大多数以烃类气为主的气体,这也是油气地球化学中对天然气的定义。由于天然气形成过程的复杂性和气态物质的易扩散性,自然界的天然气通常是可燃烃与其他气态物质的混合物,包括以甲烷为主要成分的烷烃系列及 CO_2、H_2S、N_2、H_2、Ar、He 等非烃气体。由于与天然气地质相关内容庞多,本章仅着重讨论天然气的类型、组成、地球化学特征和成因判识。

第一节 天然气的类型

天然气与石油在起源上既有密切联系又有显著区别。在形成条件上天然气比石油更为广泛、迅速、容易。世界各国现已开采的油藏,绝大多数石油是由原始有机质在还原环境下埋藏到一定深度的,经受地温的热催化作用达到成熟时大量生成的。而天然气除与石油相同来源外,高等植物的木质纤维以及地球深部、宇宙空间多种无机物质,在乏氧或有氧、低温至高温的各种环境内,都可以生成。天然气类型是依据特定的地质地球化学特征为原则划分的,不同的分类原则可将天然气分为不同类型。

一、按天然气组分分类

根据天然气组分中甲烷含量的多少,可分为干气和湿气。国际上尚没有划分干气和湿气的统一标准,多数学者以天然气中 C_2+ 的含量来划分,一般将 $C_2+ \geqslant 5\%$(或 $C_1 < 95\%$)的称为湿气,$C_2+ < 5\%$(或 $C_1 > 95\%$)的称为干气。

同时,也可根据烃类和非烃组分的含量,将天然气分为烃类气(以烃类为主要成分的天然气)和非烃气(以非烃为主要成分的天然气)。

二、按生储盖组合分类

(1) 自生自储型。指天然气源岩及储层在一个较大的地质层系范围内,气体运聚过程中,未超越大的沉积层系范围。

(2) 新生古储型。气源为新地层,通过断层、不整合面以侧向运移为主聚集储藏在老地层中,以古潜山型气藏为特征。

(3) 古生新储型。由于气体的易运移特征,使老地层源岩形成的气体通过断层、不整合面运移至新地层中储存。

三、按天然气相态分类

(1) 气藏气。指单独聚集成藏的天然气，呈游离态产出，它可能存在于油田内，亦可分布在油田外，它的化学组分变化较大。

(2) 溶解气。是指生油母质（Ⅰ、Ⅱ干酪根）在成熟阶段生成的天然气，常与原油伴生，溶解在地层原油中。

(3) 凝析气。是指在较高温度、压力下以气态形式存在于地层中，而在采出地面后，由于地表压力、温度较低逆凝结为液态烃的天然气。这种特殊的油气藏目前在浅层和深层都有发现。

(4) 气体固态水合物。气体水合物是一种特殊类型的化学物质，气体分子以物理方式封闭在膨胀了的水分子晶格内。气体水合物是以固体状态存在，它必须在高压低温条件下才能形成，这就使气体水合物的分布只能局限在深海洋底沉积物和巨厚永冻土层的地区。

四、按天然气来源分类

根据生成天然气的原始物质来源，可将其划分为无机成因气、有机成因气及混合成因气。

1. 无机成因气

任何环境下由无机物质形成的天然气叫无机成因气。尽管对其研究程度较低，并且它在具有商业价值的气藏中所占的比例较小，但其存在是不可否认的，近年来已引起天然气地质学家们的高度重视。按其来源和气体形成特点可分为两大亚类：幔源气和岩石化学反应气。

(1) 幔源气。又称深源气，系指地球形成初期捕获的原始气体，从地幔通过不同方式上升到沉积圈的天然气，包括火山喷发作用和沿深大断裂或转换断层上升运移的气体，其组成有 CH_4 和非烃气体，如 H_2O、SO_2、N_2 及稀有气体。

(2) 岩石化学反应气。指无机矿物岩石在演化过程中形成的气体，包括费-托反应形成的甲烷，无机盐类和矿物在高温条件下（变质作用、火山作用）形成的气体，还有壳源成因的稀有气体等。

2. 有机成因气

有机成因气是指沉积岩中分散状或集中状的有机质通过细菌作用、物理化学作用等形成的天然气，这是油气地球化学中天然气的主要研究对象，也是目前已知的绝大多数有工业价值烃类气藏的主要来源。根据有机质的母质类型和热演化程度，可进一步对有机成因气进行分类。

1) 按有机质母质类型分类

有机质类型可分为腐泥型（Ⅰ型）、腐殖腐泥型（$Ⅱ_1$ 型）、腐泥腐殖型（$Ⅱ_2$ 型）和腐殖型（Ⅲ型）。相应的，可将有机成因气分为以下类型。

(1) 腐泥型天然气（油型气）。由Ⅰ型、$Ⅱ_1$ 型干酪根降解生成的天然气。这类干酪根相对富氢，以含直链和环状饱和烃为主，只含少量多环芳烃及含氧官能团。在热演化过程中，该类干酪根不仅可产生大量液态烃，也可产出相当数量的气态烃，其生气量绝不比腐殖型干酪根少。

(2) 腐殖型天然气（煤型气）。由 $Ⅱ_2$ 型、Ⅲ型干酪根降解生成的天然气。该类干酪根相对贫氢，以含氧官能团为主，饱和烃含量少。该类母质主要分布于煤或含煤层系中，呈分散状有机质或呈集中状腐殖煤出现，在演化过程中以形成气态烃为主，同时也可形成一定数量的凝析油和轻质油。

2)按有机质热演化程度分类

有机质的热演化程度可分为未成熟、低成熟-成熟、高成熟和过成熟阶段,相应的可将有机成因气分为生物气、生物-热催化过渡带气、热解气和裂解气。但天然气的生成过程是连续的,各类划分并没有十分严格的界限。

(1)生物气。生物气亦称为细菌气,指有机质在未成熟阶段($R_o<0.4\%\sim0.5\%$)经厌氧细菌生物化学降解所生成的气态产物。无论原始母质为腐泥型还是腐殖型均可生成生物气。在富含有机质沉积物的表层,可形成甲烷,但大部分逸散到水体或大气中,只有在缺氧、低SO_4^{2-}环境中且具备圈闭的条件下才能有大量的生物气形成并聚集成藏。天然气勘探开发表明,生物气是一种重要的能源,分布广泛。在俄罗斯、波兰、意大利、西班牙、加拿大、美国、日本及中国等数十个国家都发现了具有工业价值的生物气藏,世界上已发现的天然气储量中20%以上属于生物气。俄罗斯的西西伯利亚具有1/3的资源量。该类气藏埋藏深度浅,一般小于1 500m,储层地质时代主要为白垩纪、古近纪、新近纪和第四纪。最古老的是美国密执安盆地的中—晚泥盆世Antrim页岩和阿巴拉契亚盆地泥盆纪页岩的生物气。就储量而言,白垩纪储层的储量最丰富,古近纪、新近纪次之,第四纪生物气藏规模一般较小。典型生物气的化学成分以甲烷为主,重烃气含量常低于0.5%,并特别富集轻碳同位素,甲烷碳同位素比值$\delta^{13}C_1<-55‰$。

(2)生物-热催化过渡带气。随着沉积物的埋深加大,地温升高,生物化学作用逐渐减弱,开始了有机质热演化作用。此时沉积物中的有机质正处于两种不同性质演化阶段的过渡时期,在此沉积成岩演化作用早期的特定阶段形成的天然气,称之为生物-热催化过渡带气,简称过渡带气(徐永昌等,1990)。

由于生物-热催化过渡带气是生物化学作用与有机质热解作用的综合结果,因此其地质及自然地理因素更为复杂,气体组分变化较大。该带天然气是低温演化阶段的产物,在温度不高,压力相对较小,而构造应力所产生的力化学作用和黏土矿物作用极其活跃的条件下,生物作用趋于结束,有机质特别是可溶有机质和极性组分通过正碳离子方式脱羧、脱基团作用和不溶有机质的缩聚作用形成小分子烃类。生物-热催化过渡带气一般分布在埋深1 000~2 500m乃至3 000m的地层中,与相应层段有机质演化($R_o=0.3\%\sim0.6\%$)所产生的气态烃所应有的特征相吻合。

受干酪根晚期成油理论的影响,国外一些学者(Stahl,1975;Rice,1981;Scheoll,1983)认为该带天然气由生物气和热解气混合而成。尽管该带天然气的研究和勘探未受到充分重视,但也有不少学者探讨了这个层段形成自生自储天然气的可能性。如Bicouknn等(1979)在天然气形成演化的分析中已提及该带的成气作用;Galimov(1988,1989)研究西西伯利亚北部乌连戈依等大气田的形成机制时,认为气是白垩系腐殖型有机质在演化程度不高时形成的($R_o=0.4\%\sim0.5\%$)。

总的来看,生物-热催化过渡带气的概念及其存在并没有多少异议,但在成藏意义方面还存在较大分歧,有待深入研究。

(3)热解气。热解气是指沉积有机质在成熟阶段($R_o=0.5\%\sim2.0\%$)经热催化作用而形成的天然气,由于有机质母质类型不同,形成的热解气性质有差异,所以根据有机质类型可将热解气分为:①油型热解气。指腐泥型干酪根在成熟阶段形成的天然气。这类干酪根以成油为主、成气为辅,在早期以热催化作用为主($R_o=1.3\%\sim1.6\%$),主要形成液态烃和湿气,常称为原油伴生气;晚期除热催化作用外,热裂解作用逐渐增强($R_o=1.6\%\sim2.0\%$),主要以凝析油伴生气为主。油型热解气在大多数情况下伴生于原油或凝析油中,只在少数情况下可游离出来形成气顶气或气层气。油型热解气分布甚广,在含油气盆地中都可找到数量不等的油型热解气,多分布在1 500~4 000m的中深层,我国东部的油气区聚集了中国85%的石油探明储量和近90%的石油产量,是中国油型热解气的主要分布区。②煤型热解气。指腐殖型干酪根在成熟阶段形成的天然气。这类干酪根在成熟阶段多以成气为主、成油为辅,故煤型热解气以游离的气层气为主。在煤系中也可形成凝析油气(或轻质油气),多与树脂体或蜡质有关,常为低成熟产物。油型热解气和煤型热解气的主要区别在于成气母质的化学成分和结构显著不同。含煤盆地在地壳上分布广泛,世界煤炭可采储量达1×10^{13}t。我国煤炭储量达5×10^{12}t,富含腐殖型母质的层系展布更为广泛,所以煤型热解气资源无论是在我国还是在世界范围都非常丰富,例如我国四川盆地(中坝、平落坝气田)和鄂尔多斯盆地(中部气田)的天然气均与煤系地层中的有机质有关,且能形成大中型气田。

(4)裂解气。裂解气一般指在过成熟阶段($R_o>2\%$)已生成的液态烃和残余干酪根以及部分重烃气经高温裂解作用而形成的天然气。它的重烃含量随有机质的成熟度增加而明显减少,最后变成以甲烷为主的干气。实际上在热解气形成阶段已经有部分裂解气生成,因此热解气和裂解气中间常常有交叉,没有严格的界限。由原油裂解形成的油型裂解气和残余干酪根裂解而成的天然气属腐泥型裂解气;由煤型热解气和残余腐泥型干酪根裂解而成的天然气,属腐殖型裂解气。

裂解气藏多分布在深逾4 000m的超深层,常为纯气藏。对于Ⅰ型、Ⅱ型干酪根成气,主要以油裂解气为主,而对于Ⅲ型干酪根主要以干酪根晚期成气为主(Behar等,1991,1992;Rudkiewica and Behar等,1996)。在美国墨西哥湾及二叠盆地,深逾4 500m的超深井常见纯气藏和凝析气藏;在我国四川盆地震旦系的海相碳酸盐岩中,发现了威远气田。目前,我国发现的裂解气主要是油型裂解气,多分布在演化成度甚高的古生界海相地层中。

3. 混合成因气

混合成因气指在成因上既有无机来源又有有机来源混杂在一起的天然气。如大气是典型的混合成因气。混合成因气藏相当普遍,但其研究还较薄弱,许多问题有待深入研究。

上述的这些分类互相联系、相互制约。在上述分类的基础上,戴金星等(1997)提出了天然气成因类型综合分类方案(表8-1),在天然气地质研究中占有重要地位,被广泛使用,是我国目前普遍采用的天然气成因分类方案。

表8-1 天然气成因综合分类方案

(据戴金星等,1997)

无机成因气		幔源气、岩浆成因气、放射成因气、变质成因气、无机盐类分解气			
有机成因气	母质类型	成因类型	未成熟阶段	未成熟—低成熟阶段	成熟阶段	过成熟阶段
	Ⅰ~Ⅱ₁	油型气	油型生物气	油型过渡带气	油型热解气	油型裂解气
					原油伴生气	凝析油气	
	Ⅱ₂~Ⅲ	煤型气	煤型生物气	煤型过渡带气	煤型热解气(常伴生凝析油)	煤型裂解气
混合成因气		异岩两源混合气,同岩两源混合气			

第二节 天然气的化学组成

如前所述,自然界中绝大多数天然气都是由多种气体组分组成,包括烃类气体(甲烷和 $C_{2\sim4}$ 重烃气)与非烃气体(CO_2、H_2S、N_2、H_2 及 Ar、He)。但不同天然气所含组分及比例不尽相同,这不仅是天然气本身成因不同所致,天然气的运移、成藏过程中的某些外界因素也对其有重要的影响。因此,研究天然气的组成特征,对于天然气的成因分析、气藏的形成规律等研究均有重要意义。

一、烃类气体组分特征及其影响因素

图 8-1(a)所示为我国天然气烃类组分频率分布图,可见大部分天然气以烃类组分为主(烃类气含量大于 95% 的天然气占 55% 以上)。其原因在于自然界聚集成藏的天然气主要是沉积物中有机质在各演化阶段形成的烃类气。

1. 烃类气体各组分的分布特点

(1)以甲烷为主。从图 8-1(b)可见,甲烷含量最高峰分布在 85%~100% 之间,占样品总数的 65% 左右,即多数样品甲烷含量高于 85%。

(2)重烃气($C_{2\sim4}$)含量较甲烷低得多。重烃气含量高峰值分布在 0~2% 之间[图 8-1(c)],且含量越高时样品数越少,其含量一般不超过 50%。

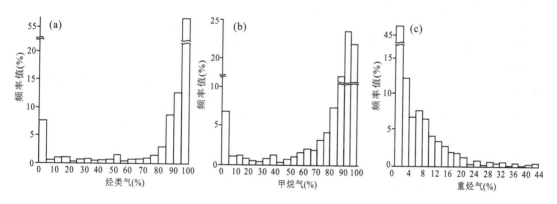

图 8-1 我国天然气组分含量频率分布图
(据戴金星等,1992)

2. 影响因素

(1)成熟作用。自然界有机质从未成熟到成熟再到过成熟阶段,产生的甲烷含量由高到低再到高,重烃含量相应从低变高再变低。根据热模拟实验结果(戴金星等,1993),随模拟温度升高,重烃气含量由低变高,再变低,而甲烷含量则随温度升高逐渐增大(图 8-2)。这似乎不符合自然界天然气甲烷含量的变化规律,其原因在于模拟实验早期产出的气体中 CO_2 含量达 90% 以上,使得甲烷相对含量较低,而自然界早期形成的 CO_2 大部分溶解于地下水中,致使甲烷相对含量增高。此外,热模拟实验结果还表明,即使在重烃气形成高峰期(成熟阶段),甲烷生成量仍高于重烃气生成量,在高演化阶段甲烷量远远大于重烃气量,故自然界有机生成的天

然气中以甲烷占优势。

(2)有机质的母质类型。腐泥型和腐殖型有机质都可作为良好的生气母质,二者所生成的天然气在组分上有差异。在未成熟和过成熟阶段,腐泥型和腐殖型母质形成的天然气都以甲烷为主,而在成熟阶段,不同母质类型形成的天然气,其烃类组分有明显差异。图8-3为我国煤型气和油型气的重烃含量与R_o的关系图。未成熟和过成熟阶段,二者重烃含量都几乎接近于0;成熟阶段,二者重烃含量都较高,但油型气比煤型气的含量偏高,即腐泥型有机质比腐殖型有机质所生成的重烃气多。前者主要是带有较多长链结构和少量环状结构,断链后主要形成液态烃和重烃气;而后者多为缩合的多环结构,带有较短的侧链,故只能形成少量的液态烃和重烃气,主要产物是甲烷。

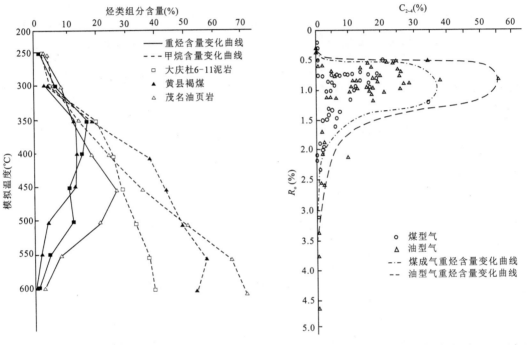

图8-2 热模拟温度与天然气组成的关系　　图8-3 我国煤型气和油型气R_o与$C_{2\sim4}$关系图
　　　　　(据戴金星等,1993)　　　　　　　　　　　(据戴金星等,1992)

(3)运移与保存条件。天然气中分子量小的气体组分要比分子量大的组分运移得快。不同烃的扩散系数(表8-2)表明,碳数越少的烃运移能力越强,尤其是甲烷,比重烃气的分子量小、结构简单、密度低、被吸附能力弱,因而在天然气运移过程中,它比其他烷烃运移得更快、更远,致使一些油气田上部气藏的天然气相对富集甲烷,出现天然气组分自下而上甲烷含量逐渐增高、重烃气含量逐渐减少的现象,改变了天然气的原始组成面貌。天然气中甲烷含量的这种变化规律,可以用来追踪天然气的运移方向。图8-4为济阳坳陷孤岛油气田天然气甲烷含量与深度的关系图,箭头代表由深至浅甲烷含量增多的方向,也就是天然气的运移方向。天然气扩散作用是在浓度梯度产生的分子扩散力的作用下,由高浓度区自发地向低浓度区转移以达到浓度平衡的一种传递过程。对于油气藏而言,天然气扩散作用是一个复杂的地质过程。一方面储层中聚集的天然气要通过上覆盖层的扩散而散失,另一方面烃源岩中的天然气又可以扩散到储层中,且同时还可能存在其他方式的聚集或散失,如通过断层、裂缝的散失和油气横向二次运移的聚集。因此,在油气藏的保存过程中,当天然气的扩散作用起主要作用时,埋藏较浅的扩散影响就越大。

表 8-2 天然气在页岩中的扩散系数

（据 Leythaeuser 等,1982）

烷烃	扩散系数(cm^2/s)	烷烃	扩散系数(cm^2/s)
甲烷	2.12×10^{-6}	正戊烷	1.57×10^{-7}
乙烷	1.11×10^{-6}	正己烷	8.20×10^{-8}
丙烷	5.55×10^{-7}	正庚烷	4.31×10^{-8}
异丁烷	3.75×10^{-7}	正癸烷	6.08×10^{-9}
正丁烷	3.01×10^{-7}		

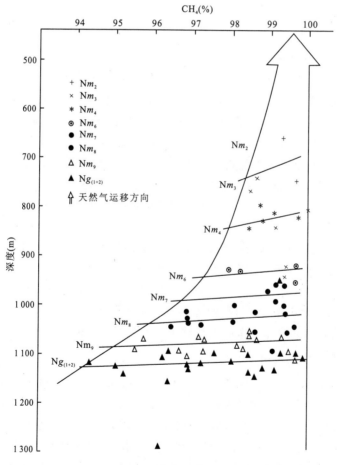

图 8-4 孤岛油气田天然气 CH_4 含量与深度关系图

（据戴金星等,1992）

(4) 生物降解作用。已形成的天然气在细菌作用下,可发生生物降解。我国比较典型的生物降解气位于济阳坳陷孤岛地区。该区地表水直接将细菌带入油气层,地温适中,地层水矿化度低,造成了油层气的严重生物降解,使天然气中甲烷相对富集而成为干气。Stahel(1979)在进行石油的细菌降解实验时,曾详细地论述了溶解于石油的气态烃的细菌降解特征,即长链成分降解比短链快,正构烷烃比异构烷烃快,异构烷烃比环烷烃快。1984 年 James 和 Burns 对澳大利亚和加拿大的生物降解型天然气研究发现,乙烷、丙烷含量很少,只有甲烷能保存下来。

(5) 混合作用。在同一地区,当有多种天然气来源,如多套母质类型或成熟度不同的生气源岩提供的有机气,或者是火山活动、岩石化学作用提供的无机气。这些不同成因、不同组成的天然气沿着各自的运移途径很可能聚集在同一构造、同一储集层中,形成多源气藏,致使气藏中天然气的组成变得更为复杂,其中混合比例的大小控制着天然气的组成的变化。我国气藏中的天然气绝大部分是多源成因的,天然气组分和碳同位素特征可为混源提供有力的证据,例如百色盆地百 51 井天然气,其甲烷碳同位素值为 $-58.3‰$,为生物气特征,但天然气组分中重烃含量为 11.79%。显然,纯生物气不可能有如此高的重烃气,由此推测其可能是生物气与热解气的混合气。

二、非烃气体组成及其成因

1. 氮气组分特征及其成因

氮气是天然气中最常见的非烃组分之一,含量一般小于 10%,我国天然气中氮气含量大部分小于 4%。天然气中氮的来源一般认为主要有有机成因和大气成因两种。

(1) 有机成因。指在岩石分散有机质的氮化物或石油氮化物的生物化学改造过程中生成,或在岩石分散有机质的热催化改造过程中生成。因此,天然气藏中常常含有一定量的氮气,在有机质氮化物含量高的地层或适宜氮气形成的条件下,气藏中氮气的含量会增高。在有机成因天然气中,有机物中的蛋白质在未成熟阶段易发生水解而形成氨基酸,氨基酸氧化形成氨气,氨气分解为氮气,或者有机物中的氮化物被细菌还原而生成氮气。因此,生物气相对更富含氮气。

(2) 大气成因。氮气是大气的主要组成之一,由于地表水与地下水的循环作用,大气中的氮气被地表水带入地下,然后从饱含空气的水中析出进入气藏或储集层,这类成因的氮气往往富集在浅部地层中。戴金星等(1993)对我国二十多个煤矿气样分析表明,煤矿中天然气的氮气含量普遍较高,一般都大于 10%,高的可达 90% 以上。

Krooss 和 Littke(1995)比较全面地总结了天然气中氮气的来源及其演化途径(图 8-5)。

2. 二氧化碳组分特征及其成因

二氧化碳也是常见的非烃气体之一。总体而言,其在天然气中的含量较氮气低,但分布相对更集中。我国天然气中二氧化碳含量一般小于 2%,但也有少部分样品含有较高的二氧化碳,主要与无机成因气有关。概括来说,二氧化碳的成因可分为有机成因和无机成因两种。

(1) 有机成因。有机物(石油、煤、泥炭、动植物残骸)在厌氧细菌作用下,遭受生物化学降解生成大量二氧化碳。干酪根(特别是Ⅲ型干酪根)的热降解和热裂解也可形成一定量的二氧化碳。此外,矿化溶液氧化烃类也可形成二氧化碳。目前,我国尚未发现含量较高的有机成因二氧化碳,但这并不能说明有机质在演化过程中形成的二氧化碳少。热模拟实验表明,有机质

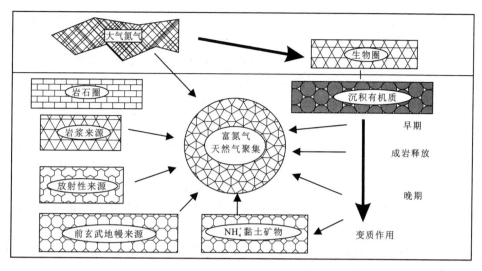

图 8-5 氮气来源演化图
(据 Krooss 和 Littke,1996)

的整个演化过程中均有大量二氧化碳生成,特别是在早期演化阶段,其生成量很大。但是,由于二氧化碳在水中的溶解度较高(比甲烷大 34 倍),使得其大量溶解于水中或被水带走。

(2)无机成因。无机成因二氧化碳有碳酸盐化学成因和岩浆成因两种成因机制。碳酸盐岩在高温热解、低温水解以及被地下水中的酸类溶解时都可产生二氧化碳;碳酸盐岩在变质过程中也能生成二氧化碳,例如在温度作用下,碳酸盐岩与各种硅酸盐作用,可形成绿帘石或绿泥石,同时放出二氧化碳,其大致反应式如下(帕特里克,1968):

$$7MgCa(CO_3)_2 + 2.5Al_2Si_2O_2(OH)_4 + 3H_2O + 3Fe^{2+} + 3.5O^{2-}$$
白云岩　　　　高岭石

$$\longrightarrow Mg_7Al_2Fe_3Si_5Al_3O_{20}(OH)_{16} + 7CaCO_3 + 7CO_2 \quad (8-1)$$
绿泥石

$$4CaCO_3 + K_2Al_4Si_6Al_2O_2(OH)_4 + 6SiO_2 + Fe^{2+} + O^{2-}$$
方解石　　　钾云母　　　石英

$$\longrightarrow 2Ca_2Al_2FeSi_3O_{12}(OH) + 2KAlSi_3O_5 + 4CO_2 + H_2O \quad (8-2)$$
绿帘石　　　钾长石

岩浆在上升过程中,由于温度、压力降低,可析出大量二氧化碳。国内外许多学者对火成岩中气体成分进行了研究。李志鹄(1980)对不同的火成岩样加热,其放出的气体主要是二氧化碳和水蒸汽。许多实例也证明了火山-岩浆成因二氧化碳的大量存在,例如夏威夷火山气中二氧化碳含量达 67%,西班牙赫克拉火山岩浆中二氧化碳含量达 100%,科托帕克火山每年释放的二氧化碳可达 $1 \times 10^9 m^3$(关效如,1990)。

3. 硫化氢组分特征及其成因

硫化氢是天然气中的一种常见组分,其含量分布较宽。通常情况下气藏中硫化氢的含量小于 5%,美国南德克萨斯侏罗系灰岩储层中的硫化氢含量高达 98%。目前世界上已发现了数百个具有工业价值的含硫化氢气田,且多数分布在碳酸盐岩层系内。我国已在四川盆地、渤海湾盆地、鄂尔多斯盆地和塔里木盆地发现了含硫化氢的天然气,其中高含硫化氢天然气主要分布在四川盆地和华北晋县凹陷赵兰庄地区。根据戴金星等(1992)对中国3 000多个天然气样品中硫化氢含量分布的统计,碎屑岩储层中天然气中硫化氢含量普遍极低(0.001%以下)或无,碳酸盐-硫酸盐岩储集层中则普遍偏高,一般可高达30%~35%。除了无机成因的硫化氢(即岩浆上升过程中可析出硫化氢)外,其主要成因还有以下3个方面。

(1)生物成因(BSR)。BSR(Bacterial sulfate reduction)是指通过微生物同化还原作用和植物的吸收作用形成含硫有机化合物,如含硫的维生素或蛋白质等,再在一定的条件下分解而产生硫化氢。这一过程即是以腐败作用主导的过程,但由于这种腐败作用形成的硫化氢仅限于埋深较浅的地层中,其保存条件较差,大量硫化氢会逸散,故一般来说,这种成因形成的硫化氢聚集规模和含量都不会很大。生物作用生成硫化氢的另一个途径是通过硫酸盐还原作用直接形成硫化氢,形成的先决条件是有硫酸盐和硫酸盐还原菌的存在,硫酸盐还原菌进行厌氧的硫酸盐呼吸作用,将硫酸盐还原生成硫化氢,这是天然气中硫化氢最主要的成因和来源,主要发育在硫酸盐和碳酸盐岩地层组合中。

(2)含硫化合物的热裂解(TDS)。TDS(Thermal decomposition of sulfides)是指含硫有机化合物在热力作用下,含硫的杂环断裂所形成。在这一形成过程中,含硫有机质先转化为含硫烃类和含硫干酪根。当温度增加到一定程度(大约80℃时),干酪根中的杂原子逐渐断裂,可生成一定量气体,其中包括硫化氢,但浓度较低,当温度继续升高达到深成热解作用阶段(130℃)时,开始发生含硫有机化合物分解,产生大量硫化氢。故这种成因的硫化氢往往存在于干气中,如我国威远震旦系气藏,储集层为一套白云岩,气源岩时代老、成熟度高,天然气为干气,其中硫化氢含量<1.5%,属热裂解成因。

(3)硫酸盐热化学还原(TSR)。TSR(Thermalchemical sulfate reduction)是在高温作用下,有机质或氢气使硫酸盐还原生成硫化氢。硫酸盐热化学还原反应需要较高的地层温度(一般要达到120~180℃)、充足的烃源(油气)和硫酸盐(石膏等含硫矿物),反应过程可概括如下:

$$\text{烃类} + CaSO_4^- \longrightarrow CaCO_3 + H_2S + H_2O \pm CO_2 \pm S \qquad (8-3)$$

由于硫化氢对微生物的毒性和岩石中含硫化合物的数量决定了生物成因(BSR)和含硫化合物热裂解(TDS)形成的硫化氢浓度较低,一般不会超过3%,普遍认为天然气中高含硫化氢是硫酸盐热化学还原反应TSR成因(朱光有等,2004)。值得注意的是,硫化氢具极强的化学活性,易于同地层中Fe、Cu、Ni、Co、Pb、Zn等重金属离子结合,形成金属硫化物,也容易溶解于孔隙水,从而降低硫化氢的含量。

第三节 天然气的同位素组成

天然气地质学中研究较深入、应用成效较好的是C、H、He和Ar的同位素,N和S同位素特征研究也在迅速发展。

一、烷烃气的碳同位素组成

在天然气组分的诸同位素中,烷烃气的碳同位素具有重要的意义,应用得亦最为广泛。自然界有机质演化过程中,生物作用、化学热力学作用和动力学作用均可产生同位素分馏效应,从而使得不同成因类型天然气的同位素组成不同。戴金星等(1992)根据中国天然气烷烃气碳同位素的实测结果,编制了不同成因烷烃气 $\delta^{13}C$ 值的展布图(图 8-6),为天然气的成因类型研究提供了依据。

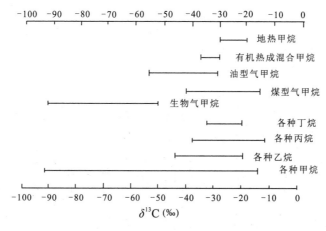

图 8-6 中国天然气中烷烃气的 $\delta^{13}C$ 值分布

(据戴金星等,1992)

1. 有机成因烷烃气碳同位素特征

(1)有机成因烷烃气的 $\delta^{13}C$ 值随成熟度(R_o)增大而增加。图 8-7 为戴金星(1985)绘制的我国天然气甲烷碳同位素与成熟度的关系图,并推导出了我国煤型气和油型气的 $\delta^{13}C_1 - R_o$ 的回归方程。从图中可明显看出 $\delta^{13}C_1$ 值随成熟度(R_o)增大而增加的规律。煤型气回归方程:$\delta^{13}C_1 \approx 14.12 \lg R_o - 34.39$;油型气回归方程:$\delta^{13}C_1 \approx 15.80 \lg R_o - 42.20$。国外学者 Stahl

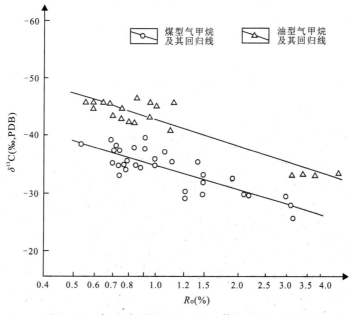

图 8-7 我国煤型气和油型气 $\delta^{13}C_1 - R_o$ 关系图

(据戴金星等,1985)

等(1975)在德国、北美等的天然气研究中也发现了同样的规律,并回归了各自地区的$\delta^{13}C_1$-R_o的方程。

除甲烷外,乙烷和丙烷的$\delta^{13}C$值同样存在随成熟度增大而加大的特征。戴金星(1989)对我国煤型气乙烷和丙烷碳同位素与成熟度R_o的关系研究表明,煤型气乙烷回归方程为:$\delta^{13}C_2 \approx 8.16 \lg R_o - 25.71$;煤型气丙烷回归方程为:$\delta^{13}C_3 \approx 7.12 \lg R_o - 24.03$。Stahl(1975)在研究了美国德拉瓦尔盆地和瓦尔沃得盆地油型气中的乙烷和丙烷与R_o的关系后,也得出其碳同位素值随R_o增大而增加的相同结论。

(2)有机成因同源同期甲烷及其同系物的$\delta^{13}C$值随烷烃气分子中碳数增加而增大。它可由$\delta^{13}C_1 < \delta^{13}C_2 < \delta^{13}C_3 < \delta^{13}C_4$表示,这个规律对原生型的煤型气和油型气都适用。但值得注意的是,这个规律有时会发生某个组分的逆转现象,或称倒转。戴金星(1990)认为,导致$C_1 \sim C_4$单体烃同位素组成变化规律倒转的原因有:①有机成因气与无机成因气的混合;②煤型气与油型气的混合;③同型不同源气的混合或同源不同型气的混合;④烷烃气全部或某一组分被细菌氧化;⑤地温增高。

(3)相同或相近成熟度源岩形成的煤型气甲烷及其同系物的$\delta^{13}C$值比油型气对应组分的重(表8-3)。

(4)甲烷及其同系物中某一或某些组分被细菌氧化致使该残余组分的碳同位素变重。甲烷及其同系物在氧化细菌作用下可发生氧化或降解,残余的甲烷及其同系物碳同位素变重。

表8-3 相同或相近成熟度源岩形成的煤型气和油型气的甲烷及其同系物对应组分$\delta^{13}C$值

(据戴金星等,1992)

盆地	井号	层位	类型	$R_o(\%)$	$\delta^{13}C_1$(‰)	$\delta^{13}C_2$(‰)	$\delta^{13}C_3$(‰)	$\delta^{13}C_4$(‰)
鄂尔多斯	华11-32	侏罗系	油型气	1.04±	-46.41	-35.95	-32.30	-31.16
	色1	二叠系	煤层气	1.04±	-32.04	-25.58	-24.22	-23.14
鄂尔多斯	阳8	三叠系	油型气	1.10±	-47.37	-37.20	-33.08	-31.68
琼东南	崖13-1-2	下第三系	煤层气	1.10±	-35.60	-25.14	-24.22	-24.13
四川	角2	侏罗系	油型气	1.05±	-46.26	-32.78	-30.00	-29.82
渤海湾	苏401	奥陶系	煤层气	1.05±	-36.50	-25.60	-23.7	
鄂尔多斯	牛1	奥陶系	油型气	1.90±	-36.71	-29.30	-27.31	
准噶尔	彩参1	石炭系	煤层气	1.90±	-29.90	-22.76		

2. 无机成因烷烃气碳同位素特征

前人研究表明,无机成因烷烃气碳同位素具有如下特征。

(1)无机成因甲烷碳同位素组成大多比有机成因甲烷重。无机成因甲烷$\delta^{13}C_1$值为-41‰~-3.2‰,绝大部分大于-30‰(表8-4)。

(2)无机成因甲烷及其同系物的$\delta^{13}C$值随烷烃气分子中碳数增加而减少,即存在$\delta^{13}C_1 > \delta^{13}C_2 > \delta^{13}C_3$的特征。

表 8-4 无机成因甲烷碳同位素组成

(据戴金星等,1992)

地点	$\delta^{13}C_1$(‰)
中国云南省腾冲县硫磺塘澡塘河	$-19.945 \sim -29.289$
中国四川省甘孜县拖坝热气泉	$-23.84 \sim -26.60$
加拿大安大略省萨德伯里 N3640A 气样	$-25.0 \sim -28.4$
俄罗斯希比尼地块岩浆岩	-3.2
俄罗斯勘察加热水天然气	$-21.4 \sim -32.6$
美国加利福尼亚州索尔顿湖区深部高温井	-26
美国黄石公园	$-10.4 \sim -28.4$
东太平洋中脊热液喷出口	$-15 \sim -17.6$
新西兰提科特雷地热区	$-27.3 \sim -29.5$
新西兰布罗兰兹地热区	$-25.6 \sim -26.9$

二、烷烃气的氢同位素组成

天然气中氢同位素组成除受母质类型和热演化程度的影响外,源岩沉积环境和水介质条件对其有着更大的影响(Schoell,1980)。但由于实验技术原因,氢同位素的研究程度明显要弱于碳同位素。戴金星等(1990)根据我国各大盆地 280 个气样的氢同位素数据,编制了我国天然气中烷烃气的 δD 值展布区间图(图 8-8)。由图可见,整体上随烷烃气分子中碳数增加,其值逐渐加重。

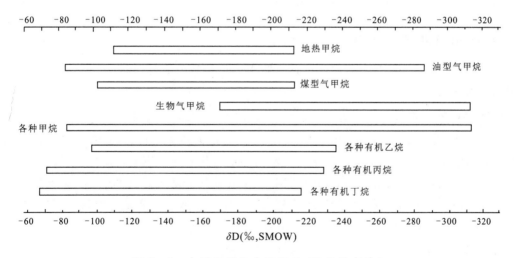

图 8-8 中国天然气中烷烃气 δD 值展布特征

(据戴金星等,1990)

由于无机成因天然气中氢同位素的研究还很薄弱,且目前获得的主要是甲烷和氢气的氢同位素数据。在此仅简单介绍有机成因烷烃气的氢同位素特征。

(1) 热解成因烷烃气的 δD 值随烷烃气分子中碳数增加而增大,即 $\delta D(CH_4) < \delta D(C_2H_6) < \delta D(C_3H_8)$。当烷烃气受到次生变化或改造时,该规律往往遭到破坏。

(2) 热解成因烷烃气的 δD 值有随 R_o 增大而增加的趋势。天然气的甲烷及其同系物的氢同位素也具有随热演化程度增加而增加的关系,Schoell(1980)提出天然气中甲烷 δD 与 R_o 的关系式为:$\delta D(CH_4) = 35.5 \lg R_o - 152$。

(3) 烷烃气中某一或某些组分被细菌氧化导致残余组分的氢同位素变重,这可使烷烃气的氢同位素系列倒转。

(4) 氢同位素系列倒转可能是次生气或混合气的一个特征。

三、硫同位素组成

天然气中硫同位素主要指硫化氢中的硫同位素。在全世界范围内,几乎所有已发现的气藏中都或多或少存在硫化氢气体。硫同位素组成主要反映气源岩中硫酸盐的含量(Bbicohkhn,1979)和天然气运移过程中所穿过的岩层硫酸盐丰度(Faure,1977)。硫酸盐含量高的源岩所形成的硫化氢富 ^{32}S,反之富 ^{34}S,可用之判断气源。樊广锋等(1992)系统研究了我国硫化氢天然气的成因,认为以硫同位素为主,结合其他一些特征可基本区分不同成因的硫化氢。

四、氮同位素组成

天然气中氮同位素的变化范围较大,一般情况下,有机成因氮同位素组成偏轻,而无机成因氮相对较重。目前天然气中氮同位素研究程度较低。有机成因氮同位素热成熟作用与碳类似,优先断开 $^{14}N-^{12}N$ 键。但在不同热力学条件下,不同有机氮化合物的混合物组成的有机质氮同位素的变化复杂。Williams(1995)研究表明,氮同位素受自生黏土矿物形成相对于流体运移时间的影响。Gerling 等(1996)研究表明随着氮气含量的增加,甲烷碳同位素和氮同位素增加,同时也意味着天然气的成熟度增加。

五、稀有气体同位素组成

稀有气体应用最普遍且研究程度较高的是 Ar 和 He 同位素,它们主要用来确定稀有气体来源和气源对比。

1. 氩(Ar)同位素

研究表明,天然气中 Ar 同位素比值均大于空气 Ar 同位素比值,且具有明显的放射成因氩年代积累效应,在新生古储天然气中有一定的储层时代效应。因此,Ar 同位素组成是目前判识气源岩时代最有意义的指标。通过我国 13 个含油气盆地天然气 $^{40}Ar/^{36}Ar$ 值的综合研究,结合地质背景,采用数学方法回归出天然气 $^{40}Ar/^{36}Ar$ 值与源岩地质时代 $T(Ma)$ 的关系式:$T = 544.5 \lg(^{40}Ar/^{36}Ar) - 1362$。

2. 氦(He)同位素

天然气中的 He 有 3 种来源,即大气 He、壳源 He 和幔源 He。Lupton 等(1983)研究认为,$^3He/^4He$ 值可以作为不同来源 He 的重要证据。空气中 $^3He/^4He$ 值(Ra)为 1.4×10^{-6},幔

源物质的 $^3He/^4He$ 值为 1.1×10^{-5},而壳源物质由于放射性蜕变产生 ^4He 的加入,使 $^3He/^4He$ 值在 $n \times 10^{-7} \sim n \times 10^{-8}$ 范围变化(图 8-9),且具有一定的 ^4He 年代积累效应,即随着源岩时代变老,$^3He/^4He$ 值降低(图 8-10)。

根据我国 8 个含油气区天然气 $^3He/^4He$ 值综合研究表明,在壳源成因天然气中,$^3He/^4He$ 值与源岩地质时代 $T(Ma)$ 的回归关系式为:$T = -633.3\lg(^3He/^4He) - 944$。

尽管利用上式也可估算壳源成因天然气的源岩时代,但较 Ae 的效果差。

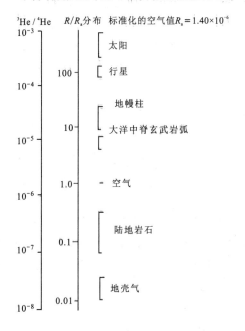
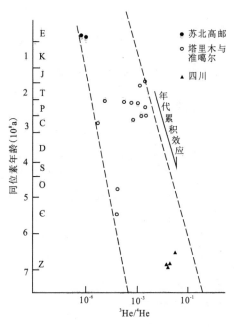

图 8-9　各种环境中 $^3He/^4He$ 比值的变化 　　　图 8-10　$^3He/^4He$ 与地质时代关系图
(据 Mamyin et al,1970)　　　　　　　　　　　　　(据徐永昌等,1991)

第四节　天然气的成因判识

天然气的组成非单一组分,加之天然气分子小,具有易运移、易混合的特点,使得某一天然气藏往往不是单一气源。同时,天然气成藏过程中还存在复杂的次生变化,如扩散、生物降解等。因此,要确定天然气的成因,最科学的方法是对各组分都进行成因鉴别,但这需花费大量时间和财力。所以,一般只鉴别天然气中几个主要组分的成因类型,说明其主要成因就可以。故组分的成因鉴别是基础,再综合考虑其他各方面的地球化学指标,结合地质背景,做出客观的认识。

一、天然气中有机成因组分和无机成因组分的鉴别

1. 有机成因甲烷和无机成因甲烷的鉴别

根据前一节对甲烷碳同位素特征的刻画,可知无机成因甲烷和有机成因甲烷在碳同位素上有着一些显著的区别,可用来判识甲烷的成因。

(1) $\delta^{13}C_1 > -10‰$ 均是无机成因的甲烷,$\delta^{13}C_1 < -30‰$ 的甲烷一般是有机成因。

(2) 介于 $-30‰ < \delta^{13}C_1 < -10‰$ 之间的天然气,除高成熟和过成熟的煤型气外,其他皆是无机成因甲烷。那么,到底是无机成因气还是高成熟和过成熟的煤型气(有机成因气),需进一步依据地质背景或甲烷、重烃含量等作出综合判识。

2. 有机成因烷烃气和无机成因烷烃气的鉴别

一般而言,有机成因烷烃气是正碳同位素系列($\delta^{13}C_1 < \delta^{13}C_2 < \delta^{13}C_3 < \delta^{13}C_4$);无机成因烷烃气是负碳同位素系列($\delta^{13}C_1 > \delta^{13}C_2 > \delta^{13}C_3$)。因此,可以利用天然气的碳同位素系列对比来区分有机成因和无机成因烷烃气。需要注意的是,不同成因天然气或不同成熟度天然气的混合可能导致负碳同位素系列(夏新宇等,1998)。因此,负碳同位素系列使用时需谨慎。

二、常见无机成因气的判识

1. 幔源气

幔源气主要涉及行星形成时既已形成、并被捕获在地幔中的原生甲烷等,在东太平洋中脊、东非裂谷及岩浆包体、温泉和热液喷出口常见,具有如下特征。

(1) 组分特征。烃类气体以甲烷为主,其在气体中总量大于50%,一般重烃含量甚微,属于干气,同时含二氧化碳、氮气、硫化氢等气体。

(2) 同位素特征。$\delta^{13}C_1$ 介于 $-20‰ \sim -7‰$。在甲烷及其同系物碳同位素系列中,具 $\delta^{13}C_1 > \delta^{13}C_2 > \delta^{13}C_3$ 特征。稀有气体同位素是鉴别幔源气的重要标志,一般情况下 $^3He/^4He > 1.4 \times 10^{-6}$ 时具有幔源气混入。$^3He/^4He > 10^{-5}$ 时基本为幔源气。$^{40}Ar/^{36}Ar$ 值变化较大,高者可达数千至上万。

2. 岩石化学反应气

岩石化学反应气是指岩浆活动和变质作用过程中无机矿物间的高温反应所形成的气体以及碳酸盐、硫酸盐分解而产生的非烃气体。岩石化学反应形成的烃类气中甲烷占优势,而整个气体中非烃气体比例很高,常见有二氧化碳、氮气、氢气、硫化氢和一氧化碳。烃类气中 $\delta^{13}C_1$ 变化范围较大,为 $-31‰ \sim -2‰$(Hoefs,1980),但以 $-25‰ \sim -15‰$ 区间最为普遍。若 $\delta^{13}C_1 < -20‰$,则需要其他辅助证据。如根据二氧化碳与甲烷热平衡系统同位素分馏机制来判识是否为岩石化学成因。无机成因二氧化碳的 $\delta^{13}C$(二氧化碳)大多数为 $-8‰ \sim 0‰$,最大可达 $+27‰$。对于与岩浆作用和火山作用有关的岩石化学反应气,其伴生产出的稀有气体同位素组成的 $^3He/^4He$ 值和 $^{40}Ar/^{36}Ar$ 值均相对高,基本与幔源气一致;而变质作用和以壳源物质为主的岩石化学反应气,由于较高的反应温度和壳源物质加入,$^{40}Ar/^{36}Ar$ 值相对高于地壳沉积体自生有机成因气体,$^3He/^4He$ 值变化较大。

三、常见有机成因气的判识

1. 生物成因气

形成生物成因气的有机质成熟度低($R_o \leq 0.3\%$),甲烷含量高,一般大于90%,重烃含量低,一般小于1%~2%,C_1/C_{1-5} 为 0.95~1.00,为干气;甲烷相对富集 ^{12}C,$\delta^{13}C_1 < -55‰$(表8-5),$\delta^{13}C(CO_2) < -10‰$,$\delta D(CH_4)$ 分布范围大,主要受水介质影响,一般为 $-255‰ \sim -150‰$,$^3He/^4He$ 和 $^{40}Ar/^{36}Ar$ 值与空气大致相当,分别为 1.4×10^{-6} 和 295.5。

表 8-5 我国生物气组成表

(据戴金星等,1992)

地点或井号	天然气组成(%)					$\delta^{13}C_1$ (‰)	C_1/C_{2+3}
	N_2	CO_2	CH_4	C_2H_6	C_3H_8		
柴达木盆克拉通吉乃尔中 1 井	1.11		98.44	0.14	0.01	-68.54	656
云南省鹤庆中学	4.34	8.93	86.28	0.30		-67.97	288
安徽省颖上杨湖	6.06	3.35	90.39	0.20		-70.2	452
松辽盆地来 61 井	7.19	0.39	92.24	0.16		-57.47	577
二连盆地阿 452 井	9.05		89.75	0.44	0.02	-64.79	195
内蒙河套水 18 井	26.69	微量	73.31			-77.9	
余杭县九堡 CK6 孔	0.29	1.28	98.43			-66.15	
川沙县庆星大队第九生产队	0.57	1.46	97.97			-69.6	

甲烷的碳同位素组成是生物气鉴别的主要标志。据世界范围生物气甲烷的碳同位素组成统计,具有商业价值的生物气藏的 $\delta^{13}C_1$ 分布范围为 -85‰~-55‰,明显富集轻碳同位素。另外,生物气不与油伴生,这是判别生物气的重要地质依据。

2. 油型气与煤型气

1) 油型气的地化特征

成气母质以 Ⅰ、Ⅱ₁ 型干酪根为主,整个演化阶段形成天然气,包括热解气(正常原油伴生气和凝析油气)和高温裂解气。

(1) 正常原油伴生气。处于石油演化的成熟阶段,R_o 为 0.6%~1.3%。由热催化作用形成的油型气,气体中甲烷含量大于 50%,烃含量大于 5%,最高可达 40%~50%。甲烷同系物碳同位素为 $\delta^{13}C_1 < \delta^{13}C_2 < \delta^{13}C_3 < \delta^{13}C_4$。$\delta D(CH_4)$ 为 -300‰~-200‰。轻烃中石蜡指数为 1~3。庚烷值为 10%~35%,烷-芳指数为 2.5%~22%,$^3He/^4He < 1.4 \times 10^{-6}$,$^{40}Ar/^{36}Ar > 300$。

(2) 凝析油气。处于有机质演化的高成熟阶段,R_o 为 1.3%~2.0%,由热催化和热裂解共同作用形成。甲烷含量比正常原油伴生气高,属湿气,甲烷含量一般大于 60%,重烃大于 5%,最高可达 20%~25%,$C_1/C_{1~5}$ 为 0.60~0.90,C_2/C_3 为 0.90~3.0,iC_4/nC_4 明显小于 1。甲烷富集重碳同位素,$\delta^{13}C_1 = -40‰~-36‰$,$\delta^{13}C(CO_2) < -10‰$,$\delta D(CH_4)$ 常为 -300‰~-200‰。石蜡指数为 3~10,庚烷值为 35%~60%,烷-芳指数为 22%~60%,$^3He/^4He$ 和 $^{40}Ar/^{36}Ar$ 值与正常原油伴生气相同。

(3) 高温裂解气。相当于石油演化的过成熟阶段,$R_o > 2.0%$。由液态烃裂解和残余有机质进一步演化形成,甲烷含量高,一般大于 95%,重烃含量 <5%,$C_1/C_{1~5}$ 值高,为 0.95~1.00,C_2/C_3 值为 1.0~3.0。甲烷碳同位素富集 ^{13}C,$\delta^{13}C_1 > -36‰$,$\delta D(CH_4) > -200‰$,$^3He/^4He$ 和 $^{40}Ar/^{36}Ar$ 值在热解气范围之内,主要与源岩年代有关。

2)煤型气的地化特征

成气母质以 II_2 型、III 型有机质为主,是在煤化作用过程中形成的气态烃,包括热解气和高温裂解气。

(1)热解气。相当于煤化作用的长焰煤至瘦煤阶段,R_o 为 0.6%~2.0%,由热催化作用形成的气体,甲烷含量一般大于 80%,重烃大于 5%,$C_1/C_{1\sim5}$ 为 0.70~0.95,C_2/C_3 为 0.8~3.0,iC_4/nC_4 明显小于 1。甲烷相对富集 $\delta^{13}C$,$\delta^{13}C_1 = -46‰ \sim -30‰$,$\delta D(CH_4)$ 为 $-230‰ \sim -150‰$。大部分伴生轻质油,特别是凝析油,轻烃中石蜡指数为 1.5~20,庚烷值为 10%~60%,烷-芳指数为 3.8%~80%,$^3He/^4He < 1.4 \times 10^{-6}$,$^{40}Ar/^{36}Ar > 300$。

(2)高温裂解气。相当于煤化作用的贫煤以上阶段,$R_o > 2.0‰$,在高温裂解过程中,形成的甲烷,气体为干气,甲烷含量高大于 95%,重烃小于 5%,$C_1/C_{1\sim5}$ 值高,为 0.95~1.00,C_2/C_3 值为 1.5~7.0。甲烷明显富集 ^{13}C,$\delta^{13}C_1 > -30‰$,$\delta D(CH_4) > -150‰$。我国该类气体的源岩时代一般是石炭纪—二叠纪,$^3He/^4He$ 为 1.4×10^{-6}(一般小于 10^{-7}),而 $^{40}Ar/^{36}Ar$ 值大于 800。

3)油型气与煤型气的鉴别

(1)利用烷烃碳同位素鉴别油型气与煤型气。研究表明,煤系有机质相对于腐泥型有机质常富集 $\delta^{13}C$。煤系分散有机质的 $\delta^{13}C$ 一般都大于 $-27‰$,而腐泥型有机质一般富集 ^{12}C,$\delta^{13}C$ 多小于 $-28‰$。因此,在相同演化阶段,油型气较明显地富集 ^{12}C,煤型气富集 ^{13}C。章复康和张义纲(1986)统计了油型气和煤型气的各烷烃组分的碳同位素,发现乙烷碳同位素在二者之间没有明显重叠。结合勘探实践,目前普遍采用乙烷碳同位素来对油型气($\delta^{13}C < -29‰$)和煤型气($\delta^{13}C > -28‰$)进行初筛。此外,我国著名天然气地质学家戴金星院士先后提出了各种烷烃系列碳同位素、R_o 等的关系图版(图 8-11 和图 8-12)来判识油型气与煤型气。

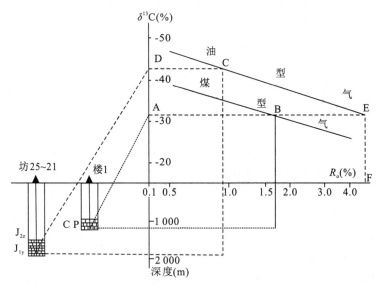

图 8-11 鉴别我国油型甲烷和煤型甲烷的 $\delta^{13}C$ 与 R_o 关系图版
(据戴金星等,1992)

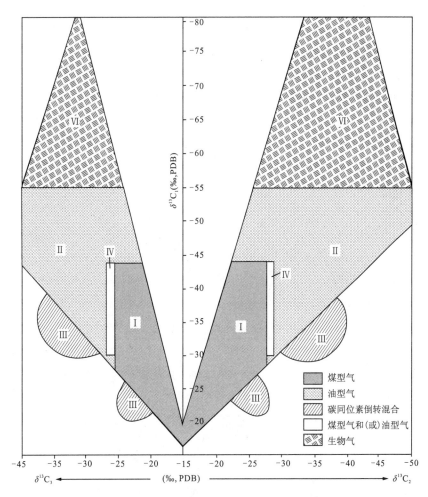

图 8-12 根据甲烷、乙烷和丙烷的碳同位素判断有机烷烃气的成因
(据戴金星等，2008)

(2) 利用轻烃鉴别油型气与煤型气。天然气中，特别是湿气和凝析气，即使为干气，也可通过现代分析技术获得碳数为 $C_{5\sim10}$ 的轻烃化合物。而轻烃含有非常重要和丰富的地球化学信息，可为揭示组成简单的天然气成因提供一条有效的途径。前人研究已经表明，一些轻烃参数可以用来识别母源等。而油型气和煤型气生气母质性质不同，其生成轻烃性质和参数必然会有差别。因此，轻烃中某些具有一定生源意义的化合物之间的比值或图版可以用来鉴别油型气和煤型气。如正庚烷、甲基环己烷及各种结构组成的二甲基环戊烷组成的三角图（图 8-13）、$C_{5\sim7}$ 脂肪烃族组成（正构烷烃、异构烷烃和环烷烃）的三角图（图 8-14）、$C_{6\sim7}$ 芳烃和支链烷烃的交会图（图 8-15）等，均可较好地识别油型气和煤型气。

(3) 利用生物标志化合物鉴别油型气与煤型气。我国许多学者（戴金星等，1987；傅家谟等，1990；沈平等，1991）均使用与天然气有关的凝析油（部分为原油）中的 Pr/Ph 来鉴别与之同源的煤型气和油型气。近年来戴金星等综合研究了我国 5 个盆地的 42 个凝析油样品，煤型凝析油 Pr/Ph 的分布范围从 0.68～9.23，绝大部分大于 2.7，这与国外典型煤成油一致；而油型凝析油的该值从 0.19～3.50，绝大部分小于 1.8。因此凝析油可以作为桥梁，鉴别煤型气和油

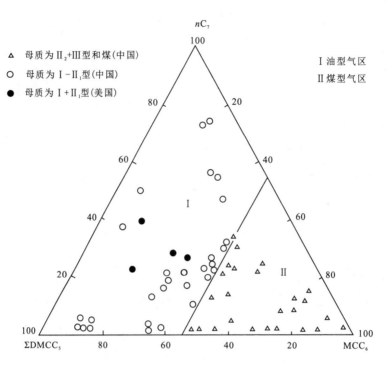

图 8-13 C₇ 轻烃三角图版

(据戴金星等, 1992)

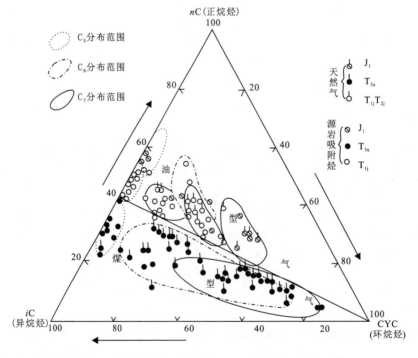

图 8-14 四川盆地 J—T 的 $C_{5\sim7}$ 脂肪烃族组成的三角图版

(据戴金星等, 1992)

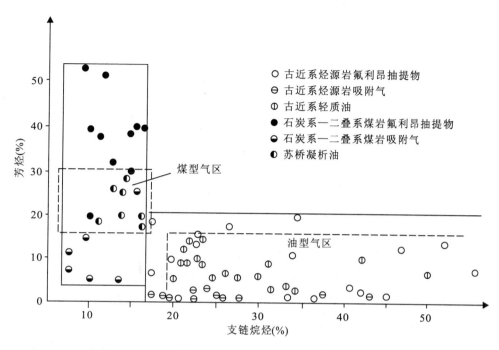

图 8-15 冀中坳陷下第三统和石炭系—二叠系源岩 $C_{6\sim7}$ 芳烃和支链烷烃交会图
(据秦建中等,1991)

型气。天然气浓缩烃的生物标志化合物以及天然气气藏中储层抽提物的生物标志化合物也已有效地用于判识天然气的成因类型,如以高等植物来源为主的煤型气藏中含有丰富的倍半萜类、环烷二萜类、二环倍半萜类化合物。

四、天然气成因类型综合鉴别

多项指标综合判别天然气成因比用单一指标可靠。此外,成因鉴别时更需要把指标与具体地质条件结合起来。我国学者经过多年的研究,在天然气成因类型判识上已取得许多重要成果,戴金星等(2000,2018)总结了各类成因天然气的综合鉴别参数(表 8-6)。

表 8-6 天然气成因类型综合判识表
(据戴金星等,2000,2018)

项目指标		成因类型	有机成因气		无机成因气
			油型气	煤型气	
气组成	CO_2(%)		多数小于 4		一般大于 20
	汞蒸气(mg/m³)		<600	>700	
	C_1/C_{2+3}		大部分<15,绝大部分<10(油型热解气)		>180,绝大部分>400
	$C_{2\sim4}$		一般 C_2>0.5%,大多数有 $C_{3\sim4}$		痕量 C_2,绝大部分无 $C_{3\sim4}$

续表 8-6

	成因类型 项目指标	有机成因气		无机成因气
		油型气	煤型气	
同位素	$\delta^{13}C_1$(‰)	$-30 > \delta^{13}C_1 > -55$	$-10 > \delta^{13}C_1 > -43$	一般 > -30
	$\delta^{13}C_2$(‰)	< -28.5	> -28.0	
	$\delta^{13}C_3$(‰)	< -27	> -25.5	
	碳同位素	$\delta^{13}C_1 < \delta^{13}C_2 < \delta^{13}C_3 < \delta^{13}C_4$		$\delta^{13}C_1 > \delta^{13}C_2 > \delta^{13}C_3$
	$\delta^{13}C_1$ 与 R_o 的关系	$\delta^{13}C_1 \approx 15.80 \lg R_o - 42.21$	$\delta^{13}C_1 \approx 14.3 \lg R_o - 34.39$	
	$\delta^{13}C(CO_2)$(‰)	< -10		> -8
	$C_{5\sim8}$ 轻烃 $\delta^{13}C$(‰)	< -27	> -26	
	$C_{5\sim8}$ 单体烃 $\delta^{13}C$(‰)	正构烷烃 $-31.8 \sim -26.2$	正构烷烃 $-25 \sim -20.6$	
	与气同源凝析油 $\delta^{13}C$(‰)	轻(一般 < -29)	重(一般 > -28)	
	凝析油饱和烃和芳烃 $\delta^{13}C$(‰)	饱和烃 $\delta^{13}C < -27$ 芳烃 $\delta^{13}C < -27.5$	饱和烃 $\delta^{13}C > -29.5$ 芳烃 $\delta^{13}C > -27.5$	
	与气同源原油 $\delta^{13}C$(‰)	轻($-26‰ > \delta^{13}C > -35$)	重($-23 > \delta^{13}C > -30$)	
	苯和甲苯 $\delta^{13}C$(‰)	$\delta^{13}C$ 苯 < -24 $\delta^{13}C$ 甲苯 < -23	$\delta^{13}C$ 苯 > -24 $\delta^{13}C$ 甲苯 > -23	
轻烃	甲基环己烷指数(%)	$< 50 \pm 2$	$> 50 \pm 2$	无
	$C_{6\sim7}$ 支链烷烃含量(%)	> 17	< 17	无
	甲苯/苯	一般 < 1	一般 > 1	
	苯($\mu g/L$)	148	475	
	甲苯($\mu g/L$)	113	536	
	凝析油 $C_{4\sim7}$ 烃组成(%)	富含链烷烃,贫环烷烃和芳烃,一般芳烃 < 5	贫链烷烃,富环烷烃和芳烃,一般芳烃 > 10	无
	C_7 五环烷、六环烷和 nC_7 族组成	富 nC_7 和五环烷	贫 nC_7,富六环烷	无
	nC_7,MCC6,DMCC5(%)	$nC_7 > 35$,MCC6 > 35	$nC_7 < 35$,MCC6 > 20	
	nC_6/MCC6	< 1.8	> 3.0	
	支链/直链化合物	> 2.0	< 1.8	
生物标志物	Pr/Ph	一般 < 1.8	一般 > 2.7	无
	杜松烷、桉叶油烷	无杜松烷、难检测到桉叶油烷	可检测到杜松烷、桉叶油烷	无
	松香烷系列和海松烷系列	贫松香烷和海松烷	成熟度不高时,可检测到松香烷系列和海松烷系列	无
	二环倍半萜 C_{15}/C_{16}	< 1 和 > 3	$1.1 \sim 2.8$	无
	双杜松烷	无	有	无
	$C_{27} \sim C_{29}$ 甾烷	一般 C_{27}、C_{28} 丰富,C_{29} 少	一般 C_{27}、C_{28} 较少、C_{29} 丰富	无

2018年,Milkov等根据全球各种公开数据库,统计了全球七大洲76个国家和地区的20 621个气体样品的地球化学资料,样品来自常规储层、煤层、页岩、泥火山、海洋沉积物、火成岩、淡水沉积物、致密砂岩、天然气水合物等。根据前人提出的天然气成因识别图版,在对这些不同来源、不同深度获得的全球大量数据进行解释的基础上,Milkov修正了常用的4个天然气成因识别图版(图8-16),这是目前公开发表的最全面的识别天然气成因的经验图版。

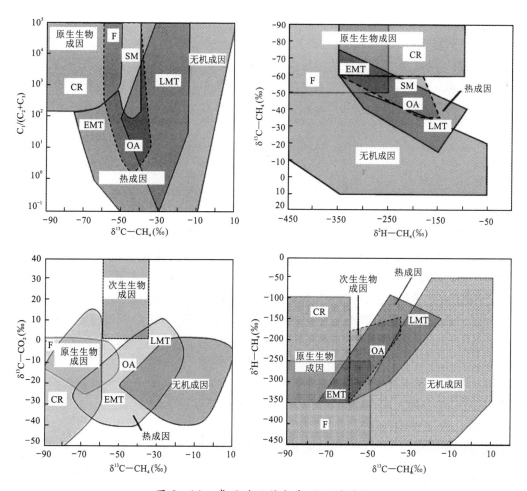

图 8-16 常用的天然气成因识别图版
(据 Milkov,2018)

CR. CO_2 reduction(二氧化碳还原);F. methyl-type fermentation(甲基类型发酵);SM. secondary microbial(次生微生物);EMT. early mature thermogenic gas(早期成熟热成因气);OA. oil-associated thermogenic gas(油伴生的热成因气);LMT. late mature thermogenic gas(晚期成熟热成因气)

石油的组成与次生变化

石油是一种极其复杂的多组分混合物,其中主要是烃类化合物,其次是非烃组分。对石油组成的研究发现,不同地区、不同油层中的石油在物理、化学性质上存在很大的差异,这反映了石油组成的多样性和复杂性。这种差异与石油的形成、演化及次生改造等全过程有密切关系。因此,深入研究石油的组成对于研究石油的形成、演化、运移、聚集及保存等都具有重要的意义。

第一节 原油的物理性质

原油一般为黄色、褐色乃至黑色的可燃性黏稠液体,常与天然气并存,其沸点范围很宽,从常温到500℃以上,分子量的范围为数十至数千。

原油的相对密度指在标准条件下(20℃,0.1MPa)原油密度与4℃纯水密度之比值。原油相对密度一般介于0.75~1.0g/cm³之间,主要取决于原油的化合物组成,也与其胶质、沥青质的含量及原油组分的相对分子质量等密切相关。因此,不同地区、不同层段的原油可能具有较大的密度变化。为此,提出了利用原油密度将原油分为轻质原油、正常原油和重质原油等(表9-1)。

原油黏度是衡量原油流动能力大小的重要参数。黏度越大,流动能力越差。石油行业通常用 mPa·s,即 10^{-3}Pa·s 为单位衡量。原油黏度大小与原油的化学组成、温度、压力及溶解气量等都有关系,因此,不同油田、不同层位的原油黏度变化通常也很大。

原油的凝固点是指把原油冷却到失去流动性时的温度。其大小与含蜡量及烷烃碳数有关。含蜡量高,则凝固点高。勘探实践表明,原油的凝固点变化较大,从-56℃到35℃,甚至更高。凝固点高,油井容易结蜡,对生产不利。

石蜡是由凝固点为37~76℃的烷烃化合物组成,以溶解和悬浮状态存在于原油中。原油含蜡量变化大,从百分之零点几到百分之几十不等。通常可以根据含蜡量的不同,将原油分为低蜡、中蜡、高蜡和特高蜡原油等(表9-1)。

表9-1 原油物性分类简表

(据黄第藩等,2003)

地面原油密度分类		含蜡量分类		硫含量分类	
类别	密度(g/cm³)	类别	含蜡量(%)	类别	含硫量(%)
轻质油	<0.80	低蜡原油	<5	低硫原油	<0.5
正常原油	0.80~0.934	中蜡原油	5~10	中硫原油	0.5~1.0
重油	>0.934	高蜡原油	10~25	高硫原油	>1.0
		特高蜡原油	>25		

此外，原油中含有数量不等的硫。含硫量高，不但使原油性质变坏，而且对设备具有腐蚀作用。我国提出的根据含硫量划分原油的标准见表9-1。

勘探实践表明，不同地区石油的相对密度、黏度、凝固点等物理性质都不一样。石油的物理性质是化学组成的宏观表现，取决于生油母质性质、热演化程度和次生变化等多种因素。因此，石油的物理性质在一定程度上可以反映其化学组成的特征，帮助我们认识石油的总体地球化学特征。

随着常规石油资源逐渐减少，国内外相继对蕴藏量很丰富的重质原油（稠油）进行开采。表9-2所列为国内外相对密度均在$0.934g/cm^3$以上的几种重质原油的一般性质。此外，还有一类相对密度小于$0.80g/cm^3$的轻质油，但在世界上的储量不多，其产量也很少。通常情况下，正常石油（黑油）多数形成于成熟阶段，而轻质原油则形成于高演化阶段。重质原油往往与低热演化阶段或生物降解、泄漏等次生变化有关。

表9-2　国内外几种重质原油的一般性质

原油产地	单家寺	欢喜岭	新疆九区	委内瑞拉博斯坎	青海冷湖	加拿大阿萨巴斯卡
相对密度(20℃)(g/cm³)	0.973 2	0.943 4	0.927 3	0.999 1	1.001 3	1.03
黏度(50℃)(mPa·s)	8 108	287	381	1 832(60℃)	670(100℃)	/
凝固点(℃)	5	−20	−18	/	15.6	10
蜡含量(%)	3.4	2.2	7.4	/	/	/
残碳(%)	9.7	4.8	5.4	15	13.1	18.5
硫含量(%)	0.82	0.26	0.15	5.7	4.4	4.9
氮含量(%)	0.72	0.41	0.35	0.44	0.64	0.4

第二节　石油的化学组成

前已述及，石油是一种复杂的多组分混合物。根据不同的研究目的，采用的实验方法和手段不同，获得的石油化学组成信息也不尽相同。通常可以从元素、馏分和族组成等不同角度来研究石油的化学组成。考虑到本书的读者对象和目的，在此主要介绍石油的元素组成和族组成。

一、元素组成

元素组成是化学组成的基础。世界上各油田所产石油的性质虽然千差万别，但在元素组成上与生物大致相似，主要由C、H、S、N、O 5种元素组成。在石油中碳含量一般为83.0%～87.0%，氢为11.0%～14.0%，硫占0.05%～8.00%，氮占0.02%～2.00%，氧占0.05%～2.00%。

1. C、H含量和H/C

从表9-3可以看出，C、H两种元素在原油中一般占95%以上。由于各种原油中所含的

S、N、O 等杂原子的含量相差甚大,所以单纯用它的 C 含量或 H 含量不易进行比较。烃类化合物的 H/C 取决其化学结构和分子量大小,因此,其比值在一定程度上反映了石油的平均结构信息。不同原油的 H/C 是有明显差别的,如大庆原油和印尼米纳斯原油的 H/C 较高,约为 1.9,而欢喜岭重质原油和加拿大阿萨巴斯卡油砂沥青的 H/C 则仅为 1.5 左右。石油元素组成的变化与其性质有密切的联系,石油的密度越大,C 和杂原子含量就越高,H 原子含量越低。

表 9-3　原油的元素组成

(据王启军等,1988)

原油产地	元素组成(%)				H/C
	C	H	S	N	
中国大庆	85.87	13.73	0.10	0.16	1.90
中国胜利	86.26	12.20	0.80	0.44	1.68
中国新疆	86.13	13.30	0.05	0.13	1.84
中国大港	85.67	13.40	0.12	0.23	1.86
中国欢喜岭	86.36	11.13	0.26	0.40	1.53
中国江汉	83.00	12.81	2.09	0.47	1.69
伊朗(轻质油)	85.14	13.13	1.35	0.17	1.84
印尼米纳斯	86.24	13.61	0.10	0.10	1.88
加拿大阿萨巴斯卡	83.44	10.45	4.19	0.48	1.49
墨西哥巴奴考	83.00	11.00	4.30	1.70	1.65
美国加州文图拉	84.00	12.70	0.40	1.70	1.80
美国堪萨斯	84.20	13.00	1.90	0.45	1.84
苏联格罗兹尼	85.59	13.00	0.14	0.07	1.81
苏联杜依玛兹	83.90	12.30	2.67	0.33	1.75

2. S、N、O 的含量

S、N、O 称为石油中杂原子,其在原油中的含量只有百分之几,但由这些杂原子组成的非烃化合物含量在原油重量中可达百分之几十。此外,由于硫、氮、氧含量与石油成因的关系很密切,其研究值得重视。

3. 微量元素的含量

除上述元素外,原油中还含有大量微量元素(包括金属和非金属)。原油中的微量金属元素主要为 Ni、V,二者可占微量元素的 50%～70%。此外,还有 Fe、Cu、U、Ca、Mg、Al、Sr 等。微量的非金属元素主要是 P、Br、I 等,它们在石油中均以化合物的形式存在。这些微量元素的含量一般只是百万分之几甚至十亿分之几,但其存在对石油加工过程中的催化剂有很大的影响,甚至会使之丧失活性。近年来的研究也表明原油中的一些微量元素可以标志原油母源的沉积环境等,可以与生物标志化合物一样作为油源对比的有效参数。

二、族组成

石油族组成是指石油中化学结构相似的一类化合物。在油气地球化学中,主要采用柱层析方法,用适当化学试剂将原油分离成饱和烃、芳烃、非烃(胶质)和沥青质四大族组分。其中,饱和烃和芳烃属于烃类化合物。根据法国石油研究院对全世界517个正常石油样品的族组成分析,表明烃类占85.8%,其中饱和烃占57.2%,芳香烃占28.6%,而胶质加沥青质只占14.2%。进一步按照化学结构可将其细分为烷烃、环烷烃、芳香烃、含氧化合物、含氮化合物、含硫化合物以及胶质和沥青质等。

1. 烃类化合物组成

石油最主要的组分是烃类化合物,有些轻质石油几乎完全由烃类组成。相反,在某些重油中,尤其是受到细菌生物降解、氧化的石油中烃类组分大大降低。不同石油中各种烃类的含量相差很大,同一类烃的分布和结构也不同。目前在石油中可以分离出成千上万个单体烃类化合物,能够鉴定出的单体烃类有1 000多种。

1) 链烷烃

根据烃分子中碳原子间的连接方式,可分为开链烃和环状烃。链烷烃是原油中的重要组成部分,可分为正构烷烃和异构烷烃。在原油中正构烷烃的含量是较高的,其含量一般为15%~20%。利用高温气相色谱技术可以从原油中鉴定出C_1~C_{100}的正构烷烃,但通常正构烷烃碳数多小于C_{35}。在大多数原油中,高碳数的正构烷烃含量随碳原子数增加有规律地减少。

正构烷烃含量受控于原始有机质的性质、热演化程度及生物降解等多种因素。高蜡原油和陆相原油往往含有大量的正构烷烃,而海相原油则具有较多的环状化合物。随烃源岩热演化程度的增加,生成原油的正构烷烃含量增加。遭受微生物降解的原油,其正构烷烃通常优先被消耗,含量降低。

异构烷烃在原油中较为丰富。已经鉴定的异构烷烃主要是C_{10}以内的支链烷烃、类异戊二烯烷烃和一些高分子量的异构、反异构烷烃。C_{10}以内异构烷烃含量较高,在C_5~C_8范围内,最常见的构型是具有一个叔碳原子(2-甲基或3-甲基),其次是两个叔碳原子的构型,其他类型少见。

中等分子量范围内(C_9~C_{25})最重要的异构烷烃是类异戊二烯烷烃,含量占原油的1%左右,最常见的是姥鲛烷(C_{19})和植烷(C_{20}),二者之和可达全部无环异戊二烯类烷烃的55%,是石油中的一类重要生物标志化合物。相对高分子量的化合物有角鲨烷、胡萝卜烷、蕃茄红烷等不规则类异戊二烯烷烃。此外,异构烷烃和反异构烷烃,如2-甲基二十五烷烃、3-甲基二十五烷烃等在一些高蜡石油中特别丰富。

2) 环烷烃

环烷烃可以分为单环、双环、三环和多环的环烷烃。

在碳数小于C_{10}的低分子量环烷烃中,环戊烷、环己烷及其衍生物是石油的重要组分。特别是它们的甲基衍生物比母体分子更为丰富,例如甲基环己烷、甲基环戊烷可占到石油总重量的2%。碳数大于10的环烷烃一般由1~5个五元环和六元环排列组成。其中单环和双环的环烷烃占总环烷烃的50%～55%、三环平均占20%左右。环上常带有一个长链或一些短的甲基链、乙基链。这些环烷烃的排列类似于萘、菲的结构。

四环和五环环烷烃平均占总环烷烃的25%。它们的结构与甾萜化合物有关。这类化合物具明显的旋光性,是石油有机成因的重要标志。

一般来说,在未成熟的石油中四环、五环环烷烃含量较高,而成熟石油中以1～3环的环烷烃为主。与烃源岩相比,石油中相对富集单环和双环分子,烃源岩中则含较多四环、五环分子,这主要与石油运移分异有关。

3) 芳烃

石油中芳烃含量一般为1%～55%,陆相石油中芳烃含量10%～20%,而海相石油为25%～60%。油气地球化学中的石油芳烃与有机化学中的芳烃化合物在内涵上是有差别的,前者不仅包括纯芳香烃化合物(即常规的单环和多环芳烃),还有一些简单的含硫和含氧的杂环芳烃、芳香甾萜烷和脱羟基维生素E等系列。此处,仅讨论纯芳香烃的组成。

纯芳香烃是指只有芳香环和侧链的分子。它们包括单环以及2～6环、甚至更多环缩合在一起的多环芳烃,其通式为C_nH_{2n-p}。p随环数而变化,如苯$p=6$,萘$p=12$,菲$p=18$。其中以1～3环的芳烃含量最高,这就是所说的苯、萘、菲系列。在每类化合物中烷基衍生物比其母体化合物丰富得多。如甲苯、二甲苯比苯丰富;甲基、二甲基、三甲基萘比萘丰富;甲基、二甲基、三甲基菲比菲丰富。一般认为萘、菲系列的分子是由甾萜化合物热解而成,所以造成了烷基衍生物的优势。根据Tissot等(1984)的统计,1～3个芳环的芳香烃占总芳香馏分的70%左右,而四环以上的仅占不到10%(图9-1)。

(1) 单环芳烃。为原油中结构最简单的一类芳烃化合物,包括苯、甲苯、乙苯、丙基苯、二甲苯、三甲苯等。长链烷基苯正逐渐引起人们的关注,但对其成因还没有统一的认识。

(2) 二环芳烃。主要包括联苯系列和萘系列。目前已鉴定出的联苯系列化合物,包括联苯、甲基联苯、二甲基联苯等,一致认为其来源于高等植物木质素。地质体中萘系列化合物包括萘、甲基萘、二甲基萘、三甲基萘、四甲基萘、五甲基萘和卡达烯(1,6-二甲基-4-异丙基萘),在不挥发情况下,萘系列含量往往与菲系列相当。

(3) 三环芳烃。主要包括菲系列、蒽和三联苯。菲系列化合物主要有菲、甲基菲、二甲基菲、三甲基菲和惹烯(1-甲基-7-异丙基菲)。甲基菲(MP)具有5个可能的异构体:1-MP、2-MP、3-MP、4-MP和9-MP,其中4-MP在原油中含量甚微。惹烯也是菲系列中非常重要的化合物,见于所有陆相石油,其含量在不同原油中变化很大,一般认为其源于松柏类树脂中松香酸和海松酸的特征成分,是具有松香烷骨架的A、B、C三环芳构化产物。

(4) 四环和五环芳烃。四环芳烃主要包括芘系列、屈系列、苯并蒽和荧蒽。目前石油中能鉴定出的屈系列有屈、甲基屈和C_2-屈,但其来源还不太明确;五环芳烃主要包括苝、苯并芘和苯并荧蒽。苝在现代沉积物中分布较广,一般认为是由一些醌型色素(红芽色素、黄色素)等在还原条件下转化而成;苯并芘和苯并荧蒽的来源尚不清楚。

4) 环烷芳烃

该类化合物包含一个或几个缩合芳环,并与饱和环和烷基侧链稠和在一起,常见的是2～5个环的结构(图9-1)。双环、三环的四氢化萘、四氢化菲及其衍生物较常见,四环和五环的分子多半与甾族化合物和萜类化合物结构有关。与纯芳香烃相比较,它较富集于成熟度较低的石油中。

综上可见,石油中烃类尽管种类多、含量相差大,但一般仅以少数烃为主。据 Hunt 等(1978)的研究,碳数小于10的结构简单的低分子量烃类占石油烃类的1/3左右。此外,生物标志化合物在石油烃类研究中也占有重要地位。

2. 非烃化合物组成

石油中的非烃主要是胶质和沥青质。胶质、沥青质是高分子量的含氧、氮、硫等杂原子的缩聚物。尽管这3种元素的含量只占石油元素组成的2%左右,但与其相关的化合物却占10%～20%,甚至更多。与烃类相比,这些非烃化合物在数量上并不多,但其分布、组成却对石油的物理化学性质有着很大的影响。同时,非烃化合物也可反映生油母质、沉积环境及转化条件。因此,对它的研究有助于全面认识石油的形成及次生变化。

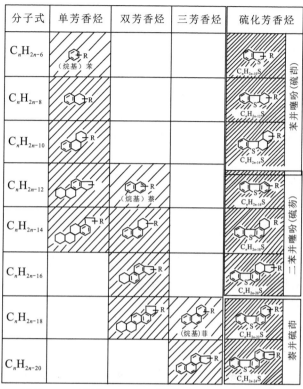

图 9-1 常见的部分芳香烃、环烷芳香烃和含硫芳香类衍生物

(据 Tissot,1984)

1)含氧化合物

原油中含氧化合物是由烃基和含氧官能团两部分组成。大多数原油中的含氧量在 0.1%～1.0%之间,个别的达10%。主要有:醇(R—OH)、酚(Ar—OH)、醚(R—O—R')、醛(R—CO—H)、酮(R—CO—R')和酸(R—COOH)。含氧化合物可分为酸性和中性两大类。酸性含氧化合物中有环烷酸、脂肪酸及酚;中性含氧化合物有醛、酮等,其含量很少。

原油中最重要的含氧化合物是酸类。其中有饱和酸、异戊间二烯酸、环烷酸、芳香酸等,环烷酸中尤以环戊烷酸和环己烷酸含量最多。如环烷酸是俄罗斯、委内瑞拉的一些环烷基和沥青基石油的重要组分。

石油中还鉴定出不少具特征结构的酸,如具甾族结构和藿烷结构的酸类。它们能标志原始有机质来源。

在年轻的低成熟石油中常含有酸类,它们大多直接来源于生物体及其成岩产物。一些受到次生改造的重油中含有由于氧化作用形成的酸。石油中酸类多集中于重馏分。

除酸以外,石油中还含有酚类及少量的酮和醚(图9-2)。

2)含氮化合物

石油中含氮量变化较小,一般在 0.1%～0.4%之间,且约90%的石油含氮量都低于0.2%。与其他非烃化合物相似,石油中含氮化合物多集中在胶质、沥青质组分之中,它们具有多环芳香结构。石油中的含氮化合物,尤其是较重馏分中的含氮化合物,在分离和鉴定上存在困难,迄今尚未完全弄清楚。目前,已鉴定出大约80多种单体化合物,主要是吡啶、喹啉、异喹啉及卟啉的同系物和卟啉。卟啉化合物是石油有机成因的重要生物标志物。中性含氮化合物有吡咯、吲哚、咔唑的同系物及酰胺等(图9-2)。

一般认为,原油中的含氮化合物是原始有机质在油气生成过程中演变而形成的,而不是在原油运移和聚集过程中从外界进入的,其含量一般是随原油埋藏深度的增大和成熟度的增高而减少。由于含氮化合物有较强的极性,运移过程中地质色层作用明显,所以在油气运移研究中,可根据含氮化合物(目前主要研究的是咔唑类)的变化追踪油气的运移途径,实现用油气运移思路指导勘探,提高勘探成功率。

3) 含硫化合物

含硫化合物是分子结构中除碳、氧原子外还含有硫原子的一类化合物,是石油中最重要的非烃化合物。所有原油中都含有一定量的硫,其含量仅次于碳和氢。但不同原油的含硫量相差很大,从万分之几到百分之几。由于硫会使有些催化剂中毒,部分含硫化合物(如硫醇等)本身就有

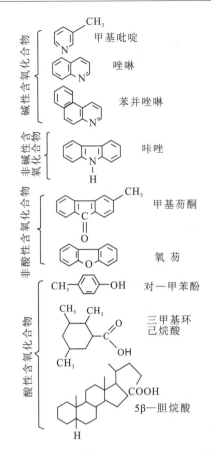

图9-2 石油中氮化物与氧化物的实例
(据 Tissot,1984)

腐蚀性,以及原油产品中的硫燃烧后均生成二氧化硫,从而导致腐蚀设备并污染环境,所以往往把含硫量作为衡量原油及原油产品质量的一个重要指标。根据 Tissot 等(1984)对不同油田上万个原油样品的分析结果统计,80%左右的样品含硫量低于1%,即属于低含硫原油。

原油中的硫并不是均匀分布的,它是随着馏分沸程的升高而呈增多的趋势,其中汽油馏分的硫含量最低,而渣油中的硫含量最高。海相石油,特别是与碳酸盐岩有关的石油,含硫量相对较高。我国的原油绝大多数是陆源的,其含硫量一般都较低。石油中有机硫化物已鉴定出250种,除元素硫以外,主要有硫醇、硫醚和噻吩三大类。

(1)硫醇类。分子中含有硫基(—SH)的硫化物,是由一个烷基或环烷基取代了硫化氢中一个氢原子而形成的。大多数硫醇是低分子量的,少于8个碳原子。在原油中含量不高,且主要分布于低分子量馏分中,其含量随馏分沸点升高而降低。在原油中已分离出脂肪族(正构和异构)硫醇和环烷族(环戊烷和环己烷)硫醇,单体有47种,但未见芳香族硫醇。

(2)硫醚类。分子中含有硫醚键(—S—)的硫化物,是硫化物中两个氢原子被烷基、环烷基或芳香基取代而形成的。原油中有脂肪族硫化物(烷基硫醚)、单环和二环硫化物(环烷族硫醚)以及单芳香和多芳香硫化物(芳香族硫醚)。二硫化物有类似结构,称二硫醚。

硫醚在原油中含量相对较多,一般集中在中间馏分。它们的热稳定性和化学稳定性较好,其含量随馏分沸点的升高而增加,在高沸点馏分中有时可达总馏量的70%左右。二硫醚在原

油中含量很少,多集中于高沸点馏分中,热稳定性差,受热可分解为元素硫、硫醚、硫醇和噻吩等硫化物。

(3)噻吩类。噻吩是含有1个硫原子和4个碳原子的不饱和五元环化合物。噻吩类化合物是石油中十分重要的含硫化物,其性质接近于芳香烃,热稳定性较好。虽然噻吩本身在石油中很少见,但苯并噻吩(硫茚)、二苯并噻吩(硫芴)以及苯并萘基噻吩是高含硫原油的重要组分。在芳香烃、胶质和沥青质含量较高的原油中,噻吩类衍生物尤为丰富。

上述硫化物只是原油中已确定结构的一部分,还有一部分硫化物结构尚待研究,这部分称残余硫。各类含硫化合物在原油的各种馏分中都存在,但分布不均衡。硫醇和硫醚主要分布在小于200℃的馏分中,而苯并噻吩主要分布在大于200℃的馏分中。有人认为,非噻吩类含硫化合物在未成熟原油中含量很高,而噻吩类含硫化合物则随原油成熟度增加而增加。

4)胶质和沥青质

胶质多为棕黄色到黑色的黏稠状液体和半固体,有很强的着色能力,原油的颜色主要是由胶质引起的。它可溶于低分子量的正构烷烃、苯、石油醚、三氯甲烷和四氯化碳等有机溶剂,相对密度为1~1.1,分子量一般在500~1 200之间。元素组成上,除C、H之外,O、S、N占有重要地位。其中O占2%~8%,S占0.5%~5%,N占2%左右。根据红外光谱和结构族组成分析资料,胶质主要由缩合芳香烃和环烷烃组成,部分是杂环,环间由脂肪链联结(图9-3)。胶质的热稳定性较差,加热可释放出烃类。

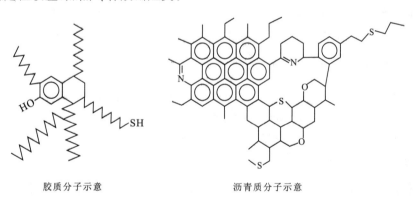

胶质分子示意　　　　　　沥青质分子示意

图9-3　胶质和沥青质的结构
(据Hunt,1979)

沥青质多为脆性固体黑色粉末,比胶质含有更多的缩合芳环,在沥青质结构中有空位,可以络合重金属,如V和Ni。沥青质不溶于低分子量的正构烷烃,但可溶于苯、石油醚、三氯甲烷、四氯化碳等有机溶剂,其分子量在1 000~10 000之间。

沥青质结构是多环的,以缩合芳香核为主,由烷基支链和含杂原子的多环芳核或环烷芳核形成的复杂结构(图9-3)。在该组分里不存在纯的芳香烃和环烷芳香烃分子,所有的结构中都含O、N、S原子。晏德福(1972)对沥青质结构的研究指出:其基本单元是缩合的多芳香片,芳香环大多被甲基取代,由于分子间和分子内的缔合作用,芳香片常常堆积起来,形成颗粒。堆积产生的颗粒的分子量是100~10 000,其平均厚度是15~20Å,颗粒可以进一步堆积成为更大的分子聚合体,其分子量可达50 000以上。沥青质的热稳定性差,当加热到300~350℃

时,其中的含氧基团消失并生成少量轻烃,继续加热,重烃、甲烷以及硫化氢的产量增加,在410~470℃时达到最高值。

热解研究结果表明,沥青质的热降解产物与石油的组成具有明显的相似性。因此,沥青质可视为除去了部分杂原子的干酪根碎片,仍然保存了其核、桥键、官能团及侧链的总体格架,而且随着烃源岩的成熟,沥青质也经历了大致与干酪根相似的演化途径,即 H/C、O/C、S/C 原子比逐渐下降,芳构化增强,同时伴随烃类产物的生成。因此,对胶质和沥青质组分的研究可能会提供一些新信息,以补充干酪根的演化研究。

石油中的金属元素,特别是 Ni 和 V,往往存在于胶质沥青质组分中。Ni、V 是原油中含量最丰富的元素。美国、加拿大、委内瑞拉、北非和西非、中东、苏联和澳大利亚的 64 个原油样品中,Ni 平均含量为 $18\mu g/g$,V 为 $63\mu g/g$。

第三节 影响石油组成的因素

造成石油组成差异的因素有很多,归纳起来可分为成藏之前因素和成藏之后因素两大类。其中,成藏之前因素主要包括3个方面:原始生油母质类型及其形成环境差异;有机质热演化程度不同;石油在运移聚集过程中所产生的各种地球化学变化。成藏之后因素主要是指石油在油藏保存或过程中所发生一系列次生变化。其实,次生变化对石油组成的影响十分重要,有时超过成藏前的影响。本节主要讨论与有机质特性(母源性质与演化程度)相关的影响因素,有关石油在运移过程中和在油藏保存或破坏过程中所发生的变化将在后续章节专门介绍。

一、原始生油母质的类型和沉积环境

石油是沉积有机质在地质埋藏环境中经过一系列生物和化学作用形成的,其组成必然受到原始有机质性质的影响。不同的生物来源和不同的沉积环境所形成的有机质类型与组成总是存在一定差异,一般可分为海相和陆相两大类有机质。它们对石油组成的影响是不同的。

1. 海相有机质

海相有机质主要来源于浮游植物藻类,其次来源于各种浮游动物。浮游植物藻类和各种浮游动物富含蛋白质、类脂化合物及部分碳水化合物。主要的特征生物分子有:①中等分子量(C_{12}~C_{20})的正构烷烃和正构脂肪酸,藻类合成的烃以 C_{15}、C_{17} 占优势;②丰富的甾类,尤其是 C_{27} 胆甾烷和一些类葫萝卜素;③大量的 C_{14}~C_{20} 类异戊二烯烃;④藿烷系列也有发现,甾萜比通常大于1。

在闭塞的海盆底部,当有机质丰富时,常常形成底部缺氧环境,使硫被还原出来进入沉积物形成有机硫化物,有助于有机分子成环和芳构化。这样,海相有机质形成的以 II 型为主的干酪根含有丰富的环状物质,形成的石油含有较多的环烷烃、芳香烃和含硫化合物。饱和烃含量约为石油的 30%~70%,芳烃为 25%~60%。在浅层未成熟的石油中甾萜类化合物、胶质和沥青质都比较丰富。

2. 陆相有机质

陆相有机质主要来源于湖泊水生生物和高等植物的富含纤维素和木质素的有机质,其次是蛋白质和类脂化合物。这些类脂化合物是陆相有机质中生油的组分。其中有与生物蜡有关

的高分子量（$C_{23} \sim C_{33}$）正构烷烃；各种萜类和大量的藿烷系列，甾族化合物中 C_{28}、C_{29} 甾烷超过 C_{27} 甾烷；类异戊二烯烃比较丰富，姥鲛烷常比植烷多。

在一些近海或湖相环境中，微生物来源的有机质十分丰富。由于微生物的作用，有机质更富含类脂化合物，而且包含特征的长链正构、异构和反异构烷烃。因此，陆相有机质可以形成从Ⅰ型到Ⅲ型的各类干酪根。此外，陆相有机质沉积环境差异很大，形成不同特征的烃源岩，如广泛分布我国陆相沉积盆地的淡水-微咸水湖相烃源岩、主要分布于我国东部沉积盆地的盐湖相烃源岩和淡水沼泽相烃源岩。这些陆相有机质来源和沉积环境的不同也必然造成生成的原油具有各自独特的特征。总体而言，陆相有机质生成的石油具有以下特点：饱和烃含量高，其含量约占石油的 60%～90%，占烃类的 70%～90%；含有丰富的正、异构烷烃及单、双环烷烃。多环物质特别是甾烷较少；芳香烃占总烃的 10%～30%；含硫量低于 0.5%。

3. 与原始有机质类型密切相关的特征石油

1）高蜡石油

蜡是指碳数大于 21 的长链正构烷烃。一般含蜡量大于 8% 称为高蜡石油。高蜡石油中含有大量的长链正构烷烃及一定量的异构烷烃和环烷烃，碳数可高达 40～50。高碳数范围没有明显的奇偶优势，含硫量低。

Hedberg(1968)对世界产高蜡石油的油田统计发现：高蜡石油主要存在于碎屑岩系地层，并常和煤或高碳质地层相伴生，共同沉积在陆相或海陆过渡相环境中。如印度尼西亚、美国绿河盆地、澳大利亚、中国东部等产油层系。因此，他认为石油的高含蜡量反映受到陆生植物类型生油母质的影响。

Tissot 和 Welte(1984)提出了高蜡石油可能的形成模式：在湖盆或浅的滨海盆地中，沉积物周期性地暴露在空气中，受到氧气和水的作用，有机质被微生物强烈改造。其中纤维素被分解，木质素被真菌改造为腐植酸类。这样，保存下来的部分主要是较稳定的类脂组分如腊质及土壤腐植酸。由这些物质组成的干酪根便是形成高蜡石油的基础（图 9-4）。

高蜡石油的成因问题也引起了其他学者的注意。1955 年 Corbett 指出，高蜡石油主要产于古近系、白垩系和石炭系，这正是陆生植物特别繁盛的时期。1963 年 Martin 指出，在尤英塔盆地具有奇数碳优势和高比例的 $C_{23} \sim C_{33}$ 正构烷烃的石油，可能是富含蜡质的原始物质转化而来。1975 年 Hijmbach 指出石油中 $C_{25} \sim C_{32}$ 范围的烷烃和环烷烃起源于陆生植物中的蜡和树脂。并且用模拟试验进一步证实了这个推想。我国学者黄第藩等(1986)对南阳和辽河大民屯盆地中特高蜡石油(49%)进行了详细的研究，证实了陆源有机质的来源。

综合上述，高蜡石油的生成与陆源有机质密切相关，可能是一种典型的陆相石油。其中陆生植物中的植物蜡、孢子花粉、角质部分是形成高蜡石油的主要母质。富含陆源有机质的湖盆、河流三角洲、陆缘滨外碎屑岩沉积盆地则是形成高蜡石油的有利场所。

2）高硫石油

所有的石油都含有硫化物，但富含硫的石油都产自碳酸盐-蒸发盐岩层系。各种类型石油平均含硫量为 0.65%，碎屑岩系中石油的含硫量为 0.51%，碳酸盐岩层系中石油平均含硫量为 0.86%，最高可达 5%。高硫石油中芳香烃含量常达 40%～60%，胶质和沥青质十分丰富。著名的中东石油便是该类的代表。

硫并非为活生物体中的主要成分。石油中的高硫量都是成岩过程中细菌作用、深成过程

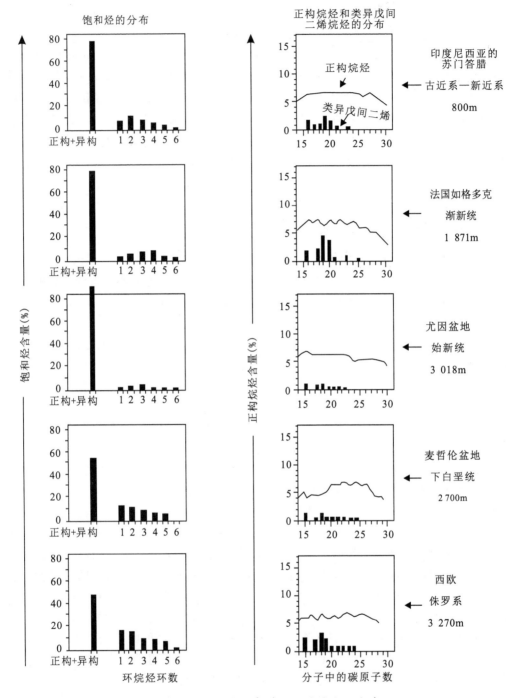

图 9-4 不同地区高蜡石油的饱和烃分布
(据 Tissot,1984)

中与围岩的化学反应和在储层中的次生改造的结果。

石油中含硫量主要取决于原始有机质堆积的环境。在海洋盆地、大陆干燥气候带的咸水湖盆和半封闭潟湖中的碳酸盐-蒸发盐沉积中都易形成高硫干酪根,它是在热裂解过程中产生高硫石油的物质基础。此外,硫结合到有机物中可以充当芳构化作用的催化剂,所以石油中含硫量和高芳香度之间存在着明显的相关性。在潮湿、半潮湿带的淡水-微咸水湖盆中沉积的碎屑岩层系中只能形成低硫干酪根。

碳酸盐岩层特别是蒸发盐岩系含硫量高。沉积有机质与围岩、地层水中 SO_4^{2-} 起作用,尤其是在热成熟过程中硫酸盐的非微生物还原作用都可以形成有机硫化物。盛国英、江继纲等(1988)在江汉膏盐盆地古近系高硫石油中检测出烷基噻吩类和烷基四氢化噻吩类均是特征的生物标志化合物,这是早期阶段硫或硫化氢与烷烃反应的产物。

微生物对石油的降解也能导致硫的富集,因为微生物总是优先消耗烃类化合物而使含硫的苯并噻吩等高相对分子质量杂原子化合物的含量升高。

二、有机质的成熟度

有机质的热演化生烃过程具有明显的阶段性,不同成熟阶段生成的油气具有不同的化学组成。热演化程度对原油化学组成的影响主要表现在化学组成纵向的规律变化。如同一盆地或地区石油相对密度随深度增加而下降;石油含硫量随深度增加而降低。石油中各种烃类随深度增加而有规律地变化,主要表现为轻质组分含量增加,烷烃含量增加,尤其是正构烷烃含量迅速增加。在成熟度较低的石油中,胶质和沥青质含量较高,正构烷烃主峰碳数较高,类异戊二烯烷烃、甾萜类生物标志化合物比较丰富;高成熟石油中以低分子量的正构烷烃为主,生物标志化合物含量低,胶质和沥青质含量较低,一般为轻质油。

综上可见,不同类型的生油母质是造成石油组成千差万别的内因,热演化则是石油组成变化的一个重要外因。当生成的石油进入储层,便又在新的地质环境中开始了新的一系列地球化学转化。

第四节 油气运移中的地球化学效应

固体矿产通常在原地形成矿床,而常规油气都是生成后经过运移、聚集形成油气藏的。油气在运移过程中,可能被途经地层中的矿物颗粒选择性吸附,与实验室层析过程极为相似,势必造成油气化学成分和物理性质的变化。

一、初次运移引起的油气变化

油气是十分复杂的、分子量范围特别宽的有机混合物。它们的物理、化学性质和相态不一,在初次运移中即可发生一系列地球化学变化,改变其原始组成。

Tissot 和 Pelet(1971)研究了阿尔及利亚撒哈拉泥盆纪碎屑砂页岩系生油岩和储集岩之间的过渡带抽提物(表9-4)。与储集岩距离约10m时,生油岩内抽提物含量开始减少,之后随着距离的减少,生油岩内抽提物含量也逐渐较少,其中烃含量逐渐减少,沥青质含量逐渐增多;距储层2m处减少约40%。

比较石油与相应油源岩中的沥青组成,明显可以看出石油中更富含饱和烃,相对缺少胶质、沥青质等重质含杂原子组分(图9-5)。石油组分的变化与吸附性差异一致,这表明在初次运移中,由于黏土矿物对石油各组分吸附性不同,吸附性小的组分优先运移进入储层,吸附性大的组分则更多地被保留在源岩中。

表 9-4 阿尔及利亚撒哈拉泥盆纪碎屑砂页岩系生油岩和储油岩之间的过渡带抽提物的组分及丰度

(据 Tissot 和 Pelet,1971)

与储集岩距离(m)	抽提物/有机碳(mg/g)	抽提物中烃的百分比(%)	抽提物中沥青质的百分比(%)
2	72	54	12.2
4	86	61	11.2
7	90	63	7.5
10.5	112	63	5.7
14	118	64	5.8

注:每项值为 3~4 次测量的平均值

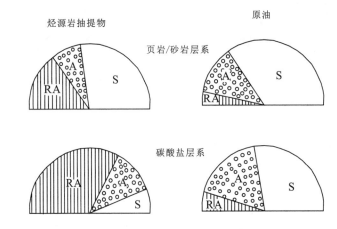

图 9-5 砂页岩和碳酸盐岩中石油与生油岩沥青之间总化学成分对比

(据 Tissot 和 Pelet,1971)

RA.胶质+沥青质;A.芳香烃;S.饱和烃

Leythaeuser 和 Mackenzie(1983)对挪威斯皮伯根岛上的两口井在剖面进行了初次运移研究,结果表明砂岩中的薄层页岩夹层以及厚层页岩体的边缘,烃类的含量远低于厚层页岩体中心,尤其是低分子量正构烷烃含量极低。图 9-6 为厚层页岩(有机质类型为Ⅲ型干酪根)向下部砂岩排烃时对正构烷烃的影响,由图可见,页岩中部抽提物中正构烷烃分布为双峰型;与下伏砂岩接触带最接近的页岩显示后峰型正构烷烃分布,表明轻组分已损失;而砂岩中则为前峰型,与其邻近的页岩中正构烷烃分布相互补偿。处在最佳排驱条件下的页岩,碳数低于 19 的烃类排烃率高达 90%,而只有 10% 左右的抽提物排出。这证实了初次运移中存在着成分的分异,在某种程度上改变了原始的烃类组成。石油其他组分(生物标志化合物、杂原子化合物、芳烃等)在初次运移中也都存在分异。

二、二次运移引起的油气变化

前人研究表明,沿着二次运移的主要方向,油气的化学成分和物理性质有规律地变化。通常石油为水携带在储层孔隙中运移。这些油珠与周围的孔隙水接触,其中的极性分子容易富

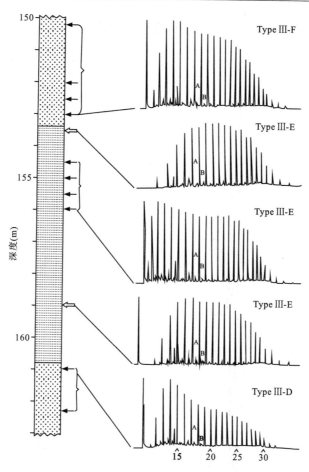

图 9-6 挪威斯皮伯根岛页岩中正构烷烃
(据 Mackenzie 和 Leythaeuser,1983)
A.姥鲛烷;B.植烷

集在油水界面,易溶于水的芳烃在运移过程中容易损失。按照输导层矿物颗粒的润湿性,一些重质组分容易被吸附。因此,沿着运移的方向,石油中非极性的烃类含量有所增加,而胶质、沥青质、卟啉化合物及其他非烃类含量相对降低。某些不同构型的生物标志化合物在运移过程中也有变化,如规则甾烷化合物中 $5\alpha14\beta17\beta$ 异构体比 $5\alpha14\alpha17\alpha$ 异构体运移得快,$13\alpha17\beta$ 构型的重排甾烷比 $5\alpha14\alpha17\alpha$ 的规则甾烷运移得快,因此,它们的比值可指示运移的方向(图 5-18)。油气中的稳定碳同位素 $^{13}C/^{12}C$ 比值也随运移距离增加而降低。

油气运移过程中化学成分的变化必然导致其物理性质的变化,沿着运移的方向,油气的密度和黏度一般都会减小,如我国酒泉盆地,西部的青西凹陷是油源区,油气由西向东运移,依次形成了鸭儿峡、老君庙和石油沟油田。沿此方向原油的相对密度、黏度、含蜡量及凝固点逐渐变小;原油正构烷烃主峰值逐渐降低、C_{22-}/C_{23+} 值逐渐增加等(表 9-5,图 9-7),从而证实了该油气的运移方向。

Seifert 等(1981)通过实验室研究及油田资料分析提出石油在储层中运移类似于色层分离过程,所以称之为"地质色层"。不过,自然界的运移过程是一个十分复杂的过程。只是在某

表 9-5　老君庙背斜带古近系"L"层石油性质数据表

（据张厚福等，1999）

地区	鸭儿峡					老君庙				石油沟		
井号	鸭189	鸭158	鸭60	鸭610	鸭684	老4120	H-181	K-243	J-251	石-249	石-195	石-111
主峰碳		C_{21}		C_{21}		C_{21}	C_{21}			C_{19}	C_{19}	C_{19}
C_{22-}/C_{23+}		1.63		1.93		2.08	2.26			2.97	2.68	8.12
镍卟啉($\mu g/g$)	30	17.64		26.1		19.2	13.56	8.52		7.62	6.6	7.35
密度(g/cm^3)		0.87	0.87	0.87	0.87	0.86	0.86	0.87	0.86	0.86	0.85	0.85
黏度($mPa \cdot s$)		23.5	26.6	27.3	25.7	24.5	24	28.3	22.8	22.5	19.2	20
含蜡量(%)		13.71	14.38	12.87	16.48	11.69	15.32	13.98	13.71	14.73	13.01	10.27
凝固点(℃)		13.5	4	-0.3	-3.8	7	2.3	5.3	-1.5	5.3	0.3	-12.5
变化趋势	自西向东											

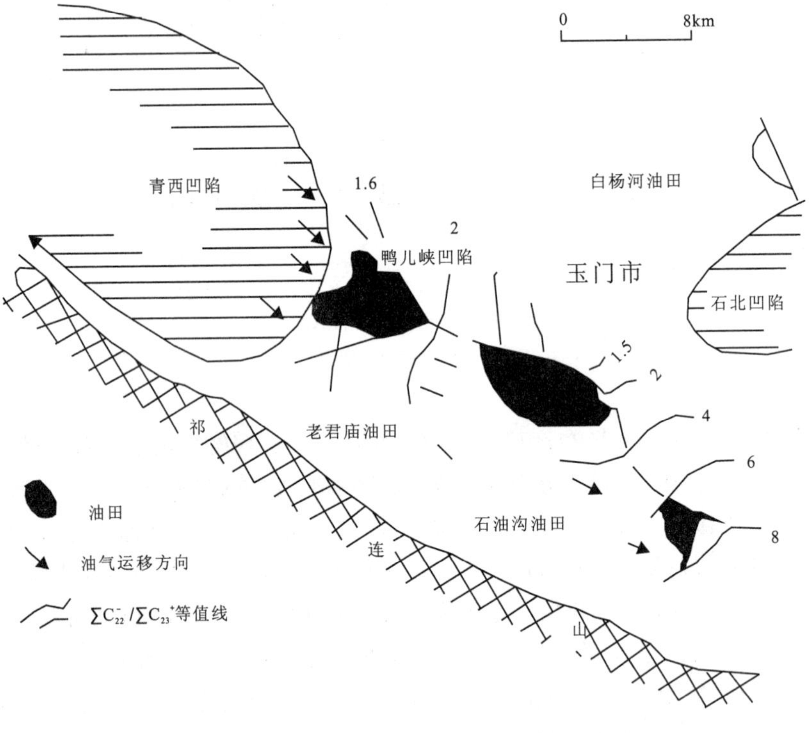

图 9-7　酒泉盆地老君庙背斜带油气运移方向

（据张厚福等，1999）

种程度上近似"色层"过程。在运移中石油分异程度还取决于运移通道的性质（主要是黏土含量）、运移的距离以及运移和聚集时间。油气经历了长距离运移后分异较明显，如上述酒泉盆地。但如果在运移中受到严重次生改造，则可能不会出现这种分异规律。此外，近年来提出的运移过程中的增溶作用可能彻底改变贫生物标志化合物的凝析油在经过富有机质的煤层后的生物标志化合物分布,研究中应尤为小心。总之,油气在运移中的成分分异是多种因素共同作用的结果。

第五节 石油的次生变化

地质条件下石油处于热动力的亚稳态,成藏后的石油在储层中亦很容易遭受次生变化,其对石油组成的改变程度可能比源岩更大,即石油的次生变化可能会掩盖石油的原始母质特征,从而影响油源对比结论,也进而会影响原油质量和经济评价。储层中石油的次生变化主要有热蚀变、脱沥青质、生物降解、水洗、氧化和硫化等。

一、热蚀变作用

与干酪根的热成熟类似,储层中的石油热蚀变随着地热的影响而持续进行。不同类型的烃类处在更高温的地热系统中,会向着分子结构更稳定、自由能降低的方向继续演化,最终形成在该温度、压力下稳定的混合物。不同类型的烃类和不同异构体的自由能有很大的差异,在较低温下,链烷烃最稳定(链烷烃的稳定性随碳原子数减少而增加,甲烷在温度达550℃时是稳定的),环烷烃的稳定性介于芳香烃和链烷烃之间。总之,随着热成熟作用,所有的烃类都向链烷烃转化,最终转化为自由能最小的甲烷(图9-8)。

随着埋深和温度的增加,储层中的原油密度变轻,烃类重组分裂解,轻组分相对增加。在更高的温度下,储层中只出现甲烷和焦沥青。焦沥青和C_{15-}烃类同时出现,而其他烃类组分消失,这是热蚀变过程中发生歧化反应的标志。图9-9是歧化反应的图解,中等分子量的原油在高温下不断裂解,最终得到热力学中最稳定的产物甲烷和焦沥青。随着温度增加,

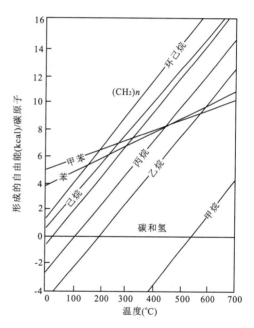

图9-8 烃类的热稳定性
(据Hunt,1979)

石油中各类烃的转化规律为:链烃中碳链断裂形成低分子烃,异构烷烃脱去侧链形成正构烷烃;芳香烃的裂解产物是低分子量的芳烃、烷烃和高度聚合的高碳物质;环烷烃一方面开环加氢形成链烃,多环断裂为单环、双环,另一方面脱氢形成芳香烃。可见,石油中烃类的变化实质上仍然是氢元素的重新分配,其结果是形成高氢碳原子比的天然气和低氢碳原子比的稠环芳烃或高度聚合的高碳物质。

二、脱沥青作用

脱沥青作用是指大量气体或其他$C_1 \sim C_6$轻烃注入油藏,并溶解于其中,使石油中的沥青

质沉淀下来的过程。这些注入的大量气体或轻烃必须先溶解于原油中(而不是成为气顶),破坏原油的原有平衡状态,导致脱沥青作用发生。这在中等或重质原油中是一种自然存在的过程。自然条件下,大量气体在深成作用过程中形成或经过二次运移从外部注入先期形成的油藏时(天然气与油可能是同源的,也可能是异源的),就会发生脱沥青作用。这将使油藏中高分子量组分发生沉淀,形成沥青垫,同时使油藏中的液态烃变得更轻。因此,脱沥青作用使油藏中的油产生相分异,一方面形成轻质油藏或凝析气藏,另一方面也会产生沥青沉淀,呈带状分布,使储层受到伤害,从而影响到油气的开发。Lomando 等(1992)在 WestPurt 油田的 Rodessa 油层发现了这种现象(图 9-10)。

脱沥青作用的结果与热蚀变作用相似,都使原油的重质组分含量下降,轻质组分增加,密度下降。因此,石油脱沥青作用与热蚀变作用通常难以区

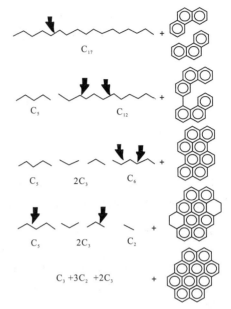

图 9-9 储层中石油热成熟作用
(据 Connan,1975)

分。但一般而言,热成熟作用是区域性的,脱沥青作用更局部一些(Bailey 等,1974)。此外,Rogers 等(1974)发现脱沥青作用形成的沥青质的碳同位素组成类似原生原油,而热成熟作用形成的焦沥青具有比原生原油更重的碳同位素值。

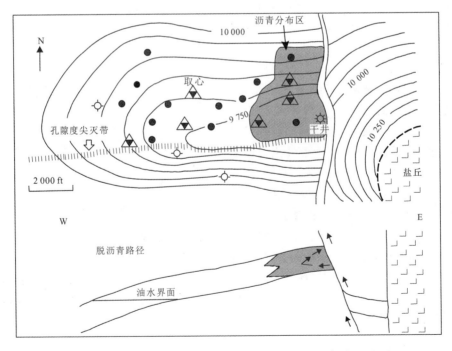

图 9-10 West Purt 油田 Rodessa 油层的沥青封隔层
(据 Lomando 等,1992)

三、生物降解作用

生物降解作用是指微生物选择性消耗原油中的某些组分,使原油密度变大、黏度升高。微生物在温度低于 80～100℃ 条件下均能存在。因此,生物降解是广泛存在的一种地质作用过程。

以往研究认为,原油生物降解作用总是在储层抬升至近地表或地层水与地表水有一定连通性的条件下进行的,地下原油主要是在有氧条件下被生物降解。发生生物降解的主要生物——细菌是大气水带入的,油层本身不存在原生微生物。这种观点强调喜氧细菌在生物降解中的作用。然而,在许多油层中,氧作为微生物呼吸作用中的电子接受体非常有限,因此近年来不少学者认为油层中生物降解作用主要在缺氧条件下进行。厌氧细菌对烃类的氧化过程不同于喜氧细菌,在厌氧氧化过程中,首先是产乙烷菌的作用,其次是产甲烷菌的作用,除合成细胞质成分、产生部分残渣外,这些细菌主要产物是甲烷和二氧化碳等。喜氧氧化主要产物是水和二氧化碳,不会产生甲烷气。李素梅等(2008)利用微生物基因检测方法,对辽河油田西部凹陷原油中的细菌类型进行检测,发现其均为厌氧型古细菌,从而提出厌氧型细菌的生物降解是辽河油田西部凹陷原油稠化的重要机制。

综合来看,地下原油被生物降解可能是喜氧微生物和厌氧微生物共同作用的结果。首先喜氧细菌降解或分解原油中高分子烃类,产生低分子量化合物,同时产生二氧化碳,且逐步消耗氧气体,经过中间兼性细菌作用,最后氧体消耗殆尽过渡到厌氧状态,这一过程对原油具有极大的破坏作用。随后厌氧细菌分解低分子量化合物作为营养源而大量繁殖并产生二氧化碳等,最后产甲烷菌,利用产生的二氧化碳和外部或油层内生成的氢进一步还原产生甲烷。因此,在油层抬升至近地表的情况下,主要发生喜氧降解作用,而在油层埋藏较深的情况下,厌氧作用可能起主导作用。

原油中不同的组分抵抗生物降解的能力不同。一般认为,各组分抗降解能力由弱到强的顺序为:正构烷烃、无环类异戊二烯烷、甾烷、藿烷、重排甾烷、芳构化甾类、卟啉(Chosson 等,1992;Moldowan 等,1992)。由此可依据有关组分的存在与否和相对含量来评价原油的生物降解程度。图 9-11 示意了根据不同烃类的相对丰度评价石油遭受生物降解程度的尺度标准(Wenger 等,2002)。但生物降解作用是一个十分复杂的、"准多级"的过程,化合物种类变化的确切顺序很难描述,因此使用该标准需谨慎。比如,藿烷通常被认为比甾烷的抗生物降解能力强,但某些因暴露而受到强烈生物降解的石油,在所有的甾烷被破坏之前藿烷就发生了明显的变化。

上述分析可见,原油生物降解作用的结果使原油中烃类的含量减少,而胶质、沥青质组分增多,油质变差,密度、黏度增大。生物降解作用越强,表明油藏受破坏越严重,油质越差。所以生物降解的结果一方面使原油的性质变差,油的黏度增加,形成重质原油,另一方面生物降解也会产生沥青沉淀,堵塞孔隙喉道,使储层物性变差,从而降低油气藏的开发价值。

四、水洗作用

水洗作用是指原油中水溶性相对较高的组分被地层水优先萃取出去,从而改变原油的组成,使其变重的过程。通常是低分子量烃类优于高分子量烃类、同碳数芳香烃优于正构烷烃。水洗作用主要除去 C_{15-} 馏分,而 C_{15+} 馏分中只有芳烃和含硫化合物可被除去,姥鲛烷、植烷、

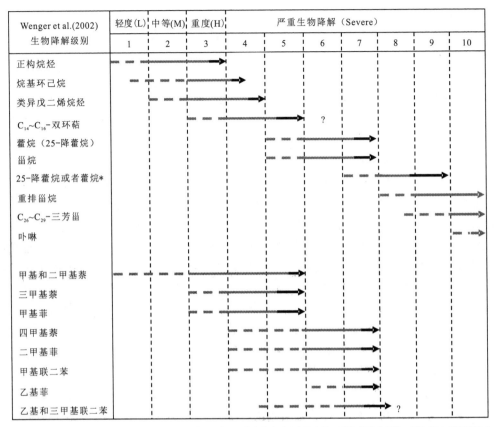

图 9-11 不同程度的生物降解对成熟原油组分的影响
（据 Wenger 等, 2002）

甾烷、萜烷不受水洗作用影响(Lafargue 等,1996)。

储层中地层水是普遍存在的,但是水洗并不是处处存在的。据 Lafargue 等(1984,1996),原油的水洗作用在运移过程中比聚集以后更容易进行,因为原油聚集以后,水与油的接触主要发生在油水接触面上,且由于油水接触面上沥青垫的产生,阻止了地层水对油的水洗,使水洗作用减弱。强烈水洗作用发生的条件为:①较高的温度。一是由于烃类在水中的溶解度随温度的增加而增加(Tissot 和 Welte,1984),二是只有高于 80℃的时候,细菌的作用受到抑制,水洗的特征才会明显,否则可能表现为生物降解特征。②原油运移时该区不具备油气生成的条件,只有满足这一条件,才能对油气造成严重的水洗。如我国发现的大港北塘地区的高凝固点原油,C_{10-} 的组分基本损失殆尽,其中以苯和甲苯尤甚,研究表明造成这种现象的主要原因是长距离运移途中的水洗作用(王廷栋等,2000)。

五、氧化作用

石油的氧化作用是由构造抬升或保存受到破坏、圈闭开启以及地下水活跃引起的,有时甚至可以通过断层通道将石油直接运移到地表面被氧化。

石油的氧化作用可分为游离氧和由硫酸盐等含氧化合物中结合氧的氧化作用,但游离氧作用的范围是有限的,对石油成分影响较大的是结合氧的氧化作用。地下水或围岩中的硫酸盐,在硫酸盐还原菌的作用(BSR)下会将烃类直接氧化成二氧化碳和水。当油气藏埋藏深度较大,地层温度较高时,硫酸盐热化学还原(TSR)作用也会氧化烃类物质。氧化作用的结果都是将环烷烃氧化成环烷酸、醇;芳香烃氧化成酚、芳香酸;烷烃氧化成酮、酸、醇等,使石油中胶质、沥青质组分增加,石油质量变差。

六、硫化作用

硫化作用是指元素硫或硫化物与石油烃类反应生成有机硫化物的过程(图9-12)。

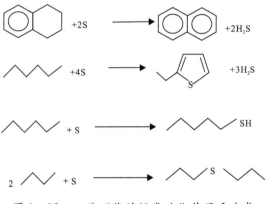

图9-12　一些可能的烃类硫化作用反应式

石油含硫量的高低不仅与生油母质有关,更重要的是与石油的次生硫化作用有关。在硫酸盐还原细菌作用下,硫酸盐可以氧化烃类,还原形成硫化氢、硫。元素硫在很多石油中被检出。在一般储层中,这些硫化物可以氧化烃类形成各种有机硫化物。实验证明,元素硫与烃反应形成烷基噻吩、硫醇和硫醚,从而降低烃类含量,增加石油中的含硫化合物。

硫化作用的结果也使原油中烃类的含量降低,而非烃含量增加。这与氧化作用、生物降解作用的效果是一致的。事实上,在地质条件下,氧化作用、生物降解作用、硫化作用是密切相关的。

综上所述,石油的化学组成和性质是多种因素综合作用的结果。除了原始有机质性质和成熟度以外,石油的运移,尤其是在储层中受到的次生改造,均影响了石油的性质。石油在储层中的次生改造作用可归结为两种性质不同、方向相反的过程:其一是石油的热蚀变和脱沥青作用,使石油相对密度变小,轻质组分增加,饱和烃尤其是正构烷烃含量升高,使原油品质变好;其二是石油的水洗作用、氧化作用、生物降解作用和硫化作用,使石油相对密度变大,黏度提高,胶质、沥青质含量增加,原油质量变差。

第四篇

油气地球化学在勘探中的应用

第十章

烃源岩研究

前面几章我们分别介绍了沉积有机质的来源、形成与演化及其产物(油气)的组成特征与变化。这些内容构成了油气地球化学的理论基础。作为一门应用性学科,油气地球化学的生命力必将与其应用效果密切相关。多年的油气勘探、开发实践和应用研究表明,油气地球化学在烃源岩评价、油源对比、油气成藏机理、储层连通性、油气水层识别、产能分配等多方面都有很好的应用。对于本科生阶段,本书主要介绍油气地球化学在油气勘探领域中的两个重要也是最基本的应用——烃源岩评价和油源对比。

第一节 烃源岩定义与研究内容

烃源岩是油气地球化学三大主要研究对象(烃源岩、原油、天然气)之一,也是石油和天然气形成的物质基础,因此油气地球化学对烃源岩的研究显得尤为重要。烃源岩研究内容主要包括符合烃源岩定义的质量特征(烃源岩定性评价)和符合质量要求的数量特征(烃源岩发育特征与时空分布),以及在综合质量特征和数量特征的基础上对烃源岩作出的定量评价(生烃量计算)。本章主要对烃源岩的质量和数量特征进行定性研究,而有关烃源岩生烃量的计算原理与方法将在第十二章作详细的介绍。

烃源岩研究主要回答研究区能否生烃(烃源岩质量如何)? 能够生成多少烃类(烃源岩数量多少)? 等问题,即需要回答研究区是否值得勘探,勘探有利区在哪? 而油源对比能够明确烃源岩所生成的烃类运移到何处? 或者,所发现的油气来源于哪套烃源岩? 从而明确对油气进一步勘探的方向和部署。

一、烃源岩的定义及相关概念

Hunt(1979)认为,烃源岩是指自然环境下,曾经生成并排出过足以形成商业性油气聚集数量烃类的任一种细粒沉积物,而 Tissot 等(1978,1984)则认为,烃源岩是指已经生成或有可能生成,或具有生成油气潜力的岩石。本书采用 Tissot 的定义,认为烃源岩是指能够生成并提供烃类来源的一种岩石,而含有烃源岩的地层称为烃源层。

其实,烃源岩概念可以理解为,一切具有生烃能力并能够生成超过其自身吸附量的岩石。有生烃能力是指含有沉积有机质的岩石,在自然地质条件或人工加热下,已经产生或能够产生一定量的烃类物质;超过自身吸附量是指生成的烃类在满足岩石各种有机无机吸附和有机无机孔隙充填后可以排出的量(即烃源岩的下限标准)。

在实际研究中,常常出现优质烃源岩、有效烃源岩、未熟烃源岩、差烃源岩、非烃源岩等名词。其中有效烃源岩就是指对油气成藏有实际贡献的烃源岩,并将那些对成藏贡献较大的烃源岩称之为优质烃源岩;未熟烃源岩是指有机质丰度达到烃源岩下限标准,但成熟度未达到生烃门限的岩石,有生烃潜力但未曾生烃(如油页岩);差烃源岩是指有机质丰度虽然达到烃源岩标准但较低的岩石;非烃源岩则是指有机质丰度达不到烃源岩下限标准的岩石。

二、烃源岩研究内容

烃源岩研究内容很广泛,它主要包括地质、地球物理和地球化学3个方面。其中,烃源岩分布层段、发育厚度、平面展布等对烃源岩发育数量特征开展的研究,需要结合沉积构造等方面知识,属于地质研究范畴,而通过测井和地震等地球物理手段预测烃源岩发育空间的研究属于地球物理研究范畴。对烃源岩中有机质的数量和质量特征描述与刻画,以及有机质所经历热演化特征开展研究,即烃源岩质量评价,并对其中可溶有机质化学组成特征及其相关参数指标开展有机质来源、形成环境和热演化成熟度等方面研究才真正属于烃源岩的地球化学研究范畴。本章重点介绍烃源岩地球化学研究内容。

虽然根据油气地球化学分析测试资料来评价烃源岩是最直接的,也是最可靠的方法之一。但因为分析测试资料的空间分布范围非常有限,尤其是勘探程度较低的地区。因此,结合沉积相分析,测井资料解释和地震属性分析等综合预测烃源岩的空间分布规律,是目前烃源岩研究的重要内容和发展方向。因此,本章第三节将简明扼要地介绍一下这部分内容。

第二节 烃源岩质量评价

烃源岩评价包括对烃源岩的数量特征描述和质量特征刻画两个方面。烃源岩的数量就是指烃源岩发育规模,包括烃源岩的发育层段(时间展布)和平面分布特征(空间展布)。烃源岩质量评价是指烃源岩的有机质丰度(Abundance)、类型(Type)和成熟度特征(Maturity),简称 ATM 特征,这是决定油气形成的3个有机地球化学要素,也是识别烃源岩的3个要素。只有对烃源岩的质量进行界定,才能研究烃源岩的发育数量特征、空间分布范围等。因此,我们首先要了解烃源岩质量评价的内容、方法和常用指标。由于碳酸盐岩烃源岩具有特殊性,因此专门在另外章节展开论述,本节主要为碎屑岩烃源岩评价。

一、有机质的数量

烃源岩中的有机质是油气形成的物质基础,其总量应为有机质丰度与烃源岩的有效体积之积。其中,有机质丰度是指单位质量烃源岩中有机质的百分含量。烃源岩中原始有机质的丰度可以反映烃源岩有机质的数量特征,然而,任何沉积盆地中的烃源岩都经历了漫长的地质演化作用,其原始有机质丰度已无法测得,只能测出现今残余的有机质含量。所幸的是油气勘探实践表明,沉积岩中原始有机质只有较少的部分转化为油气并一部分运移出去,所以,一般来讲,用现今测定的残余有机碳含量(TOC,%)仍然可以反映烃源岩有机质的数量特征。除此之外,还有烃源岩的抽提物含量,即氯仿沥青"A"含量(EOM,%)及其总烃含量(HC,$\mu g/g$)、热解的生烃潜量(S_1+S_2,mg/g)等在一定程度上都能反映烃源岩有机质的数量特征。由于有机质在热演化过程中所生成的油气,只有在满足岩石本身吸附的需要后,才可能向外运移。因而烃源岩有机质丰度的下限值一直是人们关注的问题,不同学者提出不同的烃源岩有机质丰度评价标准。表10-1是中国石油天然气总公司1995年发布的行业标准,该标准是在黄第藩等(1984)提出的烃源岩评价标准基础上修订而成,是我国目前较为通用的陆相泥质烃源岩有机质丰度评价标准。煤系泥岩与一般湖相泥岩相比,有机质来源以陆生植物为主,类脂组含量低,富碳贫氢,有机质类型较差。虽然有机碳含量高,但生烃潜力低,较高的有机质丰度也使其对可溶有机质的吸附能力比一般湖相泥岩强;单位有机碳的生烃潜力低,但单位岩石的生烃潜力又较高,煤系泥岩的这些特点决定了其评价标准与一般湖相泥岩有所不同,相应的有机质丰度评价标准有明显的提高。如表 10-2 和表 10-3 为陈建平等(1997)对不同有机碳含量(TOC<6% 和 6%<TOC<40%)的煤系泥岩提出的评价标准。表 10-4 为国外烃源岩的评价标准(Peters 等,1994),该标准没有区分淡水与咸水,相对较为简单。

表 10-1 我国陆相烃源岩有机质丰度评价指标(SY/T 5735—1995)

评价指标	湖盆水体类型	非烃源岩	烃源岩类型			
			差	中等烃源岩	好烃源岩	最好烃源岩
有机碳含量 TOC(%)	淡水-半咸水	<0.4	0.4~0.6	0.6~1.0	1.0~2.0	>2.0
	咸水-超咸水	<0.2	0.2~0.4	0.4~0.6	0.6~0.8	>0.8
氯仿沥青"A"含量 EOM(%)	—	<0.015	0.06~0.01	0.12~0.06	0.100~0.200	>0.200
总烃含量 HC(μg/g)	—	<100	250~100	500~250	500~1 000	>1 000
产烃潜量 S_1+S_2(mg/g)	—	—	2.0~0.5	6.0~2.0	6~20	>20

表 10-2 煤系泥岩的烃源岩评价标准(适用于 TOC<6%)

(据陈建平等,1997)

油源岩类型及级别		有机质丰度参数			
		有机碳含量 TOC(%)	生烃潜量 S_1+S_2(mg/g)	氯仿沥青"A"含量(%)	总烃含量(μg/g)
煤系泥岩	非	<0.75	<0.50	<0.15	<500
	差	0.75~1.50	0.50~2.00	0.15~0.30	500~1 200
	中等	1.50~3.00	2.00~6.00	0.30~0.60	1 200~3 000
	好	3.00~6.00	6.00~20.00	0.60~1.20	3 000~7 000
	很好	3.00~6.00	>20.00	>1.20	>7 000

表 10-3 煤系碳质泥岩的烃源岩评价标准(适用于 6%<TOC<40%)

(据陈建平等,1997)

油源岩级别	有机质丰度参数			有机质类型
	氢指数 HI(mg/g)	生烃潜量 S_1+S_2(mg/g)	有机碳含量 TOC(%)	
非	<60	<10	6~10	III_2
很差	60~110	10~18	6~10	III_2
差	110~200	18~35	6~10	III_1
中等	200~400	35~70	10~18	II
好	400~700	70~120	18~35	I_2
很好	>700	>120	>35	I_1

表 10-4　国外烃源岩的评价标准

(据 Peters 等,1994)

石油潜能	TOC(%)	热释烃 S_1(mg/g)	热解烃 S_2(mg/g)	氯仿沥青"A"(%)	总烃(μg/g)
差	0~0.5	0~0.5	0~2.5	>0.05	0~300
一般	0.5~1	0.5~1	2.5~5	0.05~0.10	300~600
好	1~2	1~2	5~10	0.10~0.20	600~1 200
很好	2~4	2~4	10~20	0.20~0.40	1 200~2 400
极好	>4	>4	>20	>0.40	>2 400

1. 有机碳含量(TOC,%)

总有机碳(TOC,Total Organic Carbon)是指岩石中除去碳酸盐、石墨中无机碳以外的碳,即有机碳等于总碳减去无机碳。测定有机碳时,常常先用盐酸处理样品以除去碳酸盐,然后使样品在氧气中高温燃烧转化为 CO_2,测定其含碳量。现今所测的岩石有机碳含量是该岩石已经经过生排烃地质作用后所残留的有机碳,因此,总有机碳也叫残余总有机碳。用残余有机碳来反映原始有机质丰度是基于沉积岩中原始有机质只有较少的部分转化为油气并运移出去,而转化为油气的有机质数量与有机质类型及成熟度有关。此外,有机质中除 C 元素,还含有其他元素(H、O、N、S 等)。因此,从残余有机碳求原始总有机质还需乘以转换系数(表 10-5)。不同岩性烃源岩中有机碳含量明显不同,表 10-6 列举了国内外一些含油气盆地的有机碳分布范围。

表 10-5　从有机碳计算总有机质的转换系数

(据 Tisssot 和 Welte,1984)

演化阶段	干酪根类型			煤
	Ⅰ	Ⅱ	Ⅲ	
成岩阶段	1.25	1.34	1.48	1.57
深成阶段末期	1.20	1.19	1.18	1.12

有机碳的下限值对于鉴定烃源岩有着重要的意义。这是因为一定数量的有机质是形成油气的必要基础,而现代运移学说认为烃源岩中形成的烃类必须在满足了母岩本身吸附容量以后才能被有效地排驱出去,所以烃源岩中有机质丰度有一个临界值。根据计算,这个临界值(有机碳含量)大约为 0.5%,有机碳含量>1.0%的烃源岩可定为较好的烃源岩,一般最好的烃源岩有机碳值>2.0%。尚慧云等(1983)统计了我国主要的中、新生代含油气盆地 1 000 多个样品的有机碳含量分布特征(图 10-1),从图中可见,较好的烃源岩有机碳含量多为 1.0%,有的高达 3.0%~4.0%。他们将烃源岩有机碳含量下限定为 0.4%,然而,多年的油气勘探实践表明烃源岩的有机碳含量下限值定在 0.5%更合适。

表 10-6　国内外一些含油气盆地的烃源岩有机碳分布

国内	时代	有机碳(%)	国外	时代	有机碳(%)
松辽	K_1	2.40	高加索山前	N	1.56~2.73
辽河	Es_3	1.99	高加索山前	E	0.58~0.99
济阳	Es_3	1.66	西西伯利亚	K_1	0.92~1.20
冀中	Es_1	1.20	西西伯利亚、高加索山前	J_{2-3}	1.56~3.06
泌阳	Es_3	2.05	伏尔加、乌拉尔	P	0.65
陕甘宁	T	2.32	伏尔加、乌拉尔	C	3.89
准噶尔	P_2	1.01	伏尔加、乌拉尔	D	0.83~1.38
江汉	Es_3	0.84	美国文图拉、洛杉矶	N	3.12
			加拿大阿尔柏达	K	2.02
			委内瑞拉拉巴斯油田	K	3.67

2. 氯仿沥青"A"含量(EOM,%)和总烃含量(HC,μg/g)

沉积岩中氯仿沥青"A"和总烃含量对于表征有机质丰度也有很大意义。氯仿沥青"A"和总烃可视为石油运移后的残留部分，二者的含量可反映有机质向石油转化的程度。因此，以有机碳丰度为基础，结合转化系数，就可以将有机质含量很高，但烃转化率并不高的碳质页岩和煤层与好的烃源岩区分开。好的烃源岩不仅有机质含量高(>1%)，而且又有较高的烃转化率(总烃/有机碳>6%)。当然，它还受到岩石排烃条件的影响。

图 10-2 为我国 386 个主要含油气盆地中烃源岩样品的氯仿沥青"A"含量分布频率图，其值大多分布在 0.1%左右，高者可达 1.0%。一般好烃源岩的含量为 0.10%~0.20%，非烃源岩氯仿沥青"A"值低于 0.01%。

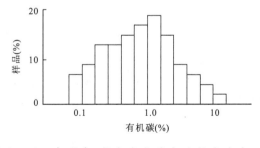
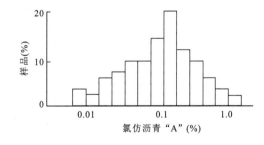

图 10-1　我国中、新生代主要含油气盆地生油层有机碳含量频率图
（据尚慧云等，1983）

图 10-2　我国中、新生代主要含油盆地生油层氯仿沥青"A"含量频率图
（据尚慧云等，1983）

总烃是指氯仿沥青"A"族组分中饱和烃与芳烃之和。它不仅是评价有机质丰度的指标，也是判断烃源岩成熟度的指标。当然，它还受有机质类型和岩石排烃条件的影响。

有机碳、氯仿沥青"A"和总烃的含量都与有机质的成熟度有关，并受油气运移的影响。成熟度较高的烃源岩中由于有机质大量转化为烃类并排出,致使这几个指标值偏低。如克拉玛依油田的石炭纪—二叠纪烃源岩有机碳含量和氯仿沥青"A"含量都很低,但是大量的有机地球化学和地质资料均证实它曾经生成并排出大量石油。

3. 生烃潜量($S_1 + S_2$, mg/g)

生烃潜量是对单位质量岩石直接加热获得的烃类化合物总量。按照加热温度可将岩石加热获得的烃类分为热释烃(S_1)和热解烃(S_2)。根据岩石热解分析定义,热释烃是单位质量岩石加热至300℃以前所释放出来的烃类化合物的总量,用 S_1 表示,单位是 mg/g;热解烃是单位质量岩石加热300℃~600℃之间由干酪根热降解所产生的烃类化合物的总量,用 S_2 表示,单位是 mg/g。热释烃与热解烃之和称生烃潜量,即 $S_1 + S_2$,它的高低与 TOC 具有良好的相关性。因此,根据生烃潜量($S_1 + S_2$)与有机碳含量(TOC)的关系,可将烃源岩划分成非烃源岩、差烃源岩、中等烃源岩、好烃源岩和很好烃源岩等(图10-3)。

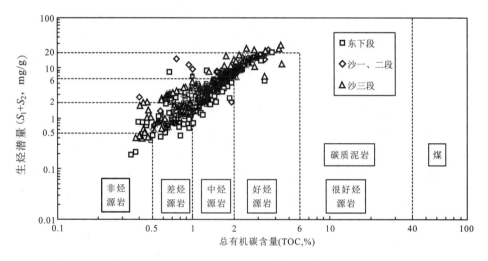

图10-3 渤海湾盆地某凹陷烃源岩的有机碳含量与生烃潜量关系图
(据李水福等,2016)

因岩石热解分析成本低、速度快,因此,用生烃潜量($S_1 + S_2$)与有机碳含量(TOC)的关系图来判识烃源岩及其等级划分更普遍,而氯仿沥青"A"含量和总烃含量的分析成本高、周期长,获得数据量也非常有限,其应用受到一定限制。但氯仿沥青"A"号称残留在烃源岩里的"小石油",它更能帮助我们直接全面地了解烃源岩的地球化学特征。因此,对它全面剖析是油源对比研究的基础。

二、有机质的质量

烃源岩中有机质的质量一般通过有机质类型衡量,它是评价烃源岩生烃能力的重要参数之一。不同类型的有机质具有不同的生烃潜能,形成产物也不尽相同,这种差异主要与有机质的化学组成和结构有关。我们可以从烃源岩所含的不溶有机质(干酪根)和可溶有机质(沥青)两方面研究来确定有机质的类型。

早期国内外对干酪根类型的划分有些差异(详见第六章),经过几十年的研究,目前比较统一的(流行的)干酪根分类方案是腐泥型(Ⅰ型干酪根)、腐殖腐泥型($Ⅱ_1$型干酪根)、腐泥腐殖型($Ⅱ_2$型干酪根)和腐殖型(Ⅲ型干酪根)4类。

下面分别从干酪根和沥青两方面介绍。由于作为油气母质的干酪根组成了有机质的绝大部分,又不受运移干扰,所以,以干酪根类型研究为主,沥青类型研究为辅。

1. 干酪根类型确定

目前由干酪根确定有机质类型的方法主要有干酪根显微组分鉴定法、干酪根碳氢氧原子比法和岩石或干酪根热解参数法。

1)干酪根显微组分鉴定法

干酪根显微组分分类及其光学特征在第六章已有阐述。不同光学方法在研究显微组分确定类型上各有特色和长处。透射光法来源于孢粉研究,它对鉴定具有结构的类脂壳质组如藻类、孢子、花粉、角质体等很有效,无定形有机质在透射光下没有清晰的轮廓和形状,难以分出是富氢无定形还是贫氢无定形;反射光法来源于煤岩学研究,它既可观测烃源岩样的光片,也可观测干酪根的光片,对于区分腐殖型有机质十分有效,尤其可区分具一定生油气潜力的镜质组和不具备生油潜力的惰质组及再沉积有机质;荧光分析法对于鉴别脂质组,尤其对于区分富氢无定形和贫氢无定形具有特殊作用。此外,用荧光还可辨认出次生的脂质体——沥青渗出体,这对煤成油研究很有意义。

干酪根是各种显微组分的混合物,因此根据各种显微组分的相对比例,可将干酪根分成相应的种类(图10-4)。美国埃克森石油公司将干酪根中有机质分为7类(表10-7),并以不同数字表示其质量级别,然后在镜下统计出不同类型有机质的含量百分比,再求不同类型有机质含量与质量级别乘积之代数和,以确定干酪根类型。若值为-100～-15为生气型(相当Ⅳ型);-15～+15为生油、生气型(相当Ⅲ型);+15～+100为生油类型(相当Ⅰ型、Ⅱ型)干酪根。北京石油勘探开发研究院在此基础上提出修改标准,将干酪根显微组分划分为无定形(+100)、藻类(+70)、角质体(+35)、镜质组(-75)和惰质组(-100),再根据不同组分的含量与质量级别乘积之代数和划分干酪根类型,代数和在+45以上为腐泥型干酪根,+45～0为腐

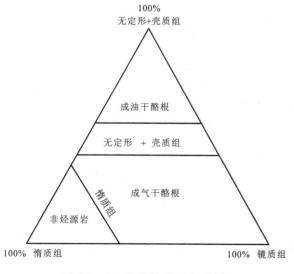

图10-4 干酪根显微组成图

表10-7 不同类型有机质的质量级别

(据埃文森公司)

煤质	木质	非丝状藻	草本质
-100	-75	-35	-35
藻	分散好的藻		无定形藻
+65	+75		+100

泥型（Ⅰ型）干酪根，0～-45为混合型（Ⅱ型）干酪根，小于-45为腐殖型（Ⅲ型）干酪根。为了更准确地划分干酪根的类型，还需要更精细地区分不同类脂组分及其在生油能力上的差异，如无定形应分富氢型和贫氢型，树脂体、角质体、孢子体的生油能力亦有差异，应分别统计其含量，计算质量级别，以便准确地划分类型。

目前比较流行的是将干酪根显微组分分成类脂组、壳质组、镜质组和惰质组4类，采用类型指数划分干酪根类型（详见第六章第三节，表6-3），再根据不同类型干酪根的统计数量对研究区的烃源岩有机质类型做出评价。图10-5为辽西凹陷烃源岩有机质类型评价综合图，图中可以看出辽西凹陷有机质显微组分划分的干酪根类型以Ⅱ$_1$型为主，其次为Ⅱ$_2$型［图10-5(a)］。不同层段，各种干酪根类型所占比例不同。

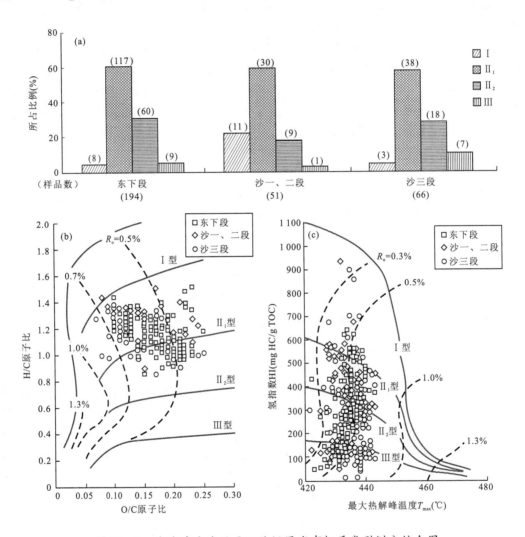

图10-5　渤海湾盆地辽西凹陷烃源岩有机质类型划分综合图
（据李水福等，2016）
(a)由显微组分确定的干酪根类型比例直方图；(b)由干酪根碳氢氧原子比确定的干酪根类型分布图；(c)由岩石热解获得参数确定的干酪根类型分布图

2) 干酪根碳氢氧原子比法

元素分析是确定干酪根类型的基本方法。将干酪根的 H/C 和 O/C 原子比投点在范氏 (Van Krevelen)图中以确定干酪根的类型是目前应用比较广泛的方法之一。在未成熟的有机质中元素组成与其类型有一定对应关系,但在高成熟阶段,各类干酪根元素组成趋于一致而难以区分。用元素组成研究和划分干酪根类型在第六章已有详述,这里只介绍应用。

图 10-5(b) 是我国渤海湾盆地辽西凹陷以干酪根元素分析为基础的有机质类型划分和分布图,它们以 II_1 型～Ⅰ型为主。

由于干酪根分离的流程非常繁杂,样品数量和分布范围也非常有限,很难准确全面地反映烃源岩层的有机质类型真实情况。因此,在油气勘探实践中,更为广泛的应用热解组成来研究有机质的类型。

3) 岩石热解参数法

烃源岩评价仪是目前国内外广泛应用的热解仪。其优点是可直接用岩样而不必提纯干酪根,快速简便,适于勘探现场(地球化学录井)。如第五章所述,它可分别测得 S_1、S_2、S_3 的含量和 T_{max} 值(最大热解峰温度),从而可以确定有机质类型、烃源岩的生油气潜能及油气转化率。

用氢指数 $HI=S_2/TOC$(mg HC/g TOC)和氧指数 $OI=S_3/TOC$(mg CO_2/g TOC)可以确定干酪根类型。通过对比发现这两个指数与干酪根的元素组成有着密切的联系。氢指数与 H/C 原子比、氧指数与 O/C 原子比之间存在着良好的相关性,因此可直接用这两个指数绘制范氏图(图 10-6),图上显示与元素原子比图相似的类型分布。邬立言等(1986)通过万余块样品的热解分析,提出了陆相盆地有机质类型的划分标准(表 10-8),并与国外的划分指标进行了对比。

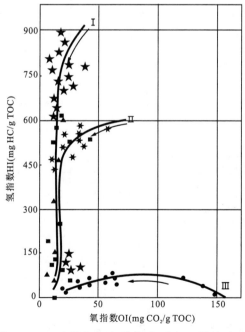

图 10-6 用氢指数和氧指数进行烃源岩分类
（据 J. Eapitalie 等,1977）

表 10-8 不同类型干酪根热解参数表
（据邬立言等,1986）

干酪根类型	S_1+S_2(mg/g)		HI(mg/g)	
	国外	国内	国外	国内
Ⅰ型	>6	>20	600～900	>600
Ⅱ型	2～6	2～20	450～600	250～600
Ⅲ型	<2	<2	150～450	120～250
			<150	<120

干酪根类型	OI(mg/g)		S_2/S_3	
	国外	国内	国外	国内
Ⅰ型	<30	<40	>5	>20
Ⅱ型	30～60	40～110	2.5～5	2.5～20
Ⅲ型	>150	>110	<2.5	<2.5

由于 S_3 测定方法比较复杂且存在一定误差,因此目前流行的简易岩石热解仅获得 S_1、S_2 和 T_{max} 3 个参数,再结合 TOC,可以获得氢指数 HI,并与 T_{max} 作交会图,也能够很好地确定烃源岩中有机质的类型[图 10-5(c)],这也是目前应用最普遍、最简易的一种方法。由于干酪根显微组分法和元素分析法都是专门挑拣相对较好的烃源岩来分析的,因此所获得的干酪根类型相对要优于岩石热解法[图 10-5(a)~(c)]。最新的研究认为,在热解分析过程中,干酪根转化成烃时因产生过多的氢气逸散,造成 S_2 偏低的结果(Li Xiaoqiang et al,2015)。

2. 沥青组分类型研究

沉积岩中可溶的沥青组分可以看作是干酪根经过生-排烃作用后残留下来的石油,它可以从另一个侧面反映生烃母质的特征。它既可以是对干酪根类型研究的补充,又是建立烃源岩与原油之间联系的纽带。目前主要研究沥青的烃类化合物,特别是很多生物标志化合物,而对于胶质、沥青质因其复杂性,研究程度较弱,但它们可能含有比烃类更具母源信息的组分。近年来,有关非烃研究的报道有增多的趋势(史继扬,1998;彭平安,1999)。我国著名的分析化学家王培荣教授对此有较为深入的研究(王培荣,1995,1998,2002,2004,2018)。

用氯仿直接抽提岩石或沉积物获得的可溶有机质称为氯仿沥青"A",它与原油一样,经色层分析可以得到饱和烃(Saturated Hydrocarbon)、芳烃(Aromatic Hydrocarbon)、胶质(Resin)和沥青质(Asphaltene)组分(简写 SARA)。它们的相对含量是生烃母质及其演化经历的综合反映。在成熟度不高的有机质中,腐泥型有机质沥青组分中烃类含量高,饱和烃较丰富;相反,腐殖型有机质沥青组分中则富含芳烃、胶质、沥青质。表 10-9 总结了我国中、新生代烃源岩有机质类型划分,可作为参考。

表 10-9 中国中、新生代烃源岩有机质类型划分表

分析项目	参数	腐泥型	腐殖腐泥型	腐泥腐殖型	腐殖型
氯仿沥青"A"	饱和烃(%)	40~60	20~30	20~30	5~17
	芳香烃(%)	15~25	5~15	5~15	10~22
	饱和烃/芳香烃	>3	1~3	1~1.6	0.5~0.8
	非烃+沥青质(%)	20~40	40~50	50~60	60~80
	非烃+沥青质/总烃	0.3~1	1~3	1~3	3~4.5
饱和烃	峰型特征	前高单峰型	前高双峰型	后高双峰型	后高单峰型
	主峰碳数	C_{17}、C_{19}	前:C_{17}、C_{19}	前:C_{19}、C_{17}	C_{25}、C_{27}、C_{29}
	碳数范围	15~23	后:C_{21}、C_{23}	后:C_{27}、C_{29}	23~29
	$nC_{21}+nC_{22}$	>2.0	15~25	17~29	1.2~1.5
	$nC_{28}+nC_{29}$	0.9~1.2	1.5~2.0	1~1.5	>2
	OEP		>1.2		
实例		松辽盆地下白垩统青一段	东营凹陷下第三系沙三段	陕甘宁盆地上三叠统长三段	陕甘宁盆地中下侏罗统延安组

此外,生物标志化合物,尤其是规则的类异戊二烯烃、甾萜类化合物,均可从不同角度提供有机质来源和原始沉积环境的信息,这已在前面相应的章节里介绍过。

三、有机质的成熟度

有机质成熟度是评价烃源岩的基本参数之一。有机质丰度高、类型好的烃源岩,如果处在未成熟或低成熟阶段,它对油气成藏的贡献仍然不大。只有进入成熟阶段的烃源岩才能生成大量的油气,才可能满足烃源岩自身吸附,尔后排离烃源层,进入储集层运移聚集成藏。因此,烃源岩的有机质成熟度是烃源岩评价的重要内容之一。

由于第七章中已经介绍了一些研究成熟度的方法,这里着重介绍几种研究成熟度的常用指标及其特征。

1. 镜质体反射率

镜质体反射率一直被认为是确定煤化作用阶段的最好参数之一,自引入油气地球化学领域以来,已成为确定有机质成熟度和划分油气形成阶段的最常用指标。

镜质体反射率是指物质表面反射光强度与入射光强度的百分比,以 R_o 表示。一般是在油浸物镜下测定干酪根中镜质体颗粒的反射率(所以其下标为小写 o,而不是 0,R 常为斜体;国内也有人写成 $R°$),并记录测得的最大值(以 R_{omax} 表示),一般最好测定 50 个以上的点。

图 10-7 表示了镜质体反射率与温度和时间的关系。图 10-8 为路易斯安那州海湾一钻井剖面的深度与镜质体反射率(R_o)关系图,从图中可见镜质体反射率 R_o 与深度呈对数关系,表现为连续沉降盆地的特征。

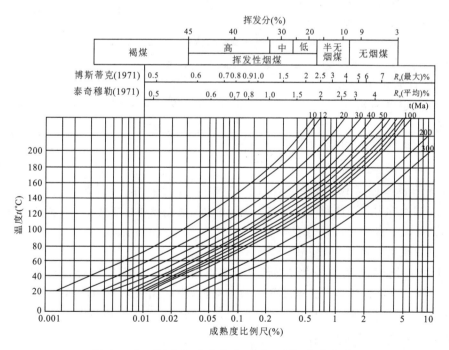

图 10-7 镜质体反射率与温度、时间的关系图

(据 Cooper,1977)

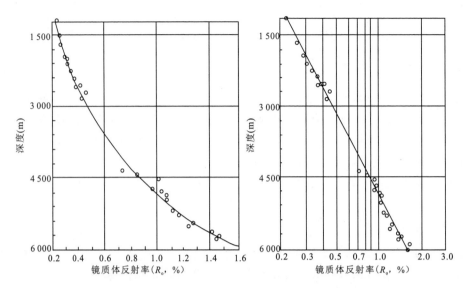

图 10-8　路易斯安那州海湾钻井剖面深度与干酪根镜质体反射率 R_o 关系图
（两图为同一地质剖面，左图 R_o 为线性坐标，右图 R_o 为对数坐标）

在测定分散有机质中镜质体的反射率时，重要的是正确判断镜质体颗粒和区分原地生成物和异地搬运物。一般具有较低反射率的镜质体颗粒才能代表原地生成物，其余的高反射率颗粒通常是再沉积的颗粒（图 10-9）。为了得到正确的结果，显微光度计常可以直接根据一定量反射率测定数值编制直方图，取其平均值。

烃源岩尤其是含Ⅰ型、Ⅱ型干酪根的黏土岩及碳酸盐岩，常常难以找到合适的镜质体颗粒。所以，需要首先浓缩有机质，以便挑选出适于测量的颗粒。有时可以用碳酸盐岩层系中的原生沥青来代替。此外，在测量中有时会遇到由于烃类浸染使反射率降低的情况。因此，结合其他地质地化资料来研究反射率值的变化趋势是十分重要的。与此类似，也可用煤阶作为成熟度指标。镜质体反射率随剖面深度变化的连续性与速度还被广泛地用来恢复盆地的地热史和沉积史。

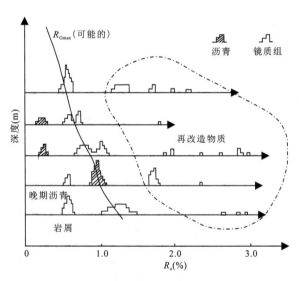

图 10-9　反射率曲线随深度统计性增加图示
（据 P. Robert，1973）

2. 有机质颜色及其荧光强度

用有机质颜色研究成熟度在第七章已阐明（表 7-2）。荧光研究近年来取得了不少进展，除第七章介绍脂质组的激发荧光外，还可测定荧光光谱的变化，K. Ottenjann 等（1974）提出用最有利于荧光测量的孢子体荧光光谱中 650nm 波长强度与 500nm 波长强度之比,即红绿比 (Q=650nm/500nm)来反映成熟度的变化。图 10-10 表示镜质体和两个荧光参数(红绿比 Q 和最大荧光强度的波长)间良好的相关性。这就是说在成熟度较低的范围中,荧光参数可以和镜质体反射率值互为补充。

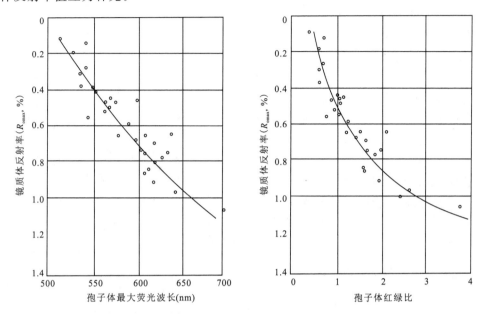

图 10-10　煤系中孢子体的两个荧光参数与镜质体反射率之间的关系图
（据 M. Teichmüller,1975；Durand,1983）

3. 干酪根的元素原子比变化

研究干酪根的化学组成来判断其演化阶段是常用的方法。主要的方法是元素分析法,其次,电子顺磁共振法和红外光谱法也能提供一些成熟度指标。从有机质演化机理可知,随着温度升高,杂原子的消除和烃类生成使 H/C 原子比值和 O/C 原子比值不断下降。表 10-10 为不同油气形成阶段原子比的划分界线。

表 10-10　各类干酪根演化阶段元素原子比
（据 Tissot 和 Welte,1984）

油气形成带	H/C			O/C		
油带	1.45	1.25	0.80	0.05	0.08	0.18
湿气带	0.70	0.70	0.60	0.05	0.05	0.08
干气带	0.50	0.50	0.50	0.05	0.05	0.06
干酪根类型	Ⅰ	Ⅱ	Ⅲ	Ⅰ	Ⅱ	Ⅲ

4. 热解产率指数和最大热解峰温

用热解法可以得到两个成熟度指标:产率指数(转化率)$S_1/(S_1+S_2)$ 和最大热解温度

T_{max}。随着烃源岩不断深埋,经受了更高的温度,生烃量不断增大,也就是说峰 P_1 增大,作为补偿的是峰 P_2 减小,$S_1/(S_1+S_2)$ 值也随之加大(图 10-11)。与此同时,由于热稳定性较小的物质已经裂解,残留下来的是热稳定性较高的有机质,造成 T_{max} 不断向高温区位移。图 10-12 反映了 $S_1/(S_1+S_2)$ 与 T_{max} 随剖面深度变化出现较明显的变化,有助于划分演化阶段,特别对于缺乏镜质体颗粒的 Ⅰ 型和 Ⅱ 型干酪根更有意义。

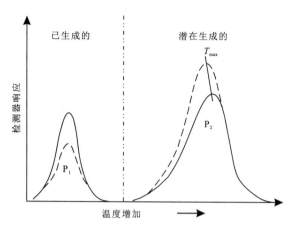

图 10-11 随深度增加低温峰(P_1)增加与高温峰(P_2)减少的补偿示意图
(虚线代表浅处试样,实线代表深处试样)

根据 Esitalič(1982年)和邬立言等(1986年)的资料,演化阶段界限范围可见表 10-11。其中产率指数受样品条件影响很大,常由于岩样中残存的油气挥发而大大减小,使数值偏低;或由于运移条件差,形成的油气不能排出,又造成数值偏高。因此,研究剖面中产率指数变化的趋势是十分必要的。

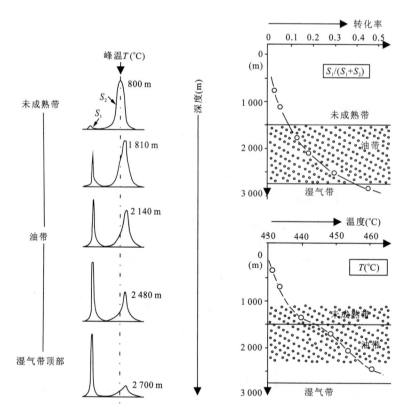

图 10-12 用热解法表示烃源岩成熟作用特征
(据 Espitalie 和 Tissot,1977)

5. 沥青及烃类的演化指标

研究沥青、烃类的丰度随深度的变化是研究有机质演化普遍采用的方法(常称为有机地球化学剖面)，它是对不溶有机质干酪根演化研究的补充。常采用氯仿沥青"A"/有机碳和总烃/有机碳的比值来追溯有机质随深度的增加而发生的热演化。演化曲线具有较明显的规律性：这些比值在浅处变化不大，到一定深度后由低含量增大至最高含量，然后再下降。这正是我们常用以确定门限值、划分演化阶段、建立油气生成模式的基本数据(图 10-13)。然而，它的应用亦有一定的局限性，特别是油气的运移会影响丰度的规律变化。在排驱条件好的地区，生成的烃类能及时运移出去，使曲线不具明显的三段特征，拐点也不清晰，以致不便于应用。此时，必须综合其他有机地化资料进行分析。

表 10-11 油气形成阶段与 T_{max} 关系表

(据 Espitalié 和邬立言)

油气形成阶段	生油		凝析油	湿气		干气
镜质体反射率	0.5~1.3		1.0~1.5	1.3~2		>2
T_{max} (按蒂索的干酪根分类) Ⅰ型	440~450	437~460	450~465	460~490		>490
Ⅱ型	435~455	435~455	447~460	455~490		>490
Ⅲ型	430~465	432~460	455~475	445~470	465~540	460~505	>540	>505
$S_1/(S_1+S_2)$	~0.1			~0.4		

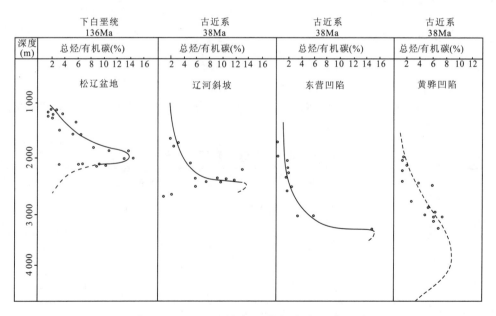

图 10-13 不同时代烃源岩热演化对比图

(据黄第藩等，1982)

$C_1 \sim C_8$ 轻烃类的数量及其组成是良好的成熟度指标。活的生物体中不含有 $C_1 \sim C_8$ 的轻烃类,尤其是没有该碳数范围的芳烃和环烷烃。沉积物、石油中出现这类化合物,主要是干酪根热裂解的产物。随着成熟度的增加,其含量和组成均发生规律性的变化。目前有多种技术从岩样中萃取这些轻烃类,轻烃的研究已成为有机地球化学在油气勘探中重要的应用。

Bailey 等(1974)分析了西加拿大盆地中岩屑气($C_1 \sim C_4$)和汽油馏分的轻烃类组分($C_4 \sim C_7$),观察到的组分变化规律总结如下:

(1)成岩作用阶段。气体主要由甲烷组成。汽油馏分少,并缺乏很多其他烃组分。
(2)深成作用阶段。气体含有丰富的 $C_2 \sim C_4$ 烃类。汽油馏分丰富,所有烃组分均存在。
(3)浅变质阶段。气体主要由甲烷组成,汽油馏分很少。

这种轻烃分布类似于 C_{15+} 重烃分布,可以明显地划分出演化阶段。

轻烃含量随成熟度的变化也十分明显。Shaefer 等(1978)通过对大量样品的分析,观察到当镜质体反射率由 0.4% 增至 0.9% 时,$C_2 \sim C_8$ 轻烃含量增加了两个多数量级。德国西北部托尔辛页岩,其 $R_o = 0.41\%$;轻烃含量仅为 $1 \times 10^5 \sim 1 \times 10^6$ ng/g 有机碳;而在波尔卡派因(porcupine)盆地的侏罗系地层,$R_o = 0.78\% \sim 0.94\%$,轻烃含量约为 1×10^7 ng/g 有机碳。

此外,轻烃组成的研究也可以提供反映成熟度的良好指标。例如常用的 C_1/C_2^+、iC_4/nC_4、iC_5/nC_5 参数都与成熟度有明显关系。更多的研究是针对 C_6、C_7 系列的化合物。Philippi(1975)用 C_7 中烷烃、环烷烃和芳烃的相对含量来确定演化程度,随着温度的升高,烷烃的相对含量增加。

Thompson(1979,1983)比较了一系列反映芳构化、环烷化和链烷化的参数,提出了两个"链烷烃指数"(paraffin index)作为成熟度指标。其中链烷烃指数Ⅰ又称异庚烷值(国内常译成石蜡指数),链烷烃指数Ⅱ又称作庚烷值。具体公式如下:

$$\text{链烷烃指数Ⅰ(异庚烷值)} = \frac{(2-\text{甲基己烷}+3-\text{甲基己烷})}{(1-\text{顺}-3+1-\text{反}-3+1-\text{反}-2)-\text{二甲基环戊烷}} \quad (10-1)$$

$$\text{链烷烃指数Ⅱ(庚烷值)} = \frac{\text{正庚烷}}{(\text{环己烷} \sim \text{甲基环己烷之间馏分})} \times 100\% \quad (10-2)$$

大量分析数据表明这两个指数与地下的温度增加有较好的正相关性,因此可用来划分原油及有机质的成熟度。表 10-12 是目前国内外采用的分类界线。

此外,Thompson(1983)从不同演化阶段的原油中分离出大约 29 种 $C_2 \sim C_7$ 范围的化合物,其中轻烃类的组成与温度有着明显的相关性(表 10-13)。

表 10-12 石油热成熟度划分表

类别	庚烷值		异庚烷值		国内实例
	国外	国内	国外	国内	
正常石蜡型油	18~22	20~30	0.8~1.2	1~3	东濮文明寨
高成熟轻质油	22~30	30~40	1.2~2.0	3~10	文留、冷湖
过成熟凝析油	30~60	>40	2.0~4.0	>10	中坝
(低成熟油)生物降解	<18	20	<0.8	<1.0	苏桥

注:国外资料据 Thompson(1983);国内资料据程克明等(1986)

表 10-13　轻烃类型与油气形成阶段

(据 Thompson,1979)

地层	上新统	上新统	中新统	下白垩统
地区	墨西哥湾	墨西哥湾	加利福尼亚	路易斯安那
温度(℃)	41	66	103	195
环烷烃(%)	2.95	46.05	39.95	14.47
烷烃(%)	28.73	36.82	44.33	66.80
芳香烃(%)	68.32	17.14	15.72	18.74
阶段	芳烃阶段	环烷烃阶段	烷烃阶段	裂解阶段
	未成熟带	成油带	成油带	成气带

至于用 C_{15+} 烃类中链烷烃、环烷烃和芳香烃的百分含量及比值,正构烷烃与异构烷烃的比值以及正烷烃分布的奇偶优势来判断演化程度已在第七章作了详尽的介绍,不再赘述。

6. 甾萜化合物的成熟度指标

甾萜化合物的异构化、芳构化及热裂解是十分有效的成熟度指标,这点我们已在第五章详细地进行了阐述。这里我们只是总结以下几种最为特征的转化过程。

根据化学动力学原理,可以通过测定反应物(A)和产物(B)的浓度来确定异构化和芳构化反应的程度:

$$[A] \underset{K_2}{\overset{K_1}{\rightleftharpoons}} [B] \tag{10-3}$$

成熟作用开始时[B]浓度的理想值应是零。这样,测定反应速度的方法是:

$$K_1 = [B]/([A]+[B]) \tag{10-4}$$

当反应速度常数 $K_1 \geqslant K_2$ 时,在理想条件下,随成熟度的增加,该比值从 0 升到 100%。但大部分异构化反应均具有明显的逆反应,所以比值不会达到 100%。例如,当 $K_1 = K_2$ 时,随成熟度的增加,该值由 0 升到 50%,反应达到终点值,即平衡状态。一旦反应完成或达到平衡以后就不能再用来确定热成熟度。

图 10-14 为 4 个反应实例,在初始状态时,产物浓度几乎都是零。表 10-14 总结了一些反应的起始值和终点值。除此之外,还有一些成熟反应如 Seifert 等(1978)提出的 $18\alpha(H)$-三降新藿烷/$17\alpha(H)$-三降藿烷(Tm/Ts),$(C_{27}+C_{28})$藿烷/$(C_{29}+C_{30})$藿烷比值随成熟度的增加而加大。目前用生物标志化合物指标来判断成熟度在国内外得到了广泛的应用。表 10-15 是用生物标志物指标判断我国冀中北部沙三段烃源岩成熟度的实例,从中可以看到随着深度的增加,甾烷和萜烷发生的明显构型变化。用生物标志化合物还可测定干酪根或沥青质热解产物的成熟度,尤其是对降解石油更有不可替代的作用。图 10-15 表示不同指标的应用范围,这些指标可以相互印证和补充。而且,在低成熟阶段某些生物标志化合物指标比 R_o 更为灵敏。

7. 甲基菲指数(MPI)

由 Radke 等(1982)提出的甲基菲指数是根据菲及其烷基取代物的分布特征来确定有机

质成熟度。沉积有机质和原油中的菲系列一般认为是来自甾萜类化合物的裂解。由于烷基在菲环上的位置不同,稳定性也有差异(图10-16)。一般处在β位的甲基,如3-甲基和2-甲基菲比较稳定,处在α位上的甲基如1-甲基及4-甲基比较活跃;处在γ位上的甲基如9-甲基菲更加活跃。芳烃在热演化过程中,甲基从中位或α位向β位迁移,演化程度越高,β位的甲基也就越多。

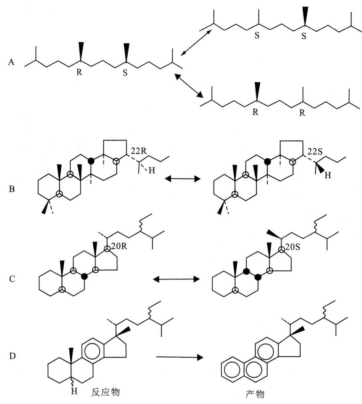

图 10-14 确定成熟度的异构化和芳构化反应

(据 Mackenzie,1984)

表 10-14 鉴定热成熟度的反应

(据 Mackenzie,1984)

反应类型	比值	起始值	终点值
构型异构化	(RR+SS)姥鲛烷/姥鲛烷	0	0.5
A	22R-升藿烷/(22R+20S)-17α(H)升藿烷 C_{32}	0	0.6
B	20S-甾烷/(20R+20S)-ααα 甾烷 C_{29}	0	0.5~0.55
C	αββ-甾烷/(ααα+αββ)-甾烷 C_{29}	可变	0.8
	βα-藿烷(αβ+βα)-藿烷 C_{30}	0.6	0.9~1.0
芳构化 D	三芳甾烷/(单芳甾烷+三芳甾烷)	可变	1.0
碳—碳键断裂	C_{20}-三芳甾烷/(C_{20}+C_{28})-三芳甾烷	可变	1.0
	ETIO/(DPEP+ETIO)	可变	1.0

表 10-15 饶阳凹陷古近系烃源岩的甾烷、萜烷立体异构物参数随埋深的变化

（据梁狄刚等，1983）

井号	层位	最大埋深 (m)	甾烷参数			萜烷参数	
			$\dfrac{5\beta-C_{27}}{5\alpha-C_{27}}$	$\dfrac{5\alpha-20S-C_{29}}{5\alpha-20R-C_{29}}$	$\dfrac{\text{重排甾烷}}{5\alpha(C_{27}+C_{28}+C_{29})}$	$\dfrac{Tm}{Ts}$	$\dfrac{22S}{22R}$
任 3	Es_1	2 666	0.37	0.29	0.12	2.7	0.7
留 73	Es_1	3 116	0.40	0.30	0.10	1.9	1.2
宁 3	Es_1	3 270	0.76	0.69	0.41	1.5	1.3
宁 3	Es_1	3 770	1.00	0.85	0.50	1.5	1.1
宁 3	Es_2	4 150	0.91	0.81	0.65	1.4	1.1
宁 3	Es_3	4 348	.89	0.96	0.85	1.2	1.1
宁 3	Es_3	4 595	1.00	0.95	1.08	1.0	1.2
宁 3	Es_4	5 045	1.14	0.95	0.87	1.0	1.2
宁 3	Ek	5 412	—	1.00	—	1.0	—

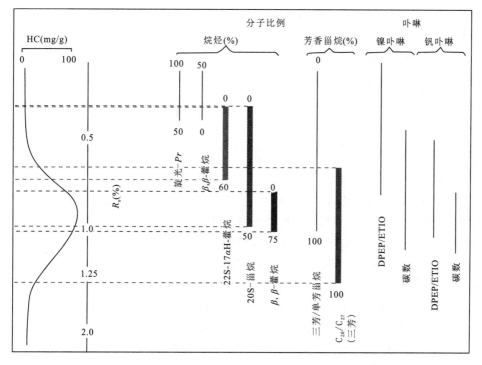

图 10-15 热成熟度分子指标与成烃曲线和镜质体反射率关系图

（据 Mackenzie 等，1981）

在二甲基菲中也发现了相似的规律。在温度不断升高的情况下，二甲基菲的演化序列是：αα 型→αβ 型→ββ 型。因此，甲基菲和二甲基菲的结构变化可以用来反映有机质的热演化程度。由此，Radke 等(1982)提出了烷基萘、甲基菲和二甲基菲指数。

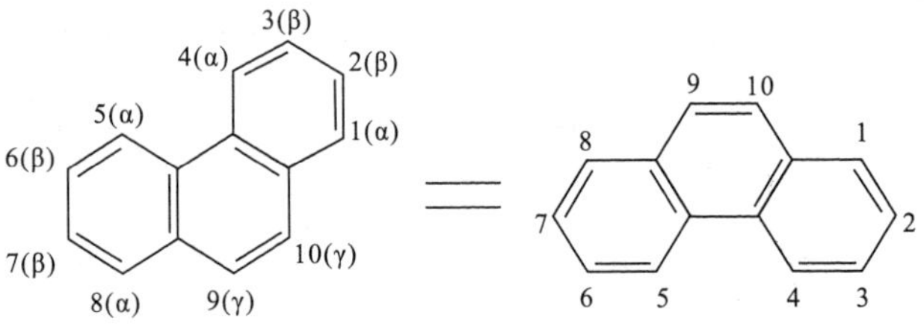

图 10-16 菲系化合物分子结构图

甲基菲指数 I (MPI-1) = $1.5 \times (2\text{-MP} + 3\text{-MP})/(P + 1\text{-MP} + 9\text{-MP})$ (10-5)

甲基菲指数 II (MPI-2) = $3 \times (2\text{-MP})/P + (1\text{-MP} + 9\text{-MP})$ (10-6)

式中：P——菲；
MPI——甲基菲。

这两个指数随成熟度的增加而加大。Radke 等(1982)指出：当有机质演化达到 $R_o = 1.0\% \sim 1.35\%$ 时，是菲系化合物演化的转折点(图 10-17)，各指数值由峰值转为下降。甲基菲及二甲基菲指数的演化与镜质体反射率、生油门限和生油高峰期均有较好的对应关系。这样，它就更适用于缺少镜质体的烃源岩（如碳酸盐岩和原油）的研究。

表 10-16 是研究烃源岩方法的总结，从表中可见若要研究地质体中这样复杂的有机物质，必须综合使用各种物理、化学的方法。其中，光学法可直接观测研究单一的宏观组分并确定其来源，但不足是观测视域有限；化学法则有助

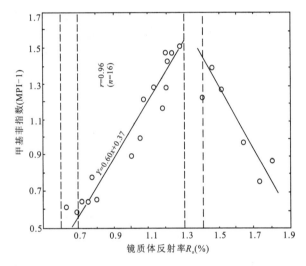

图 10-17 MPI-1 与 R_o 相关图
（据 Radke 等，1982）

于从整体上去认识其组成和结构，其不足是缺乏直观性，也容易忽视烃源岩非均质性强的特点。各种方法有其独特的效能，也都有各自的适用范围和局限性。因此，光学法与化学法以及其他方法必须互相补充、取长补短。对于处在不同演化阶段的烃源岩，针对研究的目的应选用不同的方法。另外，应注意到有机质类型和成熟度是互相联系、互相影响，往往用某种方法得出的结果是二者的综合效应。因此，要在成熟度相近的条件下区分类型，在类型相同的条件下去判断成熟度。同样，也必须考虑有机质类型和成熟度对有机质丰度的影响，不同类型有机质，其丰度下限要求不同，处于不同成熟阶段的有机质，其丰度评价也必须有所考虑。

此外，从表中可见热解法是十分有效的方法。它能同时得到有关有机质丰度、类型和成熟度的全面信息。镜质体反射率对于划分有机质成熟演化阶段是比较准确的。图 10-18 是松辽盆地下白垩统青山口组二段、三段有机质热演化特征图，它选用了 5 个指标反映有机质热成熟变化的规律。

表 10-16 研究烃源岩性质的主要方法及其有效程度

(据 Tissot and Welte, 1984)

分析方法分类	类型	有机质丰度	有机质类型	有机质成熟度	油源对比
化学分析(岩石)	有机碳	1			
光性显微镜 (干酪根,岩石)	透射光(形状、颜色) 反射光(镜质体反射率) 荧光		1 3 1	2 1 2	
热解分析 (岩石,干酪根)	P—GC—MS 生油岩评价仪	1 1	2	2 1	
物理化学分析 (干酪根)	元素分析 红外光谱(IR) 热分析(TGA) 电子微衍射 电子顺磁共振(ESR) X 光衍射		1 2 3 3	2 2 3 3	
化学分析 (沥青或原油)	沥青、烃的数量 轻质烃 正烷烃化合物 异戊间二烯化合物 甾萜类化合物 芳香烃 卟啉、金属	1	1 2 3 3 3 3	2 2 2 3 2 2 3	 2 3 3 1 2 2
物理方法(沥青、 油、气、干酪根)	碳同位素		2	2	2

注:1、2、3 分别代表分析方法的可靠程度,1 代表可靠程度较高,3 代表可靠程度相对较低

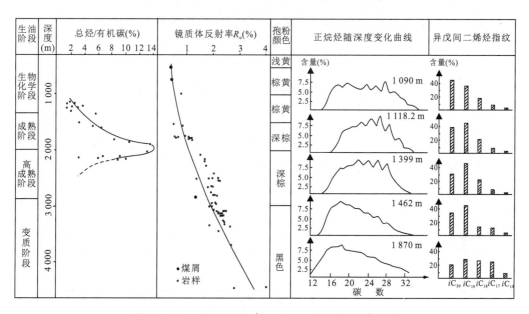

图 10-18 松辽盆地青二段、三段热演化特征图

(据李永康等, 1981)

第三节 烃源岩发育空间预测[①]

一个盆地或凹陷富烃与否,不仅要求烃源岩质量高,还要有一定的数量保证。前面介绍的只是烃源岩本身的特性,即烃源岩质量特征。然而要评价盆地或凹陷中烃源层系的总生烃能力,还必须将烃源岩的研究与沉积盆地的形成和演化的历史过程,以及与非烃源岩层系相互关系结合起来。不仅要用有机地球化学的分析方法来测定它们的生烃特性,还要用地质-地球物理的研究方法来确定它们的生烃期、平面展布及变化特征等。

常规的烃源岩评价最初主要基于钻井岩心或岩屑样品的测试数据完成,其采集样品数量非常有限、在三维地质体中分布非常局限。要全面掌握烃源岩的发育程度和时空展布,仅靠直接分析测试的样品远远不够,于是人们发明了岩石快速热解仪(生油岩快速评价仪,Rock-Eval),它可以在钻井现场直接采集钻屑分析,随着钻井进行而开展录井工作,我们称之为地化录井。地化录井可以快速有效地评价烃源岩好坏,大大弥补了仅靠地化分析的烃源岩评价的局限性。然而,由于地化录井成本高周期长,往往不能像测井那样全井段开展工作,仅能对一些可能的有利层段开展测试。但因烃源岩发育的非均质性很强,仅靠地球化学方法研究烃源岩的发育分布特征仍然远远不够。因此,基于烃源岩物理性质的测井响应预测和地震属性预测近年来迅速发展,并开始得到普遍认可。严格来说,这部分内容并不属于地球化学范畴,但它是烃源岩研究的重要方法和手段,因此,在这里也作简单介绍。

一、烃源岩空间发育预测

1. 测井响应预测法

1) 烃源岩的测井响应

测井曲线对岩层有机碳含量和充填孔隙的流体物理性质差异的响应,是利用测井曲线识别和评价烃源岩的基础(表10-17)。正常情况下,有机碳含量越高的岩层在测井曲线的异常越大,根据测定的异常值就可以反推算出有机碳含量。

表10-17 不同测井曲线对有机质的响应

测井曲线性质	对有机质的响应(值)	评述
伽马射线(GR)或铀(U)放射性测井	高	铀引起高GR值;有机质可呈线性关系;铀并不总是存在的
密度	低(大约1g/cm³)	与孔隙流体类似
中子	高	由于有机质的氢导致响应值高
声波	高传播时间	估计变化从150μs/ft到大于200μs/ft
电阻率	高	可能不影响测井曲线,除非生成的烃类占据孔隙
中子脉冲	高碳氧比	最直接测量碳,需要无机校正

[①] 本节内容主要参考侯读杰,冯子辉等主编的《油气地球化学》修编.

(1) 声波时差。一般情况下,泥岩的声波时差随其埋藏深度的增加而减小(地层压实程度增加)。但当地层中含有机质或油气时,由于干酪根(或油气)的声波时差大于岩石骨架的声波时差(表10-18),因此,就会造成地层声波时差增加。但由于声波时差受水和有机质之比、矿物成分、碳酸盐和黏土含量以及颗粒间压力的影响,所以不能单独利用声波时差测井曲线来计算烃源岩的有机质含量(Meter 等,1984)。

表 10-18　烃源岩成分的测井参数表

(据谭廷栋等,1998)

测井名称	生油岩成分的测井响应参数			
	干酪根	黏土	粉砂	地层水
井眼补偿中子测井孔隙度(石灰岩刻度),小数	0.7	0.31	0.14	1
井壁中子测井孔隙度(石灰岩刻度),小数	0.67	0.27	−0.02	1
体积密度(g/cm^3)	1.1	2.82	2.68	1
声波时差(μs/ft)	174	85	55.5	189
电阻率($\Omega \cdot$ m)	$10^9 \sim 10^{16}$	$10^4 \sim 10^{12}$		

(2) 电阻率。由于泥岩层的导电性较好(岩石骨架及孔隙内地层水均导电),所以,在地层剖面上此类地层一般表现为低电阻率(含钙质地层除外)。但富含有机质的泥岩层由于有不易导电的液态烃类的存在,在电阻率曲线上表现为高异常。因此可以利用电阻率的高异常这一特征识别烃源岩成熟与否。但一些特殊的岩性层段或钻井液侵入等也可能导致电阻率增大,因此也不能单独使用普通电阻率测井来计算烃源岩的有机质含量。

(3) 密度测井。密度测井测量的是地层的体积密度,包括骨架密度和流体密度。地层含流体越多,孔隙性越好。由于烃源岩(含有机质)的密度小于不含有机质的泥岩密度,同时地层密度的变化对应于有机质丰度的变化,因此密度与有机质含量存在一定的函数关系。密度测井曲线能反映出 TOC 的最低含量为1%,但当密度测井曲线受井壁不规则或重矿物(黄铁矿)富集等因素影响时,密度测井就不能作为有机质含量的可靠指标。

(4) 自然伽马测井。烃源岩富含碳,往往吸附有较多的放射性元素铀,使其在自然伽马测井曲线上表现为高异常,可作为识别烃源岩的方法。但铀的含量不仅与有机质丰度有关,还受裂隙分布的影响。

2) 烃源岩模型

富含有机质的烃源岩具有密度低和吸附性强等特征。富含有机质的优质烃源岩由岩石骨架、固体有机质和孔隙流体组成,非烃源岩由岩石骨架和孔隙流体组成[图10-19(a)],未熟烃源岩中的孔隙仅被地层水充填[图10-19(b)],而成熟烃源岩的部分有机质转化为液态烃进入孔隙,其孔隙空间被地层水和液态烃共同充填[图10-19(c)]。因而,应用该模型可进行测井有机质评价。

3) 测井资料计算有机碳含量方法

国内外利用测井资料研究评价烃源岩的最常用方法是 Passey 等(1990)提出的一套既适

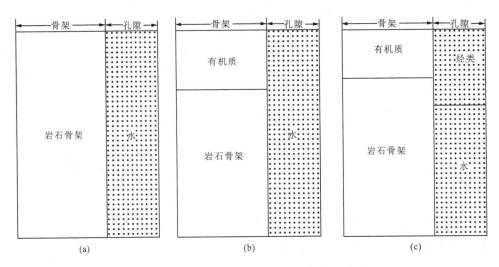

图 10-19 不同演化阶段岩石组成示意图
(据侯读杰等,2011)

合碳酸盐岩又适合碎屑岩烃源岩的评价方法——$\Delta \lg R$ 方法。该方法的基本原理是:非渗透性地层中的高声波时差的起因往往是高含量的低速有机质引起,相应层段的电阻率升高又可能指示烃源岩开始成熟并生成烃类流体。因此,该方法是将声波测井曲线和电阻率测井曲线进行重叠,声波时差采用算术坐标,电阻率采用算术对数坐标。当两条曲线在"一定深度"内一致时为基线,基线确定后,则两条曲线间的间距在对数电阻率坐标上的读数 $\Delta \lg R$ 就确定了。通过分析两条曲线,就可以识别油层、烃源岩层(图 10-20)。

根据声波时差-电阻率叠加计算 $\Delta \lg R$ 的方程是:

$$\Delta \lg R = \lg(R/R_{基线}) + (\Delta t - \Delta t_{基线})/164 \tag{10-7}$$

式中:$\Delta \lg R$——实测曲线间距在对数电阻率坐标上的读数;

R——测井仪实测的电阻率,$\Omega \cdot m$;

Δt——实测传播时间,$\mu s/m$;

$R_{基线}$——基线对应的电阻率,$\Omega \cdot m$;

$\Delta t_{基线}$——基线对应的传播时间,$\mu s/m$;

$1/164$——依赖于每一个电阻率刻度的($164\ \mu s/m$)比值。

$\Delta \lg R$ 与 TOC 呈线性关系,并且是成熟度的函数,由 $\Delta \lg R$ 计算 TOC 的定量关系式是:

$$TOC = \Delta \lg R \times 10^{2.29 - 0.1688 LOM} \tag{10-8}$$

式中:TOC——计算的有机碳含量,%;

LOM——有机质成熟度(热变指数),与镜质体反射率 R_o 的关系如表 10-19 所示。

因此,可用镜质体反射率(R_o)表示 TOC:

$$TOC = \Delta \lg R \times 10^{1.5374 - 0.944 R_o} \tag{10-9}$$

由此,只要有 R_o 数据,就可以计算出 TOC 值。但是,这种方法一方面定义"基线"时就默认基线段的非烃源岩有机碳含量为零,事实上所有的泥岩或碳酸盐岩或多或少都含有有机质,上述经验公式没有考虑到有机碳含量的背景值;另一方面,基线一般需要人为来确定,这给计

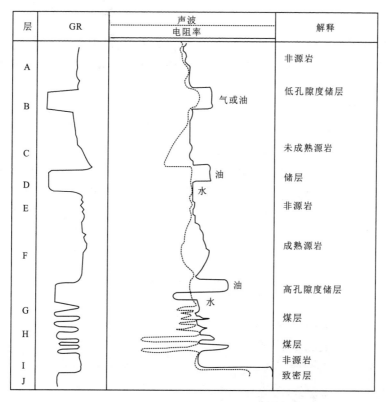

图 10-20 ΔlgR 技术识别油气层、烃源岩层

(据张志伟等,2000;引自侯读杰等,2011)

算结果带来很大的不确定性。因此,计算出的 TOC 值只能反映有机碳垂向上的变化趋势而不能准确定量(侯读杰等,2011)。

表 10-19 有机质成熟度(LOM)与镜质体反射率(R_o)的关系

LOM	1	2	3	4	5	6	7	8	9	10	11	12	13	14
T_{max}(℃)	421	423	425	426	427	429	437	440	445	451	457	457	462	
R_o(%)	0.24	0.28	0.32	0.36	0.38	0.42	0.48	0.56	0.67	0.82	1.08	1.50	1.80	>2.2

4)国内测井资料计算有机碳实例

侯读杰等(2011)用测井资料对济阳坳陷的烃源岩的有机碳含量进行了计算。其计算公式如下:

$$\text{TOC} = K \times \Delta \lg R / \text{DEN} + \Delta \text{TOC} \tag{10-10}$$

式中:K——系数;

ΔTOC——有机碳含量背景值。

将上面 $\Delta \lg R$ 代入得:

$$\text{TOC} = (K \times \lg R - K \times \lg R_{基线} + K \times \Delta t / 164 - K \times \Delta t_{基线} / 164) \text{DEN} + \Delta \text{TOC}$$

$$= [K \times \lg R + K/164 \times \Delta t - K \times (\lg R_{基线} - K/164 \times \Delta t_{基线})]/\text{DEN} + \Delta \text{TOC}$$
(10-11)

对于一口井或者一个凹陷，$\Delta t_{基线}$ 是常数，$\lg R_{基线}$ 值有变化，但变化不大，也可以认为是一常数；系数 K 对不同层位的测井数据归一化处理，使其成为常数；ΔTOC 则需要对不同井段进行估算，也算一常数。因此，可以将上式改写为：

$$\text{TOC} = (a \times \lg R + b \times \Delta t + c)/\text{DEN} + \Delta \text{TOC}$$
(10-12)

上述参数 a,b,c 等均可以通过对研究区烃源岩样品分析，采用最小二乘法拟合取得。背景值 ΔTOC 在各个地区是有差异的，应根据实际情况确定。

由于东营凹陷牛38井连续取心，地球化学资料分析比较全面，因此根据对该井 TOC 数值与其对应深度的声波时差、电阻率和密度测井值，按照上述公式进行最小二乘法回归，获得 a，b，c 的值，回归系数为 0.806，说明相关性较强。图 10-21 是东营凹陷牛38井有机碳实测值与计算值之间的关系。

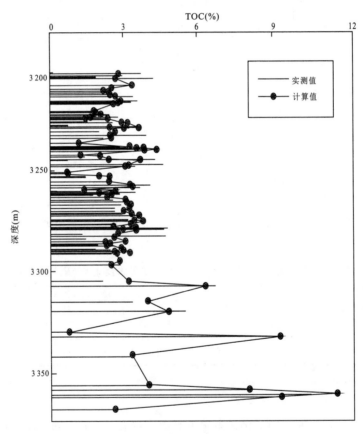

图 10-21 东营凹陷牛38井有机碳含量实测值与计算值比较
(据侯读杰等，2008，2011)

同时，根据牛38井的岩性分析，认为在泥岩段基线背景值 ΔTOC 为 0.4，在油页岩为主的层段该值为 0.8。因此，得到如下公式：

$$\text{TOC} = (11.185 \times \lg R + 0.318 \times \Delta t - 31.401)/\text{DEN} + 0.4 \text{（泥灰岩或泥岩）} \quad (10-13)$$

$$TOC=(11.185\times \lg R+0.318\times \Delta t-31.401)/DEN+0.8(油页岩) \tag{10-14}$$

2. 地震属性预测法

在研究层序地层时,常利用地震等物探资料进行层序地层的划分,同样也可以用这些物探资料研究烃源岩(Passey 等,1990;Andreas Prokoph 等,2000)。Greaney 和 Passey(1993)详细研究了海相烃源岩 TOC 随层序体系域变化的特征。他们研究认为,在一个层序单元内的垂直剖面上,最大 TOC 通常与最大海泛面有关。在该界面之上,由于高水位体系域的进积作用,大量陆源碎屑快速注入,沉积物被稀释,有机碳含量降低;在该界面之下,由于海侵体系域水体逐渐加深,沉积速率逐渐降低,沉积环境变得有利于有机质聚集,相应地,TOC 由下向上增加,伴随着向最大海泛面方向 TOC 的增加,有机质类型变好(图10-22)。他们还建立了烃源岩的发育模式。

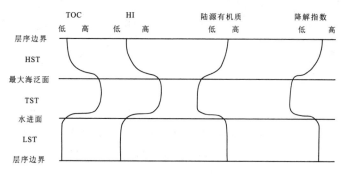

图 10-22 有机质特征与层序的位置关系
(据 Passey 等,1990;侯读杰等略有修改,2011)

Katz 等(1993)选择了北美、南美和东南亚三套烃源岩,研究其有机质丰度、类型和成烃性质,包括分子水平上的内部变化。他指出:沉积条件(水深、气候等)的不同控制了烃源层在地层剖面上的发育与分布,同时也控制了有机质组成特征及其在成熟阶段的生烃性质。Mello 等(1993)研究了巴西 5 个盆地 4 套不同沉积背景(包括膏盐海相和膏盐湖相)中发育的烃源岩,阐述了沉积环境对有机地球化学特征的影响,以岩石学和古生物学资料支持其环境的解释。Peters 等(2000)对印度尼西亚曼哈坎三角洲麦锡斜坡进行研究,建立了地球化学层序地层模型(图 10-23),并识别出 4 套烃源岩,分别命名为高水位体系域沿岸平原煤层(HST 烃源岩)、低水位体系域煤系页岩(LST 烃源岩 1,LST 烃源岩 2)及水进体系域源岩(TST 烃源岩)。S. Fleck 等(2002)在层序格架下研究了法国东南部白垩系硅质碎屑陆架环境的有机地球化学特征。研究层段是单一海进—海退旋回泛面,生物标志化合物资料表明是陆源和海源有机质来源,分子特征的变化与有机质的来源(海源、陆源)、保存条件(大量被黏土和早期成岩作用影响)、环境的氧化—还原和酸性条件以及生物扰动的差异性有关。他们研究认为,相对海平面的变化明显地与有机质的性质和保存有关,地球化学特征的变化反应三级层序的旋回性。

一般认为,半深湖与深湖相是湖相优质烃源岩发育的有利环境,因为水体太浅或太深都不利于有机质保存。水体太浅,堆积的有机质很容易被氧化分解,水体太深,生物死亡后在沉积过程中容易被活生物消耗掉。但是,对于陆相断陷盆地来说,其水体深度最大超不过百米。所以,陆相断陷湖盆的半深湖与深湖相环境发育的阶段通常是湖平面相对升高的时期,从层序地

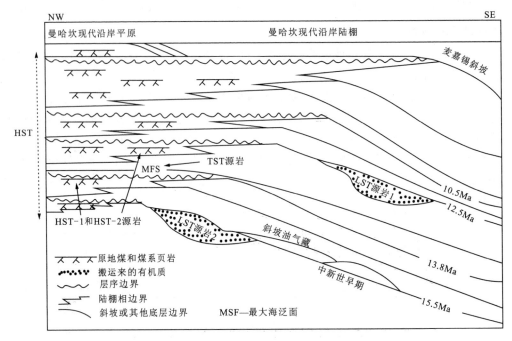

图 10-23 曼哈坎三角洲麦锡斜坡层序地层地球化学模型与预测的烃源岩分布
(据 Passey 等,2000;引自侯读杰等,2011)

层的角度来说,主要是湖进和高水位体系域发育时期,这就是优质烃源岩发育与层序的关系原则(侯读杰,2011)。

沉积基准面的变化对烃源岩的发育也有重要的影响。一般情况下,烃源岩的发育需要有利于有机质堆积和保存的沉积环境。Wignall 等(1993)提出了海进型和浅水型两类黑色页岩的沉积模式。海进型与最大海泛面有关,通常是凝缩段,位于海进体系域顶部,并向巨厚的浅海相带过渡。在地球化学上,这两类黑色页岩存在异同点:它们的地球化学指标(黄铁矿化率 DOP)均成厌氧型,有机质生源中都有陆源和海源生物;不同之处是浅水型模式中自生铀含量高。

Chandra 等(1993)利用微体古生物和海水深度及构造活动研究了印度东海岸克拉通边缘 Cauvery 盆地富含有机质页岩的形成条件(海平面变化、缺氧条件、有机质丰度),发现海进早期或高峰期沉积物中有机质含量高,且富氢程度高(氢指数)高,而海退后期形成的烃源岩中有机质含量较低,类型较差。他们用有孔虫指示缺氧环境,结合水深和有机质来源及其成岩作用,讨论了海进层序地层剖面中有机质富集与类型变化的原因。

Robison 等(1996)综合运用有机地球化学、有机岩石学和层序地层学方法研究了阿拉斯加北斜坡三叠系 Shublic 层烃源岩的有机相和岩性地层相的差异性。他们研究认为,海进体系域部分是倾油相,而上部的海退体系域主要是倾气相或没有油气。他们发现海进体系域有细微或明显的相变,荧光无定形、海相藻质体和其他壳质体是主要的干酪根显微组分。在该海进体系域,干酪根组分有四个主要的变化,之上的凝缩段倾油型干酪根的数量减少。

Mancini 等(1993)研究了北美 Alabama 西南部几套中生界凝缩段倾油型烃源层的生烃潜力,发现只有其中两套具有生烃潜力。这说明虽然凝缩段是沉积层序在最有利于烃源层发育的部分,但局部的沉积环境、保存条件也是重要因素。

Frimmel 等(2004)应用高分辨率、多参数的(multi-proxy)化学地层学方法,以德国东南部 Dotternhausen 剖面的 Posidonia 黑色页岩发育为例,研究其海平面差异与有机相变化的关系。他们研究认为,海平面变化影响了原始有机质组分,还原条件控制了有机质的保存。原始产率和陆源/海源有机质比率的变化明显地发生在黑色页岩沉积的初始阶段。重要细菌来源的有机质发育在低水位体系域和海进体系域下部,海相浮游生物来源的有机质发育在海进体系域上部、高位体系域和最大洪泛面。Frimmel 等(2004)还根据季风气候模型讨论了缺氧的周期性波动,它可以推断夏季季风带来的丰富的营养供应和高产原始产率的地表径流量,与底水密度分层一起证实是有机质保存的极好条件。在干旱的冬季正好相反,地表径流范围导致底水的季节性输出,从而产生周期性的氧化条件。

侯读杰等(2008)应用地球物理信息与地球化学结合,对烃源岩的发育特征进行了分析和研究(图10-24),发现优质烃源岩的发育与湖进体系域和高水位体系域密切相关,沉积环境对烃源岩的发育具有控制作用。

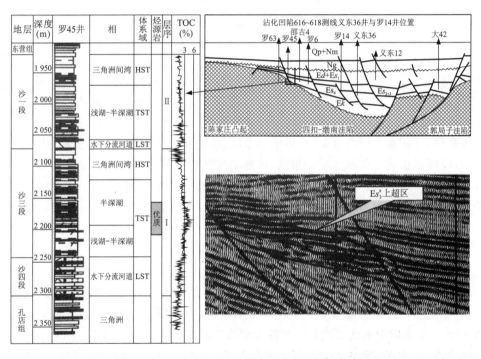

图 10-24 沾化凹陷烃源岩和相及层序的关系
(据侯读杰等,2008,2011)

二、烃源岩平面展布特征

油气源岩的平面展布受盆地构造和岩相古地理的控制,其中有机质的丰度和类型主要取决于古气候、古生物、古水流、古微环境等条件。海相烃源岩平面分布广泛、连续、变化小、丰度高、类型好。陆相烃源岩受湖盆发育控制,分布局限、变化大。同一时期的沉积在深湖—半深湖相可以转化为优质的烃源岩,在浅湖、滨湖甚至滨岸沼泽区形成的烃源岩分布多不连续,类型较差(表 10-20)。

表 10-20 我国中、新生代主要含油气盆地不同沉积相带有机质含量表

(据尚慧云,1983)

相带	盆地/凹陷	地层	岩性	有机碳(%)	氯仿沥青"A"(%)	总烃(μg/g)
沼泽相	松辽盆地	K_1	黑灰色泥岩	0.889	0.022 5	93
	鄂尔多斯	J_1	黑色泥岩	2.37	0.107 5	340
	四川盆地	T_h	黑色泥岩	1.18	0.091 3	339
浅湖相	松辽盆地	K_1	黑灰色泥岩	1.35	0.694	501
	东营凹陷	Es_3	灰色泥岩	1.28	0.081	190
半深-深湖相	松辽盆地	K_1	黑色泥岩	3.2	0.410 1	3 150
	东营凹陷	Es_3	黑灰色泥岩	1.46	0.265	720
	鄂尔多斯	J_3	暗色泥岩	1.44	0.102 4	577
	泌阳凹陷	Eh_3	黑色泥岩	1.59	0.207 5	1 718
盐湖相	江汉盆地	E	暗色泥岩	0.81	0.297 7	969

有机质的成熟程度受盆地构造格架控制。盆地的沉降中心(常常也是沉积中心),源岩埋藏最深,使其最先进入生烃门限,有机质成熟,可提供大量的油气。反之,在盆地斜坡、边缘地带,源岩埋深不够,有机质成熟度低,生油量少,甚至未进入门限深度。加上浅处地下水活跃,还易使有机质被破坏,这样,使有潜力的烃源岩成为低效甚至无效的烃源岩。

一般来讲,尤其是大型湖盆中,有机质的丰度、类型和成熟度多呈同心圆状,从深湖区向滨湖区展布,烃源岩也从优质到劣质。当然,盆地中次级构造带或岩相带如水下冲积扇、浊流沉积会改变这种分布的型式,形成局部的烃源岩分布带即多个油源区。这在我国大型含油盆地或凹陷如松辽盆地、济阳坳陷、泌阳凹陷中均可见到。

第四节 碳酸盐岩烃源岩的研究

碳酸盐岩类可以作为烃源岩已为油气勘探开发实践所证实。全世界有 30 多个国家和地区先后在 48 个盆地的碳酸盐岩层系中找到了油气田。其储量占全世界油气总储量的 50%,产量占 60%。著名的中东油区就有一些特大型油气田为碳酸盐型。因而,碳酸盐岩生烃问题得到了越来越大的重视,近年来也取得了很大进展。我国南方地区海相碳酸盐岩分布广泛,地层发育,从震旦系到三叠系,发育了万米后的碳酸盐岩地层,是我国重要的产油基地之一。西部地区塔里木盆地的油气主要来源于碳酸盐岩层系烃源岩。自 20 世纪 70 年代以来,我国学者对碳酸盐岩烃源岩的地球化学特征进行了系统深入的研究,总结了碳酸盐岩层系中有机质的演化规律,丰富了油气形成理论。

碳酸盐烃源岩与碎屑烃源岩一样,必须具备一定的有机质丰度,合适的类型和足够的成熟度。除此以外,它们还具有其他的特点。

1. 有机质丰度低

根据对碳酸盐岩地球化学分析的结果可以看出,碳酸盐岩的有机碳含量比泥岩要低

(图 10-25),平均值为 0.33%,仅为泥岩的 1/3~1/7。我国南方海相碳酸盐岩的有机碳含量仅为 0.1%~0.2%,远低于泥岩(0.5%~1.0%)。然而关于碳酸盐岩作为烃源岩的有机质丰度下限,国内学者意见不一,长期以来处于争论状态。国外一般以 0.3% 为下限,我国有的以 0.1% 为下限值。此外,氯仿沥青"A"含量大于 100 μg/g 和总烃含量大于 50 μg/g 可作为辅助指标。

影响碳酸盐岩有机质丰度的因素主要有以下几点。大部分人认为泥质含量是最重要的因素。Gehman(1962)曾对灰岩与页岩中有机质含量做了大量的对比研究。现代碳酸盐沉积物中有机碳含量平均值为 1.2%,泥质沉积物为 1.0%;古代碳酸盐岩中有机质为 0.24%,泥质为 1.14%。由此可见,碳酸盐岩在早期成岩转化过程中丢失了约 80% 的原始有机质,而泥岩仅仅丢失了 5%~10%,这主要是因为泥质烃源岩中的黏土矿物对有机质具有强烈的吸附作用,而碳酸盐矿物则缺乏这种作用。此外,碳酸盐岩独特的成岩作用也有利于有机质的早期丢失。因而,人们常常认为泥质含量高的碳酸盐岩才是好的烃源岩。油气的形成主要由碳酸盐岩层系中的黏土质决定。

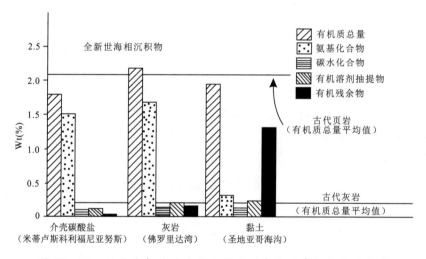

图 10-25 近代海相碳酸盐岩和黏土泥中主要有机组分的分布
(据 Degens,1967)

Palacas 等(1981)通过对美国南佛罗里达盆地碳酸盐烃源岩的研究提出,虽然世界上大部分碳酸盐岩普遍含有 15%~40% 不等的泥质,但有机质含量并不一定与碳酸盐岩层系中的泥质含量有关,也就是说泥质含量不能作为碳酸盐烃源岩的唯一指标。世界上有一些优质的源岩只含少量甚至不含黏土。如沙特阿拉伯的卡洛夫阶-牛津阶碳酸盐岩,几乎不含黏土;加拿大中泥盆世未成熟的碳酸盐岩中,碳酸盐矿物含量大于 80%,其中有机碳含量高达 7.5%。看来,原始沉积和保存环境起着关键性的作用。低能量强还原环境下的碳酸盐淤泥富含有机质;高能量、氧化、生物扰动环境下的碳酸盐沉积中有机质则贫乏。

此外,热成熟作用以及油气的运移都会影响有机质丰度。我国南方碳酸盐烃源岩均处于高熟-过熟阶段,所以有机碳含量普遍低。

2. 有机质类型好

碳酸盐岩发育在静海环境中,远离陆源或腐殖型有机质的来源,因此,有机质主要由富氢的藻类,各种浮游生物和微生物的遗体组成,尤其富含蛋白质和类脂物。所以形成的干酪根是Ⅱ型和Ⅰ型,有高的H/C比值。在镜下可以观察到无定形和藻质体占绝对优势,草本质很少,镜质体、惰质体常常缺乏。

3. 有机质转化率高

尽管有机碳含量低,碳酸盐烃源岩中沥青和总烃含量却与泥岩差别不大,甚至更高。根据Gehman(1962)的统计,古代页岩中烃类含量平均值为 96 $\mu g/g$,烃类转化率为 0.9%;灰岩中烃类 98 $\mu g/g$,转化率高达 4.1%。我国南方碳酸盐岩的沥青转化率一般为 2%~7%,华北地区则可高于9%。转化率高不仅与有机质类型有关,也与演化程度有关。

4. 成熟演化的特殊性

由于碳酸盐岩中缺少镜质体,所以常常不能用 R_o 来正确判断有机质的成熟度。傅家谟等(1989)主要根据对我国南方碳酸盐岩的研究及人工热模拟实验,提出划分有机质成熟阶段的方法(表 10-21)。目前,还可以用 T_{max} 和甲基菲指数来确定成熟度。

由于碳酸盐岩中缺乏作为催化剂的黏土矿物,所以一般认为碳酸盐岩层中石油的形成需要更长的时间和更高的门限温度。

近年来对世界上各种碳酸盐岩的观察发现,在未成熟的碳酸盐岩中含有丰富的胶质、沥青质,这些物质和干酪根一样,可以作为形成石油的母质。甚至在一些低成熟度的碳酸盐岩层中找到了沥青和重油矿藏(Palacas,1983)。有人解释为碳酸盐岩层系中有机质富含硫,碳—硫键易于在较低温度下断裂形成低成熟度的高硫原油。

表 10-21 碳酸盐岩有机质演化阶段的划分

(据傅家谟等,1985)

演化阶段	T_{max}(℃)	沥青反射率 R_c(%)	H/C	自由基浓度*(10^{19} mg/g TOC)
石油生成带	>455	>1.55	>0.7	>3.7
凝析油湿气带	455~476	1.55~2.25	0.7~0.5	3.7~4.5
甲烷气带	>476	>2.55	>0.5	>4.5

注:* 自由基浓度指标适用于沥青反射率 R_c<2.75%的范围

5. 有机质及原油的组成特征

碳酸盐岩中的有机质与石油均以高含硫为特征。其中苯并噻吩类丰度高,烷基二苯并噻吩(硫芴系列)分布样式与泥岩不同。

沥青"A"族组分中饱和烃含量普遍高于芳烃,总烃含量大于非烃含量。正构烷烃中多以 nC_{17}、nC_{15} 为主峰,低碳部分大于高碳部分,且以奇偶优势,CPI(OEP)值低于1,常常伴有植烷对姥鲛烷优势,Pr/Ph<1,反映了强还原环境。

甾萜烷化合物中,规则甾烷多以 C_{27} 甾烷为主,重排甾烷含量较少。萜烷中三环长链萜烷

常以 C_{23} 为主峰,有时 C_{24} 四环萜烷含量丰富。五环三萜烷中 C_{32} 藿烷、C_{34} 藿烷含量比 C_{31} 藿烷、C_{33} 藿烷多,且 $Tm/Ts \gg 1$。表 10-22 和表 10-23 对比了碳酸盐岩和碎屑岩中的原油组分。

表 10-22　碳酸盐岩和碎屑岩中的原油组分及其参数比较

参数	碳酸盐岩	碎屑岩
密度	低-中	中-高
OEP	偶奇优势-无优势	奇偶优势-无优势
Pr/Ph	很低,<1	低-高,>1
甾烷	高 C_{27} 到混合型	C_{27}、C_{29} 混合型,常以 C_{29} 为主
重排甾烷	低-中	中-高
总含硫量	高	低
噻吩类化合物	高含量,苯并噻吩高	低含量,苯并噻吩低
原油类型	以芳香-中间型为主	石蜡型、石蜡环烷型

表 10-23　世界部分原油参数对比

（据 Hughes,1984）

类型	地区	时代	密度(t/km³)	总含硫量	OEP	Pr/Ph
碳酸盐岩型	弗罗里达	K_1	25.4	4.20	0.88	0.49
	阿拉巴马	J_3	19.0	3.60	0.84	0.46
	科威特	K	32.1	1.82	0.98	0.79
	迪拜	K_2	26.9	2.30	0.97	0.66
碎屑岩型	北海	J	36.0	0.20	0.98	1.47
	德克萨斯	O	42.0	0.08	1.02	1.04
	印度尼西亚	N	30.0	0.33	1.24	5.40

综上所述可以证实,碳酸盐岩能够作为烃源岩。尽管有机质丰度比泥页岩低,但类型好,主要为Ⅰ型、Ⅱ型,转化率高,生烃潜力大。对于碳酸盐岩来说,有机质的成熟度是更为重要的控制因素。一般来讲,碳酸盐岩只要能进入门限深度,就能生成大量油气。碳酸盐岩中的有机质和其所形成的原油,均以高含硫、正构烷烃偶奇优势和植烷优势为特征。

第十一章

油源对比

油源对比是油气地球化学在勘探中应用的另一个重要内容,通常包括油-油、油-岩和气-气的对比。条件允许的情况下,还可包括气-油和气-岩的对比。油源对比是在综合地质和地球化学资料的基础上,研究油、气与烃源岩之间的成因关系,并确定油气运移方向、运移距离以及发生的次生变化等。因此,其研究对于进一步圈定可靠的油源区,确定勘探目标等工作具有重要意义。

第一节 油源对比的基本原理

一、油源对比的依据

油源对比实质上就是运用有机地球化学的基本原理,合理选择对比参数(指标)来研究油、气、源岩之间的相互关系(图11-1)。其基本依据是:源岩中的干酪根在一定条件下形成石油和天然气,其中一部分运移到储集层中,另一部分则保留在源岩之中。因此,源岩中的干酪根、沥青与来自该层系的油气有着亲缘关系,在化学组成上也必然存在某种程度的相似性。来自同一源岩的油气在化学组成也应该具有相似性,而不同源的油气则应表现出较大的差异。然而,由于油气形成的漫长性和本身的可流动性,其在运移、聚集甚至储层中均可能经历一系列的变化,模糊甚至完全掩盖二者原生的相似性,从而大大增加了油源对比的多解性和复杂性。因此,合理选择对比参数,结合各种地质及有机地球化学资料进行综合考虑是十分必要的。多期次或多源油气混合成藏同样会造成油源对比的复杂性。

二、油源对比参数选择原则

油源对比研究的3个主要对象是源岩中不溶的干酪根、可溶的沥青以及聚集在圈闭中的石油、凝析油和天然气。这些对象之间相同馏分中的某成分的含量、某些成分之间的比值

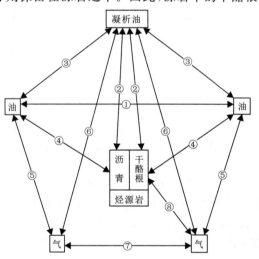

图11-1 油源对比示意图
①C_{15+}烃,非烃,生物标志化合物,$\delta^{13}C$,δD;②热解产物,$\delta^{13}C$,δD;③ 轻烃($C_2 \sim C_{10}$),$\delta^{13}C$;④C_{15+}烃,非烃,生物标志化合物,$\delta^{13}C$,δD;⑤轻烃($C_2 \sim C_5$),非烃;⑥ 轻烃($C_2 \sim C_5$),$\delta^{13}C$,δD;⑦ 轻烃($C_2 \sim C_5$),非烃,$\delta^{13}C$,δD;⑧$\delta^{13}C$

以及某类同系物的组成和分布等都可选作对比参数。因此，它们的总体组成特征和性质及其分子组成、稳定同位素参数等都可以用来进行油源对比，但必须判断哪些参数对成因解释更可靠，哪些参数受次变化影响更严重。此外，不同源岩、不同成熟度的多期次充注油气的混合，原油和源岩沥青的内在差别等对烃类的各类参数都有重大影响，可能导致油源对比结果完全失真。可见，油源对比中要注意现象的特殊性，充分结合地质背景，考虑地球化学参数解释的多解性，综合分析之后作出与地质实际相符的结论。由于在任何两个样品中不可避免地存在差异，所以找到这种差异后，要解释差异是由原生还是次生变化所致。

一般来讲，选择油源对比参数应注意以下几个方面。

(1) 选择在演化、运移和次生变化中较稳定的特征化合物，尤其是那些能够直接反映原始有机质特征的化合物，如生物标志化合物，作为对比参数。目前生物标志化合物，尤其是其中的甾萜类化合物，已广泛地用于油源对比。**尽量选择稳定的母源指标！**

(2) 不同类型的油气采用不同的对比参数。例如油-油对比可用 C_{15+} 烃类的分布型式，油-凝析油则主要对比其轻烃（$C_1 \sim C_{10}$）组分，油-气对比则主要采用同位素。**不同对比对象采用不同指标！**

(3) 为了减少次生因素的干扰，尽量少用有机化合物的绝对浓度，采用系列化合物的分布形式及相对比值，如原油中姥鲛烷/植烷、钒卟啉/镍卟啉等都可作为有效的对比参数。**多用比值少用浓度！**

(4) 多种参数的综合对比。单一参数总有其局限性，任何对比都应选用几种参数组合进行综合对比，并且充分考虑地质构造、岩相等方面资料。**宜多参数综合对比忌单一指标！**

(5) 广泛地采用数理统计方法和计算机应用的成果，科学定量地研究对比参数之间的相关性。**尽量借助数学方法与计算机手段！**

(6) 样品间的正相关性不一定是样品相关的必要证据，但负相关性却是样品之间缺乏相关性的有力证据，要对差异进行仔细分析。**相似的不一定同源，不相似的肯定不同源！**

总之，选择油源对比指标时应尽可能选择一些受运移、热演化和次生变化影响都较小、且能直接反映原始有机质特征的化合物，或沸点、溶解度相近的化合物的相对浓度比值作为对比参数，避免非成因因素的影响。

第二节 油源对比参数与对比方法

一、油源对比参数

随着分析技术的迅速发展，用于油源对比的参数或指标越来越多，但不同指标的应用效果和适用范围不同，需要根据具体地质情况和技术条件合理选择，综合对比。表 11-1 是目前较常用的油源对比参数，大致分为总组成指标和分子指标两类。

1. 总组成指标

总组成指标包括对比对象的物理性质、族组成、元素含量和比值以及同位素比值等。它们反映的是油和烃源岩中有机物分子的综合特征。

物理性质如颜色、API 度、黏度等，虽然不是一项理想的指标，但在缺失有效分析技术的早期，它们仍然是原始的油源对比参数。

烃源岩中原始母质的性质和生化组成在很大程度上决定了相应的石油族组成特征,所以现今仍在使用族组成参数,如饱/芳比以及各族组成的百分含量分布(饱和烃、芳香烃和胶质+沥青质的百分含量三角图)等。但由于其受热成熟度、次生变化和多源混合等因素影响较大,只能作为辅助性的宏观参数。元素的含量和比值用作对比参数更为普遍,常用的是硫含量以及一些过渡元素如钒、镍的含量。尽管应用较广,但其对次生变化作用的敏感性使其在油源对比中的应用具有一定的风险性,使用需谨慎。

同位素比值,特别是油、岩石抽提物、干酪根的稳定同位素比值是极好的油源对比参数,它将石油和可能烃源岩中的干酪根和沥青直接联系起来。目前应用较多的是碳同位素组成 $\delta^{13}C$。当原始有机质和热演化条件相同时,油与烃源岩之间的碳同位素组成是可比的。干酪根在热降解成烃过程中各种键发生断裂,释放出分子量较小的烃类和其他一些小分子物质。由于动力同位素效应使产物(原油或沥青)中的碳同位素较残余物(干酪根)中的碳同位素组成轻,因此在同源沥青中的碳同位素一般要比干酪根中的轻,

表 11-1 常用的油源对比参数

	参数	应用	主要非成因因素
总组成指标	颜色	+	生物降解、成熟度、水洗、运移
	API 度	+	生物降解、成熟度、水洗、运移
	黏度	+	生物降解、成熟度、水洗、运移
	烃类组成	++	生物降解、成熟度、水洗、运移
	S	++	生物降解、成熟度、水洗、运移
	N	++	生物降解
	V	++	生物降解
	Ni	++	生物降解
	V/(V+Ni)	+++	成熟度
	全油同位素	+++	生物降解、成熟度
	饱和烃同位素	++	生物降解
	芳烃同位素	++++	水洗
分子指标	正构烷烃	++	生物降解、成熟度
	类异戊二烯烷烃	+++	运移
	甾烷($C_{26} \sim C_{30}$)	++++	成熟度
	三环萜烷	+++	—
	五环三萜烷	+++	生物降解
	芳烃	+++	水洗、运移
	含 O、N、S 的化合物	+++	运移
	金属卟啉	++++	成熟度

注:"+"增加表示应用范围扩大

但 $\delta^{13}C$ 值的差不会超过 4‰,大多在 2‰~3‰(Tissot,1984)。而干酪根形成的石油 $\delta^{13}C$ 值与沥青相同或稍轻,它们之间的差也不会大于 2‰。热演化过程中干酪根自身的同位素分馏变化一般小于 3‰(Galimov,1978)。研究表明,虽然沉积物的沉积环境对干酪根碳同位素值有影响,但影响极大的是干酪根类型即有机质的原始组成(Tissot,1984;Galimov,1978;黄第藩等,1988)。不同有机质类型的碳同位素差异,奠定了利用碳同位素组成进行油源对比的基础。大量统计资料表明: $\delta^{13}C_{干} \geqslant \delta^{13}C_{沥青} \geqslant \delta^{13}C_{油}$,$\delta^{13}C_{干} \geqslant \delta^{13}C_{沥青} \geqslant \delta^{13}C_{非烃} \geqslant \delta^{13}C_{芳烃} \geqslant \delta^{13}C_{饱和烃}$。在大多数情况下原油的碳同位素组成比对应的干酪根碳同位素轻,$\delta^{13}C$ 值亦小于或接近烃源岩抽提物(沥青),符合同源干酪根、沥青和石油之间的相互关系。但也有少数原油和抽提物的 $\delta^{13}C$ 值明显大于干酪根,这可能是由于碳同位素组成较重的石油运移到储层中或

其他外来因素造成的(不同油气混源作用造成)。

2. 分子指标

分子指标主要指由单个(或几个)分子化合物构成的参数,如轻烃($C_5 \sim C_{10}$)、甾烷的分子异构体等。分子指标在油气或烃源岩抽提物的含量可能相对较低,但是在运移、成藏过程中受到各种因素的影响相对较小。因此,在油源对比中应用更广泛。

1) 轻烃

轻烃($C_1 \sim C_{10}$)是油气中的重要组分,通常在原油中的含量约占1/3,凝析油气中含量更高。轻烃的含量和分布不仅与生烃母质有关,也与烃体系在地下所处的温度、压力有关。Erdman(1974)在研究北海油田时首先提出利用轻烃单组分浓度对比和配对物比值对比的方法。单组分浓度对比是用$C_1 \sim C_{10}$各种化合物的绝对浓度来进行对比,由于影响这种浓度的因素很多,其应用有一定局限性。配对物比值对比是将化学结构相似、沸点相近的烃类成分配对(表11-2),用每对组分的浓度比值进行对比,即:

$$R = \frac{C_a/C_b}{C'_a/C'_b} \tag{11-1}$$

其中:C_a 和 C_b——一原油的一对组分浓度;

C'_a 和 C'_b——另一原油的一对相同组分的浓度。

显然,若各对组分的R值接近1,表明两个原油具有较大的相似性,可能同源。

表 11-2 $C_2 \sim C_{10}$ 轻烃配对化合物

(据 Erdman 等,1974)

化合物	沸点(℃)	化合物	沸点(℃)
乙烷/丙烷	-88.6/-42.1	1,反3-二甲基环戊烷/ 1,反2-二甲基环戊烷	91.7/91.8
异丁烷/正丁烷	-11.7/-0.5	正庚烷/(1,1,3-三甲基环戊烷+ 甲基环已烷)	98.4/(104.9+100.9)
异戊烷/正戊烷	27.9/36.1	2,3-二甲基已烷/2-甲基庚烷	115.6/117.7
环戊烷/2,3-二甲基丁烷	49.3/58.0	4-甲基庚烷/(3,4-二甲基已烷+ 3-甲基庚烷)	11.7/(11.7+118.9)
2-甲基戊烷/3-甲基戊烷	60.3/63.3	2,4-二甲基庚烷/3,5-二甲基庚烷	113/136.0
正已烷/(甲基环戊烷+ 2,2-二甲基戊烷)	68.7/(71.8+79.2)	(3,4-二甲基庚烷+ 4-甲基辛烷)/2-甲基辛烷	(140.6+142.5)/143.3
2-甲基已烷/2,3-二甲基戊烷	90.1/89.8	(1-甲基-3-乙基苯+ 1-甲基-4-乙基苯)/ 1-甲基-2-乙基苯	(161.3+161.9)/165.0
3-甲基已烷/(1,1-二甲基环戊烷+1,顺3-二甲基环戊烷)	91.9/(87.9+90.8)		

此外，Williams(1974)采用 $C_4 \sim C_7$ 组分中的直链烷烃、支链烷烃以及环烷烃的相对含量的三角图，直观对比了威利斯顿盆地原油和烃源岩（图 11-2）。Leythaueser 等（1979）观察到在进入生油门限后，富氢的干酪根比贫氢的干酪根生成的 $C_2 \sim C_7$ 烷烃和许多单体烃要高出几个数量级，链烷烃含量较高，正构烷烃相对支链烷烃占优势，芳烃含量较低；在 C_6 和 C_7 烃类的组成中，陆源有机质比海相有机质生成的苯和甲苯所占比例高，链烷烃较贫乏，支链烷烃相对于正构烷烃占优势。Snowdon 等（1982）也报道了一些陆源母质来源的凝析油环烷烃含量高，主要与煤和干酪根中的树脂体含量有关。

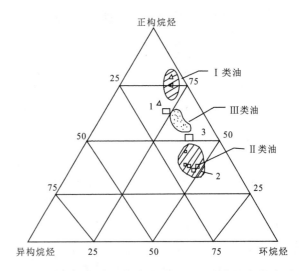

图 11-2 威利斯顿盆地石油 $C_4 \sim C_7$ 的烃类分布图

（据 Williams，1974）

1.温尼伯页岩；2.巴肯页岩；3.泰勒页岩

Thompson(1979,1983)比较了一系列反映芳构化、环烷化和链烷化的参数，提出了两个"链烷烃指数"作为成熟度指标（参见第十章），用来衡量沉积物中轻烃的烷基化程度，并用其作为原油的成熟度指标。但近年来的研究表明，庚烷值和异庚烷值的大小不仅与成熟度有关，也受母质类型的影响。即在相同成熟度条件下，不同母质类型生成的原油具有不同的庚烷值和异庚烷值（图 11-3）。此外，生物降解等次生变化也对该参数产生很大影响。

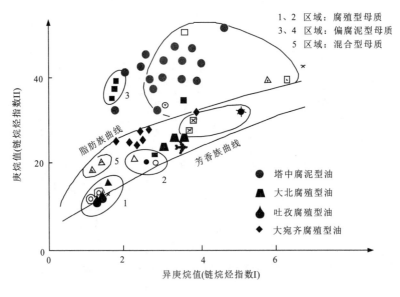

图 11-3 原油的庚烷值和异庚烷值关系图

（据王廷栋，内部项目报告）

Mango 等(1990)通过大量油样的轻烃数据统计分析,提出了 K_1 和 K_2 参数,这两个参数的值不随成熟度增加而变化,只和原油的母质类型有关。即同源油的 K_1 和 K_2 值相近。并在随后的研究中将这一经验上升为理论(1990,1991,1997)。

$$K_1 = \frac{2-\text{甲基己烷}+2,3-\text{二甲基戊烷}}{3-\text{甲基己烷}+2,4-\text{二甲基戊烷}} \qquad K_2 = \frac{P_3}{P_2+N_2} \qquad (11-2)$$

式中:P_2=2-甲基己烷+3-甲基己烷;

P_3=3-乙基戊烷+3,3-二甲基戊烷+2,3-二甲基戊烷+2,4-二甲基戊烷+2,2-二甲基戊烷;

N_2=1,1-二甲基环戊烷+顺-1,3-二甲基环戊烷+反-1,3-二甲基环戊烷。

2)C_{15+} 正构烷烃

正构烷烃是油气的主要烃类组成,可作为原油成熟度和有机质来源的标志,同时也可作为油源对比的"指纹"化合物,它被广泛应用于油-油和油-源对比。正构烷烃的碳数分布范围、主峰碳数,特别是碳数分布样式是十分有用的参数。一般而言,具有亲缘关系的油气常有相似的分布曲线,曲线特征不同的,则相关性差。但是正构烷烃对生物降解和热成熟作用十分敏感,同时也会受运移影响。因此,该参数一般只对低-中等成熟度、且次生变化不明显的原油适用。

国内外已有许多应用正构烷烃成功进行油源对比的实例,如 Welte(1975)采用 $C_{16} \sim C_{30}$ 正构烷烃的相对含量成功对比了不同地区的 20 对烃源岩和石油的亲缘关系(图 11-4),所做结论与地质结论吻合。

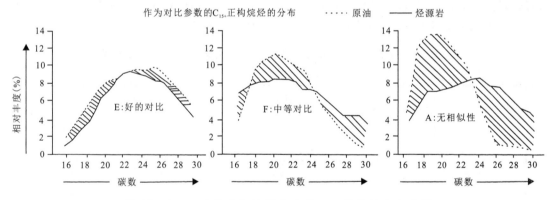

图 11-4 不同原油与烃源岩的 C_{15+} 正构烷烃分布曲线

(据 Welte,1975)

E. 尤英塔盆地;F. 泡德河盆地;A. 阿拉斯加州

3)链状类异戊二烯烷烃

正常的石油和沥青中的链状类异戊二烯化合物以 $iC_{15} \sim iC_{20}$ 为主,在色谱图上除正构烷烃外最为明显的一类化合物。尽管它们远不及正构烷烃含量高,但其结构比较稳定,具有比正构烷烃更好地抗微生物降解能力,所以是一类较重要的对比参数。目前采用的主要是系列对比($iC_{15} \sim iC_{20}$)和比值对比(Pr/Ph、Pr/nC_{17}、Ph/nC_{18})。系列对比是用同类且碳数范围相同的烃类化合物进行对比,如根据链状类异戊二烯烷烃分布的差异,将黄骅坳陷的石油分为 3 种类型:板桥凹陷型、沧东凹陷型和歧口凹陷型(图 11-5)。

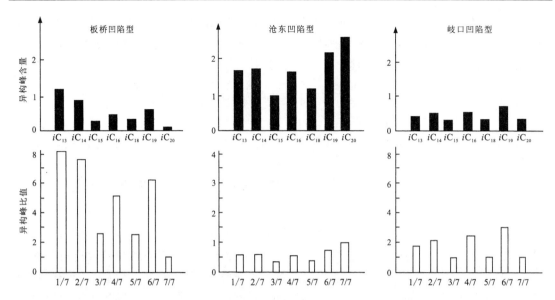

图 11-5 黄骅坳陷沙河街组的原油链状类异戊二烯烷烃分布图
（据田克勤等，1981）

陕甘宁盆地油源对比研究中有效地运用了链状类异戊二烯烷烃的比值参数（表 11-3）。从表中可以看出，延长组抽提物与本层原油各项比值十分接近，相似系数在 0.75 以上，可比性较好。延安组抽提物与该层产出的原油相比，可比性甚差。而延长组抽提物与延安组石油相似系数大于 0.75。由此可见，延安组石油大部分来源于延长组。

表 11-3 陕甘宁盆地延长组、延安组链状类异戊二烯烷烃参数表
（据黄第藩等，1982）

类别	时代	产层		Pr/Ph		Pr/nC_{17}		Ph/nC_{18}	
				比值	相似系数	比值	相似系数	比值	相似系数
原油饱和烃	J_2c	直罗组		0.93		2.43		1.65	
	J_2y	延安组	延$_{4+5}$	1.10	0.60	0.47	0.57	0.44	0.64
			延$_6$	1.08	0.59	0.30	0.36	0.29	0.97
			延$_8$	1.02	0.55	0.50	0.60	0.49	0.57
			延$_9$	0.97	0.53	0.36	0.43	0.32	0.87
			延$_{10}$	0.98	0.53	0.33	0.40	0.36	0.78
泥岩抽提物饱和烃		延安组		1.84		0.83		0.28	
原油饱和烃	$J_{2-3}y$	延长组	长$_3$	0.96	0.79	0.45	0.98	0.48	0.56
			长$_6$	0.96	0.79	0.34	0.77	0.38	0.71
			长$_7$	1.00	0.83	0.33	0.75	0.33	0.82
			长$_8$	1.07	0.88	0.35	0.80	0.34	0.79
泥岩抽提物饱和烃		延长组		1.21		0.44		0.27	

此外，长碳链的类异戊二烯烷烃（C_{21+}），如番茄红烷、角鲨烷、丛粒藻烷等主要来源于细菌，更具有"化学化石"特性。无论它们在原油和烃源岩中的丰度如何，只要能够检出，往往都具有很强的对比意义。

4) 甾萜类化合物

该类化合物属于环状类异戊二烯烷烃，其结构独特、性质稳定，抵抗微生物降解能力强，常采用该系列化合物的分布型式及特征化合物作为油-油和油-源对比参数。

图11-6是柴达木盆地南翼山油田 E_3^2 原油和其可能烃源岩的甾烷、萜烷分布特征图。$C_{27} \sim C_{29}$ 的规则甾烷分布、长链三环萜特征，尤其是 $\geq C_{28}$ 的长链三环萜含量，均表明 E_3^2 原油与 E_3^1、E_3^2 的烃源岩差别大，而与 N_1 烃源岩有较一致的地球化学特征，可能同源。

甾、萜烷的立体异构体的相对比值亦是很好的对比和分类参数。如 $C_{27}/(C_{28}+C_{29})$ 甾烷在一定成熟度范围内不受热成熟度影响，能反映原始有机质来源。一些特征的甾、萜烷化合物可以反映有机质输入或沉积环境，如伽马蜡烷、β-胡萝卜烷、4-甲基甾烷、三环双萜等，均是有效的对比参数。

对于遭受了中等强度甚至较强烈生物降解的石油，生物标志化合物亦具其特有的效能。如 Moldowan 等（1980）对印度尼西亚油田的正常石油与中等降解石油的对比中采用了特征化合物葡萄藻烷，从而发现了这两种石油之间的成因联系。当然，当生物降解程度殃及到这些化合物时，其对比的有效性也受到一定影响。此时，需要寻找抗生物降解能力更加强的化合物进行对比，如芳香甾烷、金刚烷等。

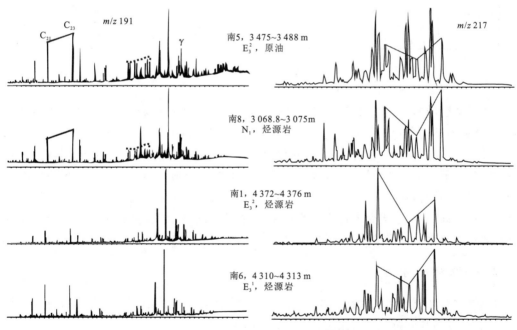

图11-6 柴达木盆地南翼山油田 E_3^2 原油、烃源岩的甾烷、萜烷分布图

此外，某些生物标志化合物还能用于估计原油时代，这对寻找与一种特定原油可对比的烃源岩是非常有意义的。例如，裸子植物晚石炭世首次在地球上出现，而四环二萜类化合物是裸子植物的特征标志。因此，若原油中检测到丰富的贝叶烷、贝壳杉烷、扁枝烯等化合物，则意味

着该原油与石炭纪以后的烃源岩有关。表11-4列出了原油中一些生物标志化合物的时代分布。

表11-4 原油中一些与时代相关的生物标志化合物

(据Peters,2005)

生物标志化合物		有机体	首次出现的时代
萜烷	奥利烷	被子植物	白垩纪
	贝叶烷、贝壳杉烷、扁枝烯	裸子植物	晚石炭世
	伽马蜡烷	原生动物、细菌	晚元古代
	28,30-二降藿烷	细菌	元古宙
甾烷	23,24-二甲基胆甾烷	定鞭金藻或钙板金藻	三叠纪
	4-甲基甾烷	沟鞭藻纲、细菌	三叠纪
	甲藻甾烷	沟鞭藻纲	三叠纪
	24-正丙基胆甾烷	海相藻	元古宙
	2-甲基甾烷、3-甲基甾烷	细菌/原核生物	元古宙
	$C_{29}/(C_{27}\sim C_{29})$甾烷	原核生物	各种时期
链状类异戊二烯烷烃	丛粒藻烷	丛粒藻	侏罗纪
	双植烷	古细菌	元古宙

5) 多环芳烃

随着成熟度增加,石油的相似性增加,特别是饱和烃中正构烷烃、异构烷烃分布逐渐趋于一致,甾类和萜类化合物含量越来越低,也不再有其特色。因此,用这些参数很难对比高成熟度的石油。此时,芳香族化合物、芳香甾族化合物及含硫芳香族化合物(噻吩类)可成功地应用于油-油和油-源对比。多环芳香族化合物的环状结构类型和碳数分布可以划分出不同的石油组合。古老、成熟度高的石油中,甾类化合物发生芳构化作用,转变成较稳定的单芳甾和三芳甾类化合物。此外,对于遭受生物降解的石油,芳香化合物、芳香甾族化合物以及含硫芳香族化合物在油源对比中仍具有一定的有效性。

二、油源对比方法

根据油源对比原理和对比参数类型,我们可以将油源对比方法归纳为3种,即化合物指纹谱图对比法、多参数分布曲线对比法、分子参数相关对比法。

1. 化合物指纹谱图对比法

化合物指纹谱图对比法是指运用油气和可能与之有关的烃源岩的轻烃色谱图、饱和烃色谱图、甾烷($m/z=217$)和萜烷($m/z=191$)的质量色谱图等化合物指纹谱图直接进行对比。该方法的特点是简单、直观,目前在国内外使用得最为广泛,它不需要编制额外的任何图件,只需仔细观察各类谱图特征,分析原油和烃源岩之间有无亲缘关系。有亲缘关系的在谱图上可见化合物分布特征很相似,而分布特征完全不同的谱图则表明彼此之间可能无亲缘关系(图11-7)。

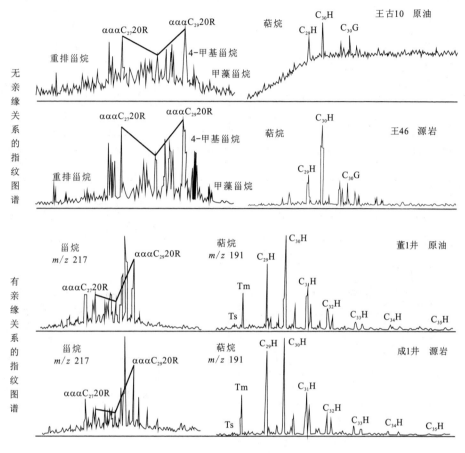

图11-7 生物标志化合物指纹谱图对比法

2. 多参数分布曲线对比法

该方法是将选择的原油和烃源岩中的多项对比指标绘制成分布曲线,如折线图、雷达图等,从这些图中即可直观看出彼此的差异,从而确定原油和烃源岩是否具有亲缘关系。图11-8是四川盆地凝析油轻烃分子指标的相关曲线法对比图,从该图上可见,角C、充深A、龙女B、西A等井香溪群凝析油轻烃(C_4~C_7)的多参数分布曲线,与公B、秋A井大安寨组腐泥母质成因的轻烃存在明显的差异,表明它们并非同一来源的油气。也可将这些参数绘制成雷达图来对比彼此间的相似性。例如,泌阳凹陷双河地区不同层段产出的原油也存在明显的差异性。另外,原油或提提物的族组分同位素的分布曲线也可以作为多参数分布曲线对比。

3. 分子参数相关对比法

分子参数相关对比法是指用原油或(和)烃源岩的两个参数做出相关性的图件进行对比的一种方法,按照其图件类型可分为三参数归一化三角图法和双参数交会图法。

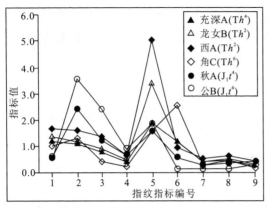
川中地区原油（凝析油）轻烃指纹对比图

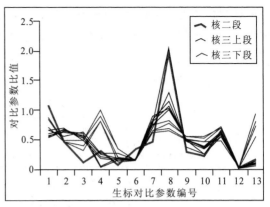
泌阳凹陷双河地区不同层位原油生标参数曲线

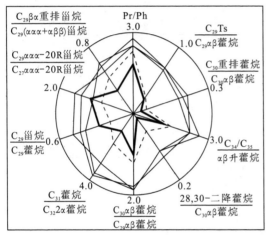
多参数雷达图

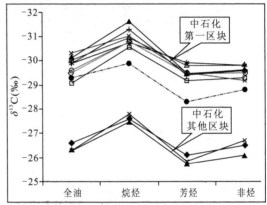
准噶尔盆地腹部原油族组分碳同位素分布曲线（同位素曲线图）

图 11-8　多参数分布曲线对比法常用图件

1) 三参数归一化三角图法

采用归一化法对比时，先选择原油和烃源岩中相互关联的 3 种化合物或 3 种组分，然后把它们归一化成相对含量，编制成三角图。常用的有规则甾烷 $\alpha\alpha\alpha 20R$ 构型的 C_{27}-C_{29}-C_{29} 甾烷相对含量三角图、Pr/Ph-Pr/nC_{17}-Ph/nC_{18} 比值三角图、芴(F)-氧芴(OF)-硫芴(SF)相对含量三角图、轻烃中的 nC_7-甲基环己烷-二甲基环戊烷等（图 11-9）。另外，饱和烃-芳烃-非烃族组分含量的三角图以及饱和烃中正构烷烃-异构烷烃-环烷烃相对含量三角图也有用作油源对比中。

2) 双参数交会图法

采用交会图对比法时，先选择原油和烃源岩中与生源和环境有关的两个分子参数等指标，然后把它们绘出相关的散点图。例如，常用的伽马蜡烷指数-Pr/Ph 和 Pr/Ph-DBT/P 相关图（图 11-10）。

分子参数对比法在油源对比中应用广泛，其特点是适用于原油的族群划分和大量原油和烃源岩之间的地球化学对比。

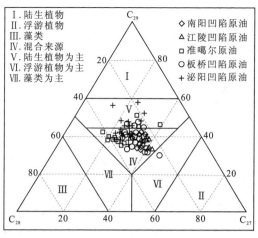
ααα-C_{27}-C_{29}-C_{29} 20R构型规则甾烷三角图

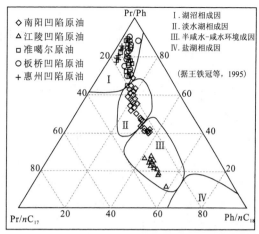
Pr/Ph-Pr/nC_{17}-Ph/nC_{18}三角图

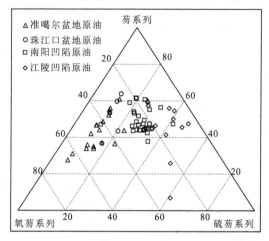
三芴系列(芴-硫芴-氧芴)三角图

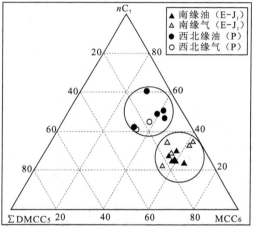
轻烃中的nC_7-甲基环己烷-二甲基环戊烷

图 11-9 分子参数三角图(三参数归一化三角图)

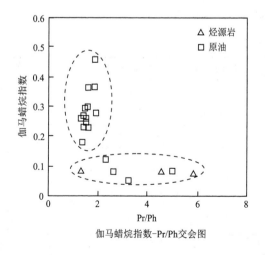
伽马蜡烷指数-Pr/Ph交会图

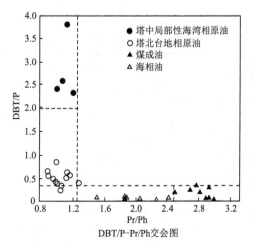
DBT/P-Pr/Ph交会图

图 11-10 分子参数交会图(双参数交会图法)

第三节 油气源对比研究实例[①]

一、生物降解原油的油源对比(泌阳凹陷)

泌阳凹陷是南襄盆地中一个次级构造单元,其东西长 50km,南北宽 30km,面积约 1 000km²,是一个中新生代小型的箕状断陷湖盆(图 11-11)。北部斜坡带的油气主要是以生物降解作用为主的次生稠油,该地区部分区块原油受到严重的生物降解,如楼 3913、古 580、古 574、杨 1900 等井原油中的规则甾烷明显受到降解,甚至无法辨认,如 C_{29} 甾烷成熟度等参数无法获得,C_{30} 藿烷也无法辨认(图 11-12,表 11-5)。因此,这些原油不能再用常规的生物标志化合物来进行油源对比。

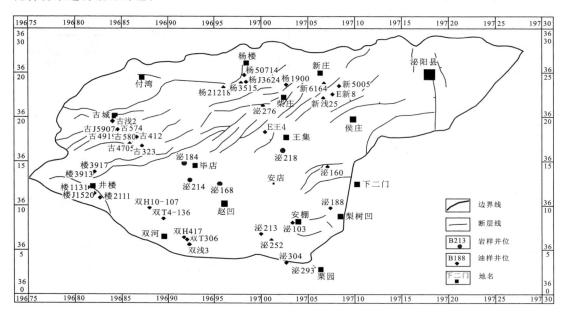

图 11-11 泌阳凹陷样品分布图

表 11-5 泌阳凹陷部分原油地球化学参数表

井号	层位	深度(m)	$C_{30}G/2\times C_{29}H$	$C_{30}G/C_{30}H$	$C_{29}S/(S+R)$	$C_{29}\beta\beta/(\alpha\alpha+\beta\beta)$
E新8	Eh_3^2	683.00～688.40	0.93	0.37	0.71	0.41
古J5907	Eh_3^4	231.40～241.00	0.69	11.77	0.54	0.37
新6164	Eh_3^2	291.60～304.80	0.85	0.62	0.70	0.49
杨1900	Eh_3^3	578.00～590.00	1.21	1.23	—	—
古574	Eh_3^4	262.80～271.00	0.70	12.86	—	—
古580	Eh_3^4	190.00～199.60	0.68	16.56	—	—
楼3913	Eh_3^3	157.00～162.80	0.25	6.63	—	—

---

① 本节为选读内容。

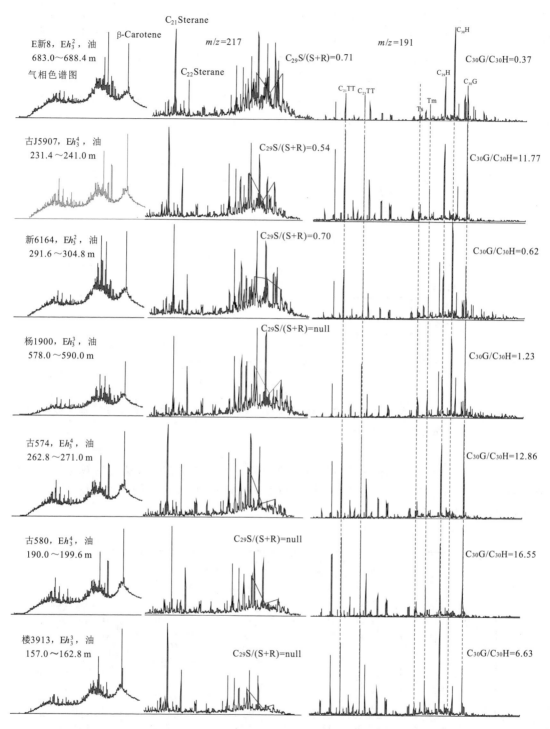

图 11-12　泌阳凹陷受到严重生物降解原油饱和烃色谱图和质量色谱图

1. 原油降解等级定量表示

对于正常原油,随着成熟度增高,其中低分子量甾烷和低分子量芳香甾烷在其相应系列中的含量会随之增加。然而,当原油遭受生物降解作用在严重到强烈等级之间时,即甾烷系列和藿烷系列开始受到选择性降解时,低分子甾烷占整个甾烷的比例会骤然增加,而芳香甾烷还没有受到影响。因此,可以用低分子量芳香甾烷占芳香甾烷含量与低分子量甾烷占甾烷含量相关图来衡量原油遭受5级以上生物降解作用程度。图11-13表明,楼3913、古580、古574、杨1900、古J5907、新6164、楼1131、楼J1520等原油均受到严重降解作用。因此,这些原油的油源对比必须寻求新的地球化学指标,其对比结果才有可信度。

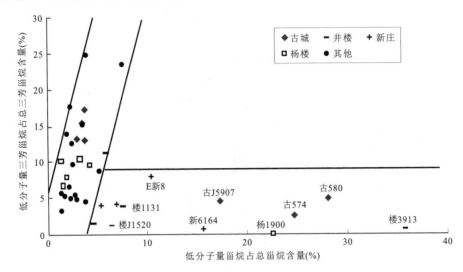

图11-13　泌阳凹陷原油低分子量甾烷占总甾烷含量与低分子量芳香甾烷占总芳香甾烷含量关系图

图11-14表明,古城和杨楼地区以及井楼地区8号样品的新伽马蜡烷指数比较高,而原来伽马蜡烷指数很高的5、6、7、9、10和12号样品,其新伽马蜡烷指数却没有杨楼地区高,这表明杨楼地区原油母质形成的水体环境较咸。

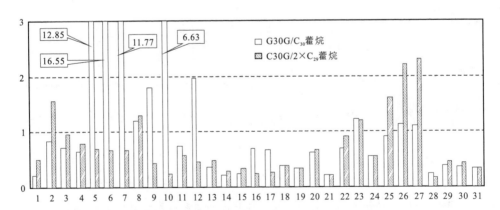

图11-14　泌阳凹陷不同地区原油的$C_{30}G$(伽马蜡烷)$/C_{30}$藿烷值和$C_{30}G/2 \times C_{29}$藿烷分布图
1~7.古城;8~12.井楼;13~17.下二门双河;18~21.新庄;22~27.杨楼;28~31.核二段原油

2. 生物降解原油的油源对比指标选择

表 11-5 表明,古 580 伽马蜡烷指数高达 16.56,古 574、古 J5907 和楼 3913 也分别高达 12.86、11.77 和 6.63。如此高的伽马蜡烷指数肯定不正常,从其 m/z 191 质量色谱图来看(图 11-12,楼 3913),C_{30} 藿烷几乎被降解掉,无法辨认。同样由于 C_{29} 甾烷受到严重降解,其甾烷成熟度参数也无法计算,这些原油至少受到 8 级以上生物降解。因此,其他一些与 C_{30} 藿烷和 C_{29} 甾烷相关的参数也必然受到影响,如长链三环萜烷/五环三萜烷、低分子量甾烷/规则甾烷、重排甾烷/规则甾烷、生物构型甾烷分布三角图等。为此,必须寻找其他有效指标,即选择受降解影响较小的化合物,以求得与正常原油的统一对比。

根据对南阳凹陷、泌阳凹陷、板桥凹陷、江陵凹陷、珠江口盆地、柴达木盆地等地区 259 个原油和烃源岩样品统计结果,陆相非降解原油的 C_{29} 藿烷/C_{30} 藿烷值都小 1.0,其中,190 个样品小于 0.5,占 73.36%,0.5~1.0 之间有 69 个样品,占总数的 26.64%。在泌阳凹陷除古城地区 5、6、7 号样品和井楼地区 9、10、12 号样品的 C_{29} 藿烷/C_{30} 藿烷值远大于 1.0,其他样品均小于 0.5。而这些原油正是遭受过严重降解,由此得出,C_{29} 藿烷可能比 C_{30} 藿烷的抗降解能力更强。此时若再用伽马蜡烷指数($C_{30}G/C_{30}$ 藿烷)来反映原油母质的沉积环境,显然不够真实。为此,根据正常原油中 C_{29} 藿烷与 C_{30} 藿烷关系,在原油受到生物降解时,用 $C_{30}G/2×C_{29}$ 藿烷参数来替代伽马蜡烷指数可能更能反映水体的沉积环境。

3. 北部斜坡带的油源对比结果

研究发现,泌阳凹陷烃源岩的生物标志化合物参数 $2×C_{24}$ 四环萜烷/C_{26}(R+S)长链三环萜烷与伽马蜡烷/$2×C_{29}$ 藿烷存在良好的关系,利用该图版,可以将核二段、核三上段和核三下段烃源岩区有效地分开[图 11-15(a)]。核二段源岩的 $2×C_{24}$ 四环萜烷/C_{26}(R+S)长链三环萜烷值大于 3.0,核三上段在 1.0~1.8 之间,核三下段小于 1.0;核二段源岩的伽马蜡烷/$2×C_{29}$ 藿烷小于 0.5,核三上段小于 0.8,核三下段该比值一般大于 0.8。

用图 11-15(b)的图版也可以清楚地将双河地区核二段、核三上段和核三下段正常原油区分开,并且核三上段和核三下段原油分别位于其相应的源岩区,表明油气没有明显窜层现象。但产自核二段原油(双浅 3,Eh_2Ⅰ~Ⅱ,884.8m)既不在典型的核二段区域,也不在核三上段区域,而是在核二段和核三上段之间,称之为混合区,表明双河地区核二段的原油不是完全源于核二段源岩而独立成藏的,而是有核三上段混源成分。

井楼地区核三上段和核三下段原油分别位于其相应层段油源区[图 11-15(c)],表明没有明显的窜层运移现象;古城地区核三下段原油都位于核三下段源区,而核三上段原油,除古浅 2 井 2 个样品(Eh_3Ⅲ 和 Eh_3Ⅳ)外,其他均落在核三上段源区,可以说明古城地区油气也没有明显的窜层运移现象,属于自生自储。但古浅 2 井核三上段原油可能有核三下段源岩的贡献;新庄地区核二段(新 5005)和核三上段原油以及王集地区核三上段原油都分布在核三上段源区[图 11-15(d)],它们可能都具有核三上段共同的油源,只是王集原油由于埋藏较深(大于 1200m,核二段除外)没有受到降解破坏,而新庄原油埋深较浅,均遭受到不同程度的生物降解而已。

杨楼地区不管是核三上段还是核三下段的原油,除个别样品外,均位于核三下段源区[图 11-15(d)],该地区原油许多生物标志化合物指标与双河地区核三下段原油非常相似,只是杨楼地区的伽马蜡烷含量更高,并且与毕店地区核三下段源岩(泌 214,Eh_3Ⅵ)和油砂(泌

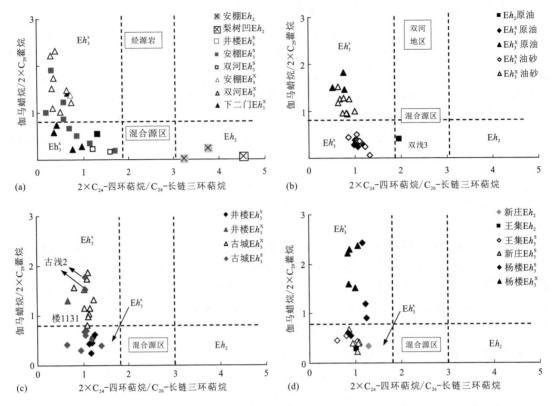

图 11-15　泌阳凹陷烃源岩和原油的 $2\times C_{24}$ 四环萜烷$/C_{26}$ 长链三环萜烷与伽马蜡烷$/2\times C_{29}$ 藿烷相关图（李水福等，2010）

Eh_2. 核二段；Eh_3^s. 核三上段；Eh_3^x. 核三下段

184，Eh_3Ⅴ、Eh_3Ⅵ）也很相似。因此，杨楼地区原油应该是由柴庄至赵凹以西-北部核三下段低熟源岩早期供油成藏，而核三上段和核二段油气的贡献较少。

总之，用低分子量甾烷占总甾烷含量和低分子量芳香甾烷占总芳香甾烷含量关系图可以定量表述原油受严重生物降解及以上等级的破坏程度。针对受严重降解原油与正常原油以及烃源岩之间的油源对比问题，提出用 C_{29} 藿烷替代 C_{30} 藿烷计算伽马蜡烷指数，认为这种情况用新伽马蜡烷指数（伽马蜡烷$/2\times C_{29}$ 藿烷）更能反映生物降解原油的母源水体环境。经过研究发现用 C_{30} 伽马蜡烷$/2\times C_{29}$ 藿烷和 $2\times C_{24}$ 四环萜烷$/C_{26}$ 长链三环萜烷作图版，可以较好地将泌阳凹陷不同地区不同层位原油区分开，达到油源对比目的。

二、凝析气的气源对比（准噶尔盆地）[①]

呼图壁气田是准噶尔盆地 1995 年发现的大气藏，其产气层为古近系的紫泥泉子组（$E_{1-2}z$），岩性为中细砂岩，主要产凝析油气。呼图壁背斜为近东西向展布的长轴背斜，位于北天山山前坳陷第三排构造带东端，形成于晚喜山期。

---

① 注：本案例由西南石油大学王廷栋教授团队提供

南缘天然气成藏有贡献的气源岩主要为中下侏罗统煤系地层,包括湖泊、沼泽相煤岩和碳质泥岩,主要分布于下侏罗统的八道湾组与中统西山窑组。中、下侏罗统沉积中心位于昌吉凹陷和四棵树凹陷,厚1400~2100m,绝大部分暗色泥岩属于浅湖相泥岩,分布范围较广、厚度大,在四棵树至昌吉一带均有分布,累积厚度为50~500m。南缘侏罗系煤岩有机质丰度高,有机碳含量高达62%以上,煤岩厚度分布在5~45m。南缘侏罗系泥质岩厚度一般100~300m,有机碳含量在1.0%以上,其中西山窑组最高达1.93%,属较好烃源岩。南缘地区侏罗系煤和碳质泥岩多数为II_2~III型有机质,而泥岩则以III~II_2型有机质为主,并有部分样品属于II_1型,暗示侏罗系不同类型或不同沉积环境的烃源岩可能具有不同的生烃能力。生烃史模拟表明侏罗系烃源岩侏罗纪末已开始生油,白垩纪早中期进入生油高峰,在晚白垩纪就已进入生气阶段,第三纪达到生气高峰,生、排烃时间持续比较长。凹陷内随埋深加大,热演化程度必然增加,凹陷区埋深超过6000m的地区侏罗系已达到了过成熟阶段,R_o大于2.0%的分布区域主要位于南缘。

1. 天然气组成特征

呼图壁天然气组成都相对较干,甲烷含量也多在90%以上,干燥系数为0.93~0.95,略低于齐古和吐谷鲁构造,与独山子天然气相比要"干"得多(表11-6)。

表11-6 准噶尔盆地南缘天然气组成

地区	井号	层位	相对密度	N_2	CO_2	C_1	C_2	C_3	iC_4	nC_4	iC_5	nC_5	干燥系数
呼图壁	呼2	Ez	0.59	1.39		93.58	3.88	0.66	0.17	0.17	0.09	0.06	0.949
	呼001	$E_{1-2}z$		1.69		92.98	3.85	0.71	0.19	0.2	0.09	0.07	0.948
	呼2002	$E_{1-2}z$	0.59	2.23	0.34	92.89	3.92	0.47	0.08	0.06			0.954
	呼2003	$E_{1-2}z$	0.6	2.32	0.49	92.17	4.24	0.57	0.12	0.08			0.948
	呼2004	$E_{1-2}z$	0.59	1.78	0.28	93.61	3.52	0.55	0.11	0.14			0.956
	呼2006	$E_{1-2}z$	0.6	2.03	0.35	92.58	4.21	0.55	0.15	0.13			0.948
吐谷鲁	吐谷1	$E_{1-2}a$											0.978
	吐谷2	E_{2-3}											0.921
齐古	齐34	J_{1-2}	0.57	0.96	0.7	97.38	0.87	0.09					0.990
	齐8	J_1b	0.58	0.72	0.06	97.47	0.52	0.56	0.19	0.24	0.13	0.12	0.982
	齐009	T_{2-3}	0.56	0.16		99.53	0.26	0.04					0.997
独山子	独53	N_1	0.74	0.84		79.2	9.5	5.54	1.88	1.31	1.21	0.52	0.799
	独85	N_1	0.70	1.01	0.23	80.52	11.15	5.18	1.46	0.45			0.815
	独1	N_1t		3.68	0	82.53	8.86	3.27	0.67	0.53	0.21	0.12	0.858

2. 天然气碳同位素特征

表11-7为南缘地区主要气藏的天然气碳同位素组成。呼图壁天然气的乙烷碳同位素与

吐谷鲁和齐古构造较为相近,分布在 $-21.68‰\sim-24.69‰$(表11-7),属于腐殖型天然气,对应的源岩为侏罗系煤系地层。但天然气的甲烷碳同位素组成差异较大,一个为 $-32.07‰$,这类天然气与四川盆地川西北平落坝上三叠统香溪群组的煤系天然气干气相似(平落1),属于高过成熟天然气;另一个天然气甲烷碳同位素为 $-37.8‰$,这种气类似于四川中坝上三叠统须家河组凝析气(中29),但天然气组成干燥,甲烷和乙烷的碳同位素差值偏大,超过甲烷和乙烷天然气碳同位素的分馏值,存在成熟度较低的腐殖型气的混入。

表11-7 准噶尔盆地南缘天然气碳同位素

井号	层位	甲烷(‰)	乙烷(‰)	丙烷(‰)	干燥系数	成因类型
呼001	$E_{1-2}z$	-32.07	-22.27	-22.24	0.948	高成熟腐殖气
呼2	Ez	-37.84	-22.96	-21	0.949	高—成熟混合气
吐谷1	$E_{1-2}a$	-32.29	-22.16	-23.17	0.978	高成熟腐殖型气
吐谷2	E_{2-3}	-38.16	-22.58	-21.82	0.921	高—成熟混合气
齐34	J_{1-2}	-41.10	-23.04	-23.44	0.990	高—成熟混合气
齐8	J_1b	-35.20	-24.69	-27.04	0.982	成熟腐殖型气
独85	N_1	-39.93	-25.74	-22.12	0.815	高—成熟熟腐殖气
平落1	T_3h_2	-33.8	-22.7	-22.8	0.960	过成熟腐殖型气
中29	T_3x_2	-36.7	-25.5	-23.3	0.870	成熟腐殖型气

3. 轻烃特征

南缘呼图壁气田凝析气轻烃的 C_7 系列化合物轻烃三角组成图(图11-16)表明其为腐殖型成因气,即甲基环己烷大于50%的区域,与西北缘二叠系偏腐泥型成因的油气可明显地区分开来。此外,Mango轻烃成因分类图(图11-17)也显示南缘呼图壁的天然气处于腐殖型成因区。而该区对应的腐殖型烃源岩为侏罗系煤系地层。

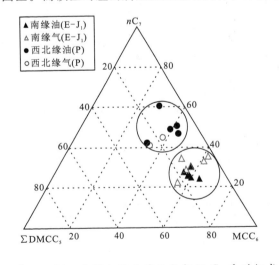 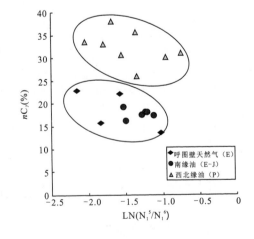

图11-16 南缘与西北缘油气轻烃 C_7 系列组成图　　图11-17 Mango轻烃成因分类图

庚烷值与异庚烷值成因划分图(图11-18)可见,南缘油气基本处于腐殖型演化线附近,与西北缘的成熟腐泥型原油和小拐油田高熟凝析油所处区域明显不同。南缘呼图壁和齐古构造(E—J)天然气分布于腐殖型成因的高熟区(仅一个样品除外),而南缘东部呼图壁和吐谷鲁构造天然气伴生的凝析油处于成熟腐殖型区域,其中呼图壁构造的呼2井(E)和齐古构造天然气伴生的轻质油则接近低成熟界线,主要与天然气及部分轻烃散失有关,使原油庚烷值偏低。油主要为成熟期的油,而气则主要为高过成熟气,油气不同期。

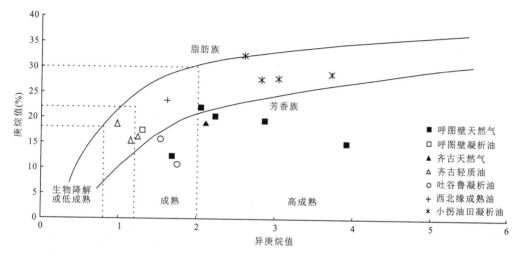

图11-18 准噶尔盆地南缘油气轻烃庚烷值与异庚烷值成因分类图

综上所述,准噶尔盆地南缘东部呼图壁气藏的天然气存在成熟和高成熟天然气,主要来源于侏罗系煤系地层。

三、基于元素地球化学的烃源对比(四川盆地灯影组大气藏)[①]

1. 研究背景

原油作为一种复杂的有机化合物,实际上除了C、H等元素外,还富含种类繁多的无机金属元素,它们因键合在沥青质大分子中而不易受热成熟作用和次生变化等因素影响,故可以作为良好的烃源对比指标,特别是对于高演化的油裂解型天然气藏研究而言,可以通过分析沥青,以弥补天然气可供检测地球化学信息少的不足,这是当前油气地质地球化学领域的前缘。本节以我国迄今发现的最古老天然气藏四川盆地震旦系灯影组天然气大气藏为例,介绍无机元素在烃源对比中的应用。

2. 确立微量元素与稀土元素应用的有效性

应用元素地球化学进行烃源对比,主要是能反映烃源岩沉积特征的微量元素和稀土元素。其中,微量元素中不同元素之间的化学性质差异大,地球化学行为多变;而稀土元素中不同元素之间的化学性质差异小(总体皆以+3价离子存在),故其地球化学行为相对一致。因此理论而言,稀土元素应比微量元素更为稳定。

---

①注:本实例由南京大学地球科学与工程学院曹剑教授提供。

实际分析结果印证这一理论分析,如图11-19所示,以研究区下寒武统麦地坪组泥质白云岩烃源岩为例,其稀土元素配分图特征总体一致,表现为Ce负异常、Y正异常、整体呈现左倾特征,而微量元素特征复杂,无明显的一致性特征。因此,可以认为稀土元素能有效代表烃源岩的整体特征,而微量元素组成特征相对复杂、稳定性差,难以有效代表烃源岩的整体特征,反映了烃源岩形成和演化过程中微量元素的地球化学过程复杂、受控因素多。

因而,在烃源岩对比中,应首选稀土元素进行烃源对比研究,微量元素需具体情况具体分析。

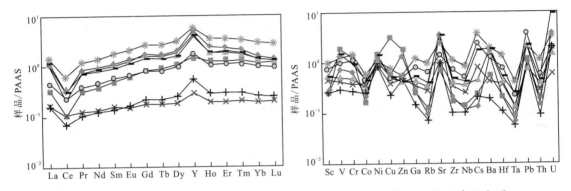

图11-19　四川盆地下寒武统麦地坪组泥质白云岩稀土元素和微量元素配分图
注:纵坐标为样品稀土元素质量分数与后太古宙页岩(PAAS)稀土元素质量分数比值

3. 沥青分类

在进行沥青烃源对比之前,首先对沥青分类。图11-20为9个沥青样品的稀土元素配分图。其中,川中地区包括GKB-2与APB-3两个样品,GKB-2样品呈现帽型特征,并且具有Ce负异常;而APB-3样品呈轻稀土平坦状特征,重稀土呈现右倾特征,并且具明显的Eu正异常,Y正异常。资阳地区2个样品ZLB-3和ZLB-4特征类似,总体呈现平坦状特征,具有Eu正异常。威远地区4个样品特征类似,轻稀土呈左倾特征,而重稀土呈平坦状特征,具有Eu正异常。川西南地区沥青整体呈左倾特征,具有Eu正异常,Y呈现正异常特征。因此可见,稀土元素配分图可以对沥青样品进行分类,其中,川中地区记为类型Ⅰ、资阳地区记为类型Ⅱ、威远地区记为类型Ⅲ、川西南地区记为类型Ⅳ。

进一步选取典型参数对沥青进行分类,如图11-21所示,分别为Y/Ho和LREE/HREE相关图,以及Ce/Y和Ce/Ce*相关图,由图可见,川中、资阳、威远与川西南地区的沥青样品均可以有效分开,并且分类结果与配分图相一致。

因此,依据沥青稀土元素特征,运用配分图和典型参数对比,确定研究区沥青可以分为4类,其中川中地区沥青为类型Ⅰ、资阳地区沥青为类型Ⅱ、威远地区沥青为类型Ⅲ、川西南地区沥青为类型Ⅳ。

4. 烃源对比

在以上对沥青进行成功分类的基础上,运用4种方法对比烃源岩和沥青的特征,包括元素配分图、典型参数、聚类分析,以及皮尔逊相关系数,藉此实现烃源对比。

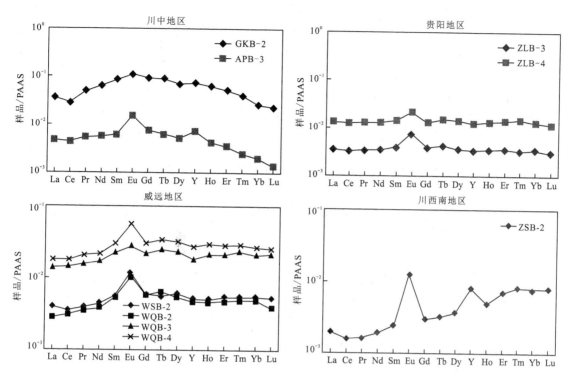

图 11-20 四川盆地震旦系灯影组沥青稀土元素配分图

注:纵坐标同图 11-19 注释

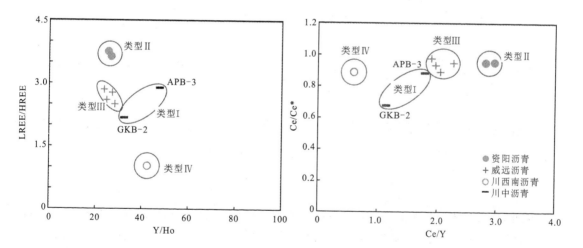

图 11-21 四川盆地灯影组沥青典型参数关系图

注:LREE 为轻稀土元素;HREE 为重稀土元素;LREE 有镧(La)、铈(Ce)、镨(Pr)、钕(Nd)、钷(Nd)、钐(Sm)、铕(Eu);HREE 有钆(Gd)、铽(Tb)、镝(Dy)、钬(Ho)、铒(Er)、铥(Tm)、镱(Yb)、镥(Lu)

1) 元素配分图

首先运用元素配分图进行烃源对比,图 11-22 给出了研究区 5 类潜在的烃源岩的稀土元素配分图。对比后发现,Ⅰ类川中地区沥青 GKB-2 样品的配分曲线特征与陡山沱组泥岩、灯三段泥岩和灯影组藻云岩具有相似性,反映得到这3类烃源岩的贡献;APB-3样品的配分曲线特征与筇竹寺组泥页岩和灯影组藻云岩具有相似性,反映得到这两类烃源岩的贡献。Ⅱ类资源地区沥青整体上呈现平坦状特征,与筇竹寺组泥页岩配分图特征最为相似,因此推测筇竹寺组泥页岩为资阳地区沥青的主要来源。Ⅲ类威远地区沥青样品的轻稀土元素呈现左倾特征、重稀土元素平坦,总体与筇竹寺组相似,而轻稀土元素特征与陡山沱组比较相似,因此推测该地区沥青受筇竹寺组泥页岩和陡山沱组泥岩的双重影响。Ⅳ类川西南地区沥青的特征与麦地坪组泥质白云岩特征比较相似,因此认为该地区沥青主要受麦地坪组泥质白云岩的影响。

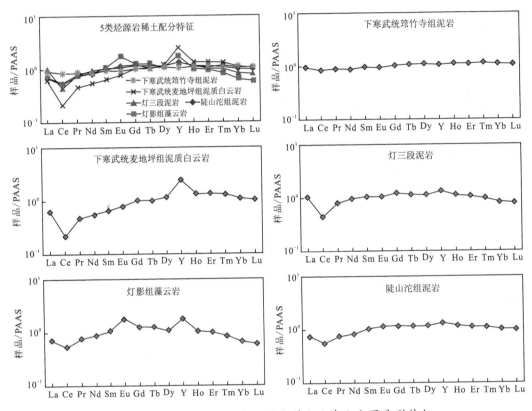

图11-22 四川盆地5类烃源岩稀土元素配分图典型特征

注:纵坐标同图11-9注释

因此,通过稀土元素配分图对比可判断沥青的主要来源,其中,川中地区最为复杂,存在陡山沱组泥岩、灯三段泥岩、灯影组藻云岩、筇竹寺组泥页岩混合来源;资阳地区沥青主要为筇竹寺组泥页岩来源;威远地区沥青主要为筇竹寺组泥页岩来源,还受一些陡山沱组泥岩影响;川西南地区沥青为麦地坪组泥质白云岩来源。

2)典型参数

进一步开展典型参数对比,判断烃源来源特征(图11-23)。首先分析Y/Ho与LREE/HREE关系图,其中,Ⅰ类川中地区沥青GKB-2样品落于筇竹寺组泥页岩、灯三段泥岩与陡山沱组泥岩区域,而APB-3样品则介于筇竹寺组泥页岩与灯影组藻云岩之间;Ⅱ类资阳地区沥青均落于筇竹寺组泥页岩样品区域;Ⅲ类威远地区沥青与资阳地区沥青类似,同样均落于筇竹寺组泥页岩区域；Ⅳ类川西南地区沥青样品落于灯影组藻云岩与麦地坪组泥质白云岩区域。

其次，分析Ce/Y与Ce/Ce*关系图，其中，Ⅰ类川中地区沥青GKB-2样品位于灯影组藻云岩、陡山沱组泥岩、灯三段泥岩区域，而APB-3样品位于筇竹寺组泥页岩区域；Ⅱ类资阳地区沥青均落于筇竹寺组泥页岩样品区域内；Ⅲ类威远地区沥青与资阳地区类似，同样均落于筇竹寺组泥页岩区域内；Ⅳ类川西南地区沥青样品落于灯影组藻云岩区域内。

因此，由典型参数分析可知，川中地区沥青来源相对复杂，存在筇竹寺组泥页岩、灯三段泥岩、陡山沱组泥岩、灯影组藻云岩的混合来源；资阳与威远地区沥青主要为筇竹寺组泥页岩来源；而川西南地区沥青主要为灯影组藻云岩与麦地坪组泥质白云岩来源。

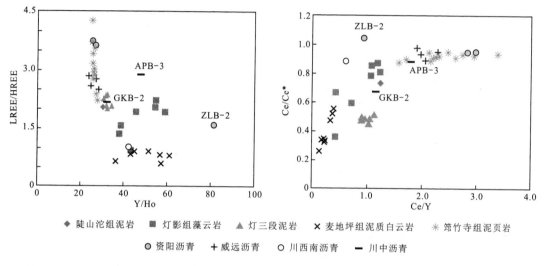

图11-23 四川盆地沥青与烃源岩典型参数关系图

3）聚类分析

前文中的两种方法主要是基于元素的配分特征和比值特征，下面主要是基于元素含量特征进行分析，包括聚类分析和皮尔逊相关系数。首先是聚类分析，如图11-24所示，依据沥青样品与烃源岩样品的聚类分析结果，选择距离值6为分类界限，可进行类别分析。结果表明，Ⅰ类川中地区沥青GKB-2样品与灯影组藻云岩、陡山沱组泥岩、灯三段泥岩归为一类；APB-3样品与筇竹寺组泥页岩归为一类。Ⅱ类资阳地区沥青样品与筇竹寺组泥页岩归为一类。Ⅲ类威远地区沥青样品与筇竹寺组泥页岩归为一类。Ⅳ类川西南地区沥青样品与下寒武统麦地坪组泥质白云岩归为一类。

因此，通过聚类分析可知，川中地区沥青来源最为复杂，存在筇竹寺组泥页岩来源特征，同样存在陡山沱组泥岩、灯三段泥岩、灯影组藻云岩来源的贡献；资阳、威远地区沥青主要为筇竹寺组泥页岩来源；而川西南地区沥青则主要为麦地坪组泥质白云岩来源。

4）皮尔逊相关系数

如表11-8所示，将稀土元素作为变量，计算沥青与烃源岩样品之间的皮尔逊相关系数。通常认为相关系数越接近1，两者亲缘性越好。基于本次研究数据的结果特征，将相关系数大于或等于0.95表示该烃源岩为沥青的主要来源，相关系数小于0.95大于0.90表示该烃源岩为沥青的次要来源，而相关系数小于0.90表示该烃源岩对沥青的贡献很小。

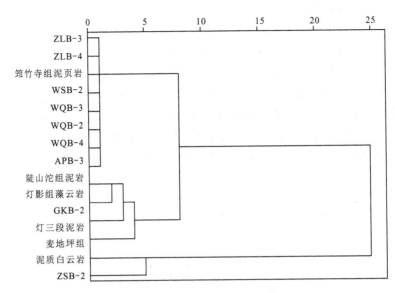

图 11-24 四川盆地沥青与烃源岩聚类分析特征

表 11-8 沥青与烃源岩之间相关系数

序号	样品	地区	陡山沱组泥岩	灯影组藻云岩	灯三段泥岩	麦地坪组泥质白云岩	筇竹寺组泥页岩
1	GKB-2	川中	0.98	0.96	0.95	0.74	0.91
2	APB-3		0.98	0.93	0.92	0.63	0.99
3	ZLB-3	资阳	0.94	0.86	0.87	0.50	1.00
4	ZLB-4		0.93	0.85	0.87	0.49	1.00
5	WSB-2	威远	0.97	0.91	0.92	0.59	1.00
6	WQB-2		0.97	0.92	0.90	0.61	0.99
7	WQB-3		0.96	0.89	0.89	0.55	1.00
8	WQB-4		0.97	0.92	0.90	0.60	0.99
9	ZSB-2	川西	0.89	0.95	0.84	0.95	0.75

结果发现，Ⅰ类川中地区沥青 GKB-2 样品与陡山沱组泥岩、灯影组藻云岩、灯三段泥岩相关系数大于 0.95，与筇竹寺组泥页岩相关系数大于 0.90 小于 0.95；APB-3 样品与筇竹寺组泥页岩和陡山沱组泥岩相关系数大于 0.95，与灯影组藻云岩和陡山沱组泥岩相关系数大于 0.90 小于 0.95。Ⅱ类资阳地区沥青样品与筇竹寺组泥页岩相关系数为 1.0，与陡山沱组泥岩相关系数大于 0.90 小于 0.95。Ⅲ类威远地区沥青样品与筇竹寺组泥页岩和陡山沱组泥岩的相关系数大于 0.95，部分沥青样品与灯影组藻云岩相关系数大于 0.90 小于 0.95。Ⅳ类川西南地区沥青样品与灯影组藻云岩和麦地坪组泥质白云岩相关系数均为 0.95。

因此，通过皮尔逊系数相关性对比分析可知，川中地区沥青来源最为复杂，存在筇竹寺组泥页岩与陡山沱组泥岩、灯三段泥岩、灯影组藻云岩的混合来源特征。资阳地区沥青主要为筇竹寺组泥页岩来源，陡山沱组泥岩为次要来源。威远地区沥青主要来源为筇竹寺组泥页岩和陡山沱组泥岩，且陡山沱组泥岩相对贡献小，次要来源为灯影组藻云岩。川西南地区沥青为麦地坪组泥质白云岩与灯影组藻云岩混合来源。

5)结果一致性评估

综合以上各种方法的分析结果，发现在研究区，以川中地区的烃类来源最为复杂，4种方法均表明陡山沱组泥岩、灯影组藻云岩、灯三段泥岩、筇竹寺组泥页岩均有贡献，为复杂的混合来源特征。相比而言，资阳地区烃类来源相对单一，配分图、典型参数和聚类分析均表明主要为筇竹寺组泥页岩来源，而相关系数表明还有陡山沱组泥岩的次要来源。威远地区的烃类来源也比较复杂，典型参数和聚类分析表明筇竹寺组泥页岩为主要来源，配分图结果表明除筇竹寺组泥页岩的主要来源，还存在陡山沱组泥岩的来源，而相关系数方法则表明筇竹寺组泥页岩和陡山沱组泥岩为主要来源，但陡山沱组泥岩贡献相对较小，灯影组藻云岩为次要来源。川西南地区烃类相对单一，配分图和聚类分析均表明主要为麦地坪组泥质白云岩来源，而典型参数和相关系数分析表明为麦地坪组泥质白云岩和灯影组藻云岩混合来源。

因此，4种分析方法可获得比较一致的对比结果，因而是有效的烃源对比方法。其中，配分图、典型参数、聚类分析3种方法可获得主要的烃源来源信息，而相关系数方法除获得主要烃源来源信息外，还能获得一些次要来源信息。因而，不同方法相结合，可比较有效对烃源进行分析，综合判断沥青的来源特征，更为准确合理。

生烃量计算原理与方法[1]

油气勘探和地质研究的一个中心问题是油气资源的远景预测。因为远景预测回答的问题是人们最关心的问题:有没有油气?有多少油气?分布在哪里?当前油气资源预测已由定性向定量发展。油气资源量定量预测分两大类,一类是对不同地质构造条件下油气田的分布进行对比和研究,做出类比统计预测,属于地质方法;另一类是根据油气的生成、运移、聚集、保存和破坏的自然地质过程进行定量化研究并做出预测,属于地球化学方法。烃源岩生烃量计算就是烃源岩的定量评价,它既是油气资源远景预测的基础,又是烃源岩研究的深入和完善。为保持油气地球化学的课程体系完整性,有必要专门对烃源岩的生烃量计算从方法、原理、参数和应用等方面作详细地介绍。

第一节 生烃量计算方法简介

目前有关烃源岩生烃量计算的方法有很多,归纳起来有两类,一类是间接计算法,即根据有机质总量和沥青转化系数(沥青/有机碳×100%)或烃类转化系数(总烃/有机碳×100%)推算出总生烃量;另一类是根据石油生成理论提出的直接计算法。

一、间接计算法

间接计算法也称地质类比法(王益清,朱忠德等,1998),它包括有机碳法、沥青法和总烃法。该类方法的特点是以勘探程度较高的盆地或地区为标准,根据其全部地质储量与总有机碳数量比较,得到有机碳向烃类转化的系数,将其应用于相似地质条件、勘探程度较低的盆地或地区烃源岩的生烃量计算。下面简要介绍这几种方法。

1. 有机碳法

该方法是利用有机碳含量及有机碳转化系数计算生烃量。其公式如下:

$$Q = V \times \rho \times C_{org} \times K_C = H \times S \times \rho \times C_{or} \times K_C \tag{12-1}$$

式中:Q——生烃总量,t;

V——烃源岩体积,m^3;

H——烃源层厚度,m;

S——烃源层面积,m^2;

ρ——烃源岩密度,t/m^3;

C_{org}——烃源层有机碳含量,%;

---

[1] 选读内容。

K_C——有机碳转化系数,一般取 1.0%~1.2%,最好的烃源层取 1.2%,好的烃源层取 1.0%,次好的烃源层取 0.8%。

2. 沥青法

利用烃源岩中的沥青含量和沥青转化系数计算生烃量。其公式如下：

$$Q = V \times \rho \times B \times K_B = H \times S \times \rho \times B \times K_B \tag{12-2}$$

式中：Q——生烃总量,t;

V——烃源岩体积,m³;

H——烃源层厚度,m;

S——烃源层面积,m²;

ρ——烃源岩密度,t/m³;

B——烃源层沥青含量,%;

K_B——沥青转化系数,一般取 15%~20%,最有利的生油区取 20%,较有利的生油区取 15%。

3. 总烃法

总烃法是基于总生烃量等于残留烃量与排出烃量之和而计算的生烃量。其公式如下：

$$Q_总 = Q_残 + Q_排 = Q_残 + K \times Q_残 = (1+K) \times HC \times 10^{-6} \times V \times \rho$$
$$= (1+K) \times HC \times 10^{-6} \times H \times S \times \rho \tag{12-3}$$

式中：$Q_总$——烃源岩总生烃量,t;

$Q_残$——烃源岩残留烃类总量,t;

$Q_排$——烃源岩排出烃类总量,t;

V——烃源岩体积,m³;

H——烃源层厚度,m;

S——烃源层面积,m²;

ρ——烃源岩密度,t/m³;

HC——烃源岩总烃含量,μg/g;

K——烃源岩排烃系数,一般取 10%。

上述这些间接计算法是在早期对生烃机理缺乏认识的情况下提出的。采用的这些参数,如有机碳转化系数、沥青转化系数等缺乏严格的理论论证和数学推导,只是从勘探程度较高的已知盆地统计计算出来,加以地质类比推算的。然而,不同含油气盆地之间差异很大,其含油气性相差悬殊,因而这种类比预测带有很大随意性和不确定性。现在已经不能把它们作为主要方法使用,只是在一些勘探程度很低,资料匮乏的地区偶尔使用这些方法。

此外,我国学者 20 世纪 80 年代相继提出转化系数法(傅家谟,1977)、热解参数法(黄第藩,1983)和 TTT 法(杨万里,1981),在此也简要介绍一下。

4. 转化系数法

傅家谟(1977)提出一个有效生油量的原则公式：

$$A = O \times G \times E \times M \tag{12-4}$$

式中：A——含油盆地有效生烃油量,t;

O——盆地烃源岩有机质总量,t;

G——烃源岩有机质或干酪根转化成油系数;

E——演化系数,$G \times E$ 代表干酪根转化成油的真实量;

M——初次运移系数。

实际上这样计算得到的是总排烃量,$A_g = O \times G \times E$ 才是总生烃量。同样,该方法也因参数获取困难而未能得到广泛应用。

5. 热解参数法

热解参数法是由黄第藩等(1983)根据干酪根热降解生烃学说和生油岩分析仪快速测定的参数,提出的计算最大累积生烃量的方法。公式为:

$$Q_g = S_{ZU} - S_{ZL} \tag{12-5}$$

式中:Q_g——最大累积生烃量,t;

S_{ZU}——生油上限附近的岩石中干酪根所含的成烃物质,即干酪根的可热降解残留烃,kg$_烃$/t$_{岩石}$,相应的 $R_o = 0.6\%$;

S_{ZL}——接近液-气相临界点的干酪根残留烃,单位同上,相应的 $R_o = 1.2\% \sim 1.5\%$。

黄第藩等同时列出了求最大累积排烃量的公式:

$$Q_d = Q_g - S_{s1} \tag{12-6}$$

式中:Q_d——最大累积生烃量,t;

S_{s1}——烃源岩中接近液-气相临界点的自由烃含量。

该方法基于生油岩分析仪,具有快速简便的特点,但难以精确,未能得到广泛应用。

6. TTT 法

杨万里、李永康等(1982)提出"三 T"法,同时考虑影响生烃量的母质类型(Type,T)、有机质成熟温度(Temperature,T)和时间(Time,T)3 个因素。其核心是确定不同类型干酪根在已知成熟度上的热降解烃产率,恢复未成熟烃源岩中的干酪根总量。公式为:

$$K_{残} = 1.22C - A \tag{12-7}$$

$$Q_{单} = \frac{\beta}{1-\beta} K_{残} = \frac{\beta}{1-\beta}(1.22C - A) \tag{12-8}$$

$$Q_{已} = \frac{\beta}{1-\beta}(1.22C - A) \times S \times H \times D \tag{12-9}$$

式中:$K_{残}$——烃源岩残留干酪根含量,%;

C——烃源岩实测有机碳含量,%;

A——烃源岩实测氯仿沥青"A"含量,%;

$Q_{单}$——单位质量烃源岩的生烃量,t;

β——从未成熟到成熟阶段干酪根热降解产烃率,kg/t;

$Q_{已}$——给定烃源岩体积已经生烃量,t;

S——已知成熟烃源岩面积,m^2;

A——已知成熟烃源岩厚度,m;

D——烃源岩密度,t/m^3。

β 可用未成熟烃源岩样品在不同温度(相当于不同成熟度)下热解求得。王启军等(1984)曾经用该方法对松辽盆地的生烃量进行过计算,获得了较好的效果。

二、直接计算法

直接计算法也叫成因法,根据油气成因理论,从有机质直接推算或模拟实验计算生烃量的一种方法。它包括化学动力学法、埃德曼法和成因体积法,其中化学动力学法也叫蒂索法,是以干酪根热降解的化学反应建立的生烃数学模型,根据干酪根的活化能、频率因子和古地温模拟计算烃源岩有机质的产烃率。成因体积法又叫盆地模拟法,它是在模拟实验的不同类型有机质的产烃率曲线图版基础上,通过烃源岩埋藏史、热演化史恢复的 $TTI-R_o$ 值来确定烃源岩有机质产烃率,然后根据实际烃源岩的厚度、有机碳含量等参数计算生烃强度(陈义才,2007)。

1. 埃德曼法

埃德曼法是基于干酪根热降解生烃理论的一种直接计算法。埃德曼(Erdman)(1975)认为:烃源岩的生烃量是沉积岩中有机质浓度(数量)、地质时代和成熟作用(成熟度)、沉积时间和沉积后自然氧化程度及生烃母质成分(类型)的函数。他提出的计算总生烃量公式如下:

$$\text{生烃量} = \text{残余有机物} \times \frac{\text{正构烷烃(原始)}}{\text{有机物(原始)}} \times \frac{\text{OEP(原始)} - 1}{\text{OEP(实测)} - 1} \times \frac{100}{\text{残余油中正构烷烃}} \tag{12-10}$$

可简化为:

$$\text{生烃量} = \text{常数} \times \frac{\text{残余有机物}}{\text{残余油中正构烷烃\%} \times [\text{OEP(实测)} - 1]} \tag{12-11}$$

此方法因参数获取困难,没有得到广泛应用。

2. 蒂索法

蒂索(Tissot)等(1978)提出的由计算机完成的生烃量数学模型是以模拟干酪根热降解成烃机理为基础的。从化学动力学角度考虑干酪根生烃问题,直接推导出干酪根生烃量。干酪根热降解成烃可以归纳为如下的一般流程(图12-1)。

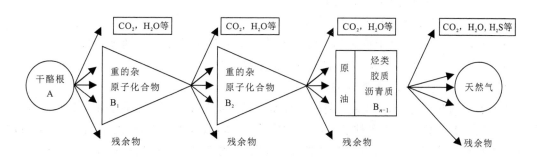

图 12-1 干酪根热降解的一般流程

流程中的 A、B_1、B_2、……、B_{n-1}、B_n 用以表示联系的油气生成过程,表明干酪根是通过若干中间产物、经过一系列平行反应和连续反应才形成石油和天然气。

为计算方便,省略反应的中间产物,将此流程简化成图 12-2。

此简化流程用数学符号表示:

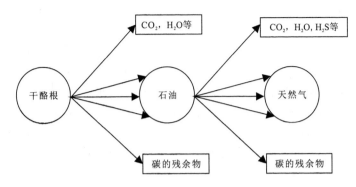

图 12-2　干酪根热降解的简化流程

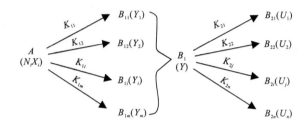

图 12-3　干酪根热降解的数学符号表示

其中：A——干酪根；

N_i——在时间 t 时由已知类型的 N_i 键组成干酪根；

X_i——在第 i 次反应中干酪根的数量；

$K_{11} \sim K_{1m}$——从干酪根形成石油的 m 个平行反应中，各自的反应速度常数；

$B_{11} \sim B_{1m}$——反应第一阶段生成石油的不同成分；

$Y_1 \sim Y_m$——在时间 t 时，石油的数量；

$B_1(Y)$——在时间 t 时的石油总量；

$K_{21} \sim K_{2n}$——从石油形成天然气的 n 个平行反应中，各自的反应速度常数；

$B_{21} \sim B_{2n}$——反应第二阶段生成天然气的不同成分；

$U_1 \sim U_n$——在时间 t 天然气的数量。

我们着重讨论从 A→B，即从干酪根到石油。它们是一系列平行反应，因为干酪根是多成分、含多键合的，而键合产生多种裂解，具多种裂解速率，故在不同时间生成不同成分的石油。这一系列平行反应，从化学动力学上说都是一级反应，都服从于一级反应定律——泊松定律：

$$-\frac{\mathrm{d}x_i}{x_{i0}} = k_i \cdot \mathrm{d}t,\ 即 -\frac{\mathrm{d}x_i}{\mathrm{d}t} = k_i \cdot x_{i0} \tag{12-12}$$

此式表示单位时间反应生成物数量与反应物数量和反应速率成正比。

解微分得：$x_i = x_{i0} \mathrm{e}^{-k_i t}$

阿仑尼乌斯方程是标定一级反应的反应速率的，基本适合于干酪根热降解成油过程：

$$k_i = A\mathrm{e}^{-E/RT} = PZ\mathrm{e}^{-E/RT} \tag{12-13}$$

则：

$$\frac{x_i}{x_{i0}} = e^{-k_i t} = e^{-Ae^{-E/RT} \cdot t} \tag{12-14}$$

式中：x_{i0}——初始的干酪根数量；

x_i——转化成油气的干酪根数量；

$\frac{x_i}{x_{i0}}(f)$——干酪根的转化率或生油率；

t——反应经历时间。

k、A、E、T、R 为阿仑乌尼斯方程中诸参数，在第七章中已经介绍。

生油率计算出来，进而可以计算生油量：

$$Q = f \times V \times D \times G \tag{12-15}$$

其中，$G = \frac{C_干}{1-f} \times b$

式中：Q——生烃量，t；

f——烃源岩干酪根向石油转化的转化率，%；

V——烃源岩体积，m³；

D——烃源岩密度，t/m³；

G——有机质丰度，%；

$C_干$——含干酪根岩石的有机质丰度，%；

b——有机质丰度换算系数。

除各种常数外，计算产烃率需求的参数是 E、A、T、t；计算生烃量还需求出 V、$C_干$、b。对不同类型干酪根和干酪根不同的键，活化能和频率因子是不一样的。一种类型干酪根就有一组 E 和 A 值，几种类型就有几组 E 和 A 数值。而反应时的绝对温度 T 和反应时间 t 又是随地质历史、地温史和烃源岩埋藏史而不断变化的变量，而且在一个沉积盆地的不同层位、不同地点、不同埋藏深度的烃源岩数值都不一样。因此，要准确计算生烃量，其计算量非常大，只有借助于计算机完成。

蒂索法和埃德曼法的共同特点是考虑到原始有机质的数量、类型及成熟度对生烃量的影响，计算参数根据分析及实验模拟得来，其计算结果比类比法更接近于实际生烃量，但二者仍有不足之处。如蒂索法计算过程过于复杂，没有提供由第一步产物生成第二步产物的有关参数，其所提供的活化能数据亦与实际不甚相符。20 世纪国内学者利用该方法计算过几个含油气盆地的生烃量，其结果并不理想，故未能得到进一步应用。埃德曼法虽然方法简单，但也存在一些问题，如公式不适用 OEP 等于 1 或小于 1 的情况，也有一定的局限性。

3. 盆地模拟法

盆地模拟法实际上是干酪根热解模拟法，其生烃量计算公式很简单，和前面的有机碳法、沥青法和总烃法相似[式(12-16)]，只是每种方法的 K 系数含义不同，获取的方法也不同。前面 3 种方法的 K 系数都是由已知勘探程度较高的盆地或地区通过地质类比法获得，而盆地模拟法的 K 系数为由干酪根热解模拟实验获得的干酪根产烃率。由于热解模拟法所需的参数少，易于从实验室获得，且比较准确，目前被广泛采用。

干酪根热解模拟法计算生烃量，就是通过盆地模拟技术，在恢复地层埋藏史和热史的基础上，求出 TTI 与 R_o 的关系，获得烃源岩有机质成熟史和生烃史，再根据 R_o 值与深度关系求出烃源岩所处深度对应的 R_o 值,从 R_o 与干酪根产烃率的图版中,求取烃源岩处于不同成熟阶段的产烃率或产油率与产气率,并与有机碳含量及恢复系数乘积,即可得出单位质量烃源岩的生烃量(生油量、生气量),最后乘以烃源岩的体积和密度,获得某一地区某一层段烃源岩的总生烃量(生油量、生气量),即:

$$Q_生 = V \times \rho \times C \times b \times K \tag{12-16}$$

式中:$Q_生$——生烃量,10^8 t;

V——烃源岩体积,km^3;

ρ——烃源岩密度,$10^8 t/km^3$;

C——烃源岩有机碳含量,%;

b——原始有机碳恢复系数;

K——干酪根产烃率,kg/t。

具体方法是将某个盆地或凹陷或地区按照一定间距网格化成若干个虚拟井,对每口虚拟井进行埋藏史恢复,同时将某一特定层位的有机碳含量和烃源岩(暗色泥岩)厚度的平面分布图以相同间距网格化,获得每口虚拟井的所需要的计算参数。

第二节 生烃量计算有关参数确定

从上述可知,烃源岩定量评价的原理和公式并不复杂。问题是如何正确选取各项计算参数。每一项参数都是烃源岩某一方面性质和特征的定量描述。归纳起来,所有生烃量直接计算法都与烃源岩 3 个方面的特征有关:烃源岩中有机质丰度和总量;有机质的类型和生油潜能;有机质的成熟度和转化程度。下面讨论的烃源岩定量评价中主要参数的研究和测定,也是围绕烃源岩这三方面特征的。

一、原始有机质丰度和数量的恢复

如第十章所述,长期以来人们认为原始有机质数量已经是过去了的"历史事实"。所以大都以残余有机质数量代替之。王启军等于 1982 年正式提出了从残余有机碳丰度恢复原始有机碳丰度的方法,从而提供了一种从残余有机质数量求原始有机质数量的方法。公式如下:

$$C_干 = C_残 - (C_B + C_{MAB}), \quad C_原 = \frac{C_干}{1-f}, \quad G_原 = C_原 \times b \tag{12-17}$$

式中:$C_干$——现今烃源岩残留干酪根的有机碳丰度;

$C_残$——现今烃源岩残余干酪根的有机碳丰度;

C_B——现今油源岩氯仿抽提物中有机碳丰度;

C_{MAB}——现今烃源岩三元抽提物中有机碳丰度;

$C_原$——烃源岩原始有机碳丰度;

f——烃源岩干酪根向石油转化的转化率;

$G_原$——烃源岩原始有机质丰度;

b——从有机碳换算成有机质的换算系数。

$C_干$ 也可直接测得:将烃源岩粉碎经氯仿和三元抽提,用盐酸溶去有机碳,就可直接测得 $C_干$,有机碳是有机质中的主要组成元素,占其重量的大部分。换算系数因有机质类型和演化程度而异(表12-1)。

表 12-1 根据有机碳换算有机质数量的系数
(据 Tissot and Welte,1978)

演化阶段	干酪根类型			煤
	Ⅰ	Ⅱ	Ⅲ	
成岩阶段	1.25	1.34	1.48	1.57
深成阶段结束	1.20	1.19	1.18	1.12

邬立言等(1986)提出了基于快速热解分析的恢复原始有机碳的方法。公式为：

$$C_{残} = C_{原} - (C_{原} \times D), \quad b_{碳} = \frac{C_{原}}{C_{残}} \tag{12-18}$$

式中：$C_{残}$——成熟生油岩残余有机碳丰度；

$C_{原}$——用未成熟生油岩有机碳表示的原始有机碳丰度；

D——成熟生油岩的降解率，%；

$b_{碳}$——从 $C_{残}$ 恢复到 $C_{原}$ 的系数。

根据各含油气盆地不同的生油样品，测得在不同模拟热解温度下的裂解烃降解率，就可以作出某盆地碳恢复系数曲线，进而建立如图12-4所示的碳恢复系数图版。这就可以根据生油岩的最大历史埋深(或古地温)求出盆地内任何一点的有机碳恢复系数。用恢复系数乘以生油岩的残余有机碳，就得到原始有机碳。

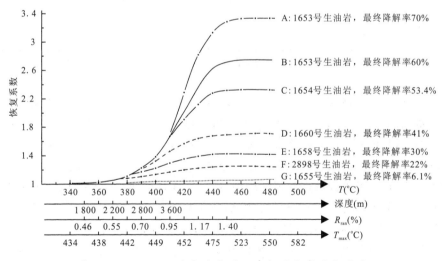

图 12-4 泌阳凹陷生油岩原始有机碳恢复系数曲线
(据邬立言等,1986)

二、不同类型干酪根的活化能、频率因子和生油潜量的测定

干酪根的活化能 E、频率因子 A、生烃潜量 X_0 是不同类型干酪根质量特征最重要的定量描述。由于干酪根既不是单一化合物，又不是简单的混合物，而是缩聚高分子有机聚合-混合

物,而每一种有机单元中又包含许多种类的化学键,每种化学键产生破裂所需要的起码能量都不同。也就是说,每种化学键都有自己的活化能和频率因子。因此,精确测定干酪根的 E、A、X_0 就十分困难。不同学者公布的测定数据都不一样。现介绍几种具有代表性的测定数据。

1. Tissot 等数据

Tissot 等公布的 E、A、X_0 数值(表12-2),并没有直接测定 E,而是将 E 分成6个等级,从 10~80kcal/mol 分别测定3个类型的干酪根在6个等级活化能上的频率因子和生油潜量。严格来说,它们并不是干酪根具有的真实活化能和频率因子,而是人为的平均值。各级活化能相应的生油潜量如图12-5所示。

表12-2 活化能的分布情况及主要干酪根类型的生油潜力

(据 Tissot 等)

类别	平均值(kcal/mol)	类型Ⅰ		类型Ⅱ		类型Ⅲ	
		X_{i0}	A	X_{i0}	A	X_{i0}	A
E_{11}	10	0.024	1.75×10^5	0.022	1.27×10^5	0.023	5.20×10^5
E_{12}	30	0.064	3.04×10^{16}	0.034	7.47×10^{16}	0.053	4.20×10^{16}
E_{13}	50	0.136	2.28×10^{26}	0.251	1.48×10^{27}	0.072	4.33×10^{25}
E_{14}	60	0.152	3.98×10^{30}	0.152	5.52×10^{29}	0.091	1.97×10^{31}
E_{15}	70	0.347	4.47×10^{32}	0.116	2.04×10^{35}	0.049	1.20×10^{31}
E_{16}	80	0.172	1.10×10^{34}	0.120	3.80×10^{36}	0.027	7.56×10^{31}
干酪根的生油潜力 $X_0=\sum_i X_{i0}$		0.895		0.695		0.313	

注:A 以 $10^6 Y^{-1}$ 表示;Y_0 值:类型Ⅰ为 0.051,类型Ⅱ为 0.035,类型Ⅲ为 0.018

表12-2中各类干酪根原生烃以 Y_0 表示,Ⅰ型为 5.1%,Ⅱ型为 3.5%,Ⅲ型为 1.8%。各类干酪根的生油潜力以 X_0 表示,Ⅰ型为 89.5%,Ⅱ型为 69.5%,Ⅲ型为 31.3%,这些数据可能偏大。严格来说,干酪根的转化率并不等于生油率,因为干酪根杂原子部分是以 H_2O、CO_2、N_2 等形式析出,这些成分并非石油成分,也可能是这些数据偏大的原因之一。

从图12-5可知,随着烃源岩深埋的增加,地层温度升高,活化能低的化学键首先裂解,逐步去掉杂原子,向石油转化。从3条折线(特别是Ⅱ型)可见,活化能 $30\times4148J/mol$ 以后,产烃率迅速增加,可视为开始大量生油的门限,相应于此活化能级,加上原生烃,Ⅰ型生油率为 0.091,Ⅱ型为 0.139,Ⅲ型为 0.094,取平均值 0.1 为生烃门限产烃率,可作为成熟阶段的起点。图12-6为泌阳凹陷核桃园组三下段烃源岩计算的产烃率随深度变化图,对应门限产烃率 0.1,生烃门限深度为 1 700m(Ⅱ型)。

2. Dow 数据

W. G. Dow(1977)在《Kerogen studies and geological interpretations》一文中,求出了不同类型干酪根在各热演化阶段的油气产率(表12-3)。他认为"任何特定的干酪根转化为石油的能力,都能够根据其元素组成和按镜质体反射率确定的成熟度估算出来"。

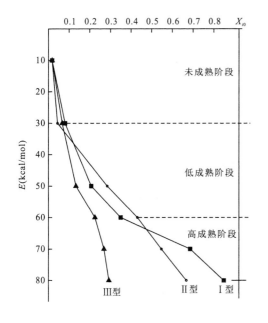

图 12-5 干酪根各级活化能相应的生烃潜量及据此划分的成熟阶段

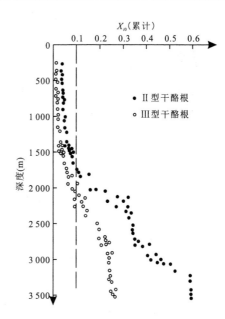

图 12-6 泌阳凹陷核三下段产烃率

表 12-3 干酪根成烃率

(据 W. G. Dow,1977)

生油气带	生成烃的类型	基本干酪根类型的失重(%)		
		藻质型	类脂型	腐植型
油(R_o:0.6~1.0)	油(H/C=2.0)	53	25	4
湿气(R_o:1.0~1.35)	湿气(H/C=3.0)	6	5	3
干气(R_o:1.35~3.0)	干气(H/C=4.0)	7	10	9
累积(R_o:0.6~3.0)		66	40	16

3. Saxby 数据

J. D. Saxby(1977)在《Oil-generating potential of organic matter in sediments under natural conditions》一文中,借助干酪根 H/C-O/C 图,按其元素组成建立一组计算近似产油率的公式,计算得到的数值见表 12-4。

根据我们提出的干酪根类型五分法,悉尼盆地、绿河页岩干酪根属 Ⅰ 型,最大生油气率约 67%~71%;朱利叶溪干酪根属未成熟 Ⅱ 型,最大生油气率约 49%;巴罗岛干酪根属成熟 Ⅱ 型,残余生油气率为 31.4%;兰金地带干酪根属 Ⅲ 型,最大生油气率为 14.8%。

4. 邬立言等数据

邬立言、顾信章、盛志纬等(1986)在《生油岩热解快速定量评价》一书中,公布了作者用热解法测定泌阳凹陷生油岩的活化能分布(表 12-5)。与 Tissot 等相似之点是他们也是将活化能划分为 4 个等级,测定各级活化能的降解率和频率因子,不同的是他们是用生油岩样直接测定的。

表 12-4　在成岩作用中页岩干酪根的生烃潜量

(据 J.D.Saxby,1977)

地区 项目	澳大利亚				美国绿河页岩
	巴罗岛	兰金地带	朱利叶溪	悉尼盆地	
干酪根含量(%)	2.5	3.5	26	65	40
H/C 原子比	0.990	0.755	1.29	1.57	1.53
O/C 原子比	0.050	0.080	0.100	0.020	0.054
最大产烃率(%)	26.5	8.9	45.8	68.8	64.8
生成的全部甲烷(%)	4.9	5.9	3.1	2.1	2.1

表 12-5　泌阳凹陷各类生油岩的活化能分布

(据邬立言等,1986)

类型	最终降解率(%)	降解率 D_1(%)				频率因子 A(Ma^{-1})			
		E_{11}	E_{12}	E_{13}	E_{14}	E_{11}	E_{12}	E_{13}	E_{14}
		10	30	50	60	10	30	50	60
Ⅰ	70	1.5	6.3	45.2	17.0	1.2×10^8	6.5×10^{14}	4.3×10^{21}	6.5×10^{24}
Ⅰ	64	4.5	3.7	37.3	18.5	4.2×10^8	8.2×10^{14}	5.5×10^{21}	7.8×10^{24}
Ⅰ	52	1.6	7.3	42.3	0.8	1.2×10^8	7.8×10^{14}	6.2×10^{21}	1.5×10^{23}
Ⅱ$_1$	41	1.4	5.2	33.4	1.0	1.5×10^8	1.2×10^{15}	8.2×10^{21}	2.2×10^{23}
Ⅱ$_2$	30	5.8	10.7	13.5		4.2×10^8	2.5×10^{15}	1.8×10^{22}	
Ⅱ$_3$	22	5.6	7.4	9.0		6.5×10^7	6.2×10^{14}	8.5×10^{21}	
Ⅲ	8	1.7	6.3			6.5×10^7	1.2×10^{15}		

5. 杨万里等数据

杨万里、李永康等(1982)在《用 TTI 法定量评价生油岩》一文中,公布了用裂解法求得的松辽盆地不同类型干酪根产烃率(表 12-6)。

综合比较以上 5 种测定数据,干酪根的生油潜量,Tissot 等数据偏大,Dow、Saxby 及邬立言等数据较为接近。王启军等(1988)建议采用的生油潜量数据见综合表 12-7。并认为:干酪根类型界限也是相对的,各类型干酪根生油气潜量应是连续分布的。

不同类型干酪根和生油岩的活化能、频率因子、生烃潜量需进一步进行研究和测定。因为它们直接影响烃源岩定量评价的准确性。

表 12-6　不同类型干酪根裂解烃产率数据表

（据杨万里和李永康等，1982）

热解干酪根类型	镜质体反射率 R_o (%) \ 模拟温度(℃) \ 产烃率(%)	200	250	300	350	400	450	500	550
				0.3	0.4	0.5	0.8	1.4	1.8
Ⅰ类	杜402井	0.0737	0.0800	0.2023	4.7900	28.9997	6.9679	0.4037	0.1467
	喇7-261井	0.0643	0.1350	0.8927	6.2639	22.2824	13.5732	0.6890	0.2647
	平均累计产烃率	0.0069	0.1765	0.7240	6.2510	31.8921	42.1627	42.7226	42.9283
Ⅱ₁型	鱼3井	0.0807	0.162 0	0.9407	6.0346	17.1842	2.9126	0.3940	0.1140
	累积产烃率	0.0807	0.2427	1.1834	7.2180	24.4022	27.3148	27.7088	27.8228
Ⅱ₂型	长3井	0.0287	0.0620	0.109 0	1.3713	9.9710	4.0606	0.5423	0.2820
	累积产烃率	0.0287	0.0914	0.2000	1.5717	11.2916	15.3522	15.8945	16.1765
Ⅲ类	萌43井	0.0373	0.1127	0.1653	0.7493	299 790	2.8420	0.7980	0.2533
	华11井	0.0947	0.1253	0.2280	0.3647	1.3987	1.3133	0.7207	0.2253
	平均累积产烃率	0.0660	0.1850	0.3817	0.9387	3.1276	5.2053	5.9647	6.2040

表 12-7　按干酪根类型五分法各学者测定的生油气潜量

不同学者	Ⅰ型	Ⅱ型	Ⅲ型	Ⅳ型
Tissot(1987)	89.5	69.5		31.3
Dow (1977)	66	40		16
Saxby(1977)	66.9～70.9	31.4～48.9		14.8
邬立言等(1986)	52～70	30～41	22～30	8
杨万里等(1982)	42.9	27.8	16.2	6.2
王启军等(1988)	50～70	30～60	16～30	6～16

注：* Ⅴ型为非生油气干酪根，最大生油气潜量＜60%

三、古今地热、地温的研究

一定的地温条件是生油母质向油气转化的基本前提。这是影响烃源岩成熟度最重要的参数之一，也是油气运移并得以富集，以及油气性质演变的基本控制条件。近代生油学说普遍认为：生油母质成熟生油的最主要控制因素就是古地温及地温史。

地球内热外冷，随着埋深的增加地温增加，形成了一个从地壳内部到外部的热流，温度 T 是深度 Z 的一个函数，热流（ϕ）是在一定时间内流经单位面积的热量，以 $4.184 \times 10^{-6} J/cm^2 \cdot s$ 表示，称为热流单位（HFU）。热导率（λ）为存在低温梯度时，单位温度升高，单位时间内流经特定介质的单位距离的热量,以 $4.184×10^{-6}$ J/cm² · s · ℃ 为单位。地壳内控制地温梯度的主要有3个方面:与地球构造运动、岩浆活动有关的原始热流差异、地层柱热导率差异、地下流体的流动。地下流体流动较复杂,先不考虑,则低温梯度 G 与热流(ϕ)、热导率(λ)可有如下关系式:

$$G = \phi/\lambda \tag{12-19}$$

地温梯度即是单位深度地层温度的增加量,$G=dT/dZ$,常以℃/km 为单位。

1. 热流值

表 12-8 列出了按照地质构造条件所划分的大陆地壳各地质构造单元的平均热流值。从表中可知,老的稳定地壳的克拉通部分的原始地热低,而年轻的造山运动区和活动上升区则较高。为什么大陆地区在热流、构造活动性及地质年代 3 者间存在着很好的一致性呢?这是由于愈是古老地区,其大陆地壳的分异程度愈高,散热条件愈好;而长期的剥蚀作用使表层的放射性元素含量日益减少,总生热量减少,使该区热流值越来越低,深部温度也随之降低。有人估算在古老地盾之下,莫氏面温度比邻区低 300～400℃。较低的温度又使该区的构造稳定性增加。反之,构造活动区,特别是中、新生代构造岩浆活动区或构造重新活化区,出现高热流。我国华北地区较高热流值($-6.276×10^{-6}$ J/cm² · s)与中、新生代以来的断块活动有关。一次构造变动将使一个地区的地热条件发生一次剧变,时代愈久远的构造变动对现代热场分布的影响愈小,但对古地温影响是同样大。中、新生代以来的构造变动,都能在现代热场面貌上刻下深深的印记。

表 12-8 大陆地壳各地质构造单元单个热流平均值

(据 я. Б. CMUPHOB,1970)

地质构造单元	测点数(个)	热流值 HFU*	地质构造单元	测点数(个)	热流值 HFU*
前寒武纪褶皱区	122	0.95±0.17	新生代褶皱区与新生代活化区	—	—
地盾	69	0.90±0.15	冒地槽地带	—	—
波罗的海	14	0.86±0.07	边缘坳陷与山间坳陷	51	0.95±0.24
乌克兰	7	0.77±0.15	边缘坳陷	37	0.94±0.25
非洲	9	0.97±0.20	前喀尔巴阡	1	0.80
印度	1	0.66	印度拉-库班	8	1.25±0.14
澳大利亚	15	0.98±0.15	帖尔斯基-里海	10	0.85±0.20
加拿大	24	0.91±0.15	美索不达米亚	18	0.87±0.18
台坪	51	1.00±0.18	山间盆地	14	1.08±0.30
东欧	33	1.00±0.16	里昂和库林盆地	10	1.10±0.30
西伯利亚	8	0.97±0.15	中亚山间盆地	3	1.12
北美	13	1.05±0.22	费尔干纳盆地	—	0.80～1.20
深部台向斜	23	1.10±0.10	盐谷(美国)	1	0.70

续表 12-8

地质构造单元	测点数(个)	热流值 HFU*	地质构造单元	测点数(个)	热流值 HFU*
滨里海	2	1.10	山区褶皱构造	19	1.75±0.25
别尔姆	21	1.12±0.10	大高加索大复背斜	6	1.65±0.20
贝加尔褶皱区	—	1.10	克里木大复背斜	1	1.60
加里东褶皱区	17	1.12±0.28	阿尔卑斯大复背斜	7	1.87±0.14
英国加里东带	7	1.09±0.38	活化地带的山区褶皱构造	5	1.72±0.22
中亚加里东带	3	1.17±0.09	落基山脉地块南部	3	1.71
加拿大加里东带	2	1.38	莱茵地堑	2	1.74
西萨彦加里东带(明奴新凹陷)	5	1.16±0.17	优地槽地带	—	—
海西褶皱区	60	1.25±0.25	古老核心	6	1.20~1.60
中欧海西带	16	1.31±0.28	北美火山省	11	2.20±0.30
英国海西带	6	1.28±0.42	阿美尼亚高原	1	2.60
北美海西带(阿帕拉契亚山系)	15	1.16±0.18	东勘察加火山带	2	2.40~2.60
澳大利亚海西带(科迪勒拉)	2	1.10	五山岩盖	3	2.00
非洲南部海西带(开普山系)	4	1.33±0.11	斯塔夫拉波立拱隆地区	31	2.05±0.39
斯基夫台坪	60	1.25±0.25	匈牙利凹陷	10	2.47±0.37
前乌拉尔边缘坳陷	1	1.20	活化区中的新生代火山区	—	—
顿涅茨坳陷	2	1.20	中欧火山省	3	2.20
中生代褶皱区	8	1.45±0.28	东澳大利亚火山省	12	2.10±0.35
北美中生代带	5	1.47±0.32	大陆裂谷带	—	—
中生代活化区			贝加尔	11	2.40±0.34
德腊肯山脉地块(非洲)	3	1.40±0.12	尼亚萨	20	1.00

* HFU = $4.134 \times 10^{-6} J/cm^2 \cdot s$

2. 热导率

热导率随岩石的组成、性质变化。热导率低的岩石单元成为热流的遮挡层，导致温度较平均温度升高，这在有页岩覆盖的刺穿盐丘的顶部很明显。盐丘是非常好的热导体（$\lambda = 11 \sim 14$），而页岩热导率低（$\lambda = 3 \sim 7$）。这一原因使刺穿盐丘附近的地热增高。图 12-7 表示了各类岩石的热导率，在沉积岩中，以煤的热导率最低，其次是页岩、泥岩，砂岩、砾岩热导率变化很大，石英岩、岩盐和石膏的热导率最大。

3. 今地温的研究

5 000m 深度范围内是与油气关系最密切的空间范围,取得准确的地温资料是油区地热研究的首要任务。

地温测量应当从盆地打第一口区域深探井开始。无论勘探阶段或生产阶段,应选择一批静井时间较长、地质上和地区上有代表性的井进行测温。这些井还要求水不自流、不喷油气,力求避免各种天然或人为的干扰。这类地温资料是了解油区地温特点的基础。其他直接或间接测量所得的地温资料,如静井时间的井底温度,试油的静温与流温以及各种地质温度计所取得的温度等,在严格准确的测温资料不足时也是了解区域地温特点的重要数据,但应对其测试条件与精度做出正确的分析判断,使之得到合理的利用。

地表附近存在着主要受气温影响的恒温带。恒温带的深度和温度可以由平均气温资料近似确定,但最好由实际测量来获得。一口井不同季节的测温或多口井的测温,均能在某一特定深处获得地温稳定、并开始向深处逐渐增温的一点,该点的温度与深度即为恒温带的温(深)度(图 12-8)。

根据地温资料,可编制地温梯度曲线、油区一定深度的地温图、某一地温的等深线图,以及某一地温范围的地层空间厚度图。图 12-9 为冀中坳陷和黄骅坳陷生油门限深度图(生油门限温度为 90℃)。图 12-10 为我国若干含油气盆地(坳陷)的地温曲线。东部盆地比西部盆地地温梯度大。这些地温资料及图件对确定勘探目的层的深度和范围有重要意义。

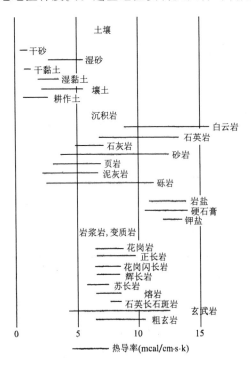

图 12-7 各类岩石的热导率
(据中国科学院地质研究所电热组,1983)

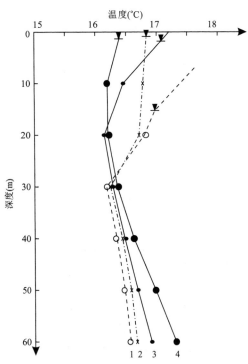

图 12-8 华北油田南段恒温带深度(30m)与温度(16.3℃)关系
(据汪辑安等,1985)
1.泽9井;2.泽深1井;3.晋12井;4.晋36井

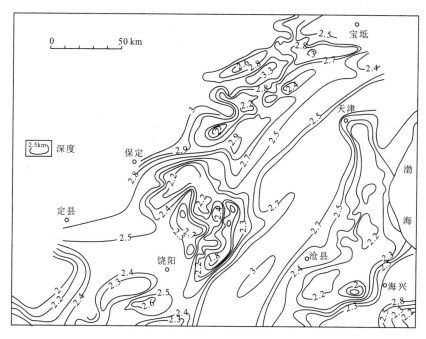

图 12-9 冀中坳陷和黄骅坳陷部分地带 90℃的等深线图

4. 古地温研究

油气的形成和演化更大程度取决于烃源岩沉积时和沉积后的古地温、古地温史和埋藏史。古地温的研究成为当今油气地球化学一个至关重要的课题。

古地温研究大体有两种方式：一种是用现今地温代替或推测古地温，适用于：地质环境一直较稳定、时代较年轻、古地温与现地温特点相似、埋藏史较简单的油区。另一种是利用能记录对象经历过的温度条件的地质温度计来恢复古地温。常用的恢复古地温的方法有 3 种。

1）以镜质体反射率为地温计

镜质体反射率(R_o)是恢复古地温最常用的地温计。R_o 值取决于受热温度和时间，且以温度为主。我们可以建立各油区烃源岩 R_o 值与古地温的关系或量板，以实测 R 值换算求得古地温梯度。具体方法很多，

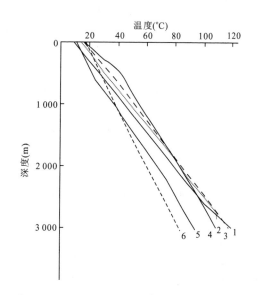

图 12-10 若干油气盆地地温曲线（平均）
1.松辽；2.华北；3.苏北；4.江汉；5.陕甘宁；6.四川
曲线 1：实测地温曲线，每升温 10℃ 相当于地质年龄 4.2Ma；曲线 2：拟合古地温曲线，每升温 10℃ 相当于地质年龄 3.6Ma

其中一种即前面已述的 TTI 法求古地温。任一油气盆地的 TTI 值和 R_o 值都有相互对应的数值（表 12-9），我们可根据对应得到的 R_o 值与实测 R_o 值的比较来近似确定古地温特征，如

果实测 R_o 值大于上述对应计算 R_o 值,表明古地温和古地温梯度大于现今地温和地温梯度。因为 R 对应计算值是根据现今地温求得的;反之如实测 R_o 值明显小于对应计算 R_o 值,则表明古地温(梯度)小于现今地温(梯度)。在上述两种均不符合的情况下,需改变现今地温曲线斜率,直至实测 R_o 值与对应计算 R_o 值近于相等为止,此时的"虚拟"测温曲线即最后使 R 计算值与实测值相等的曲线所对应的地温梯度就是所求的平均古地温梯度。

表 12-9 TTI 值与 R_o 值关系表

(据 Waples,1980)

R_o(%)	TTI	R_o(%)	TTI	R_o(%)	TTI	R_o(%)	TTI
0.30	<1	0.93	56	1.39	200	2.75	4 000
0.40	<1	1.00	75	1.46	260	3.00	6 000
0.50	3	1.07	92	1.50	300	3.25	9 000
0.55		1.15	110	1.62	370	3.50	12 000
0.60	10	1.19	120	1.75	500	4.00	23 000
0.65	15	1.22	130	1.87	650	4.50	42 000
0.70	20	1.26	140	2.00	900	5.00	85 000
0.75	30	1.30	160	2.25	1 600		
0.85	40	1.36	180	2.50	2 700		

以图 12-11 为例,该盆地烃源岩年龄为 50Ma,现今埋深 4 000m,温度 130℃,R_o 实测值为 1.18%,盆地的理想条件是:源岩上覆地层为连续等速沉积、气温及地表温度基本不变,从 20℃ 开始计算烃源岩有效加热时间。据现地温资料(地温梯度约 3.0℃/100m)可以得出该烃源岩总的 TTI 计算值约为 33.6,由表 12-9 可得对应的 R_o 计算值约为 0.8%,明显低于实测 R_o 值 1.18%,说明古地温梯度比现地温梯度高,经过几次调整,最后将 4 000m 深处的温度调整为 150℃,此时每升温 10℃ 的时间间隔从原来的 4.2Ma 变为 3.6Ma,重新计算 TTI 总值为 115.2,据表 12-9 计算对应 R_o 值为 1.17%,与实测值近似相等。这时的平均地温梯度为 10~150℃/4 000m,均值为 3.5℃/100m,这就是我们要求的平均古地温梯度。

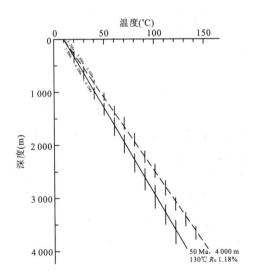

图 12-11 由 TTI 值恢复古地温实例

(据汪辑安等,1985)

2) 用黏土矿物和自生矿物恢复古地温

黏土矿物及其他自生矿物(沸石、SiO_2 等)是油区的常见矿物。它们的相变与地温条件密切相关,从而可作为经历过最高温度的记录而用于恢复古地温。图 12-12 大体可反映出应用这类地温计的情况。这是一种目前常用、很有前途的方法。但应用时要注意:

(1)它们是不连续的地温计,只可用于了解某个时间古地温概貌。

(2)除主要受温度影响以外,它们还受时间、压力、环境介质酸碱度等影响。因而标志温度不是一个严格的常量。

(3)同一地质剖面上由蒙脱石(M)到伊利石(I)的相变实际是由量变到质变的过程,因此 M 层、M-I 层与 I 层的界限并不严格,相应的地温也不严格。

3) 用电子自旋共振恢复古地温

干酪根的 ESR 信号——比较准确的顺磁性系数 X_P,决定于干酪根的性质和演化程度。从而可以对主要类型的有机物建立 X_P 和降解率之间的关系。图 12-13 为类型Ⅲ所建立的曲线。当取得烃源岩干酪根的 ESR 值,用图 12-13 可推断转化率。此推断值代表实际转化率,在调整从干酪根降解模型计算的转化率值与推断值吻合。此时,计算中的地温梯度即可作为古地温梯度。

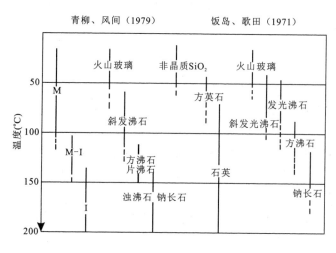

图 12-12 成岩作用下沉积岩中自生矿物的形成温度

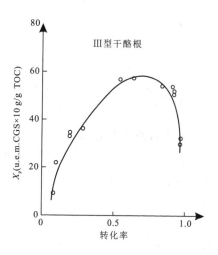

图 12-13 Ⅲ型干酪根转化率与顺磁系数关系

四、烃源岩埋藏史的研究

烃源岩定量评价中,无论温度参数还是时间参数,都会涉及到烃源岩埋藏史重建的问题。也就是烃源岩在其沉积后的不同地质时间的埋藏深度恢复。可见,烃源岩不同地质时间经历的古地温的准确恢复在很大程度上取决于烃源岩的埋藏史能否得到接近真实的恢复。

1. 埋藏地质时间

最好用同位素测定年龄法确定烃源岩层系地质年龄。起码要用古生物等手段确定烃源岩层系的时代,再查出相应的地质年龄。将生油岩形成的地质时间分成若干段(视精度需要和资料丰富程度而定)分别进行计算,各时间段生油率为总生油率。时间与生油数量一般呈线性关系。

2. 地层压实效应校正

烃源岩地热史的正确恢复往往需要多方面影响因素的校正，其中地层压实作用的校正尤为重要。在地表层，沉积物刚沉积时具有高孔隙、高流体介质的特征，随着埋深的增加和压力的增大，地层中流体排出、孔隙变小、密度加大、体积变小、厚度变薄，使利用现今地层厚度恢复埋藏深度呈现某种程度的失真。

地层压实效应的校正方法，曾有较多的报道。Falvey 与 Deighton(1982)在总结前人工作的基础上，提出校正的具体计算式：

$$Z_S = \int_{E_1}^{E_2} [1 - \Phi(Z)] dZ = (Z_2 - Z_1) - \frac{1}{K} \ln \left(\frac{\frac{1}{\Phi_0} + KZ_2}{\frac{1}{\Phi_0} + KZ_1} \right) \quad (12-20)$$

$$Z_4 - \frac{1}{K} \ln \left(\frac{1}{\Phi_0} + KZ_4 \right) = Z_S + Z_3 - \frac{1}{K} \ln \left(\frac{1}{\Phi_0} + KZ_3 \right) \quad (12-21)$$

式中：Z_S——沉积单元骨架体积，沉积物不可压缩的部分；

Z_1, Z_2——沉积单元现今埋藏的顶面和底面深度；

Z_3, Z_4——沉积单元某历史时期的顶面和底面深度，$Z_4 - Z_3$ 即该单元的校正厚度，当 $Z_3 = 0$ 时，$Z_4 - Z_3$ 即为沉积初期的原始厚度；

Φ_0——沉积初期孔隙度；

K——地层压实参数。

Φ_0 和 K 对特定岩性可近似为常量。页岩：$\Phi_0 = 0.7, K = 2.43/\text{km}$。粉砂岩：$\Phi_0 = 0.53, K = 2.18/\text{km}$。砂岩：$\Phi_0 = 0.4, K = 1.2/\text{km}$。

3. 剥蚀厚度的求取

很少有一个含油气盆地在烃源岩沉积后是连续接受沉积至现今的。在漫长的地史时期，或多或少、或一次或数次都经历过地壳上升、地层遭受剥蚀的时期。因此，准确求取古剥蚀厚度，成为正确恢复烃源岩埋藏史又一重要课题。

沉积物的压实作用是不可逆的过程。因此，可以利用反映泥岩压实程度的泥岩孔隙度变化和声波时差值变化来恢复古剥蚀厚度。基本公式是：

$$\Phi = \Phi_0 e^{-CH} \quad \Delta t = \Delta t_0 e^{-CH} \quad (12-22)$$

$$H = -\frac{1}{C} \ln \frac{\Phi}{\Phi_0} \quad H = -\frac{1}{C} \ln \frac{\Delta t}{\Delta t_0} \quad (12-23)$$

式中：H——地层剥蚀厚度，m；

$\Phi_0(\Delta t_0)$——原始沉积物的孔隙度(声波时差值)，$\mu s/m$；

$\Phi(\Delta t)$——现今沉积物的孔隙度(声波时差值)，$\mu s/m$；

C——压实系数。

这是一个指数函数关系式，在半对数坐标纸上(深度为算术坐标，孔隙度或声波时差值为对数坐标)是一条直线，而 C 值就是半对数坐标纸上的正常压实趋势线(或正常声波时差值趋势线)的斜率。

假如某地区经历了明显的上升剥蚀,纳米泥岩正常压实线(或声波时差值)与未遭受剥蚀地区相比,在现在所有深度上都向压实程度增强(或声波时差增大)的方向偏移,因此根据压实资料和声波时差资料可计算剥蚀厚度和地层最大埋深。图 12-14 为三水盆地某井时差孔隙度的趋势线,从现在地表(图中波折线)向上延伸到 60% 孔隙度处(根据国内外资料和模拟实验资料我们选取 60% 为三水盆地为压实的孔隙度),那么从原始沉积时地表到现在地表之间的地层厚度即代表该井的剥蚀厚度。

图 12-15 为泌阳凹陷古近系廖庄组—新近系上寺组地层视剥蚀等厚图。

总生油量是进行油气资源定量预测的起始最大基数。在生油量计算基础上,可以进一步计算油气资源量。

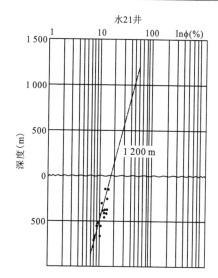

图 12-14 三水盆地水 21 井地层孔隙度 $\ln\phi$ 与深度关系曲线

(据张博全,1987)

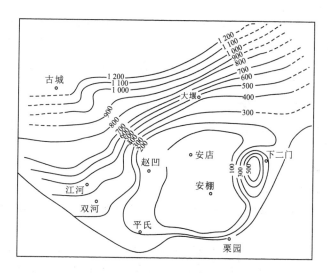

图 12-15 泌阳凹陷古近系廖庄组—新近系上寺组地层视剥蚀等厚图

(据张博全等,1987)

主要参考文献

陈发景,李明诚,孙家振.我国东部白垩纪—早第三纪蒸发岩和生油岩沉积的区域构造背景[J].石油与天然气地质,1983(2):133-140.

陈建平,赵长毅,何忠华.煤系有机质生烃潜力评价标准探讨[J].石油勘探与开发,1997,24(1):1-5.

陈世加,王绪龙,阿布力米提,等.呼图壁气藏成藏地球化学特征[J].天然气工业,2004,24(3):16-18,140-141.

程克明,王兆云,钟宁宁,等.碳酸盐岩油气生成理论与实践[M].北京:石油工业出版社,1996.

程克明,王兆云.碳酸盐岩生烃机制及评价研究中的几个问题[J].石油勘探与开发,1996,23(5):1-5.

程克明.吐哈盆地油气生成[M].北京:石油工业出版社,1994.

戴鸿鸣,王顺玉,陈义才,等.油气勘探地球化学[M].北京:石油工业出版社,2000.

戴金星,陈英.中国生物气中烷烃组分的碳同位素特征及其鉴别标志[J].中国科学(B辑:化学 生命科学 地学),1993(3):303-310.

戴金星,裴锡古,戚厚发.中国天然气地质学(卷一)[M].北京:石油工业出版社,1992.

戴金星,王庭斌,宋岩,等.中国大中型天然气田形成条件与分布规律[M].北京:地质出版社,1997.

戴金星,邹才能,张水昌,等.无机成因和有机成因烷烃气的鉴别[J].中国科学(D辑:地球科学),2008(11):1 329-1 341.

戴金星.煤层气及鉴别理论研究进展[J].科学通报,2018,63(14):1 291-1 305.

傅家谟,贾蓉芬.碳酸盐岩有机地球化学:在石油、天然气、煤和层控矿床成因及评价中的应用[M].北京:科学出版社,1989.

傅家谟,刘德汉,盛国英.煤成烃地球化学[M].北京:科学出版社,1990.

傅家谟,秦自宗.干酪根地球化学[M].广州:广州科技出版社,1995.

高岗,刚文哲,王飞宇,等.碳酸盐烃源岩有机质丰度下限的数学模型[J].江汉石油学院学报,1997(1):31-35.

郝芳.超压盆地生烃作用动力学与油气成藏机理[M].北京:科学出版社,2005.

郝石生,高岗,王飞宇,等.高过熟海相烃源岩[M].北京:石油工业出版社,1996.

郝石生,张有成,刚文哲.碳酸盐岩油气生成[M].北京:石油工业出版社,1993.

侯读杰,冯子辉.油气地球化学[M].北京:石油工业出版社,2010.

胡见义,黄第藩.中国陆相石油地质理论基础[M].北京:石油工业出版社,1992.

胡受权.泌阳断陷湖盆古湖泊演化模式初探[J].矿物岩石,1998,18(1):47-53.

黄第藩,李晋超,周翥虹,等.陆相有机质演化和成烃机理[M].北京:石油工业出版社,1984.

黄第藩,秦匡宗,王铁冠.煤成油的形成和成烃机理[M].北京:石油工业出版社,1997.

黄第藩,张大江,王培荣,等.中国未成熟石油成因机制和成藏条件[M].北京:石油工业出版社,2003.

库德梁采夫.反对石油有机起源假说[M].赵霞飞,等译.北京:科学出版社,1958.

李进步,卢双舫,陈国辉,等.热解参数S_1的轻烃与重烃校正及其意义——以渤海湾盆地大民屯凹

陷 $E_2s^{4(2)}$ 段为例[J]. 石油与天然气地质,2016,37(4):538-545.

李善祥,孙淑和,吴奇虎,等. 腐植酸酸性功能团的研究[J]. 燃料化学学报,1983,3:32-40.

李水福,胡守志,何生,等. 泌阳凹陷北部斜坡带生物降解油的油源对比[J]. 石油学报,2010,31(6):946-951.

李水福,胡守志,孙玉梅,等. 中国东部富烃凹陷烃源岩特征类比与综合评价[M]. 武汉:中国地质大学出版社,2016.

李贤庆,钟宁宁,熊波,等. 全岩分析与干酪根分析的对比研究[J]. 西南石油学院学报,1996,18(1):29-36.

李贤庆,钟宁宁,熊波,等. 全岩分析在烃源岩研究中的应用及与干酪根分析的比较[J]. 石油勘探与开发,1995,22(3):30-35.

李永康,张明辉,高瑞琪,等. 松辽盆地陆相生油特征[J]. 石油学报,1981,2(1):31-40.

林壬子. 轻烃技术在油气勘探中的应用[M]. 武汉:中国地质大学出版社,1992.

刘宝珺. 沉积岩石学[M]. 北京:地质出版社,1980.

刘全有,戴金星,刘文汇,等. 塔里木地天然气中氮地球化学特征与成因[J]. 石油与天然气地质,2007(1):12-17.

刘全有,刘文汇,Krooss B M,等. 天然气中氮的地球化学研究进展[J]. 天然气地球科学,2006(1):119-124.

卢双舫,张敏. 油气地球化学[M]. 北京:石油工业出版社,2008.

戚厚发,戴金星. 我国高含二氧化碳气藏的分布及其成因探讨[J]. 石油勘探与开发,1981(2):34-42.

秦建中. 中国烃源岩[M]. 北京:科学出版社,2005.

秦匡宗,王仁安,贾生盛. 超临界流体抽提法研究茂名与抚顺油页岩中油母质的化学结构(Ⅱ)——抽提产物的性质及油母质化学结构的初步探讨[J]. 华东石油学院学报,1982,4:94-104.

秦匡宗. 抚顺和茂名油页岩的有机质含量及其元素组成[J]. 华东石油学院学报,1982(2):71-79.

尚慧芸. 有机地球化学和显微技术[M]. 北京:石油工业出版社,1990.

沈平,徐永昌,王先彬,等. 气源岩和天然气地球化学特征及成气机理研究[M]. 兰州:甘肃科学技术出版社,1991.

石广仁. 油气盆地数值模拟方法[M]. 北京:石油工业出版社,1994.

宋一涛,吴庆余,周文. 未熟—低熟油的形成与成因机制[M]. 东营:石油大学出版社,2004.

汪品先,叶德檠,卞云华. 从微体化石看杭州西湖的历史[J]. 海洋与湖沼,1979(4):373-382,408.

王大锐. 油气稳定同位素地球化学[M]. 北京:石油工业出版社,2000.

王培荣,徐冠军,张大江,等. 常用轻烃参数正、异庚烷值应用中的问题[J]. 石油勘探与开发,2010,37(1):121-128.

王培荣,赵红,朱翠山,等. 非烃地球化学及其应用概述[J]. 沉积学报,2004(S1):98-105.

王培荣. 非烃地球化学和应用[M]. 北京:石油工业出版社,2002.

王启军,陈建渝. 油气地球化学[M]. 武汉:中国地质大学出版社,1988.

王铁冠,钟宁宁,侯读杰,等. 中国低熟油气的几种成因[J]. 沉积学报,1997,15(2):75-83.

王廷栋,蔡开平. 生物标志物在凝析气藏天然气运移和气源对比中的应用[J]. 石油学报,1990,11(1):25-31.

王廷栋,王海清,李绍基,等. 以凝析油轻烃和天然气碳同位素特征判断气源[J]. 西南石油学院学报,1989,11(3):1-15.

王廷栋,郑永坚,李绍基,等.从油气地化特征探讨川西北中坝雷三气藏的气源[J].天然气工业,1989,9(5):20-26,6.

王兆云,程克明.碳酸盐岩生烃机制及"三段式"成烃模式研究[J].中国科学(D辑:地球科学),1997,27(3):250-254.

邬立言,顾信章,盛志伟,等.生油岩热解快速定量评价[M].北京:科学出版社,1986.

肖贤明.有机岩石学及其在油气评价中的应用[M].广州:广东科技出版社,1992.

谢树成,龚一鸣,童金南,等.从古生物学到地球生物学的跨越[J].科学通报,2006,51(19):2 327-2 336.

谢树成,杨欢,罗根明,等.地质微生物功能群:生命与环境相互作用的重要突破口[J].科学通报,2012,57(1):3-22.

谢树成,殷鸿福.地球生物学前沿:进展与问题[J].中国科学:地球科学,2014,6:1 072-1 086.

辛国强.X射线衍射法研究干酪根结构[J].石油实验地质,1987,9(1):34-41.

辛国强.松辽盆地干酪根类型及热演化的高温X射线衍射特征[J].大庆石油地质与开发,1986(3):15-24.

徐永昌,沈平,刘文汇,等.一种新的天然气成因类型:生物-热催化过渡带气[J].中国科学(B辑),1990(9):975-979.

许怀先,陈丽华,万玉金,等.石油地质实验测试技术与应用[M].北京:石油工业出版社,2001.

薛海涛,卢双舫,钟宁宁.碳酸盐岩气源岩有机质丰度下限研究[J].中国科学(D辑:地球科学),2004(S1):127-133.

杨欢.陆相微生物脂类GDGTs的古气候重建:现代过程及其在黄土—古土壤和石笋中的应用[D].武汉:中国地质大学(武汉),2014.

杨万里.松辽陆相盆地石油地质[M].北京:石油工业出版社,1986.

杨万里.松辽盆地陆相油气生成、运移和聚集[M].哈尔滨:黑龙江科技出版社,1985.

姚素平,焦堃,李苗春,等.煤和干酪根纳米结构的研究进展[J].地球科学进展,2017,27(4):367-378.

叶加仁,任建业,吴景富,等.中国近海富烃凹陷特征及评价[M].北京:科学出版社,2016.

曾国寿,徐梦虹.石油地球化学[M].北京:石油工业出版社,1990.

张虎权,卫平生,张景廉.也谈威远气田的气源——与戴金星院士商榷[J].天然气工业,2005,25:4-7,12.

张景廉.论石油的无机成因[M].北京:石油工业出版社,2001.

张水昌,梁狄刚,张大江.关于古生界烃源岩有机质丰度的评价标准[J].石油勘探与开发,2002(2):8-12.

张义纲,章复康,郑朝阳,等.识别天然气的碳同位素方法.有机地球化学论文集[M].北京:地质出版社,1987.

周炎如.应用显微FT-IR光谱技术"原位"研究沉积岩中生油母质——干酪根[J].沉积学报,1994,12(4):22-30.

朱光有,张水昌,梁英波,等.硫酸盐热化学还原反应对烃类的蚀变作用[J].石油学报,2005(5):52-56.

马贡 L B,道 W G.含油气系统——从烃源岩到圈闭[M].张刚,蔡希源,高泳生,等译.北京:石油工业出版社,1998.

Shepard F P. 海底地质学[M]. 梁元博,于联生译. 北京:科学出版社,1979.

Behar F, Beaumont V, Penteado H L D. Rock-Eval 6 technology: Performances and developments [J]. Oil & Gas Science and Technology-Rev. IFP,2001,56(2):111-134.

Berner R A. The synthesis of framboidal pyrite[J]. Economic Geology,1969,64:383-384.

Cao J, Yao S P, Hu W X, et al. Detection of water in petroleum inclusions and its implications[J]. Chinese Science Bulletin,2006,51(12):1 501-1 508.

Cao J, Yao S P, Jin Z J, et al. Petroleum migration and mixing in NW Junggar Basin(NW China): constraints from oil-bearing fluid inclusion analyses[J]. Organic Geochemistry, 2006, 37(7): 827-846.

Cao J, Zhang Y J, Hu W X, et al. The Permian hybrid petroleum system in the northwest margin of the Junggar Basin[J]. Marine and Petroleum Geology,2005,22(3):331-349.

Chervin M B. Assimilation of particulate organic carbon by estuarine and coastal copepods[J]. Marine Biology,1978,49(3):265-275.

Connan J, Cassou A M. Properties of gases and petroleum liquids derived from terrestrial kerogen at various maturation levels[J]. Geochimica et Cosmochimica Acta,1980,44:1-23.

Connan J. Biodgradation of crude oils in reservoirs. In Advances in Petroleum Geochemistry,1984,1: 299-335.

Curiale J A. Origin of solid bitumens, with emphasis on biological marker results[J]. Organic Geochemistry,1986,10:559-580.

Dai S, Yang J, Ward C R, et al. Geochemical and mineralogical evidence for a coal-hosted uranium deposit in the Yili Basin, Xinjiang, northwestern China[J]. Ore Geology Review, 2015, 70:1-30.

Dean R G, Dalrymple R A. Water wave mechanics for engineers and scientists[M]. Singapore: World Scientific,1991.

Deuser W G. Organic-carbon budget of the Black Sea[J]. Deep Sea Research & Oceanographic Abstract,1971,18(10):995-1 004.

Diessel C F K. Coal-bearing depositional systems[M]. Berlin:Springer-Verlag,1992.

Ding X J, Liu G D, Zha M, et al. Relationship between total organic carbon content and sedimentation rate in ancient lacustrine sediments: a case study of Erlian basin, northern China[J]. Journal of Geochemical Exploration,2015,149:22-29.

Douglas R S. Oceanic sediments[M]. Berlin:Springer,1978.

Feng Z Q, Jia C Z, Xie X N, et al. Cross tectonostratigraphic units and stratigraphic sequences of the nonmarine songliao bash, northeast China. Basin Research,2010,22:79-95.

Gagosian R B. A detailed vertical profile of sterols in the Sargasso Sea[J]. Limnology and Oceanography,1976,21(5):702-710.

Galimov E M. Carbon isotopes in oil and gas geology[M]. Washington:NASA,1974.

Hjulström F. Studies of the Morphological Activity of Rivers as Illustrated by the River Fyris[J]. Geology Institution of University Uppsala,1935,25:221-527.

Holz M, Kalkreuth W, Banerjee I. Sequence stratigraphy of paralic coal-bearing strata: an overview

[J]. International Journal of Coal Geology,2002,48:147-179.

Huc A Y,Durand B,Monin J. Humic compounds and kerogens in cores from Black Sea sediments[R]. Integrated Ocean Drilling Program:Preliminary Reports,1980.

Huc A Y,Durand B,Roucachet J,et al. Comparison of three series of organic matter from continental origin[J]. Organic Geochemistry,1986,10(1/3):65-72.

Hunt J M. Petroleum geochemistry and geology,Second ed[M]. New York:W. H. Freeman,1995.

Hwang R J,Teerman S C,Carlson R M. Geochemical comparison of reservoir solid bitumens with diverse origins[J]. Organic Geochemistry,1998,29:505-517.

Idiz E,Gerling P. Carbon and nnitrogen stable isotope study of north German Rotliegend gas fields-implications for the source and occurrence of nitrogen in gas accurmulations[R]. The Geological Society, the 17th international meeting on organic geochemistry,1995.

Ishiwatari R. Chemical characterization of fractionated humic acids from lake and marine sediments[J]. Chemical Geology,1973,12(2):113-126.

James A T. Correlation of natural gas by use of the carbon isotopic distribution between hydrocarbon components1[J]. AAPG,1983,67:1 176-1 191.

Jia J,Bechtel A,Liu Z,et al. Oil shale formation in the Upper Cretaceous Neniang Formation of the Songliao Basin(NE China):Implications form organic and inorganic geochemical analyses[J]. International Journal of Coal Geology,2013,113:11-26.

Krooss B M. Generation of nitrogen and methane from sedimentary organic matter:implications on the dynamics of natural gas accumulations[J]. Chemical Geology,1995,126:291-318.

Krumbein W C,Carrels R M. Origin and classification of chemical sediments in terms of pH and oxidation-reduction potentials[J]. The Journal of Geology,1952,60:1-33.

Li X Q,Krooss B M,Weniger P,et al. Liberation of molecular hydrogen(H_2) and methane (CH_4) during non-isothermal pyrolysis of shales and coals:Systematics and quantification[J]. International Journal of Coal Geology,2015,137:152-164.

Lomando A J. The influence of solid reservoir bitumen on reservoir quality[J]. AAPG Bulletin,1992,76:1 137-1 152.

Mango F D. The light hydrocarbons in Petroleum:A critical review[J]. Orgamic Geochemistry,1997,26:417-440.

Mango F D. The origin of light hydrocarbons in Petroleum:A kinetic test of the steady state catclytic hypothesis[J]. Geochimica et Cosmochimica Acta,1990,54:1 315-1 323.

Mansoon G A. Modeling of asphaltene and other heavy organic depositions[J]. Journal of Petroleum Science and Engineering,1997,17:101-111.

Moore L V. Significance,classification of asphaltic material in petroleum exploration[J]. Oil & Gas Journal,1984,82:109-112.

Parker S P. McGraw-Hill Concise Encyclopedia of Science and Technology[M]. New York:McGraw-Hill,1984.

Pauling L. The nature of the chemcal bond[M]. New York:Comell University Press Ithaca,1960:466.

Peters K E,Cassa M R. Applied source rock geochemistry[M]//Magoon L B,Dow W G. The petroleum system from source to trap. Tulsa:American Association of Petroleum Geologists,1994.

Peters K E,Walters C C,Moldowan J M. Biomarkers and isotopes in petroleum exploration and earth history,Biomarker guide,volume 2[M]. 2nd ed. New York:Cambridge University Press,2005.

Peters K E,Walters C C,Moldowan J M. Biomarkers and isotopes in the environment and human history,Biomarker guide,volume 1[M]. 2nd ed. New York:Cambridge University Press,2005.

Radke M,Welte D H,Wiusch H. Geochemical study on a well in the western Canada basin:relation of the aronatic distribution pattern to maturity of organic matter[J]. Geochimica et Cosmochimica Acta,1982,46:1-10.

Reader R J,Stewart J M. The Relationship between Net Primary Production and Accumulation for a Peatland in Southeastern Manitoba[J]. Ecology,1972,53(6):1 024-1 037.

Reading H G. Sedimentary Environments:Processes,Facies and Stratigraphy[M]. Oxford:Blackwell Publishing Limited,1996.

Redfield A C. The biological control of chemical factors in the environment[J]. American Scientist,1958,46:205-221.

Ritter U. Fractionation of petroleum during expulsion from kerogen[J]. Journal of Geochemical Exploration,2003:78-79,417-420.

Roehler H W. Correlation, composition, areal distribution, and thickness of Eocene stratigraphic units,Greater Green River Basin, Wyoming, Utah, and Colorado[M]. Washington:US Government Printing Office,1992.

Schlanger S O,Jenkyns H C. Cretaceous oceanic anoxic events:causes and consequences[J]. Geologieen Mijnbouw,1976,55(3/4):179-184.

Schmalz R F. Deep water evaporate deposits: a genetic model [J]. AAPG Bulletin, 1969, 53:798-823.

Schnitzer M. Free radicals in soil humic compounds[J]. Soil Science,1969,108(6):383-390.

Schnitzer M. Some observations on the chemistry of humic substances[J]. Agrochimica,1978,22(3):216-225.

Shanmugam G. The Tsunamite Problem [J]. Journal of Sedimentary Research, 2006, 76(5/6):718-730.

Shi C H,Cao J,Bao J P,et al. Source characterization of highly nature pyrobitumens using trace and rare earth element geochemistry: Sinian-Paleozoic paleo-oil reservoirs in South China [J]. Organic Geochemistry,2015(83/84):77-93.

Shi C H,Cao J,Tan X C,et al. Discovery of oil bitumen co-existing with solid bitumen in the Lower Cambrian Longwangmiao giant gas reservoir,Sichuan Basin,southwestern China:Implications of hydrocarbon accumulation process[J]. Organic Geochemistry,2017,108:61-81.

Shi C H,Cao J,Tan X C,et al. Hydrocarbon generation capability of Sinian-Lower Cambrian shale, mudstone and carbonate rocks in the Sichuan Basin,southwestern China:Implications for contributions to the giant Sinian Dengying natural gas accumulation[J]. AAPG Bulletin, 2018, 102(5):817-853.

Shimkus K M,Trimonis E S. Modern sedimentation in Black Sea:Sediments. In:Degens E T,Ross D A. The Black Sea-geology,chemistry and biology. AAPG Bulletin 20. American Association of

Petroleum Geologists,Tulsa,1974.

Smoot J P. Origin of the carbonate sediments in the Wilkins Peak Member of the Lacustrine Green River Formation (Eocene),Wyoming,USA[M]. Oxford:Blackwell Publishing Ltd. ,1978.

Speight J G. Asphaltenes in crude oil and bitumen:structure and dispersion[J]. Advanced Chemistry Series,1996,251:377-401.

Speight J G. The chemistry and technology of petroleum[J]. Applied Catalysis,1980,2(6):406-407.

Stanier Y,Doudoroff M,Adelberg E A. General microbiology[M]. General microbiology,1976.

Stasuik L D. The origin of pyrobitumens in Upper Devonian Leduc Formation gas reservoirs, Alberta,Canada:an optical and EDS study of oil to gas transformation[J]. Marine and Petroleum Geology,1997,14:915-929.

Surdam R C,Wolfbauer C A. Green river formation,Wyoming:A playa-lake complex[J]. Geological Society of America Bulletin,1975,86(3):335-345.

Thompson C L,Dembicki H. Optical characteristics of amorphous kerogens and the hydrocarbon-generating potential of source rocks [J]. International Journal of Coal Geology, 1986, 6:229-249.

Thompson-Rizer C L. Some optical characteristics of solid bitumen in visual kerogen preparations [J]. Organic Geochemistry,1987,11:385-392.

Tissot B P, Welte D H. Petroleum formation and occurrence [M]. 2nd ed. Berlin: Springer-Verlag,1984.

Tissot B,Deroo G,Hood A. Geochemical study of the Uinta Basin:formation of petroleum from the Green River formation[J]. Geochimica et Cosmochimica Acta,1978, 42:1 469-1 485.

Tyson R V. Sedimentation rate, dilution, preservation and total organic carbon: some results of a modelling study[J]. Organic Geochemistry,2001,32:333-339.

Vandenbroucke M,Largeau C. Kerogen origin, evolution and structure[J]. Organic Geochemistry, 2007,38:719-833.

Vandenbroucke M. Kerogen:from Types to Models of Chemical Structure[J]. Oil & Gas Science and Technology,2003,58:243-269.

Warren J K. Evaporites:a geological compendium[M]. Berlin:Springer,2016.

Welte D H, Horsfield B. Petroleum and basin evolution: insights from petroleum geochemistry, geology and basin modeling[M]. Welte D H, Horsfield B, Baker D R. Berlin: Springer Berlin Heidelberg,1997.

Wilhelms A,Larter S R. Origin of tar mats in petroleum reservoirs Part II formation mechanisms for tar mats[J]. Marine and Petroleum Geology,1994,11:442-456.

Willson J L. Carbonate facies in Geologic History[J]. Mineralogical Magazine,1976,40(315):804.

Yan T F. Shale oil, tar sands and related fuel sources[M]. Advances in Chemistry Series 151. Washington,D. C. :American Chemical Society.

Zobell C E, Anderson D Q. Observations on the multiplication of bacteria in different volumes of stored sea water and the influence of oxygen tension and solid surfaces[J]. Biological Bulletin, 1936,71(2):324-342.

附录　油气地球化学常用术语中英文对照

（按中文汉语拼音排序）

桉叶烷	Eudesmane	成熟度	Maturity
氨基酸	Amino acid	初次运移	Primary migration
奥利烷	Oleanane	次卟啉	Deuteroporphyrin
奥利烯	Oleanene	丛粒藻烷	Botryococcane
巴卡二烯	Baccharadiene	萃取	Extraction
半萜类	Hemiterpenoids	丹宁	Tannin
伴生气	Associated gas	单芳香的	Monoaromatic
保存时间	Preservation time	胆甾醇	Cholesterin
保留时间	Residence time	胆甾二烯醇	Cholestadienol
贝壳杉烷	Kaurane	胆甾烷	Cholestane
贝壳杉烯	Kaurene	胆甾烷醇	Cholestanol
贝叶烷	Beyerane	胆甾烯	Cholestene
倍半萜	Sesquiterpenoids	胆甾烯醇	Cholestenol
倍半萜烷	Sesquiterpane	蛋白质	Protein
苯并蒽	Benzanthracene	地质色层	Geochromatography
苯并菲	Benzophenanthrene	丁烷	Butane
苯并藿烷	Benzohopane	丁香酸	Syringic acid
苯并咔唑	Benzocarbazole	豆甾烷	Stigmastane
苯并喹啉	Benzoquinoline	杜松烷	Cadinane
苯并噻吩	Benzothiophene	杜松烯	Cadinene
苯并芴	Benzofluorene	断藿烷	Secohopane
苯并荧蒽	Benzofluoranthene	对二甲苯	P-xylene
吡啶	Pyridine	多环的	Polycyclic
吡咯	Pyrrole	多萜	Polyterpene
扁枝烯	Phyllocladene	多萜类	Polyterpenoid
丙二烯	Allene	苊烯	Acenaphthylene
丙酮	Acetone	二苯并吡啶	Acridine
丙烷	Propane	二苯并呋喃	Dibenzofuran
卟啉	Porphyrin	二苯并噻吩	Dibenzothiophene
卟啉络合物	Porphyrin complex	二次裂化	Secondary cracking
卟啉镍石	Abelsonite	二芳藿烷	Diaromatic hopane
残余油	Residual oil	二环烷烃	Bicyclic alkane
草酰乙酸	Oxaloacetic	二甲基丁烷	Dimethylbutane

二甲基环戊烷	Dimethylcyclopentane	甘氨酸	Glycine
二甲基联苯	Dimethylbiphenyl	甘油酯	Glyceride
二甲基萘	Dimethylnaphthalene	干酪根	Kerogen
二甲基戊烷	Dimethylpentane	高蜡油	High wax oil
二降羽扇烷	Bisnorlupane	庚烷	Heptane
二氢扁枝烯	Dihydrophyllocladene	谷氨烷	Glutane
二氢卟啉	Dihydroporphyrin	规则甾烷	Regular sterane
二氢蒽	Dihydroanthracene	癸烷	Decane
二氢化的	Dihydro	海松酸	Pimaric acid
二氢化茚	Indane	海松烷	Pimarane
二氢萘	Dihydronaphthalene	海松烯	Pimarene
二氢植醇	Dihydrophytol	含硫原油	Sour crude
二十烷	Eicosane	好氧性生物	Aerobe
二萜类	Diterpenoids	黑沥青	Albertite
二烯烃	Alkadiene	(类)胡萝卜烷	Carotane
番茄红素	Lycopene	花侧柏烯	Cuparene
钒卟啉	Vanadium porphyrin	花生四烯酸	Arachidonic
反杜松烷	Trans-cadinane	环二芳藿烷	Ring diaromatic hopane
反凝析	Retrograde condensation	环庚烷	Cycloheptane
芳构化	Aromatization	环己烷	Cyclohexane
芳环缩合度	Ring condensation	环烷烃	Cyclanes
芳香度	Aromaticity	活化能	Activation energy
芳香族	Aromatic	活性组分	Reactives
非生物成因的	Abiogenic	藿烷	Hopane
菲	Phenanthrene	藿烷醇	Hopanol
分隔单元	Compartment	藿烷类	Hopanoid
分隔化	Compartmentalization	藿烷四醇	Hopanetetrol
分解作用	Separation	藿烷酸	Hopanoic acid
分馏油	Fractionation	藿烷同分异构体	Hopane isomerization
分散有机质	Dispersed organic matter	藿烯	Hopene
分异作用	Differentiation	基峰	Base peak
酚	Phenol	加氢裂解	Hydrocracking
酚酸的	Phenolic	甲基二苯并噻吩	Methyldibenzothiophene
呋喃	Furan	甲基二苯呋喃	Methyldibenzofuran
浮游动物	Zooplankton	甲基菲	Methylphenanthrene
浮游植物	Phytoplankton	甲基环己烷	Methylcyclohexane
腐泥化作用	Saprofication	甲基环戊烷	Methylcyclopentane
腐殖化作用	Humification	甲基己烷,异庚烷	Methylhexane
腐殖酸	Humic acid	甲基萘	Methylnaphthalene
伽马蜡烷	Gammacerane	甲基甾烯	Methylsterene

甲烷	Methane	烷烃	Alkane
甲烷生成作用	Methanogenesis	链烷烃	Paraffins
甲藻	Dinoflagellates	裂解气	Splitting gas
甲藻甾醇	Dinosterol	裂解汽油	Cracked gasoline
甲藻甾烷	Dinosterane	硫醇类	Thiol
甲藻甾烯	Dinosterene	硫化氢	Hydrogen sulfide
甲酯基	Carbomethoxy group	卤代烃	Halocarbon
间二甲苯	M-xylene	罗汉松烷	Podocarpane
降海松烷	Norpimarane	螺旋甾烯	Spirosterene
降藿烷	Norhopane	幔源气	Mantle source gas
降莫烷	Normoretane	芒柄花根烷	Onocerane
降松香烷	Norab tane	毛细管力	Capillary force
降脱氢松香酸	Nordehydroabietic acid	煤化作用	Coalification
胶结作用	Cementation	煤型气	Coal related gas
胶质	Colloid, Resin	绵马烷	Filicane
焦油席	Tarmat	莫烷	Moretane
角质	Cutin	木栓质	Suberin
解聚	Depolymerization	木质素	Lignin
金刚烷	Adamantane	萘	Naphthalene
镜质体(组)	Vitrinite	黏度	Viscosity
镜质体反射率	Vitrinite reflectance	镍卟啉	Nickel porphyrin
聚合沥青	Polymerbitumina	凝胶化作用	Gelification
聚合作用	Polymerization	凝析	Condensate
蕨烷	Fernane	浓度梯度	Concentration gradation
蕨烯	Fernene	排烃	Expulsion
咔唑	Carbazole	蒲公英烷	Taraxerane
卡达烯,卡达萘	Cadalene	蒲公英烯	Taraxerene
可溶性沥青	Eubitumen	七环,三杜松烷	Heptacyclic tricadinane
蜡质体	Cerinite	气层	Gas reservoir
姥鲛酸	Pristanic	气侵	Gas invasion
姥鲛烷	Pristane	气相色谱	Gas chromatography (GC)
姥鲛烯	Pristene	气相色谱质谱仪	Gas chromatography mass Spectrometry (GC-MS)
类胡萝卜素	Carotenoid		
萜类化合物	Terpenoid	羟基羧酸	Hydroxycarboxylic acid
类异戊二烯	Isoprenoid	羟乙基	Hydroxyethyl
立体异构现象	Stereoisomerism	乔木烷	Arborane
沥青	Bitumen	氢指数	Hydrogen index
沥青质	Asphaltene	䓛	Chrysene
沥青质体	Bituminite	醛类,乙醛	Aldehyde
联苯	Diphenyl	炔	Alkyne

炔醇	Alkynol	剩余油	Oil remaining
炔基	Alkynyl	十五烷	Pentadecane
惹烯	Retene	十六烷	Hexadecane
热变指数	Thermal alteration index	十七烷	Heptadecane
热成熟	Thermal maturation	十八烷	Octadecane
热成熟作用	Eometamorphism	十九烷	Nonadecane
热对流	Thermal convection	石化泥炭	Petrified peat
热解气相色谱	Pyrolysis-gas chromatography	石蜡	Paraffin
壬烷	Nonane	树脂	Resin
乳酸脂	Lectate	树脂体	Resinite
软沥青	Maltene	双升藿烷	Bishomohopane
三杜松烷	Tricadinane	双降藿烷	Bisnorhopane
三芳藿烷	Triaromatic hopane	双萜	Diterpene
三芳甾烷	Triaromatic steroid	双植烷	Bisphytane
三环萜烷	Tricyclic terpane	水解作用	Hydrolysis
三甲基萘	Trimethylnaphthalene	丝炭化作用	Fusinitization
三降藿烷	Trisnorhopane	四十烷	Tetracontane
三十烷	Triacontane	四环萜烷	Tetracyclic terpane
三萜烷	Triterpane	四甲基苯	Tetramethylbenzene
三萜烯化合物	Triterpenoid	四甲基萘	Tetramethylnaphthalene
色谱	Chromatogram	四氢化芘	Tetrahydro-pyrene
色素	Pigment	四氢化鱼鲨烯	Tetrahydrosqualene
深成的	Abyssal	四氢噻吩（噻吩烷）	Thiophane
升补身烷	Homodrimane	四升藿烷	Tetrakishomohopane
升藿烷	Homohopane	松香酸	Abietic acid
升莫烷	Homomoretane	松香烷	Abietane
升三杜松烷	Homotricadinane	羧化作用	Carboxylation
升双杜松烷	Honobicadinane	羧酸	Carboxylic acid
升孕甾烷	Homopregnane	缩聚作用	Condensation polymerization
生气窗上限	Top gas window	碳氢化合物（烃）	Hydrocarbon
生物标志物	Biomarker	碳水化合物	Carbohydrate
生物成因的	Biogenic	碳同位素	Carbon isotope
生物化学变化	Biochemical alteration	碳优势指数	CPI
生物降解	Biodegradation	萜烷	Terpane
生物聚合物	Biopolymer	同分异构	Isomerism
生物类脂物	Biolipids	同构的	Isologous
生物气	Biogas	同构现象	Isology
生油层	Oil-generating strata	同位素	Isotope
生油窗	Oil window	同源	Homolog
生油门限	Oil threshold	酮	Ketone

脱氨基作用	Deamination	羊毛甾烷	Lanostane
脱甲基作用	Demethylation	叶黄素	Xanthophyll
脱沥青作用	Deasphalting	叶绿素	Chlorophyll
脱硫作用	Desulfation	疑源类	Acritarchs
脱气	Degassing	乙苯	Ethylbenzene
脱氢,脱氢作用	Dehydrogenation	乙二醇	Glycol
脱羧基,脱羧作用	Decarboxylation	乙基	Hexayl
脱植基叶绿素	Chlorophyllide	乙基吡啶	Ethylpyridine
烷化,烃化	Alkanization	乙基化	Ethylation
烷基,烃基	Alkyl	乙基戊烷	Ethylpentane
烷基二甲苯	Alkylxylene	乙炔	Acetylene
烷基芳基	Alkylaryl	乙烷	Ethane
烷基化合物	Alkylate	乙酰基	Acetyl
未成熟油	Immature oil	异丁烯酸脂	Methacrylate
乌散酸	Ursanic acid	异番茄红烷	Isolycopane
乌散烷	Ulsane	异庚烷	Isoheptane
无环类戊二烯	Acyclic isoprenoid	异构化	Isomerization
无硫原油	Sweet crude	异构体	Isomer
五环三萜类化合物	Pentacyclic triterpenoid	异构烷烃	Isoalkane
五环三萜烷	Pentacyclic triterpane	异脱氢松香烷	Isodehydroabietane
五环三萜烯	Pentacyclic triterpene	异戊二烯	Isoprene
五升藿烷	Pentakishomohopane	茚	Indene
戊烷	Pentane	荧蒽	Fluoranthene
芴	Fluorene	优卡烷	Eucalane
烯烃	Alkenes	油气分离	Flow treater
细菌	Bacteria	油田水	Field water
纤维素	Cellulose	油源对比	Oil sources relation
显微组分	Maceral	油脂树脂体	Oil-resinite
硝化作用,硝酸根	Nitrate	游离基	Free radicals
硝酸盐还原细菌	Nitrate reducing bacteria	有效烃源岩	Active source rock
新干酪根	Neokerogen	鱼鲨烷	Squalane
新藿烷	Neohopane	鱼鲨烯	Squalene
辛烷	Octane	羽扇烷	Lupane
雄甾烷	Androstane	原卟啉	Protoporphyrin
朽松木烷	Fichtelite	源岩抽提	Rock extract
雪松醇	Cedrol	孕甾烷	Pregnane
雪松烷	Cedrane	甾类化合物	Steroid
雪松烯	Cedrene	甾烷	Sterane
亚烷基	Alkylene	甾烷醇	Stanol
岩石热解分析	Rock eval pyrolysis	甾烷酮	Stanone

甾烯	Sterene	植烷	Phytane
甾烯醇	Stenol	植烯	Phytene
藻类	Algae	植物成因的	Phytogenic
藻类体	Alginite	重排藿烷	Diahopane
正构烷烃	Normal alkane	重排甾烷	Diasterane
支链烷烃	Branched paraffin	重排甾烯	Diasterene
脂肪酸	Fatty acid	重油	Heavy oil
脂肪族	Aliphatics	棕榈酸，十六酸	Palmitic
脂类	Lipid	总碳	Total carbon
脂质体	Liposome	总有机碳	Total organic carbon
直链烷烃	Straight chain paraffin	族组成	Group composition
植醇	Phytol		